Michaela Hares
Jacqueline Koerfer
Katja Krauß

Suchen Finden Zeigen

Das Spürhundebuch für Training und Einsatz

Kynos

© 2024 KYNOS VERLAG Dr. Dieter Fleig GmbH
Konrad-Zuse-Straße 3, D-54552 Nerdlen/Daun
Telefon: 06592 957389-0
www.kynos-verlag.de

Grafik & Layout: Kynos Verlag

Gedruckt in Lettland

ISBN 978-3-95464-324-0

Bildnachweis:

Adobe Stock: Tomasz-adobe.stock.com: S.302 (u.), 303 (u.)

Ebinger, Felix: S.70, 95, 193

Fillers, Janine: S.112, 129, 144, 256

Ganer, Lisbeth, www.lisbethganerphotography.com: S.32, 267, 277, 278, 281, 291, 297

Hares, Michaela: Titelfoto, S.10, 14, 25, 27, 28, 29, 30, 38, 46, 53, 55, 56, 57, 59 (re.), 60, 63, 65, 66, 68, 69, 74, 76, 77, 80, 81, 87, 88, 89, 90, 93, 96, 98, 100, 101, 102, 103, 105, 106, 109, 110, 111 (mi.+u.), 117, 119, 122, 125, 126, 128, 131, 132, 134, 136, 138, 139, 142, 145, 146, 148, 152, 153, 163, 166, 167, 168, 169, 171, 172, 170, 175, 176, 178 (o.+u.), 180, 181, 184, 185, 186, 187, 188, 191, 194, 195, 196, 197, 198, 199, 201, 202, 203, 204, 207, 208, 210, 326, 327, 328 (u.), 331, 333, 334, 334, 335, 337, 338

Jütte, Cerstin: S.17, 154

Koerfer, Jacqueline: S.19, 73, 79, 156, 269, 270, 271, 272, 273, 275, 276, 280, 282, 283, 284, 286, 287, 288, 289, 290, 292, 296, 298, 299, 300, 302 (o.), 303 (o.), 304, 305, 307, 308, 309, 310, 312, 313, 314, 317, 319, 321, 324, 343

Krauß, Katja: S.16, 21, 22, 23, 24, 26, 31, 34, 36, 37, 39, 41, 43, 44, 48, 49, 51, 52, 54, 59 (li.), 61, 72, 83, 84, 85, 86, 94, 97, 99, 107, 111 (o.), 113, 121, 123, 127, 135, 141, 151, 155, 157, 162, 165, 173, 174, 215, 218, 220, 221, 222, 226, 229, 230, 233, 235, 236, 237, 238, 239, 240, 241, 242, 243, 244, 247, 248, 250, 251, 252, 253, 255, 257, 259, 261, 263, 264, 266, 293, 328 (o.), 329, 330, 339, 340, 341, 345, 347

Lorenz, Wolfgang: S.216, 217, 249, 258

Lergon, Detlev: S.178 (mi.), 182

Trautmann, Dr. Christoph, Umweltmykologie GmbH: S.219, 225, 230, 232

Richter, Tanja: S.159, 204, 205, 211

Settles, Gary S.: S.47

Valtanen, Dr. Kerttu: S.228

Alle Grafiken: Kynos Verlag, außer: S.45: Gary S. Settles

KYNOS STIFTUNG

Mit dem Kauf dieses Buches unterstützen Sie die
Kynos Stiftung Hunde helfen Menschen
www.kynos-stiftung.de

Inhaltsverzeichnis

Beim Schreiben dieses Buches sind wir immer in Gedanken bei unseren Hunden, durch die wir da angelangt sind, wo wir heute stehen. Mit jeder Minute gemeinsamer Lebenszeit lernen wir weiter dazu. Wir sind ihnen für alles dankbar, was sie uns gelehrt haben.

Vorworte

Simon Prins

Autor des Buchs „Das Pavlov Projekt“,
Inhaber von „Simon Prins ACT! Animal Consulting & Training“

In einer Welt, die von unzähligen Hundetrainingsbüchern überflutet wird, gibt es nur selten ein Juwel, das über die Grenzen einfacher Anleitungen hinausgeht und tief ins Herz des Hundetrainings vordringt. Dieses Buch ist ein solches Juwel: Geboren aus einer tiefen Leidenschaft, bereichert durch Jahre unschätzbarer Erfahrungen und verfasst von Autorinnen, deren Beitrag zur Welt des Hundetrainings schlichtweg bemerkenswert ist. Sie haben ihr ganzes Trainerleben lang nicht nur in ihre Hunde investiert, sondern auch darin, ihre eigenen Fähigkeiten zu schärfen und dabei kontinuierlich die Grenzen der Trainingsmöglichkeiten auszuloten.

Ich hatte das Privileg, ihre Entwicklung im Laufe der Jahre zu beobachten, ihre unermüdliche Suche nach Wissen zu verfolgen und ihre Bereitschaft zu bewundern, die Tiefen des Hundetrainings zu erforschen. Sie haben immer wieder Fragen gestellt, die ihren Einsatz für das Verständnis und die Beherrschung ihres Handwerks widerspiegelten. In einem Bereich, in dem es immer noch offene Fragen gibt, ist ihre Hingabe, die Komplexitäten des Hundetrainings zu entwirren, wahrhaft bewundernswert.

Dieses Buch ist eine Zusammenfassung ihrer gemeinsamen Weisheit, geboren aus Jahren praktischer Erfahrung und geprägt vom Nachdenken über die eigenen Lernkurven. Es ist nicht das Ergebnis eines einzigen Trainers mit einem oder zwei Hunden, sondern vielmehr eine harmonische Mischung verschiedener Trainingserfahrungen, die über viele Jahre hinweg entwickelt wurden. Jede Seite entfaltet sich mit klaren, handlungsorientierten Schritten und bietet eine objektive Perspektive auf das Training, die fest in den Grundlagen relevanter wissenschaftlicher Prinzipien verwurzelt ist.

Egal ob Sie Anfänger am Beginn ihrer Reise in die Welt des Hundetrainings sind, erfahrener Trainer auf der Suche nach tieferem Wissen oder jemand, der nach neuen Herausforderungen sucht – dieses Buch wird Ihren Wünschen gerecht werden. Es ist ein Reservoir an Erfahrungen aus realen Herausforderungen in Einsätzen und ein Zeugnis für das unerschütterliche Engagement der Autorinnen für ihr Handwerk.

Blättern Sie mit offenem Herzen und neugierigem Geist durch dieses Buch und erlauben Sie ihm nicht nur, Ihren Horizont zu erweitern, sondern auch Ihre Leidenschaft zu entfachen und neue Möglichkeiten zu entdecken. Willkommen zu einer Reise, die nicht nur verändern wird, wie Sie Hunde trainieren, sondern auch, wie Sie die komplexe Kunst des Hundetrainings wahrnehmen. Genießen Sie den Weg!

Simon Prins

Dr. Carola Fischer-Tenhagen

Privatdozentin an der FU Berlin Fachbereich Veterinärmedizin, zahlreiche Forschungsarbeiten und Publikationen zum Thema Spürhunde. Verfasste ihre Habilitationsschrift zum Thema Hunde als Biosensoren.

Oft heißt es, viele Köche verdürben den Brei – dieses Buch ist ein Beweis, dass dies nicht stimmt. Hier haben sich drei Expertinnen der Spürhundearbeit zusammengesetzt und ihre langjährigen Erfahrungen aus den unterschiedlichsten Bereichen der Schnüffelarbeit zusammengetragen. Ich habe das Glück, alle drei Autorinnen seit vielen Jahren zu kennen und habe von ihren Kenntnissen und ihrem Können bei verschiedenen wissenschaftlichen Projekten zur Geruchserkennung mit Hunden profitieren können, wie z.B. bei der Brunstsuche, Bakterienidentifikation oder Krebserkennung.

Im allgemeinen Teil wird ein Einblick in die weitreichenden Möglichkeiten der Spürhundearbeit gegeben. Eine gute Mischung aus wissenschaftlichen Erkenntnissen und bildlichen Anekdoten macht den Text einprägsam und spannend. Der Schatz des Buches liegt im praktischen Teil. Detaillierte Trainingspläne für Suchaufgaben in vielfältigen Einsatzbereichen und für alle Ausbildungsstufen der Hunde geben sowohl erfahrenen Spürhunde Trainer*innen als auch interessierten Einsteigern tolle Wegweiser zum motivierten und erfolgreichen Spürhund. Ich hatte während und nach der Lektüre des Buches das dringende Bedürfnis, meinen Hund zu nehmen und seine Nase herauszufordern.

Dr. Carola Fischer-Tenhagen

Dr. Viviane Theby

Tierärztin mit Zusatzbezeichnung Verhaltenstherapie, Autorin und internationale Referentin, Mitinhaberin der Tierakademie Scheuerhof

Die Nasenarbeit mit Hunden ist eine hervorragende Möglichkeit, um einmal in die Welt der Hunde eintauchen können. Michaela, Katja und Jacqueline haben dazu ein Buch vorgelegt, das es verdient, zum Standardwerk in der Nasenarbeit zu werden. In diesem Buch sind 75 Jahre praktische Erfahrung der drei Trainerinnen gebündelt. Außerdem zeichnet es dieses Buch aus, dass hier Erfahrungen aus ganz unterschiedlichen Bereichen der Spürhundearbeit zusammenkommen.

Michaela und Jacqueline haben damals an meiner Doktorarbeit mitgearbeitet, in der ich untersucht habe, ob Hunde eine bestimmte Bakterienart in Kuhmilch erkennen können. Dieses Bakterium verursacht Euterentzündungen und kann für Kühe potenziell tödlich sein. Die Hunde können es, was wir alle sehr beeindruckend fanden.

Mit Katja verbinden mich die gemeinsamen Wurzeln in der Rettungshundearbeit beim THW vor so langer Zeit, dass ich es gar nicht mehr einordnen kann.

Alle drei Frauen führen Hunde im Einsatz für ganz unterschiedliche Aufgaben. Sie kennen sich also nicht nur mit dem Training aus, sondern auch mit den Situationen, in denen man sich ganz auf den Hund verlassen muss und in denen Mensch und Hund ein unschlagbares Team werden. Durch ihre wiederholten Sucherfolge in solchen doppelblinden Einsatzsituationen mit schon mehreren Generationen an Hunden zeigen alle drei sehr schön, dass sie die Arbeit ihrer Hunde und vor allem sich selbst gut kritisch hinterfragen können. Das ist in der Welt der Nasenarbeit nicht selbstverständlich, wie in vielen wissenschaftlichen Studien schon nachgewiesen wurde.

Wir können den Hunden in Sachen Nase nichts beibringen. Wir können nur lernen, immer besser zu kommunizieren. Dazu gehört, dass wir unseren vierbeinigen Freunden immer verständlicher erklären können, was wir von ihnen wollen. Außerdem dürfen wir immer besser darin werden, zu verstehen, was sie uns dann mitteilen wollen. Nasenarbeit ist also mehr ein Verständigungstraining als ein Gehorsamstraining. Das macht sie so wertvoll in der Beschäftigung für die Hunde, aber auch zum Beispiel in der Therapie von Verhaltensproblemen. Die bessere Verständigung und das „gemeinsame Hobby“ können so viel mehr bewirken als „nur“ Erfolge beim Finden.

In diesem Sinne wünsche ich allen Lesern eine spannende und lehrreiche Erfahrungsreise in die Welt der Hundenase, aber auch in die eigene Entwicklung, die die Arbeit mit den Hunden mit sich bringt. Den drei Autorinnen wünsche ich mit ihrem Buch den Erfolg, den sie bei all ihrer wertvollen Arbeit mit Sicherheit verdienen.

Dr. Viviane Theby

Ein spezielles Danke an Bob Bailey

Bob Bailey, geb. 1936, ist unser Mentor in Sachen Training. Wir haben viel von ihm in den Hühnerworkshops und im Training mit unseren Hunden gelernt. Er ist ein Schüler von B.F. Skinner und hat in seinem Unternehmen Animal Behavior Enterprises (ABE) Tausende Tiere für Werbung, Bühnenproduktionen, Touristenattraktionen und Militär trainiert. Außerdem ist er der Begründer der Chicken Workshops, die an der Tierakademie Scheuerhof in seinem Sinne weitergeführt werden.

„Think-Plan-Do" ist eine seiner Weisheiten, die uns immer begleitet. Bob hat uns in vielerlei Hinsicht die Augen geöffnet und uns auf Tatsachen im Training gestoßen, die uns in Fleisch und Blut übergegangen sind. Wir wollen all sein Wissen und seine Weisheiten nicht missen und werden dich in diesem Buch immer wieder daran teilhaben lassen. Es ist sehr hilfreich, im Training immer wieder an ihn zu denken, wenn uns seine Worte in den Sinn kommen. Er sitzt immer auf unseren Schultern – gleich neben Pawlow.

Ein großes Dankeschön an Bob! Es ist einfach großartig, dass wir das Glück haben, so viel von ihm lernen zu dürfen!

Das sagt Bob zu diesem Buch:

„Ich kenne alle drei Autorinnen aus meinen Hühnercamps in Deutschland, wo sie hervorragende Trainerfähigkeiten gezeigt und nie aufgehört haben, mir Fragen zu stellen. Ich freue mich sehr darüber, dass dieses Buch, das Ergebnis ihrer vielen Jahre an Erfahrungen, Fragen und Lernen, jetzt das Licht der Welt erblickt."

Zu diesem Buch

Hier ist es – unser Buch zum Thema Spürhundearbeit.

Unser Ziel war, ein Werk für alle zu schaffen, die ihren Hund mit der Nase beschäftigen möchten oder müssen, sei es als Jagd- oder Diensthund, einfach als Hobby für Hund und Mensch oder professionell im bezahlten Einsatz. Wir möchten einen Überblick geben, was zu beachten ist, wenn wir den Hund gut aufbauen möchten und was das Besondere an der Spürhundearbeit ist.

Wir möchten aber auch kritisch sein und den Blick auf die Verantwortung lenken, die wir haben, wenn wir den Hund professionell einsetzen möchten.

In diesem Buch geht es um die Praxis. Lerntheoretisches Wissen wird vorausgesetzt und es wird auf Basis der positiven Verstärkung gearbeitet. Wir möchten uns nicht um Grundlagen kümmern, sondern um das, was wichtig ist, um die Hunde in der Spürhundearbeit aufzubauen.

Es geht aber auch darum, uns selbst als Hundeführer immer wieder kritisch zu hinterfragen, denn auf diesem Gebiet können wir uns schnell in die Tasche lügen und eine scheinbar gute Arbeit leisten. Kritisches Hinterfragen ist gerade in der professionellen Spürhundearbeit unerlässlich. Wenn wir möchten, dass wir mit unserem Hund ein gutes Einsatzteam werden, dann ist es auch wichtig, uns als Team gut auszubilden. Es gibt viele gute und viele schlechte Teams im Einsatz. Wir möchten mit diesem Buch dazu beitragen, dass es immer mehr gute werden. Von der Praxis für die Praxis!

Aus diesem Grund haben wir das Buch unterteilt in einen allgemeinen Teil und einen, der dann ganz gezielt in die Praxis geht und Trainingspläne und Handlungsanweisungen für verschiedene Sparten der Spürhundearbeit bereithält.

Wir schreiben aus der Praxis und gehen ganz gezielt nicht auf Studien ein. Es gibt eine Unmenge an Studien, die das eine oder andere belegen oder auch widerlegen. Wir sehen auch viele Studien, bei denen das Training der Hunde und das Können der Trainer nicht beachtet werden und die somit ein unserer Meinung nach für die Praxis irrelevantes Ergebnis aufweisen. Das heißt aber natürlich nicht, dass wir die wissenschaftlichen Erkenntnisse in unserer Arbeit außen vor lassen. Wir hinterfragen diese allerdings genauso kritisch wie unser eigenes Training. So verbinden wir Wissenschaft und Praxis.

Das einzige wissenschaftliche Kapitel in diesem Buch ist das Kapitel über den Geruchssinn: Hier ist eine Zusammenfassung der aktuellen wissenschaftlichen Erkenntnisse.

In diesem Sinne freuen wir uns über jeden, der dieses Buch in die Hand nimmt und sein Training kritisch hinterfragt, um immer besser zu werden. Und wir können alle immer besser werden – im Sinne der Hunde und unserer Kunden.

Wir möchten an dieser Stelle auch unserem Gastautor Detlev Lergon, DELEX Schädlingsmanagement, sowie Kerttu Valtanen (promovierte Biologin und Expertin in Mykologie) sowie Dr. Wolfgang Lorenz (unter anderem Autor des Buches: Praxis-Handbuch Schimmelpilzschäden: Diagnose und Sanierung) danken, die uns für die beiden Spezial-Kapitel mit Rat und Tat zur Seite gestanden haben. Die Zusammenarbeit mit Experten ist unschätzbar wichtig und fruchtbar für alle Seiten – das ist uns beim Schreiben dieses Buches wieder einmal bewusst geworden.

Über uns

Michaela Hares

Ich beschäftige mich seit 1998 mit der sensationellen Leistung der Hundenase. Seitdem trainiere ich auch aktiv in dieser Sparte, anfangs in der Flächen- und Trümmersuche, später im Mantrailing und ID-Tracking.

Da Spürhunde mich schon immer fasziniert haben und ich solch einen Spaß am Training habe, habe ich meinem Border Collie Lamo die Anzeige von brünstigen Kühen beigebracht. Außerdem haben wir das Anzeigen von Staphylokokken in Milchproben trainiert und am wissenschaftlichen Test zur Doktorarbeit von Dr. Viviane Theby teilgenommen. Außerdem war Lamo mein erster einsatzfähiger Bettwanzenspürhund.

Immer wieder habe ich verschiedene Geruchsunterscheidungs-Aufgaben trainiert, wie zum Beispiel mit meinem ersten Border Collie Silas das Anzeigen von verschiedenen Mineralwässern anhand eines Geruchsmusters.

Meine jetzigen beiden Border Collies Fosco und Murot werden in der Bettwanzensuche geführt, in der wir seit 2015 erfolgreich Einsätze laufen. Außerdem suchen und finden wir verlorene Gegenstände in der Grob- und Feinsuche und konnten schon dem ein oder anderen Besitzer seine verlorengegangenen Sachen wieder überreichen oder gestohlene Gegenstände wiederfinden.

Da ich viel Spaß an Experimenten im Bereich der Spürhundearbeit habe. trainiere ich meine Hunde aktuell auch mit Geruchsmustern, um breiter in der Detektion von

Schädlingen helfen zu können. Was das genau bedeutet, erläutere ich im Kapitel über die Suche mit Geruchsmustern.

Seit einiger Zeit bin ich auch im Bereich der Artensuche aktiv. Mein Hauptaugenmerk liegt hier im Bereich des Umwelt- und Naturschutzes sowie im Bereich der Schädlingsbekämpfung. Hunde dazu auszubilden, andere Tiere zu finden, ist eine sehr spannende und interessante Aufgabe, die in vielen Bereichen sinnvoll eingesetzt werden kann.

Beim IGAMon-Dog Projekt, das vom Unabhängigen Institut für Umweltfragen zusammen mit dem Helmholtz-Zentrum für Umweltforschung und dem Verein Wildlife Detection Dogs durchgeführt wird, bin ich gemeinsam mit Katja Krauß im Trainerteam, um Bürgerwissenschaftler und ihre Hunde auszubilden, invasive gebietsfremde Pflanzen zu suchen.[1]

1 https://www.korina.info/projekte/igamon-dog/

Die Deutsche Bahn bildet seit 2021 Spürhunde für den Artenschutz aus. Diese Hunde kommen bei Kartierungsarbeiten von Bau- und Instandhaltungsmaßnahmen zum Einsatz und spüren zum Beispiel geschützte Zauneidechsen, Schlingnattern oder Fledermäuse auf. Zum Zeitpunkt der Fertigstellung dieses Buches (Januar 2024) gibt es bereits zehn Hunde an drei Standorten (in Baden Württemberg, Bayern, Thüringen). In diesem Projekt war ich zu Beginn als fachliche Beraterin und mittlerweile als Vorausbilderin tätig. Hier bereite ich junge Hunde auf ihre Aufgabe als Diensthund im Bereich der Artensuche vor.

Seit dem Jahre 2000 betreibe ich gemeinsam mit meinen beiden Kolleginnen Dr. Viviane Theby und Lisa Peitz die Tierakademie Scheuerhof in Wittlich.[2] Dort bilden wir Familienhunde und Spezialhunde aus. Unser Hauptaugenmerk gilt allerdings der Ausbildung guter Trainer – auch in der Spürhundeausbildung. Gerade in der Ausbildung von Spürhunden ist es wichtig, den Trainern das kritische Hinterfragen beizubringen, damit die Hunde im Einsatz gute Arbeit leisten können.

Im Bereich der Hundeschule habe ich auch bereits die verschiedensten Spürhunde ausgebildet. So kommen immer wieder Anfragen, den Hund zum Diabetiker-Warnhund, Allergie-Anzeigehund oder auf eine bestimmte Tierart im Bereich der Artensuche oder auf einen bestimmten Geruch zur sinnvollen Beschäftigung auszubilden.

Ich bin hauptberuflich Hundetrainerin und Verhaltensberaterin IHK und bilde mich regelmäßig im Bereich des Hundetrainings und der Spürhundearbeit fort.

Ich bin unendlich dankbar, dass ich auf meinem Weg mit und von großen Trainerpersönlichkeiten wie Bob Bailey, Linda Tellington-Jones und Simon Prins lernen durfte und darf.

Viele Jahre war ich als Erzieherin in einer Kindertagesstätte mit Schwerpunkt tiergestützter Pädagogik tätig und habe dort meine Hunde eingesetzt.

Ich bin international als Referentin unterwegs und Autorin von zahlreichen Fachartikeln, Büchern und DVDs im Bereich des Hundetrainings und der tiergestützten Pädagogik.

Die Arbeit mit Hunden ist meine Leidenschaft. Das Leben und Arbeiten mit den Tieren ist für mich so unglaublich bereichernd und wertvoll! Es hat mich dahin gebracht, wo ich jetzt stehe. Ohne die Hunde in meinem Umfeld – egal ob meine eigenen, Gast oder Ausbildungshunde oder auch Kundenhunde – wäre das nicht möglich, ich lerne von jeder Begegnung unglaublich viel. Und das gilt ganz besonders für die Spürhundearbeit. Wenn wir mit den Hunden in der Spürhundearbeit aktiv sind, lassen wir uns auf die unbekannte Welt der Hunde ein. Und genau das ist das Spannende. Ich hoffe, diese Leidenschaft wird im vorliegenden Buch deutlich.

2 www.tierakademie.de

Jacqueline Koerfer

Meine Leidenschaft zur Nasenarbeit wurde durch meine erste Hündin vor über zwanzig Jahren geweckt: Die Rauhaar-Foxterrierdame Julie, ein Temperamentsbündel ohne „Aus-Knöpfchen". Mit ihr habe ich meine erste Geruchsunterscheidung trainiert mit dem Ziel, Erdnussöl von anderen Ölsorten wie Sonnenblumen-, Walnuss- oder Olivenöl zu unterscheiden. Dies haben wir beide damals auch geschafft – aber ohne Plan, eigentlich nur durch Versuch und Irrtum, sehr mühselig und langwierig, aber es hat geklappt. Ihre Anzeige war sehr originell: Sie leckte den Salat mit dem richtigen Öl ab. Auch meine ersten Mantrailingerfahrungen habe ich mit Julie machen dürfen.

Dann gesellte sich zu meiner Julie ein Romeo dazu, ein italienischer Trüffelhund, ein Lagotto Romagnolo. Er konnte diejenige Teemischung anzeigen, die Kamille enthielt, und wenn es nur ein paar Krümel waren. Das funktionierte sogar mit gekochtem Tee. Der Weg dahin war spannend, aber wesentlich einfacher als mit Julie. Mantrailing haben wir auch gemacht und mit ihm brach bei mir das Trüffelfieber aus. Wir hatten die Trüffelsuche zuhause trainiert, und das anscheinend sehr gut, denn als wir in Frankreich bei Wettkämpfen antraten, errang der Ausländer den ersten Platz! Mit Romeo durfte ich auch am Forschungsprojekt „Staphylokokken in Kuhmilch anzeigen" teilnehmen.

Bei einem Trüffelseminar in Frankreich sah ich dann meinen Shakespeare, auch einen Lagotto Romagnolo, und brachte ihn mit nach Hause. Auch mit ihm nahm ich an Trüffelwettkämpfen in Frankreich teil, wobei er einmal einen Trüffel unter dem Schuh des Richters anzeigte – und Recht hatte! Mit Shakespeare wollte ich tiefer in die Geruchsunterscheidung eintauchen. Die Idee war, ein Geruchsmemory mit ihm zu machen: Ich präsentiere dir Basilikum, zeige du mir dann im Geruchsrad Basilikum an. Ich präsentiere dir Oregano, zeige mir Oregano an, obwohl auch Basilikum im Geruchsrad ist. Dies gestaltete sich als ein schwieriges Unterfangen und ich hörte bei drei Gerüchen auf. Hier hatte uns die Trainingswaage (S.78) die Arbeit sehr erschwert. Shakespeare war außerdem ein erfolgreicher Pettrailer.[3]

Dann zog ein weiteres Lagottomädchen bei mir ein und ich nannte sie nach „Shakespeare in Love" Lovelyn. Das Trüffelfieber hatte inzwischen ein wenig bei mir nachgelassen und ich hatte mehr Zeit, mich mit anderen Nasenaufgaben zu beschäftigen. Ein Thema war, im Frühjahr Rehkitze in den Wiesen zu suchen, bevor der Mähdrescher zum Einsatz kommt. Meine Idee war, die Fläche von außen abzugehen: Lovelyn sollte die Spur der Ricke anzeigen und uns von da aus ins Feld zum Rehkitz führen. Also haben

3 www.nosey-dogs.com

wir Spuren verfolgen und den Rehgeruch anzeigen geübt. Lovelyn war auch Teilnehmerin des Forschungsprojekts „Staphylokokken in der Kuhmilch anzeigen".

Dann kam noch ein zweites Lagottomädchen dazu – Maisie (weil im Mai geboren und eine „sie"). Maisie kann Rehkitze aufspüren und lebende Mäuse und Ratten anzeigen.

Später gesellte sich noch ein Othello zu uns: Er ist aber keine Tragödie, sondern mein Seelenhund. Mit den beiden Mädels und Othello bin ich zur Kongsuche übergegangen, das heißt ich habe sie auf den Konggeruch konditioniert und kann jetzt über den Konggeruch neue Zielgerüche trainieren. Für mich hat dies den Vorteil, dass ich mit dem Kong zwischendurch einfach mal ein wenig trainieren kann, ohne mir große Gedanken um die Vorbereitung einer Probe mit Zielgeruch machen zu müssen und dass die Hunde nebenbei Such- und Anzeigeerfahrung mit ihren Nasen sammeln können. Mit der Gründung der „Spürnasenarbeit", einem Ausbildungszentrum für Spürnasen zum Artenschutz in Luxemburg[4], sind neue Aufgaben auf mich und meine Hunde zugekommen. Bestehende Projekte sind zum Beispiel, Schlagopfer unter Windrädern anzuzeigen, Fichten mit Borkenkäfer zu finden, lebende Bettwanzen zu lokalisieren und Wolfslosungen aufzuspüren. Nicht zu vergessen ist auch, dass ein kleines Lagottomädchen kurz nach Othello Einzug gehalten hat, die Angelina (in Anlehnung an Angelica, die Person, die bei Shakespeare Juliet großgezogen hat).

So besteht mein aktuelles Rudel aus Othello, Lovelyn, Maisie und Angelina. Durch die Ausbildung von Spürhunden zum Artenschutz hat sich meine Erfahrung in der Nasenarbeit auch auf Kundenhunde und auf neue Artenschutzthemen ausgedehnt. Jetzt bin ich in Rente und kann die Nasenarbeit in vollen Zügen genießen! Natürlich bin ich TOP Trainerin der Tierakademie Scheuerhof mit der Zusatzbezeichnung „Nase".

Ich möchte mit diesem Buch meine Leidenschaft und meine Faszination, was unsere Hunde alles „erriechen" können, für jeden zugänglich machen. Gutes Training kann so spannend sein, und dann ist es einfach bereichernd, die einzelnen Hundepersönlichkeiten beobachten zu dürfen.

4 www.nasenarbeit.com

Katja Krauß

Wenn du weißt, was du tust, dann kannst du tun, was du magst. (Feldenkrais)

Spürhundtraining ist für mich mehr als nur eine Leidenschaft. Vielleicht ist es der Flowzustand, der sich auf mich überträgt, wenn der Hund ganz in seinem Element aufgeht. Es heißt, dass der Flowzustand dem Menschen ein starkes Gefühl der Selbstwirksamkeit bringt und dass im Flow extrem anstrengende Tätigkeiten kinderleicht erledigt werden. Genauso sieht es für mich bei Hunden aus, die teilweise extreme Suchleistungen vollbringen, welche nach außen hin so mühelos wirken.

Die gezielte Spürhundausbildung begann ich mit meiner Border Collie Mischlingshündin Sascha, als ich 17 Jahre alt war. Mit ihr war ich unter anderem im Schutzhundesport sehr aktiv und wir sind häufig mit der Maximalpunktzahl aus den Fährten herausgegangen. Als meine Schäfermixdame Dodger, mein DSH Rüde Drigon und meine Terriermixhündin Ischka dazukamen, reichte mir der normale Hundesport nicht mehr und ich begann parallel die Trümmerspürhundeausbildung im THW. Hier war ich zehn Jahre lang als Spürhundeführerin und Ausbilderin tätig.

Als das Technische Hilfswerk im Jahre 2000 beschloss, die Rettungshundearbeit in Berlin einzustellen, war meine jüngste Hündin Taschka ein dreiviertel Jahr alt. Ihr bei der Menschensuche in den Trümmern zuzuschauen war pure Freude. Daher war mir klar, dass eine neue Suchaufgabe für sie gefunden werden musste. Das brachte mich zur Schimmelspürhund-Arbeit. Dr. Wolfgang Lorenz suchte damals in Berlin nach einem Schimmelspürhund. Kurzerhand habe ich Taschka „umgesattelt" und sie war weitere elf Jahre als Schimmelspürhündin mit mir im Einsatz.

Durch meine Schimmelspürhundtätigkeit lernte ich auch meine finnische Freundin Kerttu Valtanen kennen, die sich beruflich mit dem Thema Schimmel befasst. Mit ihr flog ich ein paar Jahre später nach Finnland, um dort Schimmelspürhunde zu prüfen. In Deutschland habe ich maßgeblich an der Prüfungsordnung für Schimmelspürhunde mitgearbeitet und immer wieder auch Schimmelspürhunde-Teams geprüft.

Zurzeit bilde ich in meiner Hundeschule GREH in Berlin, die ich 1996 gründete, Spürhundeteams, meist Schimmelspürhunde-Teams, aus.[5] Neben der Spürhundearbeit kümmern mein Team und ich uns hauptsächlich um die Grunderziehung von Welpen, Junghunden und Familienhunden.

Parallel habe ich in den letzten Jahren Erfahrungen sammeln dürfen, z.B. in einem Hunde-Projekt, wo es um die Lungenkrebserkennung anhand von Atemluft ging, der Igelsuche mit Hund sowie der Suche nach invasiven Pflanzenarten, besonders der

5 www.schimmelsuchemithund.de

Ambrosia. Teilweise habe ich auch unsere Minipigs zum Spüren trainiert. Insgesamt trainiere ich Tiere für Spüraufgaben also nun schon seit 36 Jahren.

Zudem bin ich Tellington TTouch® Instruktorin (wovon es weltweit nur 30 gibt), von Linda Tellington-Jones persönlich berufen, weshalb mein gesamtes Handeln immer von der Tellington Methode beeinflusst ist. In dem Zusammenhang habe ich eine Hundetrainer- und Katzenverhaltensberaterausbildung geschaffen[6], da meine große Hoffnung ist, dass die Tellington-Methode in der Zukunft weltweit die Grundlage im Umgang mit Tieren sein wird.

Unsere Ausbildung für Therapeuten und Pädagogen[7] leite ich mit meiner Kollegin Lina Grobecker seit 2016. Den Onlinekurs, in dem wir die „Gewaltfreie Kommunikation" nach Marshall Rosenberg auf den Umgang mit Tieren übertragen haben, habe ich mit meiner Kollegin Gabi Vana geschaffen.[8] Und den Onlinekurs, wo es um das Führen in Balance geht, habe ich zusammen mit Stephanie Hornung kreiert.[9]

Die Anwendung der Kombination der Tellington-Methode, der positiven Bestärkung, dem Führen in Balance und der Gewaltfreien Kommunikation hat mich sogar nach Dubai gebracht, wo ich über zehn Jahre die Tiertrainer des Königshauses unterrichtet habe (siehe Foto unten).

Außerdem bin ich sehr stolz auf meinen Spiegel-Bestseller-Erfolg, den ich zusammen mit Gabi Maue geschrieben habe: „Emotionen bei Hunden sehen lernen". Dieser wurde bisher in fünf weitere Sprachen übersetzt und gilt bereits jetzt vielfach als *das* Standardwerk in Bezug auf die Hundesprache.

Katja vor einigen Jahren in Dubai mit Her Highness Sheikha Salamah Bint Mohammed bin Rashed al Maktoum.

6 www.ttouch-n-click.de
7 www.HUNDGESTUETZT.de
8 www.lovinganimals.de
9 https://tiertraining.tv/produkt/fuehren-in-balance/

1.

VORAUSSETZUNGEN

Hundeauswahl

Bevor wir zu trainieren beginnen, brauchen wir einen Hund! Und da ist es sinnvoll, sich von vornherein Gedanken darüber zu machen, welcher Hund es denn sein soll. Soll der Hund am Ende in den Einsatz gehen? Wenn ja, in welchem Umfeld? Soll er „nur" zum Spaß in der Nasenarbeit ausgebildet werden? Mit welchem Typ Hund will ich mein Leben verbringen?

Wir müssen uns also erst einmal Gedanken darüber machen, was wir haben möchten und was auf keinen Fall zu uns passt. Und da es ja eine große Auswahl an Rassen und deren Mischlingen gibt, sollte wohl für jeden etwas dabei sein. Welche Hunderasse ist geeignet, um zum Spürhund ausgebildet zu werden?

Da Hunde uns in Sachen Nasenleistung sehr überlegen sind, stoßen wir im Training eher an die Grenzen unserer eigenen trainerischen Fähigkeiten als an die Grenzen der Hundenase. Aus diesem Grund denken wir: Alle gesunden Hunde, die anatomisch in der Lage sind zu riechen, sind auch in der Lage, einen bestimmten Geruch zu suchen. Ein Problem kann es eventuell bei sehr kurznasigen Rassen wie zum Beispiel dem Mops, der Französischen Bulldogge, dem Japan Chin oder Zwerggriffon geben. Dieses ist dann durch die anatomischen Besonderheiten dieser Rassen bedingt.

Bei der Auswahl eines Hundes ist es aber wichtig, sich Gedanken über das spätere Einsatzgebiet zu machen. Je nach Einsatzort sind andere Eigenschaften wichtig. Bei Hunden, die in Häusern, Wohnungen oder Hotelzimmern eingesetzt werden, ist es sinnvoll, die Größe des Hundes bei der Auswahl zu beachten. Sehr große Hunde sind oft zu groß für ein kleines Hotelzimmer

Eve (15 Jahre alt und fast blind und taub) hat immer noch Spaß am Suchen und Apportieren ihres Dummys.

oder ein vollgestelltes Privatzimmer. Eine Dogge stößt aufgrund ihrer Größe zudem auch eher Gegenstände mit ihrer Schnauze oder Rute um als ein Cocker Spaniel. Zudem wird es ihr schwerer fallen unter ein Bett zu kriechen und dort nach Bettwanzen oder Schimmel zu suchen als einem kleinen Terrier.

Große Hunde haben wiederum den Vorteil, dass sie die Gerüche in höheren Verstecken besser erschnüffeln können. Dieser Vorteil gilt allerdings auch nur bis zu der mit ihrer Nase erreichbaren Höhe.

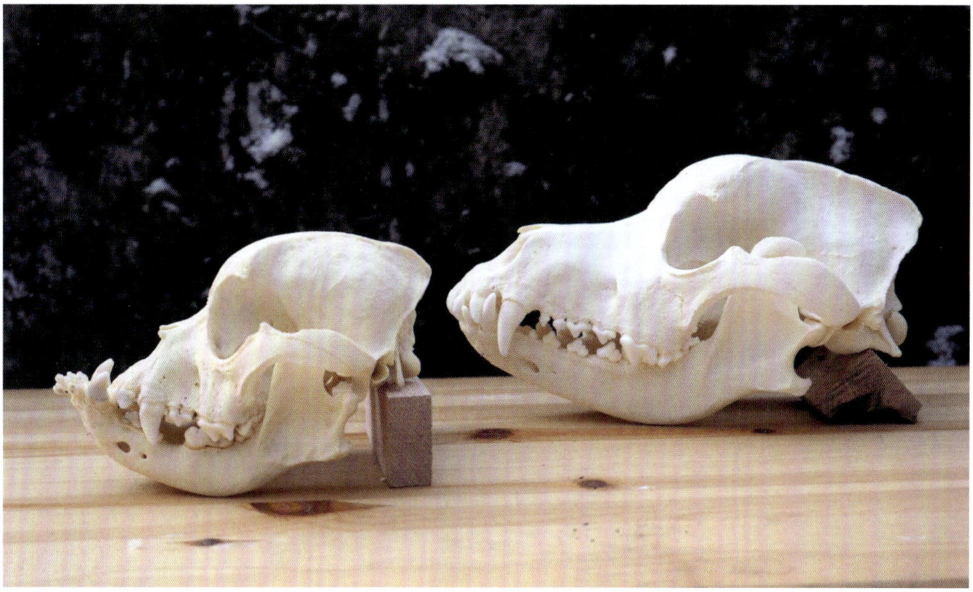

An der Schädelform sind die unterschiedlichen Nasenlängen gut zu erkennen.

Sehr große Hunde mit viel Fell sind bei einer Suche im Außenbereich besser aufgehoben als in einem engen Wohnraum.

Erfahrungsbericht Katja 

Ich hatte vor Jahren mal eine Interessentin für die Schimmelsuche. Die Anruferin erklärte mir, dass ihr Bernhardiner bereits sechs Jahre alt sei, doch sie würden gerne noch etwas dazulernen. Ich erläuterte der Dame dann, dass viele Schimmeleinsätze in kleinen Räumen stattfinden, wo ein Bernhardiner sich kaum zu drehen vermag. Um professionell mit dem Hund in den Einsatz zu gehen, braucht es vielfach ein bis eineinhalb Jahre Ausbildung und dann wäre der Hund siebeneinhalb Jahre alt gewesen. Daraufhin habe ich der Dame abgeraten und ihr einige andere Spürhundsparten aufgezählt, wo dieses Mensch-Hund-Team sicherlich besser aufgehoben sein würde.

Ein kleiner bis mittelgroßer Hund ist also für diese Art der Sucharbeit bei Weitem praktischer als eine sehr große Rasse. Soll der Hund in offenem Gelände bei der Suche nach Trüffeln, Tierkot, verlorenen Gegenständen oder vermissten Menschen helfen, dann sind wiederum andere Eigenschaften gewünscht. Hier braucht es einen Hund, der in der Lage ist, weite Strecken zu laufen und geländesicher ist. Muss er in der Nähe von Wasser suchen, sollte er nicht wasserscheu sein. Wenn er bei Wind und Wetter draußen arbeiten soll, dann ist ein dickes, wetterfestes Fell von Vorteil und wenn er viel in Dornbüschen suchen soll, dann ist ein zotteliges oder sehr kurzes, dünnes Fell vielleicht eher unpraktisch.

Tamika war als Terriermix schon recht geländesicher, doch bedingt durch ihre Größe war es für sie sehr anstrengend, wenn sie im hohen Gras suchte.

Bei manchen Suchaufgaben sind auch sehr kleine Hunde von Vorteil. Ein Hund, der Ameisennester in Häusern aufspüren soll, muss vielleicht in kleine Ecken kriechen, um dort zu schnüffeln, genauso wie Zollhunde, die vielfach auf Schiffen eingesetzt werden, wo es sehr eng sein kann. Und ein Hund, der seinen Menschen warnt, bevor er in Unterzucker gerät, kann jede beliebige Größe haben.

Bei der Auswahl des Hundes ist also einiges zu beachten. Wichtig ist auch, wie oft der Hund suchen soll. Ist der Hund täglich im Einsatz, wie es bei manchen Zoll- oder Artenspürhunden der Fall ist, sollte es eine sehr arbeitseifrige Rasse sein, die auch über einen längeren Zeitraum suchen kann. Ein Border Collie oder ein Pudel wird eher bereit sein, täglich mehrere Stunden im Einsatz zu arbeiten als ein Neufundländer oder Basset Hound.

Bei der Rasseauswahl sollte immer bedacht werden, dass der Hund nicht nur ein Arbeitshund, sondern auch ein Familienhund ist, mit dem wir unseren Alltag verbringen müssen und wollen. Daher sollte auch jeder überlegen, welche Rasse er mag, welche Vor- und Nachteile diese hat und mit welchen Nachteilen er leben kann, um die Vorteile zu nutzen! Ein Bloodhound kann zum Beispiel beim Mantrailing wahre Wunder vollbringen, aber als Familienhund extrem anstrengend sein.

Wichtig ist auf jeden Fall, dass der Hund, wenn er von einem Züchter kommt, eine möglichst gute Sozialisation und Aufzucht erhalten haben sollte. Wählen wir einen Tierschutzhund, sollten wir uns diesen ganz genau anschauen und kritisch nachfragen, ob er das mitbringt, was für die Arbeit gebraucht wird. Außerdem sollten wir dazu unsere eigenen Trainerfähigkeiten beleuchten, denn Hunden mit Vergangenheiten spezielle Aufgaben beizubringen stellt vielleicht auch höhere Anforderungen an die eigenen Fähigkeiten.

Einen Welpen großzuziehen und diesen von Anfang an auf seine Aufgabe vorzubereiten hat viele Vorteile gegenüber einem erwachsenen Hund, der mit all seinen Erfahrungen übernommen wird. Allerdings bedeutet ein Welpe mitunter auch mehr Arbeit als ein erwachsener Hund, der bereits eine Grundausbildung hat.

Es gibt wie immer und überall Vor- und Nachteile, die es abzuwägen gilt. Letztendlich muss jeder ganz genau überlegen, welche Einsatzgebiete und Lebensumstände auf den Hund zukommen und welcher Hund am besten in dieses Leben passt.

Möchten wir unseren Hund mit der Spürhundearbeit einfach nur gut beschäftigen, ist er ja meistens schon bei uns. In dem Fall ist es sinnvoll, ihn sich genau anzuschauen und dann zu entscheiden, welche Suchaufgabe er lernen soll. Da es eine große Vielfalt an Gerüchen gibt, die der Hund suchen kann, wird sich für jeden Hund das Passende finden.

Jede Hunderasse hat ihre Vor- und Nachteile. Wir müssen überlegen, welche Nachteile wir in Kauf zu nehmen bereit sind, um die Vorteile nutzen zu können.

Allgemeines Training

Ist der Hund bei uns eingezogen, geht es erst einmal darum, ihm ein gutes Alltagstraining anzueignen, damit er sein Leben mit uns genießen kann. Er soll all das lernen, was ein ganz normaler Familienhund auch können sollte. Wenn der Welpe mit ca. 8–10 Wochen zu uns kommt, ist es wichtig, ihn so gut es geht zu sozialisieren. Er sollte möglichst viele Reize kennenlernen, die ihm in seinem späteren Leben begegnen können.

Dabei sollte auch schon an sein späteres Berufsleben als Spürhund gedacht werden. Der Welpe sollte also bereits jetzt verschiedene Untergründe, Gelände, Geräusche und auch Menschen kennen lernen. Es sollte ganz genau überlegt werden, was für den späteren Einsatz wichtig ist bzw. was er an Spürhundeaufgaben lernen soll. Wird er zum Beispiel später in Räumen eingesetzt, dann ist das Kennenlernen von verschiedenen Bodenbelägen und in Maßen auch Treppenformen wichtig. Soll er auf dem Bahnhof oder dem Flughafen eingesetzt werden, dann sind genau diese Geräusche wichtig kennenzulernen. Soll der Hund lernen, mit uns Pilze im Wald zu finden, dann brauchen wir uns um diese Dinge nicht zu kümmern. Hier kommen aber Ablenkungen durch Wildspuren oder anwesendes Wild auf uns zu.

Ist der Welpe bei uns eingezogen, müssen wir ihn erst einmal auf das Leben mit uns vorbereiten.

Wichtig ist, dass die Reize dem Hund immer nur so präsentiert werden, dass er keine Angst hat. Lieber ein paar Minuten Spaß auf dem Bahnsteig haben und wieder gehen als so lange bleiben, bis der Hund Angst bekommt, weil es zu viel ist. Und Spaß ist für die meisten Hunde, Leckerchen zu erhalten oder mit einem Spielzeug zu spielen.

Öfter hört man das Gerücht, dass Hunde nicht mehr gut riechen könnten, wenn sie Käse, noch dazu stark riechenden wie etwa Harzer, bekämen. Das ist Unsinn! Wir belohnen unsere Hunde sehr viel mit Käse und trotzdem sind sie großartige Spürhunde.

Nach der Sozialisationszeit sollte er die Dinge lernen, die zu einem gemeinsamen Leben gehören. Auch dabei sollte sein späterer Beruf als Spürhund gleich mit einbezogen werden.

Zu diesen Aufgaben zählen: Herankommen auf Ruf, Alleinebleiben, an der lockeren Leine laufen, Menschen adäquat begrüßen, überall hin mitgenommen werden können, leise sein und Ruhe bewahren in aufregenden Situationen, sich abtrocknen und sauber machen lassen, gelassen Auto fahren und vieles mehr.

Hunde, die später in Häusern, Wohnungen oder anderen Gebäuden suchen sollen, sollten von Anfang an genau darauf vorbereitet werden. Sie müssen viele fremde Räume kennenlernen und viele verschiedene Untergründe begehen können. In Hotels gibt es oft glatte und glänzende Böden, die der Hund in seinem späteren Berufsleben ohne Probleme begehen können sollte. Dazu gehören auch Treppen aller Art, unter anderem offene Treppen, Raumspartreppen oder Gittertreppen. Auch Aufzugfahren will gelernt sein. Wenn der Hund die Größe dafür hat, dann sollte er auch das Getragenwerden kennenlernen, um vielleicht besonders knifflige Leitern oder Treppen auf diese Art überwinden zu können. Stellen sich dabei Unsicherheiten heraus, kann es hilfreich sein, mit Tellington-Körperbändern oder den Tellington-Führtrainingstools zu arbeiten. Mehr dazu im Abschnitt über Tellington-Training für Spürhunde.

Wird ein Hund später in Wohnräumen eingesetzt, ist es wichtig, ihn bereits als Welpe mit sehr viel Bedacht an verschiedene Treppenformen heranzuführen.

In Lagerhallen oder anderen großen Räumlichkeiten ist die Akustik etwas ungewohnt und der Hund sollte von Anfang an lernen, dass dies nichts Beängstigendes ist. In diesem Zusammenhang ist es auch sinnvoll, an Sirenengeräusche und Lichtverhältnisse zu denken.

Wichtig ist auch, dass der Hund lernt, in für ihn fremden Räumen alleine zu bleiben, wenn wir ihn professionell einsetzen möchten, damit er bei einem späteren Einsatz auch einmal im Nebenraum sitzen kann, ohne gestresst zu sein.

Auch an Geräusche aller Art sollte der Hund gewöhnt werden. Es ist nicht immer abzuwägen, an welchen Einsatzort es das Mensch-Hund-Team einmal verschlägt.

Arbeitet der Hund später in Wald, Feld und Wiese, sei es als Jagdhund, Artenspürhund oder auf der Suche nach verlorenen Gegenständen, ist es wichtig, dass er die „Regeln des Waldes" befolgt und kein Wild hetzt (es sei denn, das genau ist gerade seine Aufgabe). Er soll sich nicht von aufspringendem Wild oder Spuren ablenken lassen.

Soll der Hund im Wald suchen, dann sollte er sich nicht von flüchtenden Eichhörnchen ablenken lassen. Fosco schaut kurz hin und sucht dann weiter.

Ein sicheres Bleiben auf Signal ist wichtig, damit der Hund im Einsatz an einem bestimmten Ort „geparkt“ werden kann, um mit den betroffenen Menschen ein paar Worte zu wechseln.

Beim Einsatz kann es nötig sein, dass der Hund im Rahmen seiner Suche an Möbelstücken und Türen hochsteigt, um oben nach Wanzen, Schimmel, Ameisen, Geld oder Rauschgift zu suchen. Damit er nichts mit seinen Krallen beschädigt, ist es sinnvoll, dem Hund bei der Sucharbeit Schuhe oder rutschfeste Socken anziehen zu können. Dies sollte schon früh mit dem Hund trainiert werden, damit es im Ernstfall nicht zu einer Herausforderung wird!

Es kann auch später vorkommen, dass der Hund im Rahmen der Sucharbeit nach seinem Zielgeruch hochgehoben wird, damit er auf das Etagenbett draufsteigen oder die Deckenverkleidung beschnüffeln kann. Auch hier lohnt es sich, dies früh zu trainieren und den Hund daran zu gewöhnen.

Ein Hund, der nicht in Räumen, sondern im freien Gelände einsetzbar werden soll, muss auf ganz andere Situationen vorbereitet werden. Soll er durch Gestrüpp laufen, durch Wasser, steile Hänge hoch und runter? Ist er Wind und Wetter ausgesetzt? Soll er mit oder ohne Leine, eventuell auch Schleppleine, suchen? Welche besonderen Geräusche gibt es am Einsatzort? Sucht er entlang einer Bahntrasse nach Eidechsen oder auf einer Baustelle nach Wasserrohrbrüchen? Sucht er in wildreichem Gebiet?

Je mehr Gedanken wir uns um das spätere Einsatzszenario machen, desto besser können wir den Hund auf all das vorbereiten. Dazu kann es hilfreich sein, bei einem Spürhundeteam, das schon in dieser Sparte eingesetzt wird, mitzulaufen. Und wenn wir das alles nur aus Spaß mit unserem Hund in unserer Freizeit machen, dann können wir selbstverständlich alles sehr locker angehen und müssen uns nicht so viele Gedanken dazu machen.

Tristan hatte das große Glück, mit vielen anderen Tieren aufzuwachsen. Das ist für die Sozialisierung Gold wert.

Impulskontrollübungen aller Art sind für jeden Hund sinnvoll. Soll der Hund ernsthaft in verschiedenen Situationen eingesetzt werden, ist es umso wichtiger, dass er in aufregenden Situationen die Nerven behält. Das heißt, dass er immer wieder in mäßig aufregende Situationen gebracht wird, um Ruhe und Souveränität in solchen Situationen zu trainieren. Nach und nach werden diese Situationen schwieriger, bis der Hund möglichst jede erdenkliche Situation meistern kann. Es darf auch nicht vergessen werden, dass unsere eigene Aufregung auf den Hund übertragen wird. Wir sollten also auch immer mal wieder in für uns aufregenden Situationen mit dem Hund trainieren, damit ihn dies nicht aus der Fassung bringt. Mit solch einem gut vorbereiteten Arbeitskollegen können wir uns dann auch guten Gewissens in den Einsatz trauen.

Bevor wir mit unserem Hund in Einsätze gehen, sollte er also eine solide Grundausbildung erhalten. Er sollte in der Öffentlichkeit möglichst unauffällig geführt werden können und keinen Ärger erregen. Dazu gehört eine gute Leinenführigkeit in Alltagssituationen, aber auch in einsatzrelevanten Situationen. Er sollte locker durch Menschengruppen, über glatte Böden, an Hunden vorbei und Treppen hoch und runter gehen können.

Da der Hund auch ohne Leine arbeiten können sollte, gehören ein guter Rückruf und ein Stoppsignal zur Grunderziehung des Spürhundes. Er muss aus jeder Situation sofort abrufbar oder zu stoppen sein. Es kann zum Beispiel sein, dass der Hund sich bei der Suche mit einem Bein in einem Kabel verheddert und sofort stehen bleiben muss, damit er aus seiner misslichen Lage befreit werden kann. In fremden Räumen wissen wir nie, was uns erwartet – schon alleine deshalb sollte der Hund einen guten Rückruf und Stopp beherrschen. Das Gleiche gilt selbstverständlich auch für die Freisuche. Steuert der Hund auf einen gefährlichen Abhang zu oder kommen ihm Menschen oder Hunde entgegen, dann muss der Rückruf funktionieren.

Ein zuverlässiger Rückruf ist auch für einen Spürhund unerlässlich.

Die Tellington TTouch® Methode in der Spürhundearbeit

Bei der Tellington TTouch® Methode handelt es sich um eine ganzheitliche Methode, die wunderbar und gewinnbringend in der Arbeit mit Spürhunden aller Art eingesetzt werden kann.

Ein einsatzfähiger Spürhund braucht viele verschiedene Fähigkeiten auf mehreren Gebieten. Er muss gut, lange und ausdauernd schnüffeln. Schnüffeln ist anstrengend und ermüdet das Gehirn, macht aber auch Spaß. Um den richtigen Geruch zu erschnüffeln, muss der Hund sich sehr gut konzentrieren und viele andere Gerüche in seiner Umgebung ignorieren. Die Nase und das Gehirn arbeiten auf Hochtouren und leisten Unvorstellbares. Wie wir schon gesehen haben, muss ein Spürhund auch gut mit Stress umgehen können, sich nicht ablenken lassen und geländegängig sein, sprich er braucht Trittsicherheit und eine gute Körperwahrnehmung. Dabei können wir ihm begleitend zum eigentlichen Spürhundetraining mit den Tellington-Techniken enorm helfen.

Die Elemente dieser Methode bringen dem Hund ein gutes Gespür für seinen Körper und fördern die Propriozeption, also den Sinn für die Lage des eigenen Körpers im Raum. Mit Hilfe der Tellington TTouch® Methode kommt der Hund in ein ausbalanciertes Gleichgewicht und kann so auch ausbalancierte Entscheidungen treffen. Der Hund lernt, sich selbst zu kontrollieren und überlegt zu handeln. Wir arbeiten an der äußeren Haltung des Hundes, und somit an der inneren Haltung und letztendlich auch an seinem Verhalten, das er nach außen hin zeigt. Die Tellington-Methode hat mehrere Elemente, die wir gut in die Arbeit mit Spürhunden integrieren können und die wir hier ganz kurz vorstellen möchten.

Tellington TTouch®

Der Tellington TTouch® ist eine achtsame Verschiebung der Haut mit verschiedenen Auflageflächen unserer Hand und unserer Finger. Es gibt viele unterschiedliche TTouches, die alle eine etwas andere Wirkung haben. Grundsätzlich wird die Haut bei allen kreisenden TTouches in einem Ein-Einviertelkreis bewegt.

Im Folgenden möchten wir einige TTouches vorstellen, die dem Hund dabei helfen können, sich besser zu spüren, um so eine gute Ausgangsbasis für die Arbeit aufzubauen.

Wichtig ist noch zu wissen, dass die Tellington TTouches auch helfen können, wenn sie noch nicht perfekt ausgeführt werden. Selbst nach kurzer Anleitung sind erstaunliche Ergebnisse zu beobachten. Ein Ausprobieren lohnt sich immer.

Noahs Marsch

Bei Noahs Marsch handelt es sich um ein ganz bewusstes Abstreichen des Hundekörpers. Wir streichen den Hund dabei langsam und achtsam von vorne bis hinten bzw. bis zu den Pfoten ab. Dadurch wird er sich seines Körpers bewusst und bekommt ein gutes Gefühl für ihn. Noahs Marsch gibt dem Hund einen Rahmen und lässt ihn für seine Aufgaben in Balance kommen. Außerdem gibt er uns die Möglichkeit, den Hund wahrzunehmen, deshalb wird dieser TTouch im englischsprachigen Raum auch „flathand exploration" genannt. Stellen wir z.B. mit diesem TTouch vor einem Einsatz fest, dass das unlängst operierte Knie wieder sehr warm ist, können wir den Einsatz vielleicht verschieben, mit ein paar TTouches zur Entspannung beitragen oder zumindest beim Einsatz ein besonderes Augenmerk darauf haben.

Ohren-TTouch

Wenn wir am Ohr arbeiten, dann arbeiten wir am ganzen Körper: Der Ohren-TTouch hat einen großen Einfluss auf Atmung, Verdauung und Fortpflanzung. Wir können ihn langsam anwenden, um den Hund in aufregenden oder ängstlichen Situationen zu beruhigen, wir können ihn aber auch schnell ausführen, um den Hund aufzuwecken, aus einem Schock zu holen oder aus der Narkose aufwachen zu lassen. Der Ohren-TTouch

Bei SAR Dogs Nepal in Lamjung durfte ich (Katja) auch ttouch-n-click unterrichten. Gerade Rettungshundeführer sollten weltweit mit den Tellington TTouches vertraut sein. Die Ohren-TTouches helfen dabei, Leben von Menschen und Tieren zu retten.

ist ein großartiges Hilfsmittel, das jeder Hundehalter und vor allem Hundeführer von Arbeitshunden kennen sollte. Beim Ohren-TTouch nehmen wir das Ohr des Hundes zwischen Daumen und die restlichen Finger und streichen es sehr sanft in Wuchsrichtung aus. Dabei starten wir fast kopfmittig und enden an den Ohrspitzen. Der Ohren-TTouch kann dem Hund bei einem Unfall das Leben retten und sollte daher jedem Tierhalter bekannt sein.

Erfahrungsbericht Katja

Wenn jemand nur eine Sache aus einem Tellington-Seminar mitnimmt, dann müsste es meiner Meinung nach der Ohren-TTouch sein. Er sollte möglichst jedem Menschen auf dieser Welt geläufig sein, da er in erheblichem Maße dazu beitragen kann, Leben zu retten. Daher lehre ich auch meinen Auszubildenden weltweit, wie auf dem Foto in Nepal, den Ohren-TTouch. Egal ob ich meinen Hund als Diensthund führe, er mich als Familienmitglied durchs Leben begleitet oder ich zum Beispiel im Tierschutz arbeite, überall kann es zu Unfällen kommen. Mit dem Ohren-TTouch konnte ich schon persönlich auf dem Weg zum Tierarzt mehreren Tieren das Leben retten.

Maul-TTouch

Bei TTouches am Maul wird das limbische System aktiviert. Dadurch können wir direkten Einfluss auf die Emotionen und die Lernprozesse des Hundes nehmen. Außerdem bekommt der Hund ein besseres Gefühl für das Maul und alles, was er damit macht. Auch in Richtung Nase können wir ttouchen. Das wird einem Spürhund helfen, in dieser Region entspannt und locker zu bleiben und generell konzentriert arbeiten zu können.

Ruten-TTouch

Die Rute hat einen großen Bezug zum Rücken und somit zum gesamten Körper. Beim ttouchen der Rute oder des Rutenansatzes lockern wir den Rücken des Hundes und bereiten ihn gut auf körperliche Höchstleistungen vor.
Eine bewegliche Wirbelsäule ist wichtig für körperliche Leistungsfähigkeit Dies können wir mit Ruten-TTouches fördern. Meist beginnen wir den Ruten-TTouch mit kreisenden Hautverschiebungen am Rutenansatz, bevor wir dann die gesamte Rute langsam ausstreichen.

Python-TTouch

Der Python-TTouch an den Beinen ist sehr wirkungsvoll, wenn wir dem Hund mehr Bewusstsein für seine Beine geben möchten. Beim Python-TTouch legen wir unsere Hand sacht auf die Haut auf und verschieben die Haut entgegen der Schwerkraft ganz sanft, soweit es die Haut zulässt. Da halten wir, zählen bis vier und begleiten dann die Haut wieder herunter, wobei wir bis acht zählen. Das ist nur eine Version von vielen, wie dieser TTouch ausgeführt werden kann.

Tellington-Körperbänder

Die Tellington-Körperbänder sind elastische Langzugbinden, die dem Hund in bestimmter Art und Weise locker angelegt werden. Mit einem Körperband können wir dem Hund zu sehr viel mehr Körperbewusstsein und Körpergefühl verhelfen. Er nimmt sich besser wahr und ändert seine Körperhaltung. Für Arbeitshunde ein großartiges Hilfsmittel! Es kann eingesetzt werden, wenn ein Hund sehr aufgeregt ist und sich deshalb nicht so gut auf seine gestellte Aufgabe konzentrieren kann, wenn er Angst hat oder auch wenn es um das Verbessern von körperlichen Fähigkeiten geht. Durch den sensorischen Reiz des Körperbandes verändert sich das Gefühl für den eigenen Körper im Raum (Propriozeption) und der Hund kann seine bestmögliche Haltung finden.

Der Hund einer Spürhundkollegin, ein potenter Rüde, konnte sich wegen einer läufigen Hündin in unmittelbarer Nähe nicht mehr auf seine Aufgabe konzentrieren. Mit dem Tellington-Körperband wusste er wieder, was er tun sollte und zeigte seine Probe sehr freudig an.

Tellington-Lernparcours

Viele, die die Tellington TTouch® Methode nur dem Namen nach kennen, denken, dass sie in erster Linie auf Körperarbeit beruht. Die TTouches sind zwar ein integraler Bestandteil des Ansatzes, aber sie sind ein Teil eines viel größeren Ganzen. Eine weitere Säule der Methode ist der Tellington-Lernparcours, auch genannt der Spielplatz für höheres Lernen.

Der Zweck des Führens im Lernparcours ist es, dem Hund neue Möglichkeiten der Bewegung zu geben und ihm zu erlauben, durch die Erkundung der Bewegung eine funktionellere Haltung zu finden. Wenn die Entspannung und das Körperbewusstsein, die durch die TTouches erlangt werden, auf die Bewegung übertragen werden, führt dies zu viel tieferen, länger anhaltenden Veränderungen. Diese langsamen, achtsamen und neuartigen Führübungen können einen enormen Einfluss auf das Gleichgewicht, die Koordination, die Konzentration, das Selbstvertrauen und die Selbstkontrolle des Hundes haben.

Die Veränderung des Körpergefühls eines Tieres durch die Verbesserung des Gleichgewichts und die Förderung seines Sicherheitsgefühls verändert die Art und Weise, wie ein Tier auf unsere Aufforderungen reagieren kann und fördert die Zusammenarbeit und Kommunikation in einer Vielzahl von Situationen, so auch im Spürhundtraining.

Indem der Körper sowohl in Bewegung als auch im Stillstand angesprochen wird, haben wir die Möglichkeit, Veränderungen und Entwicklungen auf zellulärer Ebene zu unterstützen und den Sympathikus und Parasympathikus in Balance zu bringen, was zu einer Verbesserung von Wohlbefinden, Leistung und Verhalten führt und gleichzeitig eine vertrauensvollere und engere Partnerschaft mit dem Hund ermöglicht.

Beim Tellington-Lernparcours handelt es sich um verschiedene Geräte, sogenannte Fördernisse, über die der Hund drüber geführt wird. Der Hund sollte langsam gehen und darauf achten, wie er seine Füße setzt. Dadurch lernt er auch, mehr auf sich zu achten und weniger auf äußere Reize. Er wird trittsicherer, lernt seinen Körper bestmöglich einzusetzen und lernt sich mit Bedacht zu bewegen. Koordination und Konzentration, sowie Kooperation mit seinem Halter werden verbessert.

Auch beim Begehen verschiedener Geräte, wie z.B. Wippe oder Steilwand, kann ein Tellington-Körperband dem Hund Sicherheit geben. Tamika trägt hier das Tellington-Renn-Körperband.

All diese Elemente der Tellington-Methode (sie werden eigentlich immer in Kombination angewendet) können dem aktiven Spürhund helfen, seine Aufgaben besser bewältigen zu können. Regelmäßige Anwendung der Tellington-Elemente verhilft dem Hund zu Gelassenheit und einem guten Körpergefühl. Dadurch fällt es dem Hund leichter, sich auf seine Arbeit zu konzentrieren, er lässt sich weniger von äußeren Reizen ablenken und er wird souveräner in dem, was er tut. Außerdem sinkt die Verletzungsgefahr. Alles in allem ist zu sagen, dass die Elemente der Tellington TTouch® Methode dem arbeitenden Spürhund in jeder Hinsicht helfen können und genau wie ein guter Trainingsplan zum Training dazu gehören sollten.

Mehr zum Thema Körperwahrnehmung

Es gibt noch weitere Möglichkeiten, dem Hund eine gute Körperwahrnehmung mitzugeben. Wenn wir den Welpen schon an verschiedene Untergründe, Wackelbretter, Wippen und andere Kleingeräte heranführen, legen wir bereits einen wichtigen Grundstein. Der Hund sollte wissen, wie er seinen Körper einsetzen kann und muss, um sich effektiv und sicher im Gelände bewegen zu können. Dazu ist es sinnvoll, Übungen mit Geräten ein Hundeleben lang immer wieder mit ins Training einzubauen. Balance, Trittsicherheit und Kraft sind wichtig, wenn der Hund gesund bleiben soll.

Auch gymnastische oder isometrische Übungen oder Übungen aus der Physiotherapie können dem Hund helfen, eine gute Wahrnehmung von sich und seinem Körper zu bekommen. Tricks, die verschiedene Muskeln aufbauen, sind auch eine sinnvolle Sache in Bezug auf die Körperwahrnehmung.

Darüber hinaus ist es gut, wenn der Hund Kraft und Ausdauer entwickelt, damit er im Einsatz fit ist und bleibt. Dazu sind lange Spaziergänge, Joggen, Zughundesport oder Fahrradfahren sinnvoll. Allerdings muss nicht jeder Spürhund eine Sportskanone sein. Je nach Einsatzgebiet braucht er mehr oder weniger körperliche Fitness. Wir sollten ein genaues Auge darauf haben, was der Hund braucht und was ihm hilft, seinen Körper effektiv einsetzen zu können.

Lernt der Hund im Welpenalter wackelige Untergründe kennen, verhelfen wir ihm zu einem besseren Körperbewusstsein.

2.

EIN WENIG THEORIE: DER GERUCHSSINN DES HUNDES

Bei der Recherche zum faszinierenden Thema Geruchssinn stoßen wir im Internet und in der Fachliteratur auf teilweise extrem unterschiedliche Zahlen zu allen möglichen Faktoren, die damit zusammenhängen, von der Größe und Dicke der Riechschleimhaut über die Rezeptorgene bis hin zur Riechleistung im Vergleich zum Menschen. Daher möchten wir schon vorab betonen, dass es sich wahrscheinlich nicht lohnt, die exakten Zahlen abzuspeichern und als letzten Schluss der Weisheit zu betrachten, aber sie geben uns dennoch eine sehr gute Vorstellung von den Relationen und lassen uns gut erkennen, wie anders und um wie viel ausgeklügelter das hundliche olfaktorische System zu dem unsrigen ist. In den letzten Jahren werden zu unserer großen Freude immer mehr Studien zur Nasenleistung der Hunde angestellt, die sicherlich noch mehr Mechanismen der olfaktorischen Wahrnehmung finden werden, wie zum Beispiel das Septalorgan. Es liegt in der Nasenscheidewand und kann unter anderem Luftdruckunterschiede wahrnehmen.

Ein Aspekt, der das Riechen von den anderen Sinneseindrücken unterscheidet, ist, dass das Geruchsmolekül tatsächlich von der Schleimschicht in der Nase absorbiert wird. Wenn wir – und das gilt für uns Menschen genau wie für die Hunde – etwas sehen, dann wird kein Molekül von unserem Auge aufgenommen, auch Töne hinterlassen nur einen Sinneseindruck und selbst wenn wir etwas fühlen, dann bleibt da normalerweise nichts in unserer Haut zurück. Doch von dem zu analysierenden Duft gelangt tatsächlich etwas in unseren Körper. Vereinfacht gesagt werden die Geruchsmoleküle, nachdem sie sich an die Rezeptorstellen der Riechschleimhaut angelagert haben, soweit verändert, dass eine erneute, zweite Anlagerung nicht möglich ist. Sie werden stattdessen einfach über den Nasen-Rachen-Gang heruntergeschluckt.

In seinem Buch „Zur Psychologie der Caniden“ aus dem Jahr 1936 schreibt Prof. Dr. Bastian Schmid: „Weitaus der interessanteste und dunkelste aller Sinne von Wolf und Hund ist der Geruchssinn. Denn hier stehen wir vor Leistungen, die, wie speziell bei fährtenreinen Hunden gezeigt werden soll, für uns immer unverständlich bleiben werden.“

Zum Glück wurde, besonders in den letzten Jahren, etwas Licht ins Dunkel gebracht und Herr Prof. Dr. Schmid eines Besseren belehrt. Doch ob wir irgendwann vollends begreifen, welche Wahrnehmungen dem Hund mit seinem olfaktorischen System möglich sind, das wagen auch wir zu bezweifeln.

Hunde werden als Makrosmaten bezeichnet. Aus dem Griechischen übersetzt würde es in etwa Großriecher heißen. Diese Lebewesen zeichnen sich durch einen besonders gut entwickelten Geruchssinn aus, der eine zentrale Rolle in ihrem Leben spielt. Uns bezeichnet man dagegen als Mikrosmaten, da wir uns eher auf unsere Augen verlassen und unser Geruchssinn gegenüber dem des Hundes nur rudimentär entwickelt ist. Allerdings können auch wir angeblich über zehn- bis hunderttausend Gerüche unterscheiden. Das fällt uns sehr schwer zu glauben. Aber wir können unsere Nasenleistung ähnlich trainieren, wie wir es mit unseren Hunden tun und haben auf jeden Fall viel mehr Möglichkeiten, als wir nutzen. Wir lassen unseren Geruchssinn als Erwachsene häufig verkümmern.

Die Wissenschaft geht davon aus, dass Menschen bereits in der 28. Schwangerschaftswoche riechen können. Direkt nach der Geburt würden wir auch als

Bei so spezialisierten Spürhunden wie der Schimmel-Spürhündin Rani werden mehr Riechrezeptoren für diesen speziellen Geruch gebildet.

Makrosmaten bezeichnet, da wir über unseren Geruchssinn die Brust der Mutter finden. Beim Hund entwickelt sich bereits im Uterus das vomeronasale Organ, auf welches wir gleich noch näher eingehen werden. Darüber kann der Hund bereits vor seiner Geburt Gerüche wahrnehmen. Gleich nach seiner Geburt entwickeln sich die Sinneszellen der Nase weiter, sodass er die Zitzen der Mutter über das Riechen, die Temperaturwahrnehmung und das Tasten findet. Allerdings entwickelt sich der Geruchssinn von all seinen Sinnen am längsten weiter. Es wird in der Literatur davon gesprochen, dass die Geruchswahrnehmung über das vomeronasale Organ sich auf jeden Fall bis nach der Geschlechtsreife weiterentwickelt und sich die Sinnesverarbeitung über die Nase sogar noch etwas länger Zeit nimmt. Allerdings ist eine Verbesserung der Geruchsverarbeitung, bei Hunden wie auch Menschen, lebenslang durch Training möglich.

Außerdem regenerieren sich bei Menschen und Hunden die Riechzellen, die manchmal auch Geruchsneuronen genannt werden, etwa jeden Monat. Das ist deshalb so besonders, weil sich alle anderen Sinne im Laufe des Lebens verschlechtern, sie nutzen sich einfach ab. Der Sehsinn sowie auch das Gehör werden durch Zellschäden und -verlust im Lauf des Lebens schwächer, die Nase dagegen produziert ständig neue Zellen. Dieser Umstand wird heutzutage sogar dazu genutzt, dass Wirbelsäulenverletzungen geheilt werden können. Dazu werden Zellen, die die Nase mit dem Gehirn verbinden, sogenannte olfaktorische Hüllzellen, auf gebrochene Wirbelsäulen transplantiert. Dort bilden sie dann eine Brücke, über die sich die Zellen verbinden, damit die Funktionsfähigkeit der verletzten Bereiche zurückkehrt.[1] Das bedeutet, dass unser Geruchssinn uns und der Geruchssinn unserer Hunde sie, wenn er einmal vollständig ausgereift ist, ein Leben lang begleitet. Zudem ist inzwischen nachgewiesen, dass mehr spezifische Riechrezeptoren für bestimmte Geruchsmoleküle gebildet werden, wenn der Hund auf diesen Duft trainiert wird.

1 siehe Studie von Dr. Geoffrey Raisman, Leiter der University College London Spinal Repair Unit

Das vomeronasale Organ

Um den Aufbau des olfaktorischen Systems unserer Hunde besser zu verstehen, schauen wir uns zuerst das schon erwähnte vomeronasale Organ, kurz VNO, an. Es entwickelt sich bereits im Uterus und dient dem Hund als eine Art zweite Nase. Es wird auch Jacobson-Organ oder Jacobson'sches Organ genannt, da der dänische Anatom Ludwig Levin Jacobson es im Jahre 1811 zum ersten Mal beschrieb. Beim Menschen wird dieses Organ zwar ebenfalls im fetalen Stadium angelegt, aber es bildet sich bereits vor der Geburt schon wieder zurück.

Viele Säugetierarten besitzen ein vomeronasales Organ, es ist in einer Nebenhöhle zur Nasenhöhle zu finden. Diese Höhle liegt beim Hund direkt unter dem Knochen, der die beiden Nasenlöcher voneinander trennt, der Nasenscheidewand. Die Öffnung des VNO's befindet sich im Gaumenbereich, hinter den oberen Schneidezähnen. Das Organ besteht aus einem Paar mit Flüssigkeit gefüllten Säcken.

Beim Hund wird die Länge des VNO's mit ca. 5–7 cm angegeben, sie hängt von der Größe des Schädels ab. Es erstreckt sich von hinter den Schneidezähnen bis etwa zum zweiten Prämolaren und trägt wie die Hundenase ein Riechepithel. Auf diesem Riechepithel sitzen winzige Haare. Diese sind besonders biegsam und weich, was sie in ihrer Art als einzigartig erscheinen lässt. Bei anderen Tierarten gibt es auf diesem Epithel keine oder nur sehr wenige Haare. Wegen dieser winzigen Härchen, so vermuten manche Wissenschaftler, ist die Empfindlichkeit des hundlichen VNOs besonders hoch.

Das VNO hat keinen Zugang zum Riechfeld der Nase, sondern agiert völlig unabhängig. Seine Informationen erhält es ausschließlich über den Nasen-Gaumen-Kanal aus der Mundhöhle. Die Gerüche müssen erst in der Schleimhaut gelöst werden, um dann aufgesaugt werden zu können. Daher funktioniert die Geruchsaufnahme anders als bei der Nase, bei der das reine

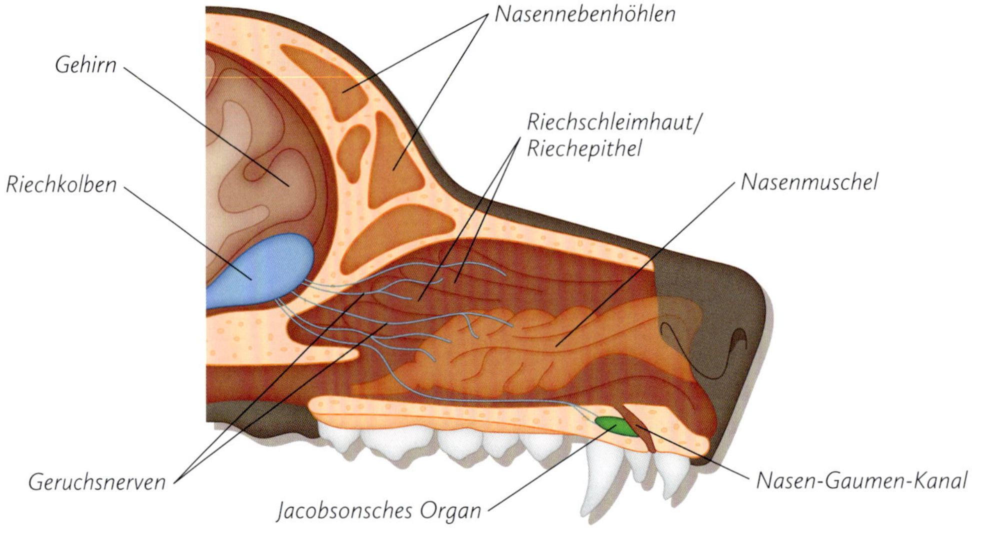

Schnüffeln reicht. Der zur Geruchsaufnahme benötigte Pumpmechanismus entsteht durch direkte Berührung des Geruchsmoleküls oder z.B. durch Lecken. Ein Ausbilder von Spürhunden erzählte einmal von einem Malinois, der jeweils am Geruch kurz leckte, wenn er den richtigen Zielgeruch gefunden hatte. Dieser Hund zeigte im Gegensatz zu den anderen Hunden besonders schnell an. Die Meinung entstand, dass dieser Hund eventuell gelernt hatte, sein VNO zusätzlich zur Nase zur Geruchsunterscheidung einzusetzen. Es wird davon ausgegangen, dass das VNO hauptsächlich zum Wahrnehmen von Pheromonen genutzt wird. Dies sind hormonähnliche Botenstoffe, die dazu dienen, einem Mitglied der gleichen Art ein Signal zu senden und es darüber zu einem bestimmten Verhalten zu stimulieren. Pheromone eines Mannes können z.B. den Menstruationszyklus einer Frau beeinflussen oder die Pheromone der Mutterhündin die Welpen beruhigen. Letzteres macht man sich in den käuflich erhältlichen DAPs (Dog Appeasing Pheromone), die es z.B. als Duftstecker oder Lösung zum Betropfen der Hundedecke gibt, zunutze.

Bei anderen Tieren wird der Vorgang flehmen genannt, wenn sie Geruchsstoffe durch ihr VNO aufnehmen. Bei Hunden gibt es dafür keinen eigenen Begriff, aber am sichtbarsten ist dieser Prozess bei Rüden, die am Urin einer in der Hitze befindlichen Hündin interessiert sind. Sie klappern dann manchmal mit den Zähnen, schmatzen, speicheln extrem und der Speichel ist schaumartig oder wirft Blasen. Manchmal ist auch ein „Lecken ins Leere“ zu sehen. Wenn Hunde sich beschnüffeln, besonders auch im Afterbereich, dann nehmen sie sicherlich sehr viel mehr Informationen auf, als es uns in dem Moment erscheint, wie z.B. in welchem

Pferde flehmen, wobei sie spezielle Geruchsstoffe am Gaumen entlang ins vomeronasale Organ leiten. Dieses Verhalten ist bei etlichen Säugetieren zu sehen. Der Hund zeigt es nicht in dieser Form.

Zyklus die Hündin gerade ist oder was sonst noch zu einer etwaigen Paarung von Interesse sein könnte.

Besonders interessant ist auch, dass die vom VNO aufgenommenen Gerüche nicht im Riechkolben (Duftverarbeitungsareal des Hundegehirns) verarbeitet werden, sondern in einer Seitenstruktur des Riechkolbens, welcher mit der Großhirnrinde nicht in Verbindung steht. Damit findet die Informationsverarbeitung im Unterbewusstsein statt. Dieses Nebenareal steht mit anderen Arealen im Gehirn in Kontakt, die sich hauptsächlich mit vegetativen Körperfunktionen beschäftigen, wie z.B. das limbische System. Somit wirkt sich alles, was durchs VNO aufgenommen wird, direkt auf die Emotionen des Hundes aus. Nach diesem kleinen Abstecher zum interessanten VNO kommen wir nun zur eigentlichen Nase des Hundes.

Das Rhinarium – der „Nasenschwamm“

Ronald H.H. Kröger schrieb vor einigen Jahren: „Die klare Abgrenzung des Rhinariums (Nasenspiegel), die vielen Besonderheiten der Haut und die gut definierte Aufgabe erlauben die Klassifizierung als eigenständiges Sinnesorgan, das uns Menschen vollständig fehlt.“ Professor Kröger hat 2012 an der Universität Lund in Schweden eine Forschungsgruppe gegründet, die sich Mammalian Rhinarium Group nennt und sich für die Nasen„spitzen“ von Säugetieren interessiert. Das Rhinarium, auch Planum nasale genannt, des Hundes ist haarlos und wird, weil es sich mit Flüssigkeit vollsaugt, auch Nasenschwamm oder -spiegel genannt. Durch diese leicht feuchte Oberfläche können mehr Gerüche aufgenommen werden – weshalb es so besonders wichtig ist, dass die Hunde bei der Nasenarbeit immer genügend Wasser zur Verfügung haben müssen, um auch ihre Nase feucht halten zu können. Das Rhinarium ist übrigens individuell verschieden, keins gleicht einem zweiten. Wird die Nase mit Tinte angefärbt und auf ein Blatt Papier gedrückt, hat man also das Äquivalent zum menschlichen Fingerabdruck.

Es wurden Rezeptoren im Nasenspiegel entdeckt, die besonders empfindlich auf kleinste Unterschiede in der Wärmestrah-

Durch vermehrte Feuchtigkeit können Gerüche besser aufgenommen werden.

lung reagieren, genannt Infrarotdetektoren. Damit können Lawinensuchhunde zum Beispiel kleinste Unterschiede in der Wärmestrahlung messen und dadurch erkennen, ob das Opfer in den Schneemassen noch lebt. Zudem haben sie eine Elektrosensibilität, das heißt sie reagieren auf elektrische Vorgänge und elektromagnetische Felder, das ist an feinsten Vibrationen besonders der Vibrissen wahrzunehmen.

Das Rhinarium des Hundes besitzt eine sehr ausgeklügelte, ziemlich geniale Form, die es ihr im Vergleich zu unserer Nase viel besser erlaubt, Gerüche zu analysieren. Durch seine Nasenmuskulatur erzeugt der Hund einen Unterdruck in der Nase. Durch die auf diese Weise eingesogene Luft wird die Luft, die bis dahin noch in der Nase war, zum Teil aus der Nase herausgedrückt. Der Hund atmet durch die beiden nach vorne gerichteten Löcher ein, aber durch die seitlichen Nasenschlitze aus. Dadurch wird eine kleine Turbulenz erzeugt, die wiederum neue Geruchsmoleküle herbeibringt. In den Nasenlöchern befinden sich flügelähnliche Klappen nach vorne und zur Seite. Beim Einatmen öffnet sich die Klappe nach vorne, um sich danach wieder zu schließen. Für das Ausatmen werden die seitlich angelegten Klappen verwendet. Die ausgeatmete Luft strömt seitwärts und in Richtung Rumpf des Hundes. Dadurch wird verhindert, dass die interessanten Duftpartikel vor dem Hund weggepustet werden. Außerdem entsteht direkt vor der Nase ein leichter Unterdruck, wodurch auch weiter entfernte Geruchspartikel angesaugt werden. Beim Schnüffeln werden geringe Luftmengen aus der Nase geblasen, um gleich darauf wieder inhaliert zu werden. Die abgegebene Luft ist feucht und warm und hilft damit, Duftstoffe zu sammeln.

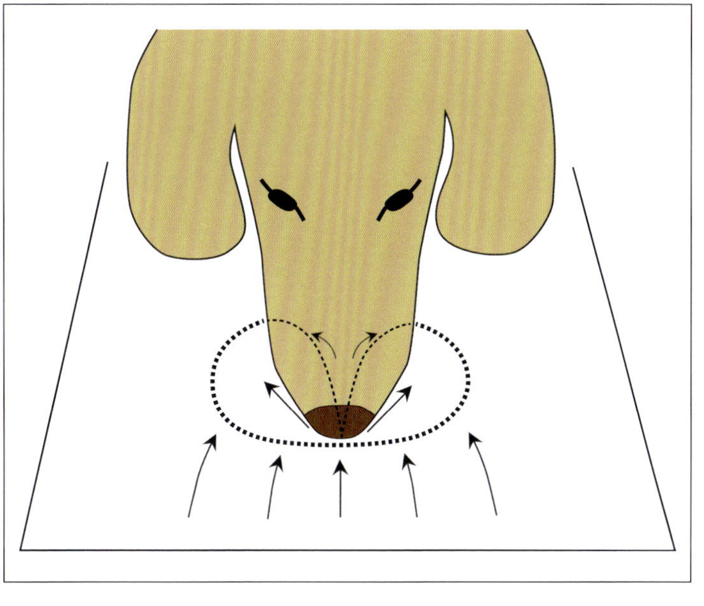

Die geniale Form der Hunde-Nasenspitze erlaubt es dem Hund, zur Seite auszuatmen, wodurch etwaige vor ihm liegende Gerüche nicht weggepustet werden. Außerdem führt das rasche Schnuppern zu einem Luftstrom über dem Boden, der die Duftstoffe auf- und in die Nase wirbelt.

Hängeohren als Geruchsfänger

Interessanterweise haben die Vertreter der Gruppe 6 der FCI, die Lauf- und Schweißhunde, durchweg lange Hängeohren. Diese Hunderassen wurden gezüchtet, um als Jagdhunde Wild über weite Strecken verfolgen zu können. Spannenderweise haben diese Hunde beim Schnuppern auf dem Boden den Vorteil, dass die Ohren wie ein Vorhang neben ihren Köpfen den Geruch vor Seitenwinden bewahren. Häufig kommt bei etlichen dieser Rassen auch noch ein immenser Speichelfluss hinzu, der ebenfalls zur besseren Geruchsverarbeitung beiträgt. Je feuchter die Nasenschleimhaut ist, desto mehr Duftmoleküle können gelöst werden. Auf diese Weise kann auch die übrige Anatomie zur Geruchswahrnehmung der Hunde beitragen. Zudem sind auch Theorien im Umlauf, dass Hunde Wedeln, Schütteln und sogar Niesen eventuell bewusst einsetzen, um Geruchsausbreitungen zu beeinflussen.

Aus dieser Perspektive ist es einfach, sich vorzustellen, wie die langen Ohren eines Bayerischen Gebirgsschweißhundes seitlich der Nase Luftbewegungen eingrenzen.

Atmen und Riechen

Die Aufgabe der Nase besteht eigentlich aus zwei Hauptkomponenten, dem Atmen und dem Riechen. Beim Atmen übernimmt die Nase das Einsaugen, Erwärmen und Filtern der Luft sowie das Zuführen zur Lunge. Riechen können Hunde, im Gegensatz zum Menschen, sowohl beim Ein- und beim Ausatmen. In der Nase befinden sich kleine Strukturen, die durch Muskelkraft wie Ventilatoren funktionieren und dafür sorgen, dass der Luftstrom bewusst in Richtung Lunge oder in Richtung Riechschleimhaut geleitet wird. Hunde können auf diese Weise die Luftgeschwindigkeit regulieren, um damit die Duftinformationsmenge zu steuern.

Beim Riechen wird die Nasenöffnung erweitert, wodurch ein Weg in den oberen Nasengang geöffnet wird und die Luft auf diese Weise direkt zur Riechschleimhaut gelangt. Genialerweise können somit Atmen und Riechen beim Hund getrennt voneinander ablaufen. Beim Schnüffeln steigt die Geschwindigkeit der eingeatmeten Luft auf bis zu 40 km/h an. Normalerweise atmet der Hund ca. sechs Liter Luft pro Minute, beim Suchen kann es bis zu zehn Mal so viel werden. Beim Hecheln können es sogar bis zu 75 Liter werden, dann wird der Luftstrom zusätzlich zur Nase auch noch mit dem Mund aufgenommen. Beim Jagen können Hunde bis zu 210 Mal pro Minute einatmen, das ist dann 3,5 Mal pro Sekunde. Hunde können auch unterschiedlich schnell schnuppern. Wenn sie zum Beispiel nach Menschen schnuppern, dann schnuppern sie angeblich sechs Mal pro Sekunde und inhalieren auf diese Weise ca. 360 ml Luft pro Sekunde. Durch die Funktionsweise ihres olfaktorischen Systems können Hunde fast durchgehend schnuppern.

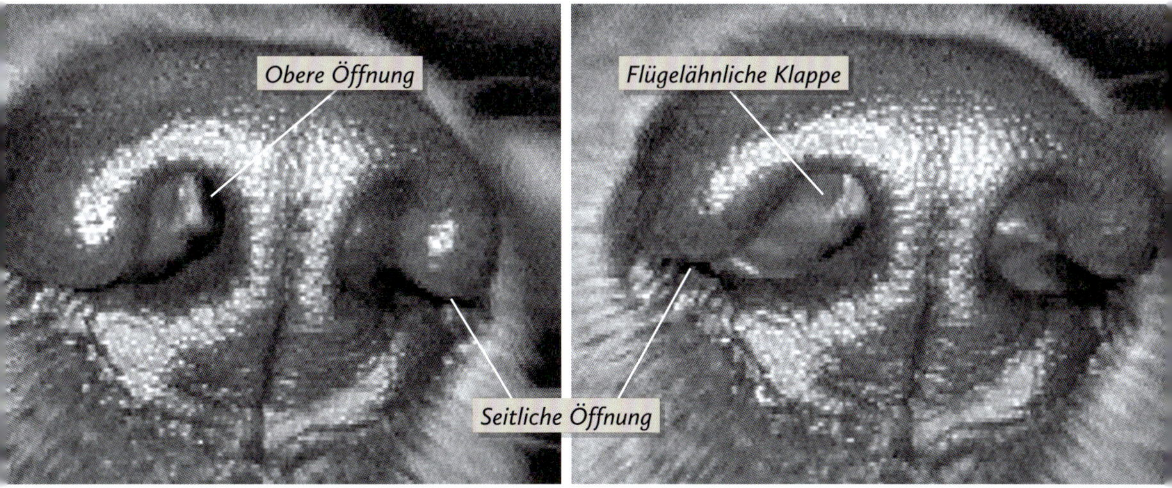

Hunde haben eine flügelähnliche Klappe in jedem Nasenloch, die sich für den Luftstrom durch die Nase öffnet und schließt und dessen Richtung beim Ein- und Ausatmen lenkt. Wenn der Hund einatmet, gibt es Öffnungen oberhalb und seitlich der Klappe (links). Beim Ausatmen (rechts) fließt die Luft durch Öffnungen an der Seite der Nase aus.

Einem Pointer konnte mal ein Sensor in seiner Nasenöffnung befestigt werden. Dieser Hund konnte bis zu 40 Sekunden lang am Stück durch seine Nase Luft aufnehmen, während er einer Spur folgte.[2]

Hunde können „stereo" riechen

Spannend ist auch, dass der Anteil des Riechfeldes, der auf der linken Körperhälfte liegt, seine Informationen auch an den linken Lappen des Riechkolbens sendet und der rechte Anteil an den rechten Lappen. Dadurch können Hunde die Geruchsinformationen aus ihrer rechten und linken Nasenhälfte getrennt auswerten, womit ihnen sofort klar wird, aus welcher Richtung ein Geruch kommt, denn dieser ist auf der betreffenden Seite stärker als auf der anderen. Genauso können sie erkennen, wohin die Fährte führt, da sie auf der einen Seite weniger duftet als auf der anderen. Das ist auch absolut sinnvoll für einen Jäger, der seine Beute verfolgt, um nicht in die falsche Richtung zu laufen! Diese Geruchsunterschiede erscheinen uns als marginal, doch für den Hund sind sie ausreichend. Hunde können also ihre Nasenlöcher einzeln und ganz unabhängig voneinander nutzen.

Übrigens richten Hunde auch ihre Ohren unterschiedlich aus je nachdem, ob sie fremde oder bekannte Geräusche wahrnehmen: Das linke Ohr drehen sie eher dann in Richtung Schallquelle, wenn es sich um einen ihnen unbekannten Klang handelt, das rechte eher dann, wenn sie etwas Vertrautes hören. Exakt umgekehrt verhält es sich beim Riechen: Interessanterweise untersuchen Hunde unbekannte, neutrale Düfte zuerst mit ihrem rechten Nasenloch und nur bei weiterem Bedarf wird auch noch das linke Nasenloch bemüht. Also landet eher Uninteressantes oder sogar etwas, was die Hunde als unangenehm einstufen, gar nicht erst auf der linken Seite oder zumindest zeitversetzt. Bei dem Versuch, der diese Erkenntnis hervorbrachte, wurden Hunden zum Beispiel Wattestäbchen mit dem Duft von Futter oder dem Tierarzt hingehalten.[3] Die Futtergerüche wurden erst rechts und dann auch mit dem linken Nasenloch beschnüffelt. Dagegen wurde der Duft des ungeliebten Haustierarztes ausschließlich mit der rechten Nasenöffnung analysiert.

Dieses Foto zeigt, wie beweglich die Hundenase ist und dass unbekannte Gerüche zuerst mit dem rechten Nasenloch untersucht werden.

Die Geruchsverarbeitung im Gehirn hebt sich also von der Verarbeitung der Hör- und Sehreize dadurch ab, dass olfaktorisch

2 Alexandra Horowitz, Hund Nase Mensch, 2017, S. 51
3 (Sniffing with the right nostril: lateralization of response to odour stimuli by dogs Marcello Siniscalchi https://www.sciencedirect.com/science/article/abs/pii/.)

ipsilateral projiziert wird, das heißt die Information bleibt auf der gleichen Gehirnseite, anstatt dass die Nervenbahnen wie beim Sehen oder Hören die Körpermitte kreuzen und in der jeweils anderen Gehirnhälfte verarbeitet werden. Da bekannt ist, dass die rechte Gehirnhälfte dem Gefühl, also auch der Angst, Aggression und dem Ekel, zugeschrieben wird, könnte daraus abgeleitet werden, dass unbekannte Geräusche oder Gerüche erst einmal vorsichthalber mit demjenigen Teil des Gehirns analysiert werden, der eventuell schneller eine Flucht oder einen Angriff realisieren könnte.

Riechschleimhaut und Riechzellen

Die Nasenschleimhaut teilt sich auf in die respiratorische Schleimhaut, die für die Atmung zuständig ist und die olfaktorische Schleimhaut, die für die Verarbeitung der Gerüche zuständig ist. Letztere wird auch *Regio olfactoria* genannt und liegt in den hinteren Nasenhöhlen, unterhalb des Nasendachs. Das Riechepithel ist die dünne Schleimhaut, welche gefaltet das Riechfeld auskleidet. Das Riechepithel besteht aus den Riechzellen. Der Hund soll 125–300 Millionen Riechzellen aufweisen, wobei die tatsächliche Anzahl stark von seiner Anatomie, also auch seiner Rassenzugehörigkeit, abhängt. Der Mensch soll dagegen nur 5–10 Millionen Riechzellen besitzen. Diese Riechzellen werden in Stützzellen, in Bowmann'sche Drüsenzellen und in Basalzellen eingeteilt, die alle etwas unterschiedliche Funktionen haben.

Die Riechschleimhautdicke misst beim Menschen nur 0,006 mm, dagegen beim Hund 0,12 mm, also ist sie zwanzig Mal so dick. Die Fläche der Riechschleimhaut ist bei kleineren Rassen ca. 25 cm^2 groß und bei größeren Rassen ca. 200 cm^2. Der Mensch hingegen weist nur eine Fläche von ca. 2–10 cm^2 auf.

Bei dem Riechepithel kurznasiger (brachyzephaler) Hunderassen wird die Größe mit ca. 40 cm^2 angegeben, was allerdings immer noch mindestens vier Mal so groß

Wenn Hunde die Zunge so aufrollen wie dieser kleine Hund auf der Dogshow in Dubai, brauchen sie dringend Wasser, Schatten und eine Pause. Diese Zungenhaltung zeigt an, dass sie zu wenig Sauerstoff erhalten. In dieser Situation kann ein Hund keinen Suchauftrag ausführen.

ist wie die unserer Nasen. Dass kurznasige Hunderassen teilweise schlechter Gerüche verarbeiten, hängt ganz einfach mit dem Umstand zusammen, dass sie vermehrt Luft an die Lunge weiterleiten, um ausreichend mit Sauerstoff versorgt zu werden.

Unterhalb der Stützzellen befinden sich die Basalzellen. Sie sind das Stammzellreservoir der Riechzellen, die nach etwa dreißig bis sechzig Tagen absterben und dann durch neue Zellen ersetzt werden. Riechzellen sind Nervenzellen, die mit dem Gehirn verbunden sind. Sie enden in einer Verdickung an der Oberfläche des Riechepithels, wo sie je 100 bis 150 feine Härchen besitzen. Diese Härchen heißen Riechzilien. Die Riechzilien ragen in die Schleimschicht, welche von den Bowman'schen Drüsen gebildet wird und haben damit direkten Kontakt zur Luft. Menschen besitzen etwa fünfundzwanzig bis 200 Millionen Riechzilien, die Hunde dagegen etwa 20 bis 30 Milliarden.

Hunde haben angeblich über tausend Dufstoffrezeptorgene, wovon etwa zwanzig Prozent nicht funktionsfähig sind. Der Mensch hat dagegen nur ca. 350 Duftstoffrezeptorgene. Das bedeutet, wenn es ins Verhältnis zu der Anzahl der Riechsinneszellen gesetzt wird, dass Hunde rund 220.000 Riechsinneszellen pro Rezeptortyp besitzen und wir lediglich 30.000. Pro cm^2 sind das beim Hund in etwa acht Millionen dreihundert Tausend Riechsinneszellen und damit in etwa zehn Mal so viel wie beim Menschen. Als Beispiel: Eine Vanilleschote enthält über 50 Duftkomponenten, Vanillezucker dagegen nur eine. Für uns riecht beides ähnlich, doch wie unterschiedlich wird der Hund es dann höchstwahrscheinlich wahrnehmen.

Inzwischen ist bekannt, dass jede Riechsinneszelle nur ein einziges aktives Gen trägt. Damit können die Gerüche bereits auf molekularer Ebene selektiert werden.

Aufbau der Riechschleimhaut:

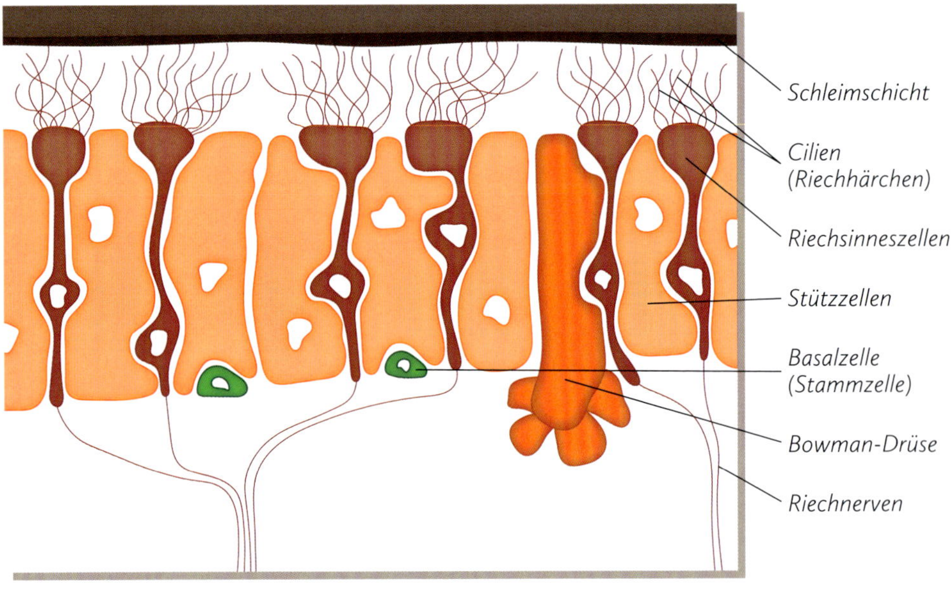

Denken mit der Nase

Bereits 1932 sagte Rittmeister von Stephanitz: „Der Hund denkt über seine Nase." Tatsächlich werden in der Literatur zehn bis sogar 33 Prozent für den Anteil des Riechhirns (auch *Bulbus olfactorius* genannt) am gesamten Hirnvolumen angegeben. Beim Menschen sind es nicht mal ein Prozent. Es ist anzunehmen, dass der Hund damit immer noch viel besser Gerüche analysieren könnte, selbst wenn er unsere Nase hätte, da sein Gehirn der Geruchsuntersuchung einen weitaus größeren Wichtigkeitsgrad zumisst, als es unser Gehirn tut, was die Größe des Hirnareals vermuten lässt.

Bei Hunden spielen durch Gerüche ausgelöste Emotionen eine ähnlich große Rolle wie beim Menschen. Das liegt daran, dass genau wie bei uns Menschen die Nervenleitungen aus der Nase ziemlich direkt mit der Amygdala verbunden sind, also dem Teil des Gehirns, der für die Verarbeitung von Emotionen und Erinnerungen zuständig ist. Deshalb wirken auch Gerüche auf uns so stark, die wir aus unserer Kindheit kennen. Auch bei Hunden können Gerüche bestimmte Emotionen und damit Verhaltensweisen auslösen. So kann zum Beispiel bei Hunden aus zweiter Hand, die schlechte Erfahrungen mit alkoholisierten Personen gemacht haben, der Geruch von Bier oder ähnlichen alkoholischen Getränken allein ausreichen, um aggressives oder ängstliches Verhalten auszulösen.

Erfahrungsbericht Katja

Ich musste selbst einmal erleben, wie mein Schäferhund Drigon, der sich eigentlich durch nichts aus der Ruhe bringen ließ, zwei Mal eine echte Panikattacke durchlebte, als er jeweils einem plötzlich aufkommenden, sehr starken Geruch ausgesetzt war – einmal durch extremen Uringeruch in einer Tiefgarage und einmal durch die geschlagenen Tannen auf einem Weihnachtsbaum-Verkaufsplatz mitten in Berlin. Zumindest bot sich mir keine andere Erklärung für seine extreme Reaktion. Allerdings weiß ich auch nicht, welche Erinnerungen die Gerüche bei ihm wachgerufen hatten.

Drigon war eigentlich total unerschrocken in allen Lebenslagen, weshalb er auch als Trümmersuchhund beim THW einen guten Job machte. Umso erschreckender empfand ich seine Panikattacken, die zum Glück danach nie wieder auftauchten.

Schon 1938 schrieb Dr. Hans Georg Niemand: „Eine Vorstellung der olfaktorischen Leistungen (des Hundes) ist sicherlich nur über einen Umweg möglich, indem wir uns die Nase des Hundes analog unserem Auge denken." Und selbst dieser Vergleich hinkt noch, denn wenn ich eine Farbe sehe, dann sehe ich nicht, aus welchen Farben sich diese zusammensetzt. Der Hund kann Gerüche sehr wohl in ihre Einzelkomponenten zerlegen. Also bleibt festzuhalten, dass es uns wohl noch sehr lange nicht gelingen wird, auch nur eine Ahnung zu bekommen, was genau unsere Hunde riechen. Wir sind der festen Überzeugung: Wenn der Hund es nach unseren Maßstäben nicht lernt, einen bestimmten Geruch anzuzeigen, dann liegt das nicht an seiner Möglichkeit, Gerüche wahrzunehmen, sondern an unserer Möglichkeit, das Training so zu gestalten, dass er versteht, was wir von ihm erwarten.

Tamika ist leider im Alter von 14 Jahren erblindet und taub geworden. Ich denke, dass sie mir von all meinen Hunden am deutlichsten gezeigt hat, was ein Hund mit seiner Nase wirklich leisten kann. Im Alltag fällt es keinem Außenstehenden auf, dass sie nichts mehr sehen und hören kann!

3.

ALLGEMEINES UND BESONDERES ZUM TRAINING DER SPÜRHUNDEARBEIT

Grundsätzlich gelten beim Training der Nasenarbeit die gleichen Regeln wie bei allen anderen Aufgaben auch. Es gibt allerdings einige Besonderheiten zu beachten.

Den Hund beobachten und lesen

Gerade bei der Spürhundearbeit ist es enorm wichtig, dass wir unseren Hund gut beobachten und sein Verhalten deuten lernen. Wenn der Hund etwas sucht und somit Gerüche ganz gezielt wahrnimmt und von anderen unterscheidet, dann sehen wir von außen nicht, was er riecht. Durch gezieltes und ganz genaues Beobachten können wir aber sein Verhalten deuten lernen. Es ist gut erkennbar, was der Hund tut, wenn er den Zielgeruch wahrnimmt, wie sein Körper aussieht, wenn er in die Duftquelle hineinläuft oder der Wind ihm den Geruch zuträgt. Wenn wir ganz genau hinsehen, werden wir feststellen, dass er immer gleich aussieht, wenn er richtig anzeigt und seine Körperhaltung anders aussieht, wenn er falsch anzeigt oder sich seiner Sache unsicher ist. Wir müssen also die Körpersprache unseres Hundes gut lesen können, um zu interpretieren, was genau der Hund gerade tut bzw. was er uns gerade mitteilen möchte.

Deshalb ist es so wichtig, dass wir unseren Hund bei seiner Arbeit immer gut beobachten, um auf sein Verhalten eingehen zu können, um evtl. die Trainingssituation zu ändern, den Durchgang abzubrechen oder ihn für das passende Verhalten zu belohnen. Um den Hund mit seiner gesamten Körpersprache in den verschiedenen Lebens- und Arbeitssituationen kennenzulernen, sollten wir immer genau hinschauen, damit wir beim Spürhundetraining verstehen, was der Hund zeigt und somit die richtigen Schlüsse ziehen können.

Allen, die sich intensiver mit diesem Thema beschäftigen möchten, empfehlen wir den Bildband „Emotionen bei Hunden sehen lernen" geschrieben von Katja und Gabi Maue.

Baluas Pupille auf dem oberen Foto zeigt, dass sie nicht ausschließlich mit dem Geruch am Boden beschäftigt ist. Vielleicht zeigt sie dieses Verhalten nur zur Kommunikation mit den anderen Hunden, da auch die Nase recht weit über dem Boden schwebt. Auf dem unteren Foto ist sie komplett auf den Geruch (Apfel) vor sich konzentriert.

Kritisch hinterfragen

Spürhundearbeit lädt uns in die Welt des Hundes ein. Da wir aber überhaupt nicht nachvollziehen können, was der Hund riecht und wie er seine Welt wahrnimmt, fischen wir beim Training von Schnüffelaufgaben im Dunkeln. Wir wissen auch im Training nicht, was der Hund in dem Moment riecht, wenn wir ihn belohnen oder womöglich bestrafen. Für den Hund ist es völlig klar, dass er Bettwanzen, Trüffel, Schimmel, Geld, Drogen, Pfefferminztee oder sein Spielzeug riechen kann. Das Schwierige ist, ihm beizubringen, dass er uns zeigen soll, wenn er genau diesen Geruch riecht. Deshalb ist es umso wichtiger, immer wieder kritisch zu hinterfragen, was der Hund da gerade lernt. Ist es wirklich das, was wir von ihm möchten, oder ist er auf einer völlig falschen Spur?

Um kritisch hinterfragen zu können, ist es sinnvoll, dem Hund immer wieder neue Fragen zu stellen. Kann er sie mit JA beantworten (indem er das Trainingskriterium erfüllt), können wir weiterarbeiten, beantwortet er sie mit NEIN (indem er das Trainingskriterium nicht erfüllt), müssen wir in unserem Training etwas ändern. Um kritisch zu hinterfragen, können dem Hund zum Beispiel folgende Fragen gestellt werden:

Kannst du auch suchen, finden und anzeigen, wenn:

- jemand anderes den Geruch versteckt hat?
- der Geruch in einem neuen Gefäß präsentiert wird?
- Ablenkung eingebaut wird?
- wir in einem anderen Gelände sind?
- andere Gerüche im Suchgebiet sind?
- niemand da ist, der weiß, wo der Geruch versteckt ist?

Je mehr Fragen wir dem Hund stellen, desto besser kann er lernen, was seine Aufgabe ist!

Das Besondere an der Spürhundearbeit ist, dass wir nicht wissen, was der Hund gerade riecht.

Den Menschen als Fehlerquelle erkennen

Anders als beim Agility, Obedience, Dogdancing oder beim allgemeinen Zusammenleben mit dem Hund soll er bei der Nasenarbeit möglichst wenig auf uns Menschen achten und seine Aufgabe selbstständig durchführen, ohne immer wieder nachzufragen, ob er noch auf dem richtigen Weg ist.

Deshalb müssen wir uns sehr klar darüber sein, welche Hilfen dem Hund gegeben werden, um diese möglichst schnell wieder abzubauen. Wir müssen dem Hund erklären, dass er die Wanzen oder den Trüffel ohne uns suchen soll, dass wir nichts damit zu tun haben. Natürlich ist eine Suche auch Teamarbeit zwischen Hund und Mensch. Aber beim eigentlichen Suchen können wir unserem Hund nicht helfen. Unsere Aufgaben bestehen eher darin zu schauen, dass wir sicher sind, welche Stellen im Zimmer oder Gelände der Hund noch nicht abgesucht hat und zu verstehen, was er dort tut.

Wir geben dem Hund mit unserer Körpersprache viel zu viele versteckte Hilfen und Hinweise, die uns bei der Arbeit im Wege stehen. Hunde sind Meister im Lesen unserer Körpersprache. Noch dazu kommt, dass wir ihnen im Alltag ständig beibringen, auf uns zu achten, weil wir einen aufmerksamen Hund möchten. Den Alltag erleichtert es ungemein, wenn der Hund gelernt hat, sich an uns zu orientieren und nach uns zu schauen. In der Arbeit mit der Nase steht es uns allerdings sehr im Weg. Deshalb müssen wir hier ganz besonders auf uns achten! Und je wichtiger die Aufgabe ist, desto mehr müssen wir darauf achten.

Ein wichtiges Hilfsmittel ist hier die Videokamera. Wir empfehlen, das Training so oft wie möglich zu filmen und sich selbst auf der Aufnahme anzuschauen. Wenn wir von außen auf unser Training schauen, fallen uns eventuelle Fehler oder versteckte Hilfen eher auf als dann, wenn wir mitten in der Situation drinstecken. Auch das Verhalten des Hundes kann so immer wieder angeschaut und analysiert werden.

Wollen wir sichergehen, dass wir keine versteckten Hilfen geben, ist es sinnvoll, unser Training immer wieder zu filmen.

Wenn wir nicht darauf achten, welche versteckten Hinweise wir geben, bricht spätestens dann alles zusammen, wenn wir nicht mehr wissen, wo der zu suchende Geruch versteckt ist. Um dem vorzubeugen haben wir zwei verschiedene Möglichkeiten:

- Wir bewegen uns nicht und bleiben stehen, damit der Hund unsere Körperbewegungen nicht als versteckte Signale auffasst.
- Wir bleiben, während der Hund sucht, ständig in Bewegung, damit unsere Bewegungen für den Hund unwichtig werden.

Da es für uns Menschen sehr schwer ist, absolut still zu stehen und es im Einsatzfall auch ziemlich unpraktisch und unrealistisch ist, bevorzugen wir die zweite Möglichkeit. Außerdem sind Hunde sehr gut darin, immer kleinere körpersprachliche Zeichen wahrzunehmen. Da wir im Einsatz auch nicht still in der Ecke stehen, sondern mit dem Hund durchs Suchgebiet gehen, können wir unsere Bewegungen auch von Anfang an ins Training einbauen. Wenn wir also trainieren, stellen wir dem Hund immer wieder Fragen, die er hoffentlich mit JA beantworten kann, wie zum Beispiel:

Findest du deinen Zielgeruch auch dann, wenn der Hundeführer

- sich auf der Stelle bewegt?
- sich hin und her bewegt?
- sich im Raum bewegt?
- sich wegdreht?
- telefoniert?
- mit jemandem spricht?
- das Suchgebiet verlässt?

Auch hier können wir wieder überlegen, was für einen Sucheinsatz relevant ist. Beim Trüffelsuchen ist es sinnvoll, auch selbst etwas mitzusuchen und schnell an Ort und Stelle zu sein, wenn der Hund anzeigt. Genau das kann schon von Anfang an ins Training eingebaut werden, damit der Hund später nicht verunsichert ist, wenn wir uns auf einmal auf ihn zu bewegen.

Manch ein Hund muss lernen, dass es Menschen gibt, die sich während seiner Suche im Raum bewegen und vielleicht sogar mit ihm suchen. Hier suchen Lamo und der Schädlingsbekämpfer gemeinsam nach Bettwanzen.

Trainingsziel – Ausgangspunkt – Trainingsplan

Beim Spürhundetraining gilt: Ein guter Plan ist das A und O. Ein Training ohne Plan ist kein effektives Training, sondern ein „Ich-tu-mal-eben-was-mit-meinem-Hund-Training“. Wenn wir professionell und effektiv trainieren und den Hund einsatzfähig machen möchten, sollten wir einen guten Trainingsplan erstellen, bevor wir zu arbeiten beginnen. Dieser Plan wird dann vor jedem erneuten Training überprüft und eventuell angepasst.

Die besondere Herausforderung bei der Nasenarbeit ist, dass wir oft nicht genau sagen können, ob ein Trainingsschritt schwer oder leicht für den Hund ist. Wir können leider noch nicht nachvollziehen, was der Hund riecht und wählen deshalb ab und an den Schritt zu groß oder zu klein für den Ausbildungsstand des Hundes. Manchmal ist ein kleiner Schritt zu schwer für unseren Hund und manchmal wollen wir es ihm schwer machen und es ist sehr einfach für ihn. Diese Herausforderung haben wir bei den anderen Sparten der Hundeausbildung viel weniger.

Bevor wir uns aber Gedanken darüber machen, wie wir unserem Hund etwas beibringen wollen, müssen wir genau wissen, *was* wir ihm beibringen wollen! Das heißt, wir müssen uns sehr genaue Gedanken über das Trainingsziel machen.

Das Trainingsziel

Es ist sehr sinnvoll, sich genau und im Detail aufzuschreiben, was unser Ziel am Ende sein soll: Wie soll es am Ende, wenn der Hund alles kann, aussehen? Das Trainingsziel muss also definieren, was genau der Hund tun soll. Wir müssen uns sehr gründliche Gedanken dazu machen, was exakt das sein soll. Je genauer wir uns das vorstellen können, desto genauer wird auch unser Training und somit das Ergebnis. Die folgenden Fragen können dabei helfen:

- Aus welcher Ausgangsposition soll der Hund sein Verhalten zeigen? Soll er aus jeder erdenklichen Situation heraus suchen können? Es ist wichtig, sich darüber Gedanken zu machen, damit wir das auch in unseren Trainingsplan einarbeiten können.

- Auf welches Signal soll er starten? Wie sieht das Signal aus? Möchten wir ein Startritual etablieren, auf welches der Hund suchen soll? Wie soll der Hund reagieren, wenn er kein Startsignal bekommen hat, aber dennoch den Zielgeruch riecht? Soll der Geruch das Signal zum Anzeigen sein oder ein Such-Signal von uns?

- Wie lange soll er das Verhalten zeigen? Soll er so lange suchen, bis er etwas gefunden hat, bis wir ihn aus der Suche herausrufen oder bis er müde ist? Soll er eine gewisse Zeit suchen? Soll er suchen, bis er denkt, das Gelände sei frei von dem Duft, den er anzeigen soll? Daraus ergibt sich auch die Frage: Soll er eine Negativanzeige lernen oder nicht? (Negativanzeige meint ein Verhalten, welches wir dem Hund antrainiert haben, damit er uns zeigt, wenn er davon ausgeht, dass in dem abzusuchenden Bereich der Zielgeruch nicht zu finden ist.)

- Wie schnell soll er das Verhalten zeigen? Hier ist Schnelligkeit im Sinne von Geschwindigkeit (wie schnell soll er sich bewegen) und im Sinne von Dauer (wie lange hat er Zeit, um nach dem Signal das Verhalten zu zeigen) zu sehen. Wie schnell soll er sich bewegen? Gebe ich dem Hund ein Tempo vor oder lasse ich ihn selbst entscheiden? Wie schnell soll er mit der Suche fertig sein? Gibt es eine maximale Zeitdauer, die er zur Verfügung hat oder nicht?

- In welcher Entfernung zu uns soll er arbeiten? Sucht er an der Leine oder frei? Soll er, wenn er frei sucht, immer in einer bestimmten Entfernung zu uns bleiben? Soll er in Sicht bleiben? Darf er das Suchgebiet selbständig verlassen?

- In welcher Umgebung soll das Verhalten abrufbar sein? Welche Einsatzorte sind vorstellbar? Was erwartet den Hund dort? Was möchten wir auf keinen Fall?

- Unter welcher Ablenkung soll er das Verhalten zeigen? Gibt es eine Ablenkung, die wir von vornherein ausschließen? Was kann auf den Hund im Einsatzfall zukommen? Unter welcher Ablenkung soll der Hund arbeiten können?

- Unter welchen Bedingungen soll er es zeigen? Soll er auch bei Gewitter, an Silvester, in einer Menschenmenge, auf sehr kleinem Raum (z.B. in einem Auto), wenn es sehr heiß ist oder unter starken chemischen Gerüchen arbeiten können?

- Wie zuverlässig soll er suchen? Die Zuverlässigkeit sollte für einen Hund, der in Einsätze geht, keine Frage sein. Wenn wir gut trainieren, sind 80% Zuverlässigkeit gut zu trainieren. Jedes Prozent mehr erfordert sehr viel mehr Training! Sind wir bereit, das zu leisten?

Arwen sucht hier ein großes Lager ab und entfernt sich dabei auch mal weiter, als sie das in anderen Räumen machen würde. Auch die Entfernung sollte im Trainingsziel definiert werden.

Wir sollten uns sehr genau überlegen, unter welcher Ablenkung der Hund das Verhalten zeigen soll. Hier sollte Murot ein mit Spielzeug vollgestelltes Kinderzimmer nach Bettwanzen absuchen.

Beispiel: Formulierung des Trainingsziels zur Anzeige von Bettwanzen

Hier ist ein Beispiel, wie ein Trainingsziel zur Bettwanzenanzeige aussehen könnte. Es kann natürlich je nach Hund Mensch Team auch etwas anders aussehen. Sucht der Hund nach einem anderen Zielgeruch, wird das Trainingsziel auch anders aussehen. Wichtig ist, dass wir uns vor dem Training genaue Gedanken darüber machen, was der Hund lernen soll. Wir können uns an Kollegen orientieren, sollten jedoch immer den individuellen Hund und das Einsatzgebiet im Kopf haben.

- *Der Hund soll, wenn er lebende Bettwanzen gefunden hat, seine Nase so nah wie möglich in Richtung der Wanze halten und dort mit Blick zur Wanze ruhig verharren. Ob er dabei sitzt, steht oder liegt, ist irrelevant.*
- *Der Hund soll das Verhalten immer dann zeigen, wenn er während der Suche auf die lebende Wanze stößt.*
- *Das Signal für das Verhalten ist das Finden der lebenden Wanze.*
- *Er soll das Verhalten so lange zeigen, bis er ein anderes Signal vom Hundeführer bekommt.*
- *Die Suche findet in einem Raum oder einer Wohnung statt. In dieser Umgebung soll der Hund das Verhalten in allen ihm zugänglichen Räumen zeigen.*
- *Der Hund soll es in jeder Entfernung zum Hundeführer zeigen, egal, wo er sich gerade im Raum befindet und auch dann, wenn er sich in einem anderen Raum befindet.*
- *Er soll es unter jeder Ablenkung zeigen, insbesondere auch dann, auch wenn der Duft von toten Wanzen, Kot und Wanzenhäuten anwesend ist oder auch der Geruch von Insektiziden. Wohnungsspezifische Ablenkungen sollen ihn nicht stören (Rauch, Essensgeruch und -reste, Putzmittel, Parfum).*
- *Er soll es auch zeigen, wenn ein anderer Mensch (z.B. Schädlingsbekämpfer) mitsucht, sich dem Hund nähert, ihn mit der Taschenlampe anleuchtet, mit ihm spricht und sich mit der Pinzette nähert. Auch weitere sich bewegende Personen im Raum sollen ihn nicht stören.*
- *Wünschenswert ist eine 100%ige Zuverlässigkeit.*

Das Ziel sollte sehr genau definiert werden – das gilt für die Suche genau wie für die Anzeige. So sehr müsste Lamo seine Nase nicht aufdrücken, es schadet in dem Fall aber auch nicht.

Ausgangspunkt bestimmen – Evaluation

Wenn das Ziel klar ist, müssen wir uns, bevor wir zum Trainingsplan kommen, Gedanken über unseren Ausgangspunkt machen. Es muss klar sein, was der Hund bereits kann, wenn wir mit der Suchausbildung anfangen. Den definierten Geruch kann er sicherlich noch nicht suchen. Aber vielleicht kann er bereits andere Gerüche oder Gegenstände suchen und finden. Dieses Wissen und diese Erfahrung des Hundes können wir beim Aufbau der Suche nach Bettwanzen, Trüffeln, Schimmel oder Geld nutzen.

Kann er das Anzeigeverhalten bereits oder muss das neu aufgebaut werden?

Um einen effektiven Plan zu schreiben, ist es gut, wenn wir unseren Ausgangspunkt so genau wie möglich kennen. Es ist auch sinnvoll, das Können des Hundes in der Praxis zu evaluieren, um herauszufinden, wo er steht und was er kann. Auch das Verhalten mit dem neuen Geruch sollte evaluiert werden. Was macht der Hund, wenn er zum ersten Mal Bettwanzen unter die Nase gehalten bekommt? Riecht er sehr lange und intensiv daran oder rümpft er die Nase und geht weg? Je nach Reaktion des Hundes wird der Plan zum weiteren Training anders ausschauen.

Erfahrungsbericht **Michaela** 

Ich habe mal meinem Hund im Rahmen der Suche nach Geruchsmustern Kaffeebohnen unter die Nase gehalten. Es war für jeden erkennbar, dass es ihn zuerst ziemlich überraschte und fast schon ekelte. Nach einigen weiteren Malen gewöhnte er sich schnell auch an diesen Geruch. Hätte ich also Kaffeebohnen suchen wollen, dann wäre mir hiernach klar gewesen, dass dies kein Geruch ist, den er von sich aus gut findet.

Erfahrungsbericht **Jacqueline** 

Bei einem Workshop durfte jeder Teilnehmer einen Zielgeruch auswählen, ein Teilnehmer wählte Fenchel für seinen Labrador. Die Aufgabe war, dass der Hund durch freies Formen seine Nase in das Glas mit der Geruchsprobe stecken sollte. Als dieser Labrador zum ersten Mal seine Nase in die Nähe des Glases bewegte, hat er sich so vor der Intensität des Fenchelgeruchs erschrocken, dass wir einen neuen Zielgeruch in einem anderen Behältnis wählen mussten, weil er seine Nase nie mehr in Richtung des Glases bewegen wollte. Ab diesem Moment rieche ich erst einmal selbst kurz an jeder neue Geruchsprobe.

Ekelt sich der Hund vor der Probe, wie Clooney hier vor der Zecke, dann muss das auf jeden Fall beim Training beachtet werden.

Es ist nicht nur wichtig, den Ausgangspunkt ganz zu Beginn unseres Spürhunde-Trainings zu bestimmen, sondern auch vor jeder Trainingseinheit. Die Evaluation des aktuellen Verhaltens ist ein wichtiger Bestandteil jedes Trainings. Wir sollten also vor jedem Training evaluieren, wie der Ausgangspunkt für den Hund und für den Menschen ist. Dabei sollten wir die Gegebenheiten am Trainingsort im Blick behalten, genauso wie die Trainingsausstattung und die Umweltgestaltung zur jeweiligen Trainingseinheit.

Es ist wichtig, dass wir uns bewusst machen, dass wir nur das Verhalten nehmen können, was der Hund uns in diesem Moment gibt. Wir können nur mit dem arbeiten, was wir genau in dieser Situation vorfinden. Bob Bailey sagt immer: „Trainiere nicht den Hund von gestern". Das bedeutet, wir müssen uns zu jedem Moment bewusst sein, was der Hund jetzt gerade in der Lage ist zu bieten, wie unser aktueller Trainingsstand ist und was der Hund unter diesen aktuellen Bedingungen leisten kann.

Bobs Rat 

Trainiere nicht den Hund von gestern.

Evaluieren bedeutet herauszufinden, was der Hund kann. Dazu müssen wir ihm die richtigen Fragen stellen. Eine Möglichkeit ist, das Verhalten in kleine Teile zu zerschneiden und zu schauen, was der Hund davon schon kann. Wichtig ist, genau zu beobachten, welches Verhalten er zeigt. Auf genau diese Beobachtungen können wir im Laufe der Trainingseinheit aufbauen. Meistens ist der Hund in der Lage, an die letzte Trainingseinheit anzuknüpfen. Dann können wir in unserem Trainingsplan weitergehen. Manchmal kann der Hund in der heutigen Trainingseinheit allerdings nicht das leisten, was er gestern geleistet hat. Eventuell geht es ihm heute nicht so gut. Die Ablenkungen sind größer oder die Umweltbedingungen anders. Wichtig ist, dass wir beobachten und wahrnehmen, was der Hund heute leisten kann und genau darauf unseren neuen Trainingsplan aufbauen.

Genau das Gleiche gilt auch für den Hundeführer. Da Spürhundearbeit Teamarbeit ist, ist es wichtig, dass wir uns auch den Hundeführer anschauen. Was ist er heute in der Lage zu leisten? Manchmal kann der Hund ohne Probleme am letzten Training anknüpfen, der Mensch aber nicht. Deshalb ist es wichtig, immer das Team anzuschauen und die Gesamtheit zu evaluieren. Nur dann können wir effektiv arbeiten und von Trainingseinheit zu Trainingseinheit immer besser werden.

Wenn es um Evaluation geht, ist es sinnvoll, ab und zu mal einen Test zu machen. Das heißt, wir schauen uns an, was der Hund kann und wie weit wir im Trainingsplan schon fortgeschritten sind. Dann schauen wir uns die nächsten Trainingsschritte an. Wenn wir den Plan im Kopf haben und genau wissen, was als nächstes kommt und wo wir hinwollen, dann ist es ab und an spannend, ein paar Trainingsschritte zu überspringen. Manchmal ist der Hund schon weiter, als wir denken. Um zu sehen, ob er schon mehr leisten kann, stellen wir ihm Aufgaben, die wir noch nicht trainiert haben. Schafft er den Test, können wir genau dort weitermachen mit unserem Trainingsplan, schafft er es nicht, bauen wir Zwischenschritte ein. Auch hier möchten wir nochmal Bob Bailey zitieren, der in unserem gemeinsamen Training immer wieder sagte: „Stehe dem Verhalten nicht im Weg". Im Laufe unserer Erfahrung haben wir immer mehr verstanden, was das bedeutet. Ganz oft ist der Hund nicht in der Lage zu zeigen, was er kann, weil wir als Trainer dem Verhalten im Wege stehen, indem wir ihn bremsen. Deshalb ist es ratsam, immer mal wieder einen Test zu machen, um zu schauen, wie weit der Hund denn schon ist. Das ist auch eine Art Evaluation, die uns weiterbringt und die uns zeigt, was der Hund bereits leisten kann.

Bobs Rat

Stehe dem Verhalten nicht im Weg!

Angela und Wanda

Es ist wichtig, das Verhalten des Hundes genau zu beobachten, um gut evaluieren zu können.

Trainingsplan schreiben

Wenn wir nun sowohl das Ziel vor Augen haben als unseren Ausgangspunkt kennen, geht es darum, einen genauen Plan zu schreiben, um das Verhalten zu trainieren, welches der Hund am Ende können soll.

Wenn wir uns einen Plan machen, ist es sehr sinnvoll, diesen in schriftlicher Form zu verfassen! Dann können wir immer wieder nachlesen und schauen, wo wir uns in unserem Training befinden. Wenn wir das Ganze nur in unserem Kopf planen, ist schnell etwas verloren gegangen, weil wir uns nicht mehr daran erinnern. Ein schriftlicher Trainingsplan kann außerdem für mehrere Hunde immer wieder benutzt und für den jeweiligen Hund individuell angepasst werden.

Beim Erstellen des Plans sind ein paar Dinge zu beachten:

- Die Trainingsschritte sollten immer so klein sein, dass dein Hund sie schaffen kann. Sie sollten aber gleichzeitig auch so groß sein, dass ihr immer weiterkommt, ohne dass dein Hund sich langweilt und ihr unnötig auf der Stelle tretet. Bob Bailey sagte dazu: „Verlange mehr und du wirst mehr erhalten".

- Die Trainingsschritte sollten immer positiv formuliert werden.

- Die Trainingsschritte sollten so formuliert werden, dass du sie abhaken kannst, wenn der Hund den jeweiligen Schritt beherrscht.

- Die Schritte sollten so formuliert werden, dass du genau weißt, was dein Hund zu tun hat und was du zu tun hast. Außerdem sollten der Ort und die Ablenkung erkennbar sein.

- Bei jedem Schritt sollte dir klar sein, was genau dein Kriterium für diesen Schritt ist.

- Du solltest genau wissen, was du in diesem Schritt belohnen möchtest.

- Du solltest genau wissen, wo du in diesem Schritt belohnen möchtest.

- Du solltest genau wissen, wann du in diesem Schritt belohnen möchtest.

Bobs Rat 

Verlange mehr, und du wirst mehr erhalten!

Je einsatzrelevanter die Aufgabe ist, die mit dem Hund trainiert wird, desto wichtiger ist der Trainingsplan, denn in dem Fall möchtest du möglichst schnell, effektiv und ohne Umwege zum Trainingsziel kommen. Dies ist unserer Meinung nach ohne guten Plan nicht möglich!

Ein im Vorfeld aufgestellter Plan bedeutet allerdings nicht unbedingt, dass dieser Plan auch eins zu eins in der Praxis umgesetzt wird. Es kann immer wieder Situationen geben, in denen der Hund die gestellte Aufgabe nicht schafft – der Schritt im Plan ist zu groß! Kommen wir im Training in diese Situation, ist es wichtig, dieses sofort wahrzunehmen. Macht der Hund einen Fehler, so solltest du erst einmal darüber nachdenken, woran es gelegen haben könnte:

- Ist deine oder die Motivation deines Hundes verloren gegangen?

- War die Ablenkung zu groß?

- Warst du unkonzentriert und hast dem Hund die falschen Hilfen gegeben?

- Hat sich etwas in deinem Umfeld verändert, was dein Training beeinflusst (Umzug, Partnerwechsel etc.)?

- Ist dein Timing gut?

- Ist deine Belohnungsrate hoch genug?

Finden wir eine Erklärung für den Fehler, können wir die Situation nochmals ändern und den gleichen Schritt nochmals verlangen. Funktioniert es nun, ist es gut und wir können im Plan weiterarbeiten. Funktioniert es aber immer noch nicht, ist das Kriterium des Trainingsschrittes wohl einfach

Um den Plan anpassen zu können, sollten wir den Hund bei der Arbeit beobachten. Er zeigt uns immer, was er kann und wo er noch Hilfestellung braucht.

zu hoch gewählt und wir müssen Zwischenschritte einbauen.

Um den Plan immer wieder anpassen zu können, ist es enorm wichtig, den Hund beim Arbeiten genau zu beobachten. Nur wenn der Hundeführer konzentriert zuschaut und genau sieht, welches Verhalten der Hund zeigt, kann er effektiv trainieren. Der Hund zeigt uns mit seinem Verhalten immer, wann wir im Training weitergehen können und wann es zu schwer oder zu leicht für ihn ist. Dabei ist es ungemein hilfreich, sich filmen zu lassen oder uns einfach mit einem Stativ selbst filmen. Wichtig für die Auswertung ist dabei, dass sowohl Hundeführer als auch Hund im Film zu sehen sind.

Was genau sind aber die Punkte, die uns zeigen, ob wir im Training weitergehen können? Oft wird gesagt: Wir können weitergehen, wenn der Hund in 80% der Fälle richtig liegt. Unserer Meinung nach gehört da aber noch mehr dazu. Um genau beurteilen zu können, ob wir weitergehen können oder nicht, haben wir die PENG-Regel aufgestellt:

PENG:

PENG steht für:

- ***P**rompte Ausführung*
- ***E**rfolgsrate*
- ***N**ötige Geschwindigkeit*
- ***G**enauigkeit*

***Prompte Ausführung:** Führt der Hund das Verhalten prompt genug aus, um weiterzugehen? Reagiert er prompt auf das Signal, zeigt er prompt an, wenn er zum Geruch kommt? Ist es genau so, wie wir es haben wollen und es in unserem Trainingsschritt steht?*

***Erfolgsrate:** Wenn der Hund 80% der Durchgänge richtig absolviert, kann zum nächsten Schritt weitergegangen werden. Dazu ist es sehr sinnvoll, sich aufzuschreiben, ob der jeweilige Durchgang gut oder schlecht war. So haben wir immer den Überblick und können die 80% Schwarz auf Weiß erkennen. Je wichtiger die Trainingsaufgabe ist, desto mehr Erfolgsrate verlangen wir vom Hund, um im Trainingsplan weiterzugehen. Je nachdem, welchen Trainingsschritt wir abarbeiten, kann es also sein, dass wir eine Erfolgsrate von mehr als 80% haben möchten.*

***Nötige Geschwindigkeit:** Arbeitet der Hund in der Geschwindigkeit, die wir haben möchten? Wenn ja, ist es in Ordnung, wenn nein, müssen wir an diesem Kriterium weiterarbeiten.*

***Genauigkeit:** Ist das Verhalten so genau, wie wir es uns vorstellen? Zeigt der Hund genau so an, wie es in unserem Ziel steht? Ist die Nase genau dort, wo wir sie bei der Anzeige haben möchten oder etwas versetzt? Geht er nah genug an die Wanzen oder ist er so weit weg, dass nicht erkennbar ist, wo das Krabbeltier sitzt?*

Erst, wenn in einem Schritt alle PENG-Kriterien erfüllt sind, können wir zum nächsten Schritt weitergehen! Um das erkennen zu können, ist es so wichtig, den Hund beim Arbeiten genau zu beobachten!

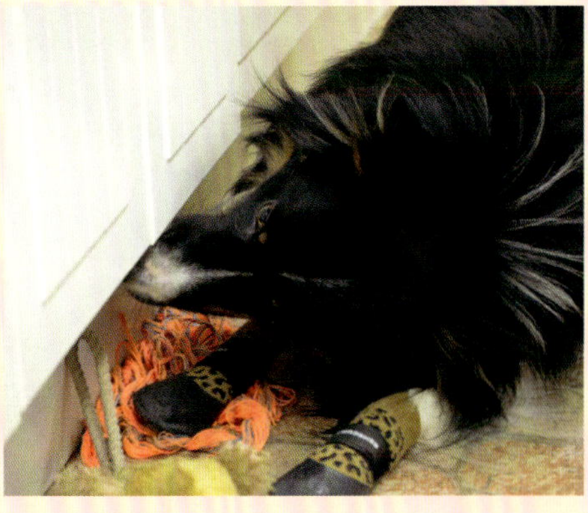

Zeigt der Hund genau das Verhalten, das ich möchte oder nicht? Hier kratzt Fosco vor der Anzeige mit der Pfote, was nicht erwünscht ist.

Trainingsdokumentation

Um unsere Ziele effizient und sicher erreichen zu können, ist es wichtig, dass wir immer den Überblick über unser Training behalten. Wir sollten uns nach jedem Training fragen, ob wir am Ende besser sind als zu Beginn. Da unsere Merkfähigkeit nur begrenzt ist, ist es sinnvoll, das Training gut zu dokumentieren. Das können wir tun, indem wir einiges aufschreiben, fotografieren oder filmen. Je nachdem, welche Informationen wir aus der Dokumentation herauslesen wollen, nutzen wir das eine oder andere Instrument.
Aus einer guten Dokumentation sollte folgendes herauszulesen sein:

- Der Trainingsschritt, an dem wir gerade arbeiten.
- Das Kriterium, das wir belohnen möchten.
- Wo und wie wir belohnen möchten.
- Ob der Trainingsdurchgang mit einer Belohnung oder einem Abbruch endet.

Je nachdem, wie genau die Dokumentation sein soll oder je nachdem, welche Fragestellungen damit beantwortet werden sollen, können wir noch mehr Fakten abfragen, zum Beispiel:

- Die Ablenkung während des Trainings
- Wind und Wetter
- Der Ort des Trainings
- Welche Verstecke wurden trainiert?
- Welche Proben wurden benutzt?
- Die Anzahl der Anzeigen in diesem Durchgang.

Wichtig bei der Dokumentation ist, dass wir am Ende ein Ergebnis haben. Das heißt, die Dokumentation bietet uns Hilfestellung, um die nächsten Schritte herauszufinden:

- Hat der Hund das Kriterium erfüllt?
- Hat der Hundeführer das Kriterium erfüllt?
- Wie oft hat der Hundeführer richtig belohnt?
- Wie oft hat der Hundeführer falsch belohnt?
- Wie oft hat der Hund einen Fehler gemacht und der Mensch nicht belohnt?
- Wie oft hat der Hundeführer verpasst, das richtige Verhalten des Hundes zu belohnen?
- Gab es Fehlanzeigen?
- Wurde der Geruch überlaufen?

Aus all diesen Informationen, die aus der Dokumentation gewonnen werden können, können nächste Schritte fürs Training aufgestellt werden.

Gab es Ablenkungen beim Training wie hier die Kaninchen bei Lamos Suche? Auch das sollte in der Dokumentation festgehalten werden.

Eine Trainingsdokumentation bringt uns Kontrolle. Sind wir wirklich besser geworden in unserem letzten Training? Ist unser Trainingsplan der richtige oder muss etwas geändert werden? Die Dokumentation hilft uns beim Finden des nächsten Trainingsschritts, Probleme zu erkennen und Lösungen zu finden.

Dokumentation soll aber auch einfach sein, schnell gehen, nachvollziehbar und nutzbar sein. Es geht nicht darum, Seiten zu füllen und zu dokumentieren um des Dokumentierens willen, sondern darum, ein gutes Werkzeug zu haben, um den nächsten Trainingsschritt zu finden.

Deshalb ist es sinnvoll, sich ein paar Gedanken darüber zu machen, wie dokumentiert werden sollte. Eine einfache Tabelle bringt großen Nutzen und eine aufgestellte Videokamera ist Gold wert. Ein Film kann auch im Nachhinein noch ausgewertet bzw. angeschaut werden. Schriftliche Aufzeichnungen können jederzeit zur Hand genommen werden, um etwas nachzuschlagen. Jede Dokumentationsfom hat Vor- und Nachteile. Welche wir nutzen, kommt auf unsere Vorlieben und die Praktikabilität an. Wichtig ist, dass wir eine Möglichkeit haben nachzuschauen, wie unser letztes Training gelaufen ist, damit wir bei der nächsten Trainingseinheit wissen, wo wir anknüpfen können.

Hier zeigen wir Euch ein paar Beispiele:

Trainingsdokumentation Anzeigen *Bettwanzen*

Hund: *Murat*

Download Blanko-Formular:

Datum	Trainingsschritt	Ort/ Anordnung	Ablenkung	Position	Überlaufen	Fehlanzeige	Abbruch	Belohnt
02.01.24	Differenzierung gegen leere Behälter	lineup 8 Positionen in einer Reihe	keine	5 3 8				x x x
"	Differenzierung gegen tote Bettwanzen	"	tote Bettwanzen Katze im Raum	1 8 4	x			x x x
"	"	"	"	3 3 2			x abgelenkt von Katze	 x x
04.01.24	Differenzierung gegen tote Bettwanzen und lebende Speckkäfer	"	tote Bettwanzen Speckkäfer lebend	4 5 1		x Speckkäfer in 2	x	— x x
"	"	"	"	3 8 6	x	 x Speckkäfer in 4	x geht woanders hin	 x —
"	"	"	"	7 2 6				x x x

Datum	Ort	Thema
15.01.2024	Zuhause	Anzeigen
16.01.2024	Zuhause	Anzeigen
20.01.2024	Gästezimmer Freundin	unbekannte Orte
23.01.2024	Zuhause	Ganze Suchen (Leersuche)
28.01.2024	Scheune	besondere Verstecke
04.02.2024	Scheunenhof	Anzeigen
06.01.2024	Zuhause	doppelblinde Suche
07.02.2024	Sperrmüll der Nachbarn	unbekannte Orte
10.02.2024	Gästezimmer meiner Eltern	Suche an bekanntem Ort
13.02.2024	Zuhause	Anzeigen
20.02.2024	Scheunenhof Stall	besondere Schwierigkeiten

Download Blanko-Formular:

Trainingsdokumentation ganze Suchen:

Thema/Kriterium: *Anzeigen, 8 Proben*

Datum: *16.01.2024*

Ort: *Zuhause, Gästezimmer*

Suchdauer: *3,5 Minuten (ohne die Zeit des Belohnens)*

Anzahl der Anzeigen: *8*

Anzahl der Fehlanzeigen: *0*

Suchart: frei <u>geführt</u> *an der Leine*

Versteckte Gerüche/Probennummer:
1x 5 Wanzen Adult
3x 3 Wanzen Adult
1x 10 Wanzen gemischt
1x 1 Nymphe
1x 3 Nymphen
1x 1 Wanze adult zwischen mehreren toten

Verstecke:
Bett, Schrank, Fußleiste, Tasche

Video Nr: */*

Besonderheiten:
Fosco war sehr konzentriert.
An der Tasche hat er am längsten gesucht.
→ Taschen und Koffer muß ich öfters trainieren

Download Blanko-Formular:

Suchen als Verhaltenskette

Das Suchen eines bestimmten Geruchs ist eine Verhaltenskette. Der Hund soll auf ein Signal hin eine Reihe von Verhalten hintereinander zeigen. Beim Suchen sind die einzelnen Verhalten der Kette folgende:

1) Der Hund soll auf ein Startsignal hin das Suchen beginnen.

2) Er soll den vorher festgelegten Bereich absuchen.

3) Er soll beim Wahrnehmen des Geruchs genau diesen lokalisieren.

4) Er soll die gelernte Anzeige zeigen, sobald er den Geruch lokalisiert hat.

Die großen Kettenglieder, an denen wir arbeiten müssen, sind also:

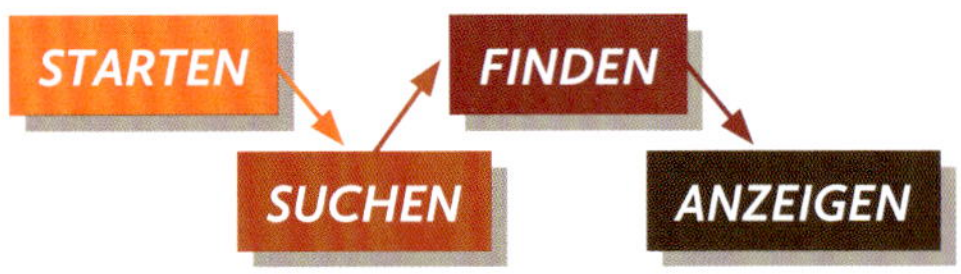

Um eine Verhaltenskette zuverlässig zu trainieren, müssen wir zunächst jedes Kettenglied einzeln so trainieren, dass der Hund es kann.

Das heißt, ich muss ihm sein Startritual bzw. Startsignal beibringen, er sollte suchen können, das Finden des Geruchs sollte er beherrschen und die Anzeige sollte zuverlässig gezeigt werden.

Der Hund soll auf ein Startsignal hin suchen, den Geruch finden und anzeigen. Hier sucht Lamo die brünstige Kuh im Stall und zeigt sie durch Sitz und Hinschauen an.

Wichtig zu wissen ist, dass bei einer Kette jedes Verhalten das vorherige belohnt (mehr dazu z.B. im Buch „Verstärker verstehen" von Dr. Viviane Theby). Da wir die Suche positiv aufbauen – das heißt der Hund verbindet mit der Suche nach dem Zielgeruch nur positive Dinge – wird der Verstärker für ein Verhalten in der Kette das nächste Verhalten der Kette sein. Wenn er richtig startet, kann er weitersuchen. Wenn er gut sucht, wird er den Geruch finden und wenn er den Geruch lokalisiert hat, kann er anzeigen, um verstärkt zu werden.

Wenn wir eine Kette auf Dauer zuverlässig bekommen möchten, ist es wichtig, dass die einzelnen Kettenglieder immer wieder getrennt voneinander trainiert werden. Wir müssen aufpassen, dass wir nicht immer die ganze Kette trainieren, um nicht unnötig Fehler einzubauen. Es ist schnell passiert, dass die Trainingswaage (s.S.78) in Richtung eines Kettengliedes kippt. Trainieren wir zu viele Anzeigen, bekommen wir womöglich einen Hund, der überall anzeigt, auch wenn dort kein Geruch zu finden ist, weil er hofft, belohnt zu werden. Trainieren wir zu viel das Suchen, bekommen wir einen Hund, der nicht mehr anzeigt, weil er weiß, dass nach der Anzeige die Suche vorbei ist.

Es ist also unabdingbar, den Hund bei jeder Suche gut zu beobachten und zu schauen, welches Glied der Kette beim laufenden Durchgang das schwächste war. Dieses sollte dann im nächsten Durchgang belohnt werden – natürlich nur, wenn der Hund es gut gemacht hat. Eventuell muss dieses Glied auch nochmals getrennt von der Kette trainiert werden, um es erst, wenn es repariert ist, wieder einzubauen.

Vorwärtsaufbau einer Verhaltenskette

Wenn eine Verhaltenskette trainiert wird, kann diese vorwärts und rückwärts aufgebaut werden. Beim Vorwärtsaufbau wird das erste Verhalten zuerst trainiert und die anderen in der richtigen Reihenfolge drangehängt. Im Beispiel der Suche wäre das dann:

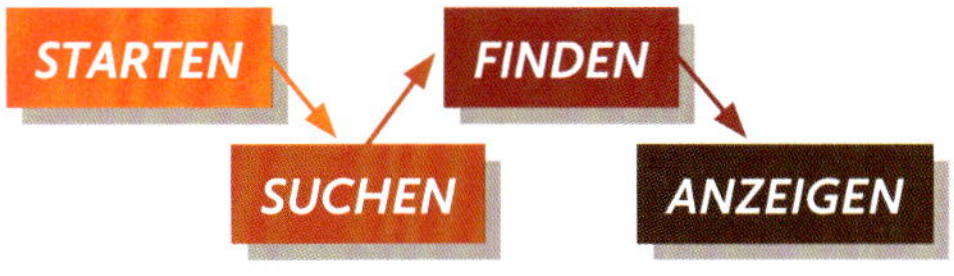

Setzen wir die einzelnen Kettenglieder in dieser Reihenfolge zusammen, arbeitet der Hund sich vom Bekannten zum Unbekannten. Es wird also immer etwas Unbekanntes an etwas Bekanntes angehängt.

Dieser Aufbau hat einen großen Nachteil beim Training von Suchaufgaben. Sensible Hunde, die sehr auf ihren Hundeführer achten, neigen dazu, sich immer mal wieder zu ihrem Menschen zu drehen und nachzufragen, ob sie noch auf dem richtigen Weg sind. Wenn wir da nicht aufpassen und dieses Verhalten unbewusst belohnen, wird es immer stärker bis zu dem Punkt, dass der Hund nach dem Start nicht mehr selbständig sucht. Dadurch, dass beim Vorwärtsaufbau immer etwas Unbekanntes an die bekannte Aufgabe gehängt wird, wird der Hund eventuell noch unsicherer und fragt noch mehr nach. Wenn der Hund also dazu neigt, sich beim Suchen immer mal wieder zum Hundeführer umzudrehen, ist der Vorwärtsaufbau nicht unbedingt sinnvoll.

Wenn mein Hund immer wieder bei mir nachfragt, dann hat er noch nicht gelernt, eigenständig so lange zu suchen, bis er gefunden hat oder wir ihn rausrufen.

Rückwärtsaufbau einer Verhaltenskette

Eine andere Möglichkeit ist, die Verhaltenskette rückwärts aufzubauen. Hier werden die Verhaltensweisen in umgekehrter Reihenfolge aneinandergehängt. In unserem Beispiel also:

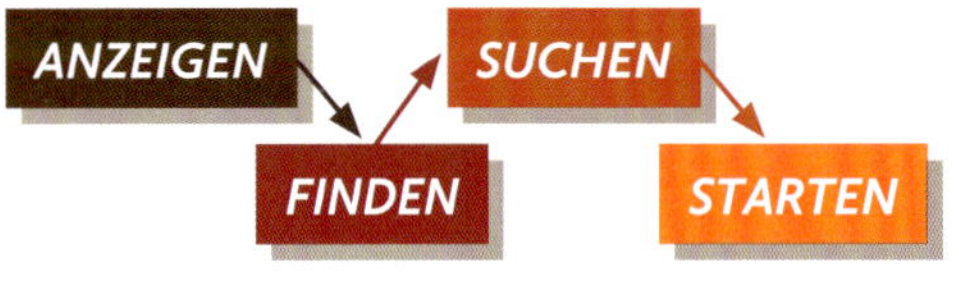

Hier wird das letzte Verhalten zuerst trainiert und die anderen davorgesetzt. Dies hat den Vorteil, dass der Hund vom Unbekannten zum Bekannten arbeitet und so im Laufe der Kette immer sicherer wird. Dadurch wird die Gefahr des Rückorientierens während der Suche minimiert.

In der Praxis bedeutet dies, dass wir das Anzeigeverhalten zuerst trainieren. Kann der Hund den Geruch beim Hundeführer anzeigen, wird dieser immer mehr versteckt. So lernt der Hund erst zu suchen, um anzeigen zu können. Das Finden des Geruchs wird somit der Verstärker für das Suchen und das Anzeigen wird der Verstärker für das Finden des Geruchs. Am Ende setzen wir unser Startritual bzw. -signal davor, um die Kette zu vervollständigen. Es ist auch möglich, das Startsignal bereits vor dem Anzeigen – also schon in Schritt 1 – zu etablieren. So verknüpft der Hund das Signal von Anfang an mit der Anzeige und muss die Kettenglieder durchlaufen, um anzeigen zu können.

Das Erhalten der Verhaltenskette

Wenn wir die Kette erfolgreich zusammengesetzt haben, der Hund also auf ein Startsignal hin startet, sucht, findet und anzeigt, dann gilt es, diese gut trainierte Kette zu erhalten. Das ist nicht immer so einfach, wie es sich anhört.

Jetzt kommt es darauf an, dass jedes Verhalten der Kette gleichwertig belohnt wird. Wenn ein Verhalten hochwertiger wird, kippt die Trainingswaage (s.S.78) in Richtung dieses Verhaltens und ein anderes geht dabei kaputt. Wenn wir nicht achtsam trainieren, kann es zum Beispiel sein, dass der Hund nicht mehr anzeigt, wenn es sich seiner Meinung nach nicht genug lohnt. Haben wir im Training eine Zeit lang einen zu großen Schwerpunkt auf Suchen gelegt, dann kann es sein, dass Suchen so belohnend für den Hund wird, dass er nicht mehr anzeigt. Wenn wir das ändern wollen, müssen wir nochmals mehr an der Anzeige arbeiten. Doch Achtung: Belohnen wir die Anzeige nun zu hochwertig im Vergleich zum Suchen, dann kann es sein, dass das Suchen kaputtgeht und der Hund so gerne anzeigt, dass er Fehlanzeigen bringt. In dem Fall zeigt er dort an, wo gar kein Zielgeruch ist.

Deshalb ist es so wichtig, seinen Hund beim Suchen immer gut zu beobachten. Nur so können wir direkt reagieren und sehen, wenn die Trainingswaage in eine Richtung kippt. Am erfolgreichsten ist der Hund, wenn alle Glieder der Kette ausbalanciert sind, also sich gleich viel lohnen.

Bei jedem Durchgang sollten wir schauen, welches Glied der Kette am schlechtesten ausgeführt wird. Dieses ist dann als nächstes unser Trainingsschwerpunkt. Um die Kette auf Dauer erhalten zu können, ist es sinnvoll, die einzelnen Glieder der Kette immer wieder zu trainieren und die gesamte Kette nicht zu oft durchlaufen zu lassen. Das heißt, wir sollten ab und an auch mal ein Anzeigeverhalten trainieren, ohne den Hund vorher suchen zu lassen oder die Suche ohne eine Anzeige belohnen.

Wir sollten den Hund immer im Auge haben, um erkennen zu können, ob wir noch auf dem richtigen Weg sind. Suchen und Anzeigen sollte sich für den Hund gleich viel lohnen, damit die Trainingswaage in Balance bleibt.

Da der Hund sich beim Ausführen der Kette immer selbst belohnt, sollte man sich auch Gedanken darüber machen, wie wir reagieren, wenn ein Fehler auftaucht. Der Hund wird belohnt, wenn er die Kette wie gewohnt weiterführen kann. Er startet und darf suchen. Er sucht und findet. Er findet und darf anzeigen, wofür er gut belohnt wird. Wenn er alles gut macht, ist das gar kein Problem. Macht er aber einen Fehler mittendrin und darf dann die Kette weiter ausführen, wird er auch für diesen Fehler mit Weitermachen belohnt. Kratzt der Hund zum Beispiel mit der Pfote an der Stelle, wo er den Geruch geortet hat, bevor er hinstarrt und wir belohnen ihn für das Starren, dann haben wir auch das Kratzen mit belohnt. Wenn wir das Kratzen nicht mögen, dann müssen wir reagieren. Doch was können wir tun?

Umgang mit Fehlern in der Kette

Wenn wir merken, dass sich ein Fehler eingeschlichen hat, müssen wir uns als erstes einen guten Überblick über die Belohnungsgeschichte der einzelnen Verhalten machen. Wir schauen also in unsere Trainingsdokumentation und sehen, was wir in letzter Zeit wie oft belohnt haben. Um diesen Überblick zu behalten, ist eine gute Trainingsdokumentation unerlässlich (s.S.67 ff.).

Damit kann dann auch die Frage beantwortet werden, ob es sich für den Hund überhaupt noch lohnt, das Verhalten in aller Richtigkeit auszuführen. Merken wir, dass es in der Vergangenheit einfach zu wenig belohnt wurde, dann sollten wir dies schnell ändern!

Wenn wir ein Verhalten haben, das uns nicht gefällt, können wir auch darüber nachdenken, ob wir es durch Management wegbekommen können. Beim Beispiel des Kratzens vor der Anzeige könnten zum Beispiel dem Hund eine Zeitlang solche Verstecke angeboten werden, bei denen er einfach nicht kratzen kann. Hochverstecke, bei denen der Hund nicht in die Nähe der Proben kommt, wären dafür eine Möglichkeit.

Tritt ein Fehler auf, können wir mit Management arbeiten. Wenn der Hund zum Beispiel vor der Anzeige kratzt, verstecken wir den Geruch erst einmal so hoch, dass er nicht in Versuchung kommt, zu kratzen und bringen ihn erst dann langsam wieder nach unten.

Dadurch haben wir die Chance, die Belohnungsgeschichte auf Anzeigen ohne Kratzen wieder hochzuschrauben.

Bobs Rat 

Willst du das Verhalten deines Gegenübers ändern, musst du dein eigenes Verhalten ändern.

Wichtig dabei ist, dass Fehler immer auch nur Informationen für uns sind. Auch wenn sich wohl niemand über Fehler freut – Ärgern hilft auch nicht oder macht die Zusammenarbeit mit dem Hund sogar schwieriger. Daher sollten wir Fehler als Informationen werten und uns immer daran erinnern, dass wir ganz allein, nicht der Hund, den Fehler gemacht haben. Was dann auch den Vorteil mit sich bringt, dass das nur bedeutet, sein eigenes Handeln ändern zu müssen.

Belohne nur das, was du möchtest – 100 %!

Wenn wir mit dem Hund arbeiten, müssen wir uns ganz genau im Klaren darüber sein, was wir von ihm möchten.

Zum einen muss das Ziel, wie schon beschrieben, ganz klar definiert sein. Zum anderen muss uns aber auch jedes einzelne Kriterium im momentanen Trainingsschritt klar sein. In unserem Trainingsplan definieren wir unser Kriterium: Was genau soll der Hund tun, um belohnt zu werden? Hier ist wichtig, dass wir dem Hund nur Fragen stellen, die er auch mit sehr hoher Wahrscheinlichkeit mit „ja“ beantworten kann. Ein kleines Restrisiko bleibt, da wir den Hund ja auch fordern und in unseren Trainingsschritten weiterkommen möchten. Schafft der Hund es, das Trainingskriterium zu 100% zu erfüllen, wird er belohnt. Schafft er es nicht, dann wird er nicht belohnt. Schwarz oder weiß – kein Grau. So lernt der Hund am schnellsten und wir sind in unseren Anforderungen ganz klar für ihn. Schaffen wir es, diese eine kleine Regel einzuhalten, dann ist Training gar nicht schwer und alles geht ganz schnell. Allerdings gibt es immer wieder gute Gründe, die dafür sprechen, den Hund auch für 90% richtiges Verhalten zu belohnen. Oder es geschieht ein Fehler. Und schon bin ich nicht mehr bei 100% und das Matching Law (s. Glossar, S. 349) nimmt seine Arbeit auf.

Nehmen wir hierfür ein Beispiel:

Das momentane Trainingskriterium beim Training der Anzeige heißt: Der Hund bleibt fünf Sekunden lang mit der Nase am Geruch.

Das bedeutet, dass der Hund auch nur dann belohnt wird, wenn er fünf Sekunden die Nase am Geruch hält. Löst er die Anzeige bei viereinhalb Sekunden auf, wird er nicht belohnt. Das ist wichtig, wenn wir ihm klare Informationen geben wollen. Hält der Hund die Anzeige so, wie es uns gefällt und nach drei Sekunden kommt eine Katze vorbei, sollte er nicht frühzeitig belohnt werden: auch hier wird das Kriterium von fünf Sekunden weiter eingehalten. Selbst wenn er es nicht schafft, das Kriterium zu treffen, erhalten wir eine wichtige Information. Belohnen wir nach drei Sekunden, dann haben wir zwar ein gutes Gefühl, aber wir haben keine Information darüber, ob der

Hund auch fünf Sekunden geschafft hätte. Warten wir die fünf Sekunden wie geplant ab und der Hund löst die Anzeige beim Anblick der Katze vorher auf, dann haben wir zumindest die Information, dass dieses Kriterium mit der Ablenkung noch nicht machbar ist. Nun können wir mit dem Kriterium fünf Sekunden die Ablenkung immer weiter steigern, bis er es auch schafft, beim Anblick einer Katze die Anzeige so lange zu halten.

Wenn also hier von „Belohne nur 100%" gesprochen wird, dann sind nicht 100% des Endverhaltens gemeint. Das müssen wir ja erst trainieren und können es noch nicht erwarten. Es sind 100% des jeweiligen Trainingskriteriums gemeint. Dieses muss ganz klar festgelegt werden, und bevor wir den Hund ins Training schicken, muss ganz genau klar sein, was er tun soll, um belohnt zu werden. Alles andere wird dann eben nicht belohnt.

Wichtig ist, dass nur die 100%ig richtige Anzeige belohnt wird. Macht der Hund einen Fehler, wird er nicht belohnt. Hier sucht und findet Jaron Fledermäuse.

Das hört sich sehr einfach an – ist es aber in der Praxis meist nicht.

Wir Menschen neigen schnell dazu, noch eine Belohnung hinterher zu schieben, weil der Hund sich ja so viel Mühe gegeben hat oder es ja fast richtig war. Im Endeffekt verwirrt das den Hund aber nur, weil es für ihn immer unklarer wird. Wenn wir mal das eine und mal das andere von ihm verlangen, dann wird es umso schwerer für ihn, herauszufinden, was er tun soll.

Nur 100% zu belohnen, fordert vom Trainer ein hohes Maß an Konzentration. Er muss seinen Hund sehr genau beobachten und schnell entscheiden, ob das, was er dort zeigt, auch 100% sind. Auf der anderen Seite fallen auch all die anderen Entscheidungen weg, bei denen es darum geht zu überlegen, ob das nun noch belohnenswert ist oder eher nicht.

So gesehen ist ein 100% – Training für Hund und Trainer das klarere und das zielführendere Training, als wenn wir mal das eine und mal das andere belohnen. Der Trainer muss nur genau hinschauen und 100% belohnen. Verpassen wir eine Belohnung, so hat dies nicht so gravierende Folgen auf das weitere Training, als wenn der Hund immer mal wieder das Falsche oder etwas Halbrichtiges belohnt bekommt.

Fragen wir uns in dem Moment, ob das gerade 100% sind, dann sollten wir kurz stoppen und unser Kriterium noch klarer formulieren, sodass uns die Entscheidung zu belohnen oder abzubrechen immer leichtfällt.

Wenn wir 100% belohnen, so belohnen wir 100% des jeweiligen Trainingskriteriums – nicht des Endverhaltens. Fearghal freut sich über sein Lieblingsspielzeug.

Im Grunde genommen könnte Training also so einfach sein und schnell gehen, wenn wir kleine Trainingsschritte mit klaren Kriterien im Kopf haben und nur genau das belohnen, was wir haben möchten.

Leider sind wir aber auch nur Menschen und es kommt vor, dass wir einen Fehler machen und nicht das belohnen, was wir eigentlich wollten.

Um all unsere Trainingsfehler wieder auszubügeln und dem Hund dennoch möglichst effektiv zu zeigen, was wir von ihm wollen, gibt es jede Menge Hilfsmittel. Der wichtigste Satz, den sich jeder Trainer merken soll, ist allerdings:

Bobs Rat

Belohne immer nur 100% das, was du haben möchtest!

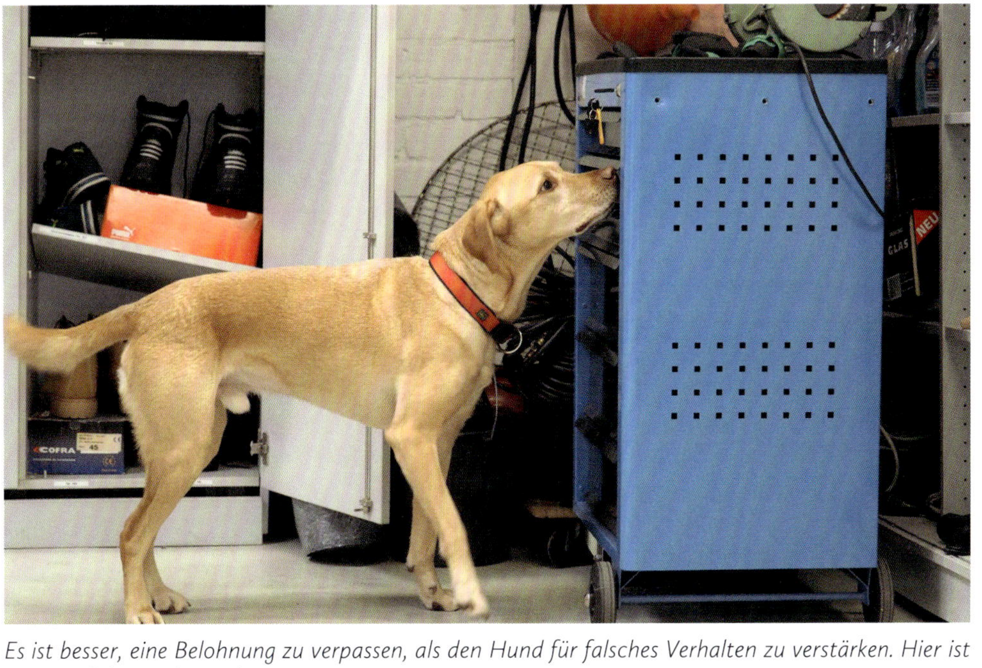

Es ist besser, eine Belohnung zu verpassen, als den Hund für falsches Verhalten zu verstärken. Hier ist Samy auf der Suche nach Bettwanzen.

Trainingswaage

Je öfter wir Verhaltensweisen belohnen, die wir eigentlich nicht möchten, desto häufiger wird der Hund diese Verhaltensweisen auch zeigen. Wie schon häufiger betont, ist es also wichtig, dass wir 100% das richtige Verhalten belohnen. Zeigt der Hund keine 100% und wir belohnen trotzdem, so kippt unsere Trainingswaage in eine ungewollte Richtung. Optimal ist es, wenn die Waage immer ausbalanciert ist und wir immer 100% unseres jeweiligen Trainingsschritts belohnen und somit ständig weiterkommen im Training. So weiß der Hund immer, was er tun soll.

Es ist wichtig, dass wir uns und unseren Hund ständig gut beobachten. Was zeigt der Hund für ein Verhalten? Haben wir richtig gehandelt? Aus welchem Grund haben wir vielleicht gerade ein Verhalten belohnt, das nicht zu 100% dem Trainingskriterium entsprochen hat? Es gibt immer mal wieder Gründe, warum wir ein Verhalten belohnen, welches wir eigentlich nicht belohnen wollten. Wir müssen uns im Klaren sein, dass dieses Training ein Training mit angezogener Handbremse ist. Jedes Mal, wenn wir ein Verhalten belohnen, was wir nicht unbedingt haben möchten, kippt die Waage in eine falsche Richtung. Der Hund bekommt Belohnungen für ungewolltes Verhalten und wird dieses Verhalten auch in Zukunft immer mal wieder anbieten, da er dafür schon belohnt wurde.

Da die Spürhundearbeit eine Verhaltenskette mit vielen verschiedenen Kettengliedern ist, ist es umso wichtiger, aufzupassen, dass unsere Trainingswaage nicht kippt. Wir müssen immer wieder beobachten, welches

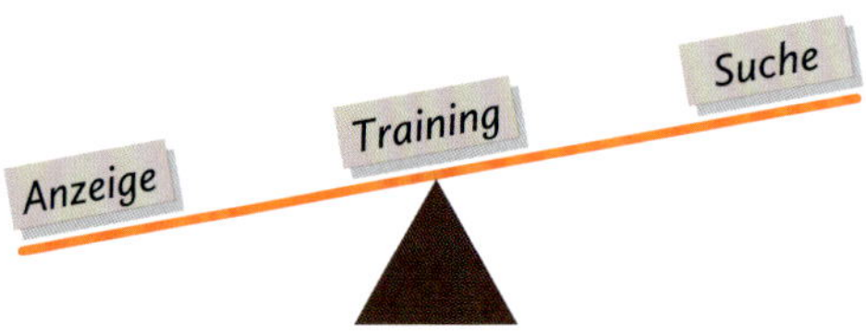

Der Hund macht Fehlanzeigen, er zeigt Stellen, wo der Zielgeruch nicht ist.

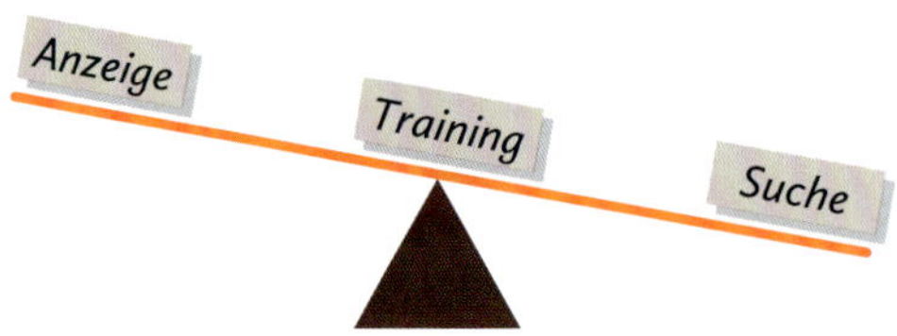

Der Hund zeigt nicht an, auch wenn er den Zielgeruch gefunden hat.

So soll es aussehen.
Wenn das Anzeige- und das Suchtraining in Balance ist, dann liebt der Hund das Suchen genauso wie das Anzeigen.

Während der Arbeit sollten wir den Hund gut beobachten und genau das belohnen, was wir haben möchten, damit die Trainingswaage in der Balance bleibt.

Glied der Kette gerade am schwächsten ist und an welchen Kettengliedern wir am besten arbeiten sollten. Wackelt die Kette irgendwo, weil wir nicht 100% das Richtige belohnt haben, so wackelt auch unsere Trainingswaage. Spätestens dann ist es wichtig, dagegen zu arbeiten. Dann ist es wichtig zu beobachten, wohin die Waage kippt. Wo lag der Fehler? Was haben wir dummerweise ungewollt belohnt? Hier lohnt sich ein Blick in unsere geführte Trainingsdokumentation.

So behalten wir immer einen guten Überblick, was gerade belohnt wurde und was der Hund lernt. Wenn wir immer nur unser aufgestelltes Kriterium belohnen und nicht ein anderes, wird es nicht dazu kommen, dass die Waage kippt. Wir wollen schließlich gut vorankommen und den Hund sicher zum Ziel bringen anstatt ständig mit angezogener Handbremse zu arbeiten.

Wenn wir den Hund belohnen, sollten wir immer nachdenken, welches Verhalten wir verstärkt haben.

Über den Umgang mit Fehlern

Fehlerfreies Lernen ist in aller Munde. Und tatsächlich ist es vom Lernverhalten her sinnvoll, so wenige Fehler zu machen wie möglich. So kann viel öfter das Richtige im Gehirn verknüpft werden und weniger das Falsche. Je öfter der Hund seine Aufgabe richtig macht, desto schneller lernt er, was er tun soll.

Eigentlich ist es schade, dass wir kein schönes Wort dafür in der deutschen Sprache haben, um es positiv zu formulieren. Denn schon alleine, wenn wir uns darauf konzentrieren, dass wir keine Fehler machen, sind wir mit unserer Aufmerksamkeit bei den Fehlern. Das ist wie das berühmte Beispiel aus der Psychologie, bei dem wir auf gar keinen Fall an einen rosa Elefanten denken sollen – natürlich denken wir dann an was? An einen rosa Elefanten! Eigentlich müsste es also besser so etwas wie „korrektes" Training heißen, doch das ist leider auch nicht wirklich das Gleiche wie fehlerfrei.

Allerdings wissen wir alle, dass Fehler einfach vorkommen. Manchmal ist der Hund unkonzentriert, abgelenkt oder es geht ihm nicht gut. Manchmal ist der Hundeführer unkonzentriert oder reagiert falsch. Und manchmal passiert einfach mal ein Fehler … Das ist ganz normal und wir sollten es nicht verteufeln. Fehler zu machen gehört auch zum Lernen dazu.

Und gerade bei der Spürhundearbeit ist es nicht immer möglich, die Aufgabe so zu stellen, dass der Hund keinen Fehler macht. Wir können als Menschen nicht nachvollziehen, was der Hund da riecht und somit auch nicht, was er verknüpft. Bei Aufgaben, die wir von außen sehen können, ist es schon schwierig, das Ganze fehlerfrei aufzubauen. Wenn wir aber beim Agility die Kontaktzone trainieren, beim Tricktraining eine Rolle oder eine sportliche Fuß-Arbeit, so können wir die Lernschritte sehr genau festlegen. Bei der Nasenarbeit sehen wir nicht, was der Hund tut – wir sehen also auch nicht, was wir verstärken. Das bringt unweigerlich den ein oder anderen Fehler zustande. Das bedeutet aber auch: Ein Fehler ist eine Information. Er verrät uns, was der Hund gerade verknüpft hat.

Beim Tricktraining, hier Nuja beim Diener, ist es einfacher zu sehen, was wir belohnen als bei der Spürhundearbeit, da wir nicht erkennen können, was der Hund gerade riecht.

Deshalb sollten wir Fehler nicht verteufeln, sondern zur Kenntnis nehmen und überlegen, wie wir damit umgehen. Wichtig ist, dass wir den Hund nicht für einen Fehler bestrafen. Deshalb müssen wir nur gleich schnell darauf reagieren, wie auch, wenn das Verhalten das richtige ist, um dem Hund die Chance zu geben, die Information richtig zu verstehen. Passiert mal ein Fehler, geht die Welt nicht unter, und passieren viele Fehler, ist es an uns, den Trainingsplan zu ändern. Wir müssen unser Verhalten ändern, um das Verhalten unseres Hundes zu ändern.

Wie gehen wir aber nun mit einem Fehler um? Das kommt ganz darauf an, wie oft er schon vorkam und wo er auftritt.

Als erstes sollten wir überlegen, ob sich für den Hund das Fehlverhalten mehr lohnt als das richtige Verhalten. Wenn das so ist, sollten wir unser Verhalten ändern und eine der folgenden Möglichkeiten anwenden:

- Wir können mit ***Management*** arbeiten. Das heißt, wir können die Umgebung so gestalten, dass der Hund den Fehler nicht mehr zeigen kann oder keine Veranlassung dazu sieht. Kratzt der Hund zum Beispiel immer wieder bei einer Probenauslage unterhalb der Nasenhöhe am Geruch, dann kann die Probe über Nasenhöhe ausgelegt werden, damit der Hund keine Veranlassung mehr dazu hat und es nicht immer wieder dazu kommt. So kann das richtige Verhalten besser gefestigt werden.

Erfahrungsbericht Jacqueline

Ich hatte einmal einen kleinen Pudel im Training, der jedes noch so kleine oder große Kongstück (Aufbau über Ersatzgeruch, s.S.104) ins Maul nehmen musste. Eine ganze Zeitlang wurden dann die Verstecke so gewählt, dass die Pudeldame keine Gelegenheit zur Aufnahme hatte. Wir haben die Kongstücke eingeklemmt, in ein Behältnis gelegt, unter einen Gegenstand gelegt und haben so durch Management die Aufnahme von Kong oder Kongstückchen wegbekommen.

- Wir können in unseren Trainingsschritten so weit ***zurückgehen*** wie nötig, um das richtige Verhalten zu etablieren.

Macht der Hund einen Fehler, sollte er nicht bestraft werden. Ein Fehler gibt uns die Information, was der Hund gelernt haben könnte. Lamo ist hier auf der Suche nach einem verlorenen Ohrring.

- Wir können den ***Futterpunkt*** ändern, um dem Hund eine neue Idee zu geben.

- Wir können das Verhalten, welches wir nicht wollen, ***löschen***, indem wir es nicht mehr belohnen.

- Wir können ***differenziert belohnen***. Das heißt, das falsche Verhalten gibt eine schlechtere oder weniger Belohnung als das richtige Verhalten. Da sollten wir aber gut überlegen, ob wir das falsche Verhalten wirklich belohnen möchten.

- Wir können die ***Verhaltensökonomie*** mit einbeziehen. Hier achten wir darauf, dass es für den Hund bei einem Fehler „teurer" wird. Er muss mehr Energie aufwenden, um das nächste Verhalten ausführen zu dürfen. Das kann zum Beispiel so aussehen, dass der Hund nach einem Fehler länger am Start warten muss, um das nächste Verhalten zeigen zu dürfen.

- Außerdem können wir auch mit ***negativer Strafe*** arbeiten, indem wir dem Hund die Aussicht auf die Belohnung entziehen. Das heißt, wir belohnen das Verhalten nicht und nehmen den Hund aus der Übung raus – damit hat er dann keine Möglichkeit, sich seine Belohnung zu verdienen.

Mit positiver Strafe möchten wir nicht arbeiten. Es gibt, wie oben gesehen, bessere Möglichkeiten. Es sind nicht nur ethische Gründe, die uns dazu veranlassen, sondern auch lerntheoretische Gründe, da positive Strafe immer auch extreme Risiken in sich birgt.

Wenn wir uns nochmal das Kapitel „Belohne nur das, was du möchtest – 100%" anschauen, so liegt es nahe, dass wir immer versuchen sollten, die Trainingsschritte so klein zu machen, dass der Hund die Aufgabe schaffen kann. Da das nicht so einfach ist, ist es am effektivsten, das falsche Verhalten einfach nicht zu belohnen. Das heißt: Wenn der Hund einen Fehler macht, wird er nicht belohnt und neutral, aber freundlich aus der Übung genommen. Dieses Rausnehmen beim Fehler sollte anders sein als das Rausrufen, wenn ich eine Suche belohne oder ihn einfach zurückrufen muss.

Wir brauchen also einen guten Trainingsplan mit vielen kleinen Trainingsschritten, aber auch eine gute Strategie, was wir tun, wenn der Hund einen Fehler macht. Und auch eine Strategie dafür, was wir im nächsten Durchgang nach dem Fehler tun: Bekommt der Hund die Chance, es nochmals genauso zu probieren in der Hoffnung, dass er es dann richtig macht? Oder wenden wir eine der oben gezeigten Möglichkeiten an, um einen erneuten Fehler zu vermeiden? Wie wir uns entscheiden, kommt sehr auf die einzelne Situation, den Hund und den Hundeführer an.

Wichtig ist auch, dass der Hund lernt, mit Misserfolg umzugehen. Dazu müssen aber auch wir damit umgehen können! Wir sollten uns nicht zu sehr auf den Misserfolg fixieren – es wird immer Erfolg und Misserfolg geben, und das ist ok. Wie schon gesagt, ist der Umgang mit den Fehlern wichtig. Dazu gehört auch, dass der Hund lernt, auch mal mit einem weniger erfolgreichen Durchgang aufzuhören – auch wenn wir früher oft

Erfahrungsbericht Michaela

Herausnehmen bei Fehler

Wenn ich meine Hunde aus der Suche herausrufe, gebe ich ihnen ein Signal zum Kommen. Wenn ich sie nach einer guten Anzeige belohne, gebe ich einen sekundären Verstärker, auf den hin sie die Anzeige auflösen dürfen, um sich bei mir den primären Verstärker abzuholen. Wenn sie einen Fehler gemacht haben, gehe ich zu ihnen hin und nehme sie freundlich am Halsband mit zum Startplatz. Dort pausieren sie ein paar Sekunden, bevor es weitergeht.

Erfahrungsbericht Katja

Herausnehmen bei Fehler

Das Abrufen gestalte ich immer auf die gleiche Weise, doch wenn ich meine Hunde abrufe, weil sie einen Fehler gemacht haben, dann erhalten sie beim Ankommen bei mir keine Extra-Zuwendung, die sie sonst in irgendeiner Form immer erhalten, wenn sie kommen.

gehört haben oder noch hören, dass man unbedingt immer mit einem Erfolgserlebnis aufhören sollte. Das ist nicht nur unnötig, sondern auch kontraproduktiv, weil wir in den Einsätzen ja auch nicht immer Erfolg haben. Mehr zu diesem Thema im Abschnitt über die Leersuche (S.137).

Wichtig ist auf jeden Fall, dass wir nicht böse oder ärgerlich werden. Fehler gehören zum Training dazu und bieten die Chance, besser zu verstehen, was der Hund gerade lernt. Wir sollten sie willkommen heißen und sofort darauf hinarbeiten, dass sie nicht mehr gezeigt werden.

Gutes Beobachten ist sehr wichtig, um möglichst schnell auf das gewünschte Verhalten oder auch das unerwünschte Verhalten eingehen zu können.

Die Anzeige in der Sucharbeit

Wenn wir dem Hund beibringen möchten, einen Geruch für uns zu suchen, dann ist es wichtig, dass er uns auch durch ein deutliches Verhalten zeigen kann, wenn er ihn gefunden hat. Dieses Anzeigeverhalten muss für uns eindeutig erkennbar sein. Das individuelle Anzeigeverhalten kann ganz unterschiedlich aussehen. Grundsätzlich gibt es aber zwei verschiedene Arten von Anzeigeverhalten:

- Die natürliche Anzeige
- Die trainierte Anzeige

Bei der natürlichen Anzeige wird das Verhalten, das der Hund von sich aus zeigt, wenn er zum Geruch kommt, belohnt und bei Bedarf ausgebaut. Die natürliche Anzeige ist meist schneller trainiert, weil der Hund sie von sich aus anbietet. Der Nachteil ist, dass es oft schwierig ist zu erkennen, ob der Hund wirklich den richtigen Geruch anzeigt. Bei der natürlichen Anzeige wird also mit dem gearbeitet, was der Hund mitbringt. Das natürliche Anzeigeverhalten wird ausgebaut und belohnt. Dabei ist es völlig egal, was der Hund für ein Verhalten zeigt. Es sollte allerdings für den Hundeführer und auch für Außenstehende klar erkennbar sein, dass der Hund den Zielgeruch gefunden hat. Wenn wir mit der natürlichen Anzeige arbeiten, ist es enorm wichtig, das Verhalten des Hundes lesen und deuten zu können. Hier wird der Hund belohnt, wenn er den Geruch in seiner ganz individuellen Art und Weise anzeigt. Dazu müssen wir aber auch wissen, wie er aussieht, wenn er den Duft wahrnimmt und sich an die Quelle des Geruchs heranarbeitet.

Möchten wir mit der natürlichen Anzeige arbeiten, sollten wir den Hund gut beobachten, um erkennen zu können, welches Verhalten er zeigt, wenn er den Geruch gefunden hat.

Erfahrungsbericht

Katja 

Wie wichtig es ist, dass eine natürliche Anzeige auch für Außenstehende eindeutig erkennbar sein sollte, habe ich einmal bei einer Spürhundprüfung erlebt: Der Hund sprang seine Spürhundführerin an – und zwar erkennbar aus Unsicherheit, da er nicht wusste, was zu tun war. Daraufhin sagte diese, dies sei eine klare Anzeige, der Hund hätte den Geruch an der Decke des Raumes gerochen. Beim weiteren Durchlauf der Prüfung zeigte der Hund weiterhin verschiedene Verhaltensweisen, die seine Unsicherheit zeigten. Unter anderem legte er sich vor Frauchen auf den Rücken. Die Spürhundführerin nannte auch dieses Verhalten eine Anzeige, in dem Fall würde der Hund anzeigen, dass der Geruch im Boden zu finden sei. Bei beiden „Anzeigen" waren weit und breit keine Proben versteckt. In dem Fall hätte ich mir für den Hund gewünscht, dass eine trainierte Anzeige Pflicht gewesen wäre, um für solche Missverständnisse (Unverständnis) keinen Raum zu lassen.

Bei der trainierten Anzeige wird ein spezielles Anzeigeverhalten für den individuellen Hund definiert und trainiert. Dieses definierte Verhalten sollte der Hund immer dann zeigen, wenn er den Geruch gefunden hat. Der Geruch wird also das Signal für ein bestimmtes, klar definiertes Anzeigeverhalten. Die trainierte Anzeige ist meist sehr deutlich zu erkennen, weil der Hund das Verhalten mit dem Geruch verknüpft hat und nur dann ausführt, wenn er den Geruch gefunden hat. Allerdings dauert es etwas länger, bis es in die Suche eingebaut werden kann, als das Verhalten der natürlichen Anzeige.

Auch möglich ist eine Kombination von natürlicher und trainierter Anzeige. Wir können beispielsweise mit der natürlichen Anzeige starten, parallel dazu eine trainierte Anzeige aufbauen und dann beides zusammensetzen. Kristallisiert sich heraus, dass der Hund bei der natürlichen Anzeige ein besonderes Verhalten bevorzugt, können wir dieses auch speziell belohnen und zu einer trainierten Anzeige ausbauen. Ist das natürliche Anzeigeverhalten zwar erkennbar, aber nicht ganz eindeutig, kann dieses auch so trainiert werden, dass es eindeutiger wird. So kann zum Beispiel die Dauer des Hinschauens verlängert oder ein Zucken zum Verharren ausgebaut werden.

Wichtig ist, dass wir uns ziemlich schnell für eine Anzeigeart entscheiden, damit wir nicht zu lange ohne Anzeige trainieren. Je mehr wir das Finden ohne Anzeige belohnen, desto schwieriger wird es für den Hund, die Anzeige zuverlässig zu zeigen.

Ein trainiertes Anzeigeverhalten kann ganz vielfältig aussehen, es sollte allerdings zum zu suchenden Geruch passen.

Arwen benutzte für ihre natürliche Anzeige die Pfote, und Katja war es in dem Fall egal, ob sie sie dabei nach ihr schaute oder nicht.

Bettwanzen eignen sich nicht zum Apportieren und Fledermäuse können nicht mit Nasentarget angezeigt werden. Es gibt viele Möglichkeiten, wie der Hund den Geruch anzeigen kann – die Frage ist, welches Verhalten der Hund bei welchem Geruch zeigen soll.

Die gängigsten Anzeigeverhalten sind:

- Starren und Verharren
- Nasentarget
- Sitz
- Platz
- Steh
- Apportieren
- Buddeln/Scharren
- Verbellen
- Bringseln
- Frei verweisen

Erfahrungsbericht Jacqueline

Bei der Rehkitzsuche habe ich meinen Hunden eine ganze Drehung um die eigene Achse als trainierte Anzeige beigebracht, weil ich dafür eine Anzeige haben wollte, die sich ganz deutlich von den anderen unterschied – und weil ich mal etwas ganz Neues ausprobieren wollte. Für die Hunde war das ein schwieriges Anzeigeverhalten, weil sie, so glaube ich jedenfalls, mich einen Bruchteil lang nicht sehen konnten. Romeo liebte es einen Diener als Anzeige zu machen, diesen Diener konnte er dann auch ohne Mühe ziemlich lange halten.

Es gibt einen Unterschied zwischen passiver und aktiver Anzeige. Unter aktiven Anzeigeverhalten verstehen wir Verhalten, bei denen der Hund aktiv zeigt, wo der Geruch ist (Buddeln, Bellen oder Kratzen). Bei manchen Gerüchen wie zum Beispiel Trüffeln ist es völlig in Ordnung, wenn der Hund buddelt, bei anderen ist es überhaupt nicht erlaubt (Minen).

Die Bestandsdichte von Igeln in Deutschland ist sehr rückläufig, weshalb Igel-Spürhunde Hochkonjunktur haben. Selbstverständlich muss der Hund eine passive Anzeige auf Abstand zeigen, um den gefundenen Igel nicht zu sehr zu ängstigen oder gar zu verletzen.

Bei den meisten Gerüchen ist eine passive Anzeige sinnvoll. Hier zeigt der Hund mit einem passiven Verhalten an, wenn er den Geruch gefunden hat. Das hat den Vorteil, dass der Hund nichts beschädigt (Sprengstoff) und den Geruch nicht verunreinigt. Je nach Geruch ist es auch sinnvoll, dem Hund beizubringen, dass er sehr nah an den Geruch geht (Bettwanzen) und bei anderen Gerüchen ist es wichtig, dass er Abstand aufbaut, sobald er ihn geortet hat (Kotproben). Jede Art der Anzeige hat also Vor- und Nachteile und wir sollten uns ganz genau überlegen, was wir für unser Einsatzgebiet brauchen und möchten.

Außerdem sollten wir uns Gedanken darüber machen, welche Anzeige für welchen Hund geeignet ist. Dazu können wir überlegen, welche Stärken der Hund hat und welche Verhaltensweisen er gerne mag bzw. vermeidet.

Wenn das Training mit dem Hund begonnen und eine Anzeigeart ausgesucht wird, dann können wir uns über folgende Dinge Gedanken machen:

- Darf der Hund den Geruch berühren (Kontamination bei eventueller DNA-Analyse)?
- Stört es, wenn er Geräusche macht?
- Wie weit weg vom Geruch soll er anzeigen bzw. wie nah darf er ran?
- Wie stark bzw. weit verteilt ist der Geruch?

Lamo zeigt die brünstige Kuh durch Sitz und Anschauen an.

Auch hier ist also wieder ein genaues Trainingsziel wichtig, um uns im Training immer wieder vor Augen führen zu können, dass wir nur genau das belohnen, was wir möchten. Zeigt der Hund auch nur das, was wir wollen, wird er belohnt. Wenn er noch irgendein Verhalten zeigt, welches wir nicht wollen, dann wird er nicht belohnt.

Erfahrungsbericht Michaela 

Meine Hunde zeigen das Anzeigeverhalten Nasentarget. Sie sollen die Nase so weit wie möglich an den Bettwanzengeruch halten und dort verharren, bis sie belohnt werden. Im Laufe des Trainings war mir irgendwann aufgefallen, dass Lamo kurz vor dem Target einmal an der Stelle kratzte. Bis ich das gemerkt hatte, hatte ich dieses Verhalten aber immer mitbelohnt, sodass es für Lamo mit zum Anzeigeverhalten dazugehörte. Damit das nicht passiert, sollten wir ganz genau darauf achten, was wir belohnen.

Fosco hilft beim Ostereiersuchen und zeigt das Schokoladenei durch Hinschauen an.

Soll der Hund Fledermausquartiere im Baum anzeigen, ist es sinnvoll, wenn er am Baum hochsteht. Jaron ist regelmäßig auf der Suche nach Fledermäusen.

Der Hund soll das Anzeigeverhalten jedes Mal zeigen, wenn er den Geruch geortet hat. Auch hier gibt es wieder zwei Möglichkeiten:

- Der Hund soll direkt die Geruchsquelle anzeigen: ein spezielles Tier, Kot, Urin oder ein Fledermausquartier.
- Der Hund soll so dicht wie möglich an den Geruch heran, auch wenn er nicht sehr nah drankommt: Fledermausquartier oben im Baum, Schädling, der weit oben sitzt.

Anzeigeverhalten trainieren

Wie gehen wir nun beim Training des Anzeigeverhaltens vor? Auch hier haben wir wieder verschiedene Möglichkeiten:

1) Wir trainieren das Anzeigeverhalten, bis es auf Signal abrufbar ist. Dann verknüpfen wir es mit dem Geruch.

2) Wir trainieren das Anzeigeverhalten direkt mit dem Geruch und bauen somit den Geruch als Signal auf.

3) Wir trainieren erst mit der natürlichen Anzeige und bauen diese dann in eine trainierte Anzeige um.

Möchten wir mit der ersten Möglichkeit trainieren, müssen wir uns zuerst ein genau definiertes Anzeigeverhalten überlegen. Dieses Verhalten trainieren wir und setzen es unter Signal. Wichtig ist, dass es so gut trainiert wird, dass der Hund es auf das Signal hin in allen Lebenslagen abrufen kann. Möchten wir zum Beispiel mit einem stationären Nasentarget als Anzeigeverhalten arbeiten, dann trainieren wir dieses Verhalten, bis der Hund es auf ein Wortsignal ausführen kann. Erst wenn er dieses Verhalten gut beherrscht, gehen wir zum nächsten Schritt über. Nun verknüpfen wir das Anzeigeverhalten mit dem Geruch. Wir präsentieren dem Hund den Geruch und sagen das Signal für das Anzeigeverhalten, sobald er am Geruch schnüffelt. Im Laufe dieser ersten Schritte sollte der Hund lernen, dass der Geruch das neue Signal für das Anzeigeverhalten wird. Zeigt der Hund das Anzeigeverhalten, sobald ihm der Geruch präsentiert wird, ist es Zeit, den Geruch an verschiedenen Orten zu präsentieren. So kommen wir mehr und mehr zur Suche, wobei der Hund jedes Mal, wenn er am Geruch angekommen ist, sein Anzeigeverhalten zeigt, da der Geruch das Signal für das Anzeigeverhalten geworden ist.

Soll der Hund den Geruch durch „Down" anzeigen, können wir das Verhalten zuerst ohne Geruch trainieren, um es dann damit zu verknüpfen.

Erfahrungsbericht

Katja

Wir haben unseren Trümmersuchhunden das Bellen als Anzeigeverhalten antrainiert. Ich hatte mir einen Spaß daraus gemacht, dieses Verhalten immer mehr unter Druck zu setzen, indem ich mir mehr und mehr Ablenkungen einfallen ließ. Schließlich kann zum Beispiel in einem eventuellen Erdbebengebiet vieles passieren, sodass der Hund auf möglichst viele Unwägbarkeiten vorbereitet sein sollte. Ich erinnere mich noch gut an eine Situation, als ich meine damalige Junghündin Taschka mitten im Bellen auf den Arm nahm und sie ein paar Meter wegtrug und sie trotzdem weiter in Richtung des Fundortes bellte.

Eine andere Möglichkeit (Möglichkeit zwei in der oberen Auflistung) ist, das Anzeigeverhalten von vornherein mit dem Geruch als Signal aufzubauen: Der Hund muss also das Verhalten, das er als Anzeige zeigen soll, nicht schon vorher beherrschen, sondern lernt es gleich in Verbindung mit dem Geruch. Wenn wir wieder beim Beispiel des stationären Nasentargets bleiben, dann trainieren wir dieses Verhalten direkt am Geruch. Wir lassen den Hund also am Geruch schnüffeln, lassen ihn den Geruch anstupsen, lassen ihn eine Sekunde die Nase dranhalten, dann zwei Sekunden und bauen somit eine immer längere Dauer auf. So wird der Geruch von Anfang an das Signal für dieses Anzeigeverhalten.

Das Anzeigeverhalten – hier Emma beim stationären Nasentarget – kann auch sofort mit dem Geruch verknüpft werden.

Außerdem besteht auch die Möglichkeit, den Hund zuerst in die Suche zu schicken und für die natürliche Anzeige zu belohnen. In den ersten paar Suchen beobachten wir den Hund genau und schauen, welches natürliche Anzeigeverhalten er uns anbietet. Oft können wir aus diesem natürlichen Anzeigeverhalten ein trainiertes Anzeigeverhalten aufbauen (Möglichkeit drei in der Auflistung oben). Stupst der Hund den Geruch zum Beispiel mit der Nase an, können wir daraus schnell auch einen stationären Nasentarget trainieren. Stutzt der Hund nur, wenn er zum Geruch kommt und schaut ihn ratlos an, dann können wir daraus leicht ein Hinstarren zum Geruch aufbauen.

Wie wir sehen, ist es wie immer so, dass es verschiedene Trainingswege auf dem Weg zum Ziel gibt. Wichtig ist, sich für einen Weg zu entscheiden und diesen mit Struktur und Plan zu gehen.

Abschließend ist zu sagen, dass das Thema Anzeigeverhalten wohl überlegt sein muss. Möchten wir unseren Hund auf einen bestimmten Geruch ausbilden, sollten wir uns im Vorfeld viele Gedanken machen, welches Anzeigeverhalten wir möchten und wie wir es aufbauen wollen. Es gibt viele verschiedene Arten von Anzeigeverhalten, die alle ihre Vor- und Nachteile haben. Wie immer müssen wir überlegen, welche Nachteile wir in Kauf nehmen, um die Vorteile nutzen zu können. Wir werden vielleicht nicht das immer perfekte Anzeigeverhalten finden, aber das, was am allerbesten zum Zielgeruch und dem Einsatzgeschehen passt.

Negativanzeige

Da wir gerade beim Thema Anzeige sind, ist es sinnvoll, auch das Thema Negativanzeige anzusprechen. Bei einer Negativanzeige zeigt der Hund mit einem bestimmten Anzeigeverhalten, dass er keinen Geruch gefunden hat.

Das genau ist auch der Vorteil an der Negativanzeige. Der Hund sucht so lange, bis er entscheidet, dass kein Duft im Suchgebiet zu finden ist. Das genau ist aber auch der Nachteil. Wenn der Hund gelernt hat, für ein Anzeigeverhalten des Geruchs und eine Negativanzeige belohnt zu werden, dann wird er sich im Zweifelsfall für eine schnellere Belohnung, also das Negativanzeigeverhalten entscheiden. Dies steht wiederum der Suchausdauer im Wege. Das bedeutet, dass es eine eher schlechte Idee ist, dem Hund eine Negativanzeige beizubringen, wenn uns eine ausdauernde Suche wichtig ist. Bei den meisten einsatzrelevanten Suchdisziplinen ist Suchausdauer eine sehr wichtige Komponente. Möchten wir, dass der Hund sehr ausdauernd sucht, dann ist es wichtig, dass er so lange sucht, bis er gefunden hat, wir ihm ein anderes Signal geben oder ihn aus der Suche herausnehmen.

Hat der Hund eine Negativanzeige gelernt, wird er selbst entscheiden, ob er nun den Geruch gefunden hat oder nicht. Das heißt, wenn er der Meinung ist, das Suchgebiet abgesucht zu haben, dann wird er eine Negativanzeige zeigen, um belohnt zu werden. Bei den meisten Spürhunde-Arbeitsdisziplinen ist das eine schlechte Idee.

Es gibt aber auch durchaus Aufgaben, wo eine Negativanzeige sinnvoll ist. Möchten wir zum Beispiel einen Hund ausbilden, der Allergene oder Krebszellen anzeigt oder einen Hund, der mehrere Proben nach dem Geruch absuchen soll, dann ist es durchaus sinnvoll, eine Negativanzeige zu trainieren. Hier sucht der Hund ein vorgegebenes Setting ab und entscheidet, ob der Geruch in diesem Setting vorhanden ist oder nicht. Es geht in diesem Sinne nicht um ein ausdauerndes Suchen. Wir sollten uns also wohlweislich überlegen, ob in unserer Suchdisziplin eine Negativanzeige ein sinnvolles Werkzeug ist oder eher nicht.

Erfahrungsbericht Michaela

Als Jacqueline und ich bei der Doktorarbeit von Dr. Viviane Theby mitwirkten, bei der die Hunde trainiert wurden, Staphylokokken in Milchproben anzuzeigen, haben wir eine Negativanzeige trainiert. Die Aufgabe für die Hunde bestand darin, eine Reihe von sieben Proben abzusuchen und zu entscheiden, ob dort irgendwo Staphylokokken enthalten waren oder nicht. Befand sich keine positive Probe im Line-up, zeigten sie eine Negativanzeige. In dieser speziellen Aufgabe war das Training der Negativanzeige durchaus sinnvoll.

Eine Möglichkeit, um eine Negativanzeige zu trainieren, ist eine Anzeige beim Hundeführer, wenn der Hund keinen Zielgeruch findet.

Nehmen wir an, der Hund soll ein Line-up nach dem Zielgeruch absuchen. Wenn dieser nicht im Setting vorhanden ist, soll er eine Negativanzeige zeigen. Eine Möglichkeit ist nun, dem Hund beizubringen, dass er ein bestimmtes Verhalten wie zum Beispiel Sitz vor dem Hundeführer zeigen soll. Der Hund sucht also das Setting ab, findet keinen Zielgeruch, kommt zum Hundeführer und setzt sich hin. Dies wird wie eine Anzeige am Geruch belohnt. Um dies zu trainieren, beobachten wir den Hund gut, wenn er das Line-up absucht. Sobald er am Ende der Reihe angekommen ist und etwas ratlos stutzt, rufen wir ihn und geben ihm bei uns das Signal zum Hinsetzten. Nach mehreren Wiederholungen sollte er selbst auf die Idee kommen, beim Fehlen des Zielgeruchs zu uns zu kommen und zu sitzen.

Eine andere Möglichkeit ist, dass wir außer den Behältern im Line-up auch einen Behälter mit dem Zielgeruch bei uns als Hundeführer stehen haben. Diesen kann der Hund anzeigen, wenn er im Line-up keinen Zielgeruch gefunden hat. Das hat den Vorteil, dass der Hund immer den Zielgeruch anzeigen kann – entweder im Line-up oder die Alternative beim Hundeführer. Im Training gehen wir dabei so vor, dass der Hund, wenn er keinen Zielgeruch im Line-up findet und deshalb stutzt, zu uns gerufen wird und den Alternativgeruch gezeigt bekommt. Zeigt er diesen an, wird er belohnt. Nach ein paar Durchgängen wird er auch hier von selbst auf die Idee kommen, die Alternative anzuzeigen. Er findet also immer einen Zielgeruch: Entweder im Line-up oder beim Hundeführer. Wichtig ist nur, dass der Hund lernt, zuerst das Line-up abzusuchen und die Alternative nur dann zu nutzen, wenn er dort nichts gefunden hat.

Erfahrungsbericht Jacqueline

In meinem Ausbildungszentrum in Luxemburg haben wir unter anderem einen Spürhund auf Wolfslosung ausgebildet, der im Line-up das Behältnis mit der Wolfslosung anzeigt. Stammt die Probe aber nicht vom Wolf, sondern von einem anderen Tier, dann läuft der Hund im Line-up weiter zu seinem „Rettungsanker“: Dieses Behältnis steht immer etwas abseits vom Line-up (meistens 2–3 Meter entfernt in der Verlängerung oder etwas seitlich versetzt) und enthält eine Wolfsprobe. So erhält der Spürhund immer eine Belohnung, traut sich also zu zeigen, dass im Line-up keine Wolfslosung zu finden ist. Dieses Verfahren spart Geld, da nicht alle gefundenen Losungen zur DNA-Analyse eingeschickt werden müssen.

Bei manchen Suchaufgaben hat die Negativanzeige also durchaus ihre Berechtigung. Viele kennen sie vielleicht vom Mantrailing oder ID-Tracking. Wenn der Hund den zu suchenden Geruch am Start nicht findet, dreht er sich zum Hundeführer um und zeigt das Negativanzeige-Verhalten. Dann ist klar, dass der zu suchende Mensch nicht an diesem Startpunkt war. Hier ist eine Negativanzeige durchaus sinnvoll.

Wir sollten uns also Gedanken darüber machen, ob eine Negativanzeige beim Nicht-Finden des Zielgeruchs für die jeweilige Aufgabe des Hundes sinnvoll ist oder nicht. Bei einer ausdauernden Suche steht die Negativanzeige dieser entgegen und hat somit mehr Nachteile als Vorteile.

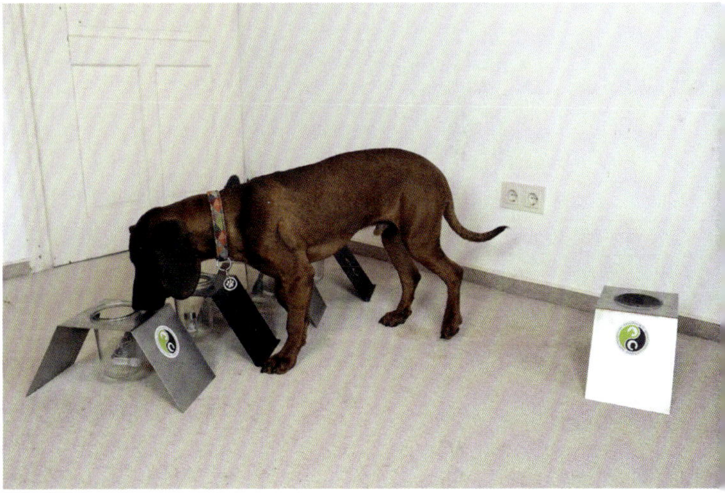

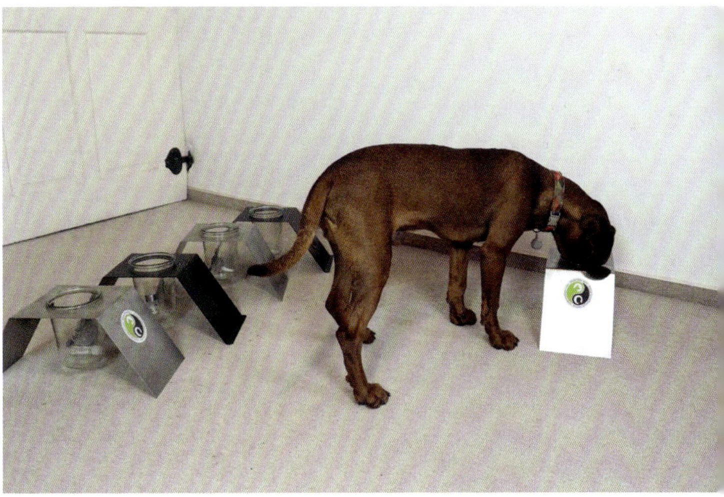

Clyde sucht zuerst im Line-up nach dem Zielgeruch und erst, wenn er ihn nicht findet, zeigt er den alternativen Zielgeruch an. Das ist seine Negativanzeige für den fehlenden Zielgeruch im Line-up.

Startritual, Hörzeichen und Sichtzeichen

Außer der Anzeige brauchen wir noch ein Startsignal bzw. Startritual. Der Hund sollte bereits beim Start wissen, was er suchen soll. Vor allem, wenn der Hund mehrere Suchaufgaben kennt, ist es sinnvoll, für jede Disziplin ein anderes Startsignal zu haben. Der Start sollte für den Hund möglichst immer gleich ablaufen.

Dabei sollten wir darauf achten, dass das Ritual

- so einfach wie möglich sein soll,
- dem Hund angepasst werden soll,
- den Hund nicht in seiner Motivation zum Starten hemmen soll.

Es lohnt sich also, sich ein paar Gedanken über das Signal bzw. Ritual zu machen. Brauchen wir wirklich ein Ritual, bei dem der Hund eine bestimmte Position einnimmt und der Hundeführer auch oder reicht ein einfaches Wort- oder Sichtsignal? Das kommt vor allem darauf an, ob der Hund mehrere Aufgaben in ein und demselben Suchkontext auseinanderhalten muss oder nur eine Spürhundaufgabe kennt.

Wir sollten es dem Hund nicht unnötig kompliziert machen. Sobald wir merken, dass der Hund nicht zu wissen scheint, was er tun soll, sollten wir nochmals genauer hinschauen.

Zum Einsetzen von Startritualen sowie Hör- oder Sichtzeichen zum Start ist noch zu sagen, dass der Hund hierbei ähnlich wahrnimmt wie wir, nämlich kontextbezogen: Wenn wir als Kind lernen, dass eine rote Ampel „Stehenbleiben" an der Straße bedeutet, dann nehmen wir sicherlich nicht nur

Beim Startritual ist es auf jeden Fall wichtig, dass die volle Aufmerksamkeit des Hundes bei seinem Hundeführer sein sollte.

das rote Licht wahr. Was wir genau wahrnehmen, hängt vom Individuum ab und vielleicht auch von den vorangegangenen Lernerfahrungen. Bob Bailey spricht dabei gerne von einem „stimulus picture", also „Reizbild" anstelle Einzelreiz, was so viel bedeutet, dass beim Lernen immer das ganze Bild abgespeichert wird und nicht nur das Wort oder die Geste oder das spezielle Suchhalsband, welches dem Hund signalisieren soll, dass es jetzt losgeht. Sehr wichtig sind sicher auch die innere Einstellung und Konzentration des Hundeführers sowie alle äußerlichen

Erfahrungsbericht Katja

Ich habe nie bewusst mit Startritualen gearbeitet. Stets kannten meine Hunde zwar ihr Hörzeichen und/oder Sichtzeichen für den Start, aber eigentlich wussten sie auch so genau, wann es losging. Mehrfach hatte ich gerade erst an den Start gedacht und sie legten schon los. Anfangs rief ich sie mehrfach zurück und bat sie, auf mein Hörzeichen zu warten, weil ich sicherstellen wollte, dass sie sich nicht verselbständigten. Aber je länger ich mit Hunden lebe und trainiere, desto häufiger hatte ich das Erlebnis, dass allein der Gedanke dazu führte, dass sie die Handlung zeigten. Vielleicht hängt das damit zusammen, dass wir ideomotorische Bewegungen ausführen. Diese Bewegungen finden ohne Mitwirkung des Willens, also unbewusst, statt. Linda Tellington-Jones sagte einmal: „Die Hunde lesen uns die Gedanken aus dem Kopf".

Vielen Spürhundeteams erleichtert ein Startritual den gesamten Suchablauf, daher kann es sinnvoll sein, eins zu etablieren. Ich bin aber heute der Meinung, dass die Hunde es gar nicht brauchen, sondern eher die Hundeführer …

Und selbstverständlich braucht es eine klare Kommunikation mittels Startritual, Hörzeichen oder dem Zeigen des Zielstoffes, wenn der Hund im gleichen Suchgebiet mehrere Zielstoffe zu suchen gelernt hat und ich möchte, dass er nun den von mir gewünschten Geruch sucht.

Gegebenheiten. Bei dem Zeichen, welches dem Hund den Suchstart signalisieren soll, ist es also besonders wichtig, dass es möglichst immer identisch ist, damit der Hund es lernen kann. Der Hund nimmt den gesamten Kontext als Startsignal wahr. Je mehr daran immer gleich ist, desto einfacher fällt es ihm zu erkennen, was er nun tun soll.

Erfahrungsbericht Michaela

Mein Hand- und Sichtzeichen ist vor jeder Suche gleich. Hierbei unterscheide ich je nach Suchdisziplin. Sollen meine Hunde verlorene Gegenstände suchen, habe ich ein anderes Startritual als bei den Bettwanzen. Sollen sie Bettwanzen suchen, sieht es so aus: Der Hund ist rechts neben mir, während ich hocke. Er legt das Kinn in meine linke Hand. Dann ziehe ich meine Hand unter seinem Kinn weg und schicke ihn mit „Such Wanzen" ins Zimmer.

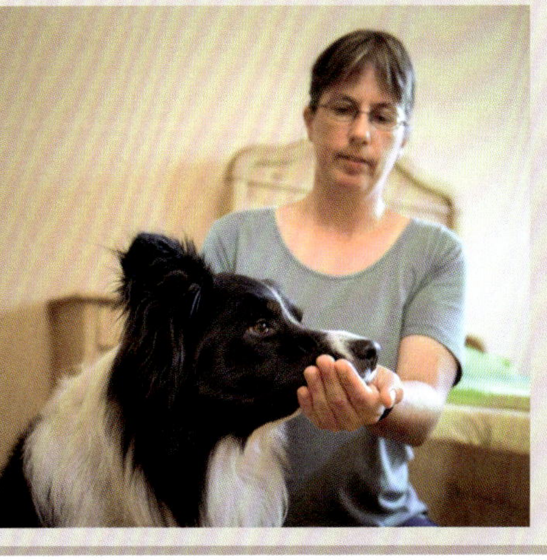

Michaela und Lamo haben ein spezifisches Startritual für die Suche nach Bettwanzen.

Wie das Startritual aussieht, ob der Hund sitzt, steht oder liegt, rechts oder links von uns oder zwischen den Beinen ist, was wir sagen und zeigen, ist völlig egal. Manchmal reicht auch ein einfaches „Such" als Wortsignal oder eine Zeigegeste als Sichtsignal. Es sollte nur immer gleich ablaufen.

Wenn der Hund das Wortsignal „Such" bereits damit verknüpft hat, dass er seine Nase einsetzen soll, ist es auch möglich, bei jeder trainierten Suchdisziplin das Wort „Such" mit einem Zusatz zu versehen. So können wir zum Beispiel „Such Tee", „Such und hilf", „Such Trail", „Such Wanzen", „Such verloren" mit einer passenden Handbewegung verknüpfen und schon haben wir ein Startritual kreiert.

Lisa schickt Keewa immer auf die gleiche Art und Weise zum Suchen.

4.

WIE FANGE ICH AN? DER AUFBAU DER SUCHE

Wenn ein junger Hund neu aufgebaut wird, ist es wichtig, ihm erst einmal eine Idee zu geben, wie er seine Nase benutzen kann. Schnüffeln und riechen kann jeder Hund. Es ist aber unsere Aufgabe, dem Hund zu zeigen, wie genau er seine Nase einsetzen soll, nämlich um etwas für uns zu finden und uns dann zu zeigen, dass er genau diesen Geruch gefunden hat.

Am Anfang jeder Nasenarbeit steht das gezielte Benutzen der Nase. Dies ist sehr gut mit einfachen Suchspielchen zu erlernen. Für den Anfang brauchen wir noch keinen speziellen Zielgeruch, den der Hund suchen soll. Futter und Spielzeug tun gute Dienste. Wichtig ist, dass wir etwas finden, wozu der Hund bereit ist, sich anzustrengen. Die meisten Hunde geben alles für Futter. Spielzeug ist auch bei den meisten Hunden sehr beliebt. Deshalb eignen sich diese beiden Motivatoren sehr, um in die Sucharbeit einzusteigen.

Schon Welpen können lernen, Futter in verschiedenen Untergründen oder Gegenständen zu finden.

Erfahrungsbericht Katja

Ich finde es immer wieder spannend, den Welpen bei uns in der Hundeschule zu zeigen, dass sie auch ihre zweibeinigen Familienmitglieder mit ihrer Nase finden können. Es ist so schön zu beobachten, wie unterschiedlich die Hundekinder mit der Situation umgehen, ihre Halter zu suchen. Zumeist laufen sie in die richtige Richtung los, in die sich ihr Halter entfernt hat, bevor er hinter einer Ecke verschwand. Viele bleiben vor der Ecke stehen und suchen ihre Person mit den Augen, bis sie dann plötzlich den Kopf etwas heben und ruckartig in eine Richtung drehen. Wir sprechen dann davon, dass es sie reißt – also sie den Geruch in die Nase bekommen und sie diesem zu folgen beginnen. Dann laufen sie los und freuen sich sehr, ihre Person wiedergefunden zu haben. Die Szene erinnert mich an Kinder, die Verstecken spielen. Der Spaß ist in etwa der Gleiche! Sind wir im Wald unterwegs, können wir dieses Spiel auch alleine mit unserem Hund spielen, indem wir uns in einem unbeobachteten Moment hinter einem Baum verstecken. Dabei sollten wir das Hundekind allerdings soweit im Blick behalten, dass es nicht in die falsche Richtung abbiegt.

Suchen nach Futter und Spielzeug

Mit einfachen Futterspielchen können wir schon dem jungen Welpen verdeutlichen, wozu er seine Nase benutzen soll. Dazu lassen wir ihn als erstes Futterstückchen vom Boden aufsammeln. Wichtig ist von Anfang an, sehr schmackhaftes Futter zu wählen – der Hund soll von Anfang an Freude an der Arbeit mit der Nase haben. Nun streuen wir dem Hund einige Futterstückchen auf verschiedene Untergründe. Mal sammelt er das Futter auf dem Teppich oder auf dem Asphalt auf, mal zwischen Schottersteinchen, in der Wiese, im Laub, zwischen Pflastersteinen oder auf Plastikplanen. So erfährt er jedes Mal einen neuen Reiz und muss sich die verschieden großen Futterbrocken aus den verschiedenen Untergründen suchen. Schon jetzt können wir darauf achten, dass der Untergrund mal trocken, mal nass ist, das Gras mal hoch ist und mal kurz geschnitten. Doch selbstverständlich immer so, dass er es gut schaffen kann.

Wenn wir viele Futterstückchen ausstreuen, lernt der Hund hochfrequent zu schnüffeln. Diese Eigenschaft braucht er im späteren Einsatz ganz unbedingt! Je hochfrequenter er schnüffeln kann, desto besser wird er seinen Zielgeruch am Ende ausarbeiten können. Streuen wir dem Hund einige Futterstückchen auf einer kleinen Fläche aus, so muss er sich diese kleinen Stückchen zusammensuchen. Um effektiv arbeiten zu können, wird er hochfrequent schnüffeln, damit er das Futter findet. Mit dieser einfachen Aufgabe lernt der junge, unerfahrene Hund schon sehr viel für seinen späteren Aufgabenbereich.

Nun können wir beginnen, einzelne Futterstückchen wegzuwerfen, sodass der Hund sie suchen muss. Anfangs darf er

Auch beim Mantrailing kann es durchaus von Vorteil sein, wenn der Hund bereits zuvor das hochfrequente Schnüffeln gelernt hat.

zuschauen, wo das Futterstück hinfällt und die Entfernung wird nicht weit sein. Mit der Zeit wird das Futter immer weiter weg und auf immer schwierigeren Untergrund geworfen. Es ist ein Unterschied im Schwierigkeitsgrad, ob das Futterstück auf Asphalt, ins Laub, auf den Schotter oder in die hohe Wiese geworfen wird. Zudem macht es einen großen Unterschied, ob ich kleine oder große, feuchte (Käse, Wurst etc.) oder trockene Leckerli verwende. Wichtig ist, immer den Trainingsstand des Hundes zu erkennen und zu wissen, was der nächste Trainingsschritt sein wird. Sobald sicher ist, dass der Hund zum Futter will und dieses suchen wird, kann ein Signal dazu gegeben werden.

Nun ist es Zeit, das Futter immer schwieriger zu verstecken und den Hund immer weniger zuschauen zu lassen. Er sollte ziemlich schnell das Signal wie zum Beispiel „Such“ verknüpfen und auf dieses Signal loslaufen, um das Futter zu suchen. Kann er Futter auf ebenem Untergrund finden, ist es Zeit, in die Senkrechte zu gehen. Wir können das Futter an Mauern, Holzvertäfelungen, in Regalen oder an Wänden verstecken. So lernt der Hund immer mehr, dreidimensional zu suchen, was er im späteren Einsatz auch brauchen wird. Diese einfachen Übungen können ein Hundeleben lang beibehalten werden. Für den Hund ist es ein schönes Spiel, zwischendurch eine Mauer, eine Bank oder einen Tisch nach Futter abzusuchen. So kann die Nase des Hundes tagtäglich ohne großen Aufwand trainiert werden.

Ähnlich wie mit dem Futter kann die Suche auch mit dem Spielzeug gestaltet werden. Für die meisten Hunde ist auch Spielzeug ein großes Motivationsmittel. Wer gern mit einem Spielzeug spielt, der strengt sich auch an, um es finden zu können. Deshalb haben die meisten Hunde sehr viel Spaß daran, ihr Spielzeug zu suchen.

Auch hier verstecken wir das Spielzeug am Anfang sehr leicht, werfen es vielleicht nur einen Meter ins Gras oder legen es hinter einen Ast. Wie beim Futter darf der Hund am Anfang zuschauen und wird nach und nach dazu gebracht, nicht mehr zuschauen zu müssen. Am Ende wird er auf das Signal hin starten und sein Spielzeug suchen. Mit der Spielzeugsuche können wir viele verschiedene Schwierigkeitsgrade trainieren,

Futtersuchen macht jedem Hund Spaß und gibt ihm eine Idee, wie er seine Nase einsetzen kann.

Spielen wir viel mit unserem Welpen, haben wir eine gute Möglichkeit, ihn zu belohnen und auch ein Motivationsmittel, das wir verstecken können. Jacky hat Spaß beim Spiel.

die der Hund am Ende auch in seinem Einsatzgebiet braucht: Verschiedene Verstecke, Ablenkung, verschiedene Windverhältnisse, Suchausdauer und vieles mehr. Um all das trainieren zu können, braucht es keinen Zielgeruch – es ist auch mit Spielzeug gut möglich.

Mithilfe von Futter und Spielzeug ist es also sehr leicht möglich, einen jungen Hund auf seine Spürhunde-Karriere vorzubereiten. Spielzeug und Futter eignen sich hervorragend dazu, die Nase des Hundes zu trainieren und junge Hunde stark zu machen für ihren Zielgeruch. Hat der Hund gelernt, Futter zu suchen und Spielzeug zu finden, so haben wir immer unsere Trainingsutensilien dabei und können den jungen Hund gut auf seine späteren Aufgaben vorbereiten.

Problemlösungsstrategien finden

Im Einsatz als Spürhund wird der Hund nicht selten vor Probleme gestellt, die er selbst lösen muss. So kann es sein, dass sich der Geruch außerhalb der Nasenhöhe unerreichbar für ihn befindet oder es für ihn schwer ist, den Geruch auszuarbeiten und genau zu orten. In all diesen Situationen muss der Hund nach Lösungen suchen. Wie schafft er es, seinem Hundeführer verständlich zu machen, dass genau dort der Geruch ist, er aber nicht rankommt oder nicht so ganz genau sagen kann, wo er zu orten ist? Diese Situationen können wir gezielt trainieren. Es kann allerdings auch immer mal eine Situation vorkommen, die der Hund noch nicht erlebt hat. Deshalb ist es sinnvoll, solche Problemlösestrategien gezielt mit anderen Motivatoren zu trainieren. Eine schöne Möglichkeit ist, Spielzeug oder Futter so zu positionieren, dass der Hund nicht drankommt, einen Umweg dorthin suchen muss oder nur über Hindernisse sein Ziel erreichen kann. Dabei können wir unseren Hund gut beobachten und lernen, ihn zu lesen.

Arbeit mit dem Zielgeruch

Es gibt vielfältige Zielgerüche: Igel, Kamillentee oder einfach nur ein Spielzeug.

Bei der Auswahl der Zielgerüche muss einiges beachtet werden. Für manche braucht man sogar eine Genehmigung (bedrohte Arten, Drogen, Sprengstoff…), um sie nutzen zu können, andere sind schwer zu beschaffen, wieder andere sind vielleicht für den Hund unangenehm. Deshalb lohnt es sich, sich im Vorfeld ein paar Gedanken darüber zu machen, was der Hund am Ende suchen soll. Am Ende dieses Buches findest du eine kleine Auflistung, wozu Spürhunde weltweit schon eingesetzt werden und die vielleicht als Inspiration dienen kann. Wir werden hier nicht näher auf die Auswahl des Zielgeruchs eingehen, sondern setzen an dieser Stelle voraus, dass du deinen Zielgeruch bereits gefunden hast.

Als nächstes ist es wichtig, sich mit dem Zielgeruch genauer zu befassen: Je nachdem, was gesucht wird, ist es wichtig, dass wir über den Zielgeruch gut Bescheid wissen. Wir müssen keine Experten für Bettwanzen, Schimmel oder Borkenkäfer werden, müssen aber wissen, was relevant fürs Training ist, damit wir den Hund entsprechend aufbauen und sein Verhalten besser verstehen können. Die Spezialkapitel ab S.175 vermitteln einen Eindruck, wie viel Wissen über den jeweiligen Zielgeruch da sein sollte, damit das Training möglichst optimal stattfinden kann.

Wurde der Hund mit Futter und Spielzeug vorbereitet, weiß er schon, wie er seine Nase einsetzen muss, um das Objekt der Begierde zu finden. Nun geht es darum, dem Hund den Zielgeruch näherzubringen. Es gibt eine Vielzahl an Möglichkeiten, um dies zu trainieren. Ein wenig sind wir auf diese Möglichkeiten bereits im Kapitel zum Anzeigeverhalten eingegangen. Hier schauen wir uns sie noch ausführlicher an:

Zielgeruch mit Futter oder Spielzeug kombinieren

Eine Möglichkeit ist, den Zielgeruch zusammen mit Spielzeug oder Futter zu verstecken. Da der Hund schon gelernt hat, sein Motivationsobjekt zu suchen, wird er dies tun und beim Finden gleichzeitig den Zielgeruch mitverknüpfen. Nachdem wir ein paar Mal den Zielgeruch mit dem Spielzeug oder Futter versteckt haben, lassen wir das Motivationsmittel einfach weg. Nun ist es wichtig, den Hund sofort zu belohnen, wenn er am Zielgeruch angekommen ist und zögert. Der Hund ist in diesem Trainingsschritt noch auf der Suche nach seinem Motivationsmittel. Da er auch bereits den Zielgeruch verknüpft hat, wird er beim Finden des Zielgeruchs zögern und sich vergewissern, ob sein Motivationsmittel auch dort liegt. Sind wir zu langsam im Belohnen, wird er eventuell merken, dass dort kein Motivationsobjekt liegt und weiterlaufen. Deshalb ist es wichtig, sofort beim ersten Zögern zu belohnen! In den folgenden Trainingsschritten wird immer später belohnt, bis der Hund weiß, dass es nur um den Zielgeruch geht. Belohnt wird er dann mit seinem Spielzeug oder Futter. Parallel zu diesem Trainingsschritt wird die Anzeige trainiert. Wenn der Hund das zuvor definierte Anzeigeverhalten beherrscht, kann das Signal zu diesem Verhalten immer dann gegeben werden, wenn er den Zielgeruch gefunden hat. Von nun an wird er nur noch belohnt, wenn er beim Zielgeruch das Anzeigeverhalten zeigt. Mit der Zeit geben wir das Signal zum Anzeigeverhalten immer später, damit der Hund dies vorwegnehmen und selbständig zeigen kann.

Mit der Anzeige beginnen

Eine andere Möglichkeit, die Suche nach dem Zielgeruch aufzubauen, ist, mit der Anzeige zu beginnen. Der erste Schritt ist das Auswählen eines Anzeigeverhaltens – dazu mehr auf S.84. Nun wird der Zielgeruch das Signal für das Anzeigeverhalten. Dazu halten wir dem Hund den Zielgeruch vor die Nase, lassen ihn daran schnüffeln und geben ihm das Signal fürs Anzeigeverhalten. Mit der Zeit sollte der Hund das Anzeigeverhalten selbständig zeigen, sobald er am Geruch schnüffelt. Nun wird der Zielgeruch auf den Boden gestellt und der Hund hingeschickt. Da er im ersten Trainingsschritt gelernt hat, das Anzeigeverhalten zu zeigen, sobald er am Geruch schnüffelt, wird er sofort anzeigen, sobald er am Geruch angekommen ist. Vom Zielgeruch in

Eine Möglichkeit, die Suche aufzubauen ist, die Anzeige am Geruch zu trainieren und erst dann in die Suche zu gehen. Anton lernt, Geld zu suchen.

Sichtweite auf dem Boden stehend gehen wir sehr schnell dazu über, den Geruch zu verstecken. Das heißt, wir stellen ihn hinter irgendetwas, damit der Hund ihn suchen muss. Die Verstecke werden immer schwieriger, sodass der Hund immer länger suchen muss, um den Zielgeruch zu finden. So wird nach und nach die Suche aufgebaut.

Zielgeruch im Line-up trainieren

Der Zielgeruch kann auch übers Line-up trainiert werden. Hierbei wird der Zielgeruch in einen Behälter gesteckt, zum Beispiel in ein Glas, eine Dose oder einen Eimer und dem Hund präsentiert. Zögert der Hund am Geruch, indem er ihn neugierig wahrnimmt, wird er belohnt. Nach und nach wird das Zögern verlängert. So lernt der Hund, immer länger am Zielgeruch zu verharren. Für dieses Verhalten wird er gebührend belohnt, sodass er es immer öfter zeigen wird. Hat er gelernt, dass der Zielgeruch spannend ist, werden zwei gleiche Behälter präsentiert. In einem Behälter ist der Zielgeruch, der andere ist leer. Nun muss er auswählen. Zögert er am richtigen, wird er belohnt, zögert er am falschen, startet die Übung von Neuem. Als nächster Trainingsschritt kommt noch ein weiterer Behälter dazu. In einem Behälter ist der Zielgeruch, die anderen sind leer. Nun muss er aus drei Möglichkeiten auswählen. Hat er 80% (z.B. in acht von zehn Durchgängen) richtige Verhaltensweisen gezeigt, gehen wir zum nächsten Trainingsschritt über. Nun werden in die anderen Behälter Verleitungsgerüche gelegt. Der Hund muss also unter drei verschiedenen Gerüchen auswählen, welcher der richtige ist. Aus den drei Behältern können auch vier, fünf, sechs oder sieben werden oder sogar noch mehr. Kann der Hund den Behälter mit dem Zielgeruch gut anzeigen, können wir in die Suche übergehen. Der Zielgeruch wird langsam versteckt, sodass der Hund immer mehr ins Suchen kommt.

Aufbau über Ersatzgeruch

Es ist natürlich auch möglich, das Suchen zuerst über einen Ersatzgeruch aufzubauen. Dabei lernt der Hund als erstes, einen Ersatzgeruch wie zum Beispiel Kong, Tee oder Zahnpasta zu suchen, bevor er den eigentlichen Zielgeruch kennen lernt. Das hat den Vorteil, dass ein unerfahrener Hundeführer alle Schwierigkeiten der Nasenarbeit trainieren kann, ohne Fehler mit dem Zielgeruch zu machen. Das wiederum hat Auswirkungen auf die Suche des Hundes. Je weniger Fehler er mit dem Zielgeruch verknüpft, desto besser. Bei dieser Möglichkeit geht es darum, dem Hund zuerst beizubringen, den Ersatzgeruch zu suchen und von diesem später zum Zielgeruch überzugehen. Den Ersatzgeruch können wir genauso aufbauen wie den Zielgeruch. Dazu können wir eine der oberen Möglichkeiten anwenden. Allerdings hat es auch den Nachteil, dass es sehr viel Zeit kostet. Dennoch ist es eine Möglichkeit, den Zielgeruch aufzubauen und wird deshalb auch von vielen Spürhundeführern zum Aufbau der Suche genutzt.

Wenn wir nun davon ausgehen, dass der Hund seinen Zielgeruch kennen gelernt hat, ist es wichtig, einen guten Trainingsplan aufzustellen (siehe Spezialkapitel). Im Laufe des Trainings gibt es viele Themen, die abgearbeitet werden sollten, um dem Hund genau verständlich zu machen, was er tun soll.

Wir können auch mit einem Ersatzgeruch anfangen, um später auf den Zielgeruch umzusteigen. Hier wird mit dem Ersatzgeruch Kong gearbeitet.

Probenhandling

Wenn wir mit unserem Zielstoff hantieren, ist es wichtig, dass wir uns ein paar Gedanken um die Handhabung der Proben machen. Je nach Zielgeruch gilt es verschiedene Dinge zu beachten.

- Es gibt Proben, für die wir behördliche Genehmigungen zum Training und Handling benötigen. Das gilt vor allem für streng geschützte Arten, invasive Arten, gefährliche Stoffe und Stoffe, die unter das Betäubungsmittelgesetz fallen.

- Es gibt Proben, bei denen wir aufpassen müssen, dass wir nichts verlieren oder in der Umgebung ausbringen. Hierzu gehören Schädlinge und auch invasive Pflanzen oder Schimmelpilze.

- Es gibt Proben, die für uns gefährlich werden können, wie z.B. infektiöse oder allergieauslösende Stoffe, Bakterien, Kot oder Schimmel.

- Manche Proben brauchen bestimmte Bedingungen, um möglichst lange „haltbar" zu sein.

- Manche Proben dürfen keine fremde DNA abbekommen, wie z.B. Kotproben.

- Manche Proben verändern sich, wenn wir sie länger lagern – wir müssen also das Alter beachten

Das heißt, wir müssen uns Gedanken darüber machen, was wir bei unserem Zielgeruch zu beachten haben.

Für das Handling von manchen Proben braucht es bestimmte Genehmigungen. So auch zum Suchen von Fledermäusen.

Die erste Aufgabe ist, sich Proben zu besorgen. Das ist je nach Zielstoff gar nicht so einfach. Möchten wir mit unserem Hund Bargeld oder Kamillentee suchen, dann stellt die Probenbeschaffung kein großes Problem dar. Auch wenn wir verlorene Gegenstände finden wollen, ist das recht einfach. Geht es aber um einen bestimmten Schädling, Schimmel, bedrohte Arten oder gar Sprengstoff, dann sieht die Sache schon ganz anders aus. Wichtig ist, sich zu erkundigen, ob es besondere Bestimmungen im Umgang mit diesem Zielgeruch gibt. Dazu empfiehlt es sich, mit Experten zusammenzuarbeiten, die uns in der Hinsicht beraten und unter die Arme greifen können.

Wenn wir unsere Proben zum Training haben, ist es wichtig, dass wir genug davon haben. Manch ein Projekt ist schon gescheitert, weil nicht genug Proben zur Verfügung standen und die Hunde nicht den Zielgeruch, sondern den Geruch dieser individuellen Proben verknüpft haben. Wir brauchen so viele Proben wie möglich, damit wir beim Training immer wieder wechseln können und der Hund das Richtige verknüpfen kann. Je mehr Proben wir haben, umso einfacher machen wir dem Hund verständlich, was er suchen soll. Gerade bei der Suche mit Geruchsmuster müssen wir darauf ein großes Augenmerk legen.

Erfahrungsbericht Katja 

Mir hat eine Spürhundeausbilderin aus Großbritannien, die sehr viel im Bereich von Krebserkennung arbeitet, einmal erzählt, dass diese Projekte häufig an der Quantität der Proben scheitern. Es braucht eine Menge (sie sprach von Hunderten) Atemluftproben von Menschen, die nachgewiesenermaßen an der jeweiligen Krebsart leiden, sowie auch eine Menge an Proben von Menschen, die, ebenfalls erwiesenermaßen, nicht an dieser Krankheit leiden. Nur so erhält der Hund eine Chance, aus diesem Konglomerat aus Gerüchen, die in der Atemluft eines Menschen zu finden sind, herauszufiltern, um welchen Zielgeruch es dem Trainer dabei geht.

Auch sollten die Proben, mit denen wir trainieren, sehr unterschiedlich sein. Dies gilt z.B. in Bezug auf die Ernährung und das Geschlecht der zu suchenden Tiere, die die Kotprobe hinterlassen haben, genauso wie für den Stamm der Bettwanze oder der Zusammensetzung des Betäubungsmittels. Wir sollten immer daran denken, was der Hund lernen kann und was er lernen soll und entsprechende Proben bereithalten. Je dichter die Probe am Einsatzzielgeruch dran ist, umso schneller kann der Hund lernen, was zu suchen ist.

Es kann wichtig sein, dass wir auch Verleitungsproben bereithalten, die der Hund nicht anzeigen soll. Wir müssen uns überlegen, was uns im Einsatz begegnet und sicherstellen, dass der Hund das Richtige lernt und nicht den Wolfskot mit Hundekot oder Fuchskot verwechselt. Dies muss im Training differenziert und mit den entsprechenden Proben trainiert werden.

Soll der Hund jede Art von Geld anzeigen, dann brauchen wir nicht zu differenzieren.

Die Geldscheinsuche zeichnet sich durch den Umstand aus, dass es meist genug „Proben“ gibt.

Soll er nur eine bestimmte Währung zeigen, müssen wir dies sehr wohl tun.

Wenn wir die Proben lagern, sollten wir einiges beachten:

- Manche Proben brauchen eine gewisse Temperatur, um besonders lange haltbar zu sein.
- Manche Proben lassen sich gut einfrieren und wieder auftauen.
- Als Gefäß zum Aufbewahren eignet sich am besten Glas.
- Von Seiten des Trainings macht es Sinn, Proben sehr verschieden zu lagern, damit der Hund sich nicht auf eine bestimmte Sache konzentriert (wenn die eingefrorene Probe z.B. immer nach meiner Kühltruhe mit all ihren Inhalten riecht).

Auch beim Handling ist das ein oder andere zu beachten:

- Manche Proben sollten sehr vorsichtig behandelt werden: Lebende Insekten sollten nicht zerdrückt werden. Invasive Pflanzen sollten nicht in der Umgebung ausgebracht werden. Amphibien können sensibel auf Latexhandschuhe reagieren.
- Manche Proben sollten wegen der Infektionsgefahr mit Handschuhen angefasst werden (z.B. Kotproben)
- Bei manchen Proben besteht die Gefahr, dass Krankheitserreger in das Habitat der dort lebenden Individuen eingebracht werden.

Handschuhe ja oder nein?

Oft wird gefragt, ob die Proben nur mit Handschuhen angefasst werden sollen. Auch hier gibt es wie immer Vor- und Nachteile. Handschuhe haben auch einen Eigengeruch, z.B. nach Latex oder Nitril, und es ist möglich, dass der Hund diesen verknüpft.

Trotz Handschuhen riechen die Proben nach mir. Wenn wir wollen, dass der Hund unseren Eigengeruch als irrelevant ansieht, dann sollten wir das über Training lösen und nicht über Handschuhe. Ich kann zum Beispiel möglichst viele andere Stellen auch noch so berühren, wie ich die Probe berührt habe, damit der Hund lernen kann, dass er nicht meinen Geruch sucht.

Unserer Meinung nach ist es nicht möglich, „steril" zu arbeiten. Deshalb achten wir im Training darauf, dass wir gute Arbeit leisten und dem Hund so gut wie möglich erklären, um welchen Geruch es geht und um welchen nicht. Dafür brauchen wir keine Handschuhe. Wenn es allerdings um die Verringerung eines Infektionsrisikos geht, dann sind Handschuhe sinnvoll.

Probendokumentation

Eine gute Dokumentation der Proben ist wichtig und sollte selbstverständlich sein. Wenn ich die verschiedenen Gläser mit den Proben habe, dann sollte alles draufstehen, was diese Probe ausmacht. Zumeist sind das Datum und die genaue Art der Probe das Mindeste, das auf jeder Probe draufstehen sollte. Selbstverständlich kommt es dabei ganz auf die spezielle Probe an. So müssen beispielsweise bei einer Atemwegsprobe, die in einem Krankenhaus genommen wurde und bei der der Hund anzeigen soll, ob es sich um einen Krebspatienten handelt, noch viel mehr Angaben auf der Probe vermerkt sein.

Versuche mit unterschiedlichen Proben

Kann man Geruchsquellen/-träger verdünnen, um herauszufinden, wie lange der Hund den Zielgeruch noch riechen kann? Im Prinzip ja, aber es gibt zum Beispiel bei Blut feste Inhaltsstoffe (Transportproteine), die den Geruch teilweise absorbieren und dadurch wie Puffer wirken. Dadurch wird bei einer Verdünnung mit Wasser ein Teil der absorbierten Gerüche freigesetzt. Dieser Effekt kann so ausgeprägt sein, dass sich durch eine Verdünnung der verfügbare Geruch eigentlich nicht ändert. Deshalb sollten chemische Wissensgrundlagen über den speziellen Stoff vorhanden sein, wenn solche Versuche unternommen werden; denn es kann dann wie ein Wunder wirken, wenn z.B. das Blut nach unserer Idee weiter und weiter verdünnt wird und der Hund es immer noch genauso gut riechen kann.

Die Arbeit mit Line-ups, Geruchsrädern und Suchwänden

Wir haben verschiedene Möglichkeiten, dem Hund das Suchen beizubringen. Zum einen in der natürlichen Suchumgebung, im einsatzrelevanten Gelände oder aber in einem künstlich hergerichteten Suchsetting. Mit künstlich hergerichtetem Suchsetting ist gemeint, dass wir dem Hund eine Suchumgebung zur Verfügung stellen, in der er seine Suchkompetenzen verbessern kann. Dabei sucht er keine Fläche oder einen Raum ab, sondern einen vorgegebenen Aufbau. Die bekanntesten dieser Settings sind:

- Das Line-up
- Das Geruchsrad
- Die Suchwand
- Plattformen oder Maschinen

Das Line-up

Wenn wir von einem Line-up sprechen, heißt das, dass wir dem Hund eine gewisse Anzahl an Behältern präsentieren, die er gezielt nach dem Zielgeruch absuchen soll. Diese Behälter können einfach auf dem Boden stehen oder auch in Kästen, Ständern oder Leisten angeordnet sein. Die Behälter können Gläser, Metalldosen, Joghurtbecher,

Eimer oder was auch immer sein. In einem der Behälter ist der Zielgeruch versteckt, den der Hund suchen soll. Um ihn zu finden, muss er nicht den ganzen Raum absuchen. Es geht vielmehr darum, jeden Behälter anzuschnüffeln und zu entscheiden, in welchem der Zielgeruch enthalten ist. Die anderen Behälter sind je nach Trainingsschritt entweder leer oder enthalten andere Gerüche, die den Hund ablenken oder die er für seine Aufgabe differenzieren soll.

Ein Line-up besteht aus mindestens drei Behältern, meist sind es zwischen sechs und 12. Die Anzahl spielt auch gar keine so große Rolle. Im praktischen Sinne kann ein Line-up auch aus praxisrelevanten Dingen bestehen. Bei der Bettwanzensuche können es Gepäckstücke sein, bei der Borkenkäfersuche auch Holz- oder Rindenstücke. Ein Line-up kann in einer Reihe oder auch in anderer Form angeordnet sein.

Das Geruchsrad

Auch hier soll der Hund ein Setting aus verschiedenen Behältern nach dem Zielgeruch absuchen, aber jetzt ist das Ganze rund angeordnet. Manch ein Rad muss der Hundeführer selber drehen, andere sind so professionell gebaut, dass sie nur leicht angeschoben werden müssen oder sich von selbst drehen.

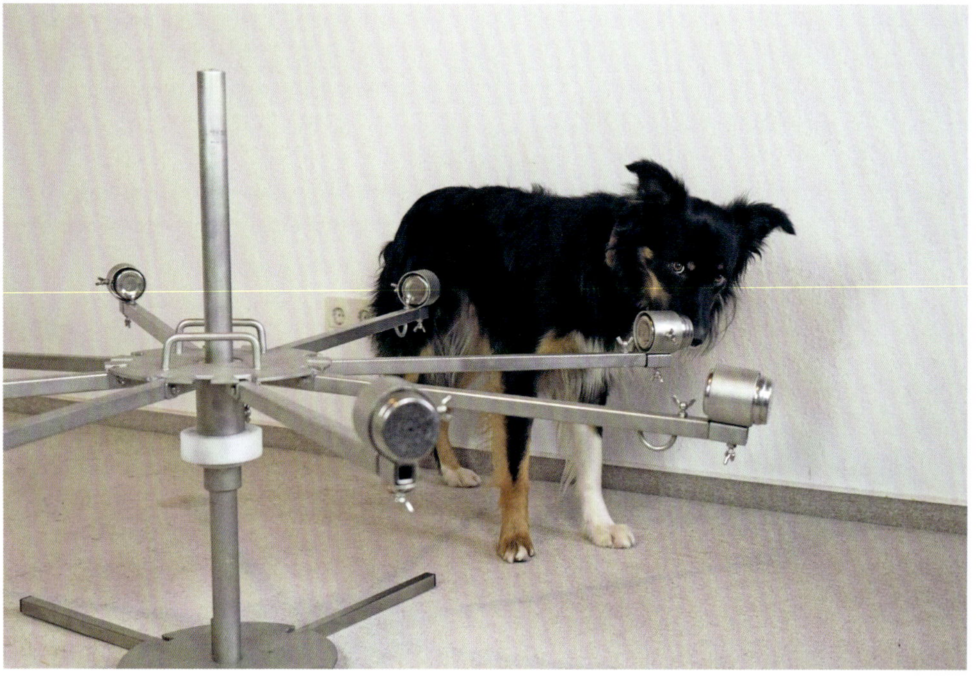

Geruchsräder gibt es auch in verschiedenen Ausführungen – selbstgebaut oder gekauft (Bezugsquelle im Anhang). Murot sucht Bettwanzen im Rad.

Ein Rad hat gegenüber dem Line-up den Vorteil, dass es keinen Anfang und kein Ende gibt und die Hunde immer wieder vorne anfangen könnten, wenn sie den Geruch nicht gefunden haben. Je nach Rad haben wir auch den Vorteil, dass wir es einfach anschubsen können und so eine neue Position des Zielgeruchs haben, ohne neu aufbauen zu müssen wie beim Line-up. Mit einem selbstdrehenden Rad ist es auch leicht möglich, doppelblinde Suchen ohne Hilfsperson zu trainieren.

Solche Brennholzstapel sind tolle Suchwände.

Die Suchwand

Hier lernt der Hund, in der Vertikalen zu suchen. In der Suchwand befinden sich Löcher, in denen der Geruch versteckt werden kann. Die natürlichsten Suchwände sind aufgestapeltes Brennholz und Baumstammstapel im Wald oder eine Mauer aus Bruchstein. Diese Suchwände bieten uns eine Möglichkeit immer etwas Spürhundetraining einzubauen. Haben wir keinen Zielgeruch dabei, kann der Hund Futter in den Fugen einer Mauer oder zwischen dem Holz suchen und lernt so, seine Nase immer effektiver einzusetzen. Wir können auch eine Wand aus Lochsteinen oder Ziegelsteinen aufbauen, in deren Löchern wir Gerüche verstecken. In der Suchwand haben wir auch gute Möglichkeiten, den Geruch höher zu verstecken, um dem Hund eine erste Idee von Verstecken in verschiedenen Höhen zu geben. Haben wir eine Wand mit vielen Versteckmöglichkeiten, fördern wir damit das hochfrequente Schnüffeln der Hunde. Dies braucht der Hund zum Beispiel bei der Flächensuche – in der Suchwand ist es einfach zu trainieren, weil wir eben hier so viele Verstecke auf kleinem Raum haben.

An dieser Wand können gut Hochverstecke trainiert werden.

Samy trainiert an der Ziegelwand das hochfrequente Schnüffeln.

Plattformen und Maschinen

Darüber hinaus gibt es Plattformen, auf denen der Geruch auf einem Schlitten verschoben werden kann und der Hund lernt, den zu suchenden Geruch von anderen zu unterscheiden. Manch ein Bastler hat auch schon Maschinerien entwickelt, die automatisch die Gerüche vertauschen und den Hund belohnen. Mit Hilfe solcher Plattformen und Maschinen ist es möglich, schnell und effektiv zu trainieren und die Fehlerquellen durch versteckte Körpersignale zu verringern. In Zukunft werden solche Trainingshilfen mit Sicherheit immer öfter genutzt werden.

Erfahrungsbericht **Katja** 

Ich habe über die Schnüffelplattform immer mal wieder neue Schimmelproben oder neue Schimmelarten etabliert und dabei eigentlich nie mit Verleitungsgerüchen gearbeitet. Als ich dann meiner Ella einmal neben der Schimmelprobe in den anderen Bechern ihre Lieblingsleckereien wie Blättermagen, Wiener Würstchen, Hühnerfleisch, Katzenfutter und auch ihren Lieblingsball präsentierte, war ich hocherstaunt, dass sie sich für diese Verleitungen so überhaupt nicht interessierte. Dazu ist zu erwähnen, dass Ella ein Balljunkie war. Diese „Sucht" war bei ihr so ausgeprägt, dass sie sogar einmal, als ich ihr einen neuen Ball mitbrachte, bis zum Abend stundenlang auf diesem Ball herumkaute und, als sie nachts im Bett einschlief, immer noch den Ball im Mund hielt. Trotzdem hat sie sich auf der Plattform zu 100% auf die Schimmelprobe konzentriert. Ich vermute, dass dies dem Umstand geschuldet war, dass wir vorher schon Hunderte Durchläufe ohne Verleitungen trainiert hatten.

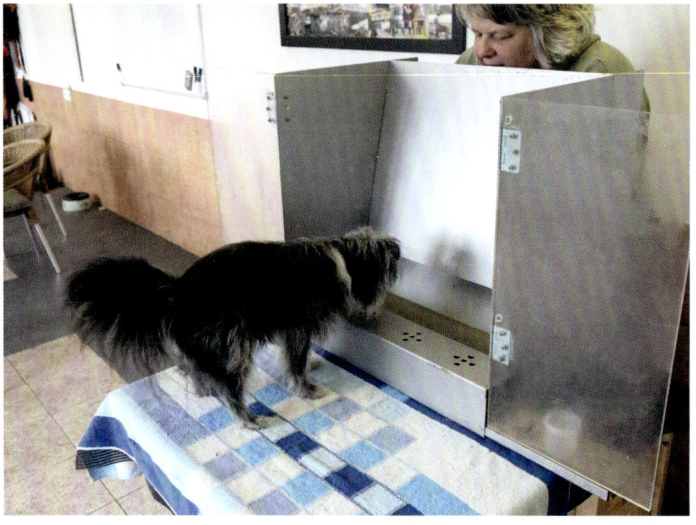

Bei dieser Schnüffelmaschine wird der jeweilige Probenbehälter von hinten verschoben und der Hund durch die Lücke direkt hinter dem angezeigten Loch belohnt.

Allerhand Basteleien

Beim Basteln eigener Geruchsproben-Settings sind der Fantasie fast keine Grenzen gesetzt. Man kann zum Beispiel aus Holz, Weinregalen aus Styropor, einem Hoola-Hoop Reifen oder Abflussrohren Line-ups und Geruchsräder bauen.

Das ist eine selbstgebaute Suchwand, an der der Hund direkt mit seinem Ball bestätigt werden kann.

Das Training in künstlichen Suchsettings

In diesen Suchsettings geht es nun darum, dem Hund die Differenzierung von verschiedenen Gerüchen näherzubringen. Suchen wir mit unserem Hund beispielsweise Bettwanzen, ist es wichtig, dass er lernt, nur die lebenden Tiere anzuzeigen und die toten Wanzen, deren Kot, die leeren Eier und die Häutungsreste zu ignorieren. Dies können wir dem Hund im Line-up, dem Geruchsrad oder an der Suchwand beibringen: alle ablenkenden Gerüche, die der Hund nicht anzeigen soll, werden ebenfalls im Setting versteckt. Der Hund soll dann nur seinen individuellen Zielgeruch anzeigen.

Der Vorteil von Line-up & Co ist auch, dass wir in kurzer Zeit viele Trainingsdurchgänge machen können. Außerdem können die Ablenkungsgerüche einfach und schnell ausgetauscht werden und man braucht wenig Platz, um ein Line-up aufzubauen. Ein großes Geruchsrad oder eine Trainingswand sind da schon wesentlich platzintensiver.

Auch hier wird der Hund mit dem Suchsignal losgeschickt. Er lernt sehr schnell, dass es um den Aufbau geht, der vor ihm steht und er nicht das ganze Zimmer absuchen muss. Wenn es ihm am Anfang hilft, können wir ihn auch an der Leine führen, damit er sich nicht in der Raumsuche verliert.

Nun können wir uns überlegen, ob der Hund nur eine einzige Chance haben soll, den Geruch anzuzeigen (also nur einmal an allen Behältern vorbeigehen darf) oder ob er auch etwas hin- und her laufen kann, um sich entscheiden zu können. Bei den meisten Zielgerüchen ist es gut möglich, diesen beim ersten Riechen anzuzeigen. In dem Fall können wir – wenn wir möchten – die

Regel aufstellen, dass der Hund nur einmal vorbeilaufen darf. Bei anderen Gerüchen scheint es aber auch wichtig zu sein, dass der Hund ein paar Mal an den Gerüchen vorbei geht, um zu vergleichen, bevor er sich entscheidet. Das kann bei sehr geringen Mengen des Zielgeruchs oder vielen anderen Beigerüchen der Fall sein.

Erfahrungsbericht Michaela 

Bei der schon erwähnten Promotionsstudie von Dr. Viviane Theby, in der gezeigt werden sollte, ob Hunde in der Lage sind, Staphylokokken in Milchproben zu erschnüffeln und bei der ich mit einem meiner Hunde mitwirken durfte, bekamen die Hunde im Abschlusstest in einem Doppelblindversuch das erste Mal Milchproben von wirklich kranken Tieren zum Kontrollieren. In diesen Proben befanden sich Gerüche, die der Hund zuvor noch nicht mit den Staphylokokken in Zusammenhang gebracht hatte (andere Bakterien, Eiter, Blut, Schleim ...). Auffällig war, dass die Hunde sehr genau jede Probe abgeschnüffelt haben, bevor sie sich – meistens richtig – entschieden haben. Es schien so, als ob sie sich sehr viel mehr konzentrieren mussten als vorher bei den Durchgängen mit den mit Staphylokokken angereicherten Milchproben. Das hatte zur Folge, dass sie auch mal wieder zurückgelaufen sind und alle Proben nochmals angeschnüffelten, bevor sie eine Entscheidung trafen. Es ist also nicht immer sinnvoll, dem Hund strikt die Regel aufzuerlegen, dass er jede Probe nur einmal anriechen darf.

Wie hilfreich die Arbeit am Line-up ist, hängt von einigen Faktoren ab. Bei einer Aufgabe wie oben dem Kontrollieren der Milchproben nach Staphylokokken ist es sehr sinnvoll, damit zu arbeiten, weil es darum geht, eine Anzahl an Proben abzuschnüffeln, um herauszufinden, ob in einer davon Bakterien enthalten sind oder nicht. Auch wenn wir einen Allergieanzeigehund ausbilden wollen, der uns sagen soll, ob in einem bestimmten Lebensmittel Gluten enthalten ist oder nicht, ist das eine sinnvolle Sache. Bei der Arbeit mit Krebsspürhunden (Lungen- oder Prostatakrebs) wird ebenfalls meistens mit Proben (Atem oder Urin) gearbeitet, die im Line-up präsentiert werden. Dort ist das Line-up im Endeffekt auch die spätere Endaufgabe und der Hund soll in keinem anderen Umfeld suchen.

Wenn ein Hund allerdings ein Gelände z.B. nach Borkenkäfern oder Schimmel absuchen soll, dann kann die Arbeit mit dem Line-up eine große Hilfe sein – oder auch nicht. Manche Hunde sind auch verwirrt, weil es ein völlig anderes Setting ist als bei der freien Suche im Gelände oder im Raum.

Erfahrungsbericht

Katja

Ich konnte einmal in Finnland bei einer Prüfung von Schimmelhunden zuschauen, bei der reihenweise Hunde durch die Line-up Aufgabe durchfielen, aber in den Gebäuden einwandfrei die Schimmelproben suchten. Wir beobachten immer wieder, dass die Hunde im Line-up, dem Geruchsrad oder der Suchwand nicht richtig motiviert suchen oder auch den Geruch nicht gut finden, obwohl sie in ihrem Suchbereich zuverlässig finden und anzeigen. Woran das liegt, können wir nicht wirklich sagen. Vielleicht fühlen sie sich etwas unterfordert oder sie sehen es als völlig andere Aufgabe/Konzept an, die wir ganz von vorne aufbauen müssen.

Es hängt also ganz von der Aufgabe ab, ob es sinnvoll ist, mit solchen Hilfsmitteln zu arbeiten. Viele Hunde haben viel Spaß daran, weil sie schnell zum Erfolg kommen.

Bei einer Aufgabe, die nur im Line-up gelöst wird, wie beim Beispiel der Staphylokokken oder dem Allergie-Anzeigehund, ist es auch durchaus sinnvoll, eine Negativanzeige aufzubauen. Hier geht es darum, dass der Hund lernt, die Anordnung abzusuchen. Wenn er den Zielgeruch nicht darin findet, kann er dies mit einem Negativ-Anzeigeverhalten deutlich machen. Mehr dazu im nachfolgenden Trainingsplan.

Manchen Hunden hilft die Arbeit am Lineup und andere sind verwirrt. Tami hat Spaß den richtigen Geruch zu finden und zu zeigen.

Trainingsplan Line-up mit Zielgeruch und trainierter Anzeige

Um ein Line-up aufzubauen, benötigen wir:

- Den Zielgeruch, den der Hund anzeigen soll. Als Zielgeruch können wir hier einen einsatzrelevanten Stoff nehmen oder auch etwas Alltägliches, um den Hund sinnvoll zu beschäftigen, wie z.B. Kamillentee oder Walnussöl.
- Einen Behälter, um den Geruch hineinzufüllen.
- Mehrere gleiche Behälter für neutrale bzw. Ablenkungsgerüche. Es kann ein vorgefertigtes oder gebasteltes Line-up-Gestell sein oder auch einfach Behälter, die auf dem Boden stehen.
- Ein schon trainiertes Anzeigeverhalten wie z.B. Sitz, Platz, Nase dran, Anstarren ... Alternativ kann auch hier mit der natürlichen Anzeige gearbeitet werden.
- Ein Startsignal

Übungsaufbau:

Hat der Hund den Zielgeruch bereits mit der Anzeige verknüpft, kannst du direkt bei Schritt 3 einsteigen.

Schritt 1: Verknüpfung von Geruch und Anzeige
Fülle den Zielgeruch in einen Behälter und halte ihm dem Hund unter die Nase. Sobald er daran schnüffelt, gibst du ihm das Signal zur ausgewählten Anzeige, z.B. Sitz. Im weiteren Plan arbeiten wir mit der Sitz-Anzeige. Du kannst es jeweils im Plan gegen deine ausgewählte Anzeigeart austauschen. Wiederhole diesen Schritt so lange, bis der Hund sich nach dem Schnüffeln am Geruch ohne weiteres Signal hinsetzt.

Schritt 2: In Richtung Boden arbeiten
Gehe von Mal zu Mal mit dem Geruch näher in Richtung Boden, bis der Behälter auf dem Boden steht und der Hund nach dem Schnüffeln die Anzeige zeigt.

Schritt 3: Abstand aufbauen
Stelle den Behälter mit dem Geruch immer etwas weiter weg von dir, sodass du den Hund dorthin schicken kannst.

Schritt 4: Signal einführen

Nun führst du dein Startsignal ein. Ab sofort wird der Hund immer mit dem Startritual losgeschickt.

Schritt 5: Differenzierung zwischen mehreren Behältern

Stelle weitere, leere Behälter dazu. Der Hund soll immer den richtigen anzeigen. Viele Hunde schaffen diesen Schritt. Falls er immer wieder einen falschen Behälter anzeigt, kannst du folgende Zwischenschritte einbauen:

Plan B: Der Geruch wird außer Sicht gestellt. Der Hund muss den Geruch suchen und anzeigen. Mehrere neutrale Behälter werden dazu versteckt. Die Behälter kommen immer enger zusammen.
Plan C: Es kommen Leckerchen zum Zielgeruch in die Dose, die dann wieder ausgeschlichen werden.

Plan D: Es werden mehrere Behälter sehr nah aneinandergestellt, sodass der Hund besser vergleichen kann und der Weg zum nächsten Behälter nicht so weit ist. Dann werden die Behälter erst wieder auseinandergestellt.

Plan E: Es befinden sich anfangs mehrere Behälter mit dem Zielgeruch im Line-up, sodass der Hund mehr Chancen hat, das Richtige zu tun.

Plan F: Wähle erst einmal als Zielgeruch Wurst oder Käse aus, um dem Hund das Konzept Line-up zu erklären. Beginne erst mit deinem eigentlichen Zielgeruch und gehe dann erst zu Schritt 4, wenn der Hund Spaß am Line-up bekommen hat und sicher die Leckerei anzeigt.

Hat der Hund verstanden, dass er in den Behältern seinen Zielgeruch anzeigen soll, dann werden nach und nach mehrere Behälter dazugestellt und Ablenkungsgerüche eingebaut.

Schritt 6: Ablenkung einbauen

Fülle Ablenkungsgerüche in die anderen Behälter. Sei ruhig etwas kreativ in der Auswahl der Ablenkungsgerüche. Bringe so viele verschiedene Gerüche ins Spiel wie möglich.

Erfahrungsbericht Jacqueline 

Ich hatte mal einen Border Collie als Kundenhund, der das Line-up ziemlich langweilig fand. Er ging die Reihe beim ersten Mal immer mit Begeisterung ab und zeigte dann ganz deutlich, dass es ihm keinen Spaß mehr machte, noch weitere Durchgänge zu absolvieren. Wir entschieden uns dann, mit vielen spannenden Ablenkungsgerüchen zu arbeiten, und siehe da – auf einmal war er total motiviert, die Behältnisse abzuschnüffeln.

Schritt 7: Anordnung verändern

Verändere die Anordnung der Behälter nach jedem Durchgang, damit der Hund nach jedem Start eine andere Situation vorfindet.

Schritt 8: Körperposition verändern

Verändere deine Körperposition immer wieder, damit der Hund nicht an deiner Körperhaltung erkennt, wann er anzeigen soll. Sei auch hier wieder kreativ. Beweg dich auf und ab oder auch weg vom Hund, hock dich hin, telefoniere, unterhalte dich mit jemand anderem, wische Staub .... tu irgendetwas, während der Hund den passenden Geruch sucht.

Schritt 9: Blinde Suche

Suche blind, das heißt: Lass jemand anderen den Geruch verstecken. Du weißt nicht, wo der Geruch sich befindet. Deine Hilfsperson kann dir, falls nötig, helfen oder den sekundären Verstärker geben, wenn der Hund richtig anzeigt.

Schritt 10: Doppelblinde Suche

Suche doppelblind, das heißt, jetzt kennst weder du noch jemand anderes im Raum die richtige Lösung. Schaue erst nach, ob der Hund den richtigen Behälter auch wirklich anzeigt, bevor du ihn dafür belohnst. Dazu kannst du den Behälter auf dem Boden besonders markieren. Wichtig ist aber, alle Behälter irgendwie zu markieren, damit der Hund nicht die Farbe des Stiftes anzeigt anstatt den eigentlichen Zielgeruch.

Schritt 11: Dauer aufbauen

Der Hund soll die Anzeige immer länger halten. Arbeite an der Zeit der Anzeige und belohne den Hund im Durchschnitt immer später.

Schritt 12: Annäherung des Hundeführers

Der Hund soll die Anzeige so lange halten, bis du bei ihm bist. Bewege dich nach und nach immer näher an den anzeigenden Hund heran, bis du neben ihm stehen kannst und er die Anzeige immer noch hält.

Schritt 13: Leersuchen

Für die Leersuche nimmst du den Zielgeruch aus dem Line-up raus. Der Hund wird also nach dem Zielgeruch suchen und am Ende nichts finden. Sobald er dich irritiert anschaut, belohnst du ihn dafür.

Auch im Line-up können Leersuchen trainiert werden. Möchte ich einen Allergieanzeigehund ausbilden, ist es wichtig, dass er nicht anzeigt, wenn der allergene Stoff nicht im Line-up zu finden ist.

> **Achtung!**
>
> *Die nächsten Schritte sind nicht für jeden Zielgeruch geeignet. Überlege gut, was du brauchst und ob es sinnvoll ist, diese Schritte zu trainieren.*

Schritt 14: Negativanzeige

Wenn nötig, baue eine Negativanzeige auf.

Möglichkeit 1: Sobald dein Hund dir körpersprachlich signalisiert, dass er keinen Zielgeruch im Line-up findet, ruf ihn zu dir und lass ihn ein definiertes Verhalten, z.B. Sitz, bei dir machen. Belohne ihn dafür. Im Laufe der Durchgänge ruf ihn immer etwas später, sodass er auf die Idee kommt, auch ohne Signal zu dir zu kommen, wenn er den Zielgeruch nicht findet.

Möglichkeit 2: Halte einen gleichen Behälter mit Zielgeruch bei dir bereit und schicke den Hund ins Line-up. Sobald er signalisiert, dass er keinen Zielgeruch gefunden hat, stelle deinen Behälter neben dich und schicke den Hund dorthin zum Anzeigen. Das belohnst du.

Im Laufe der Durchgänge sollte der Hund auch hier auf die Idee kommen, selbständig zu dir zu kommen und den Behälter bei dir (der am Ende schon beim Start neben dir steht) anzuzeigen.

Wichtig bei diesem Schritt ist, dass du nicht zu viele Leersuchen hintereinander machst. Der Hund sollte den Zielgeruch deutlich öfter im Line-up finden als für die Negativanzeige belohnt zu werden.

Schritt 15: Vermischungen

Der Geruch wird mit anderen Gerüchen vermischt. Probiere es aus, wie sehr du den Zielgeruch mit anderen Gerüchen vermischen kannst. Gibt es Mischungen, bei denen es dem Hund schwerfällt, den Geruch herauszufiltern?

Schritt 16: Verdünnungen

Verdünne den Geruch, wenn möglich. Probiere aus, welche Verdünnung der Hund noch riechen kann und wo seine Grenze liegt.

Schritt 17: Andere Konsistenzen und Verarbeitungsformen

Verändere den Geruch, wenn nötig bzw. möglich (gemahlen, erhitzt, eingebacken, in Wasser gelöst ...). Das kann zum Beispiel bei einem Allergieanzeigehund sinnvoll sein.

Schritt 18: Übertragung auf Zielobjekt

Übertrage, wenn nötig, den Geruch auf das Zielobjekt (Kuh, Diabetiker, Schimmelfleck, Lebensmittel mit dem erlernten Geruch ...)

Geruch auf Zielobjekt übertragen

Wenn der Hund einen Geruch mit einem Geruchsträger gelernt hat, müssen wir irgendwann diesen Geruch auf das Zielobjekt übertragen. Trainieren wir einen Hund zur Anzeige von brünstigen Kühen, können wir lange Zeit mit Brunstschleim auf Wattepads trainieren, aber irgendwann muss der Hund den Geruch mit der Kuh in Verbindung bringen. Dazu kann das Wattepad im Stall versteckt werden und immer näher an die jeweils brünstige Kuh gelegt werden. Dann kann das Pad an der Kuh selbst platziert werden, damit der Hund die Kuh anzeigt. Hat der Hund das geschafft, wird das Pad weggenommen und der Hund zeigt die Kuh an. Bei einem Diabetes-Warnhund können wir mit T-Shirts arbeiten, die der Mensch im Unterzuckerzustand getragen hat. Kann der Hund dieses T-Shirt von den gleichen T-Shirts ohne Unterzuckergeruch unterscheiden, lassen wir das T-Shirt anzeigen, wenn es am Menschen ist und dann, wenn er es anhat. Der Hund lernt also, den Menschen immer dann anzuzeigen, wenn er das T-Shirt anhat. Ist der Hund so weit, sollte er auch den aufkommenden Unterzuckergeruch anzeigen, wenn der Mensch das T-Shirt nicht anhat.

Verschiedene Verstecke

Jeder Zielgeruch bringt andere Herausforderungen mit sich. Bettwanzen werden in Räumen gesucht, Sprengstoff in großen Hallen oder Stadien und Wildschweine in freier Natur. Fledermausquartiere befinden sich oben in den Bäumen und Trüffel unter der Erde. All diese Möglichkeiten muss der Hund im Laufe seiner Ausbildung lernen. Wir müssen also gut überlegen, was auf den Hund zukommt und was er unbedingt lernen muss. Dazu trainieren wir von Anfang an sehr variabel, was die Art der Verstecke angeht. Der Hund sollte schnell lernen, mit tieferen Lagen oder Hochverstecken klarzukommen. Wir wollen kreativ sein beim Verstecken, um dem Hund viele verschiedene Möglichkeiten zu geben, den Geruch auszuarbeiten. Je unterschiedlicher die Verstecke im Training sind, desto besser wird er auch im Einsatz mit unvorhergesehenen Situationen umgehen können.

Dazu gehört auch, dass wir möglichst oft in unbekannten bzw. neuen Gebieten, Räumen oder Umgebungen arbeiten. So lernt der Hund zu generalisieren und überall seinen Zielgeruch zu suchen, zu finden und anzuzeigen. Da wir im Einsatz vielleicht in einem neuen, unbekannten Gebiet arbeiten, ist dies sehr wichtig für den Hund, damit er sich von nichts aus der Fassung bringen lässt.

Auch was die Liegezeit des Geruchs angeht, sollten wir immer wieder variieren. Im Einsatz liegt der Geruch vielleicht mehrere Stunden oder auch mehrere Tage an seinem Ort, bevor der Hund in die Suche geschickt wird. Wenn im Training immer nur mit relativ kurzen Liegezeiten trainiert wird, kann es für den Hund schwierig werden, mit einer langen Liegezeigt umzugehen. Deshalb ist es wichtig, den Geruch auch im Training immer wieder einige Stunden vor der Suche zu verstecken. Das erfordert eventuell etwas Logistik, worüber wir uns vorher Gedanken machen sollten. Wichtig ist einfach, an alle Faktoren zu denken, die wir auch später im Einsatz von unserem Hund verlangen. Wir können immer nur das von unserem Hund verlangen, was wir ihm auch beigebracht haben. Das gilt für die Liegezeit und auch für die Menge des Geruchs. Es ist für die Hunde ein ganz anderes Geruchsbild, ob sie eine kleine Schimmelprobe suchen oder die gesamte Wand

Auch kleine Hunde können Hochverstecke anzeigen, wenn sie den Geruch unten wahrnehmen können. Hier war die Schimmelprobe in der Styroporkugel versteckt.

verschimmelt ist. Ein Zimmer, in dem viele Bettwanzen wohnen, riecht völlig anders als ein Zimmer, in dem eine Wanze irgendwo in einer Bettritze sitzt. Auch damit müssen die Hunde umgehen lernen. Es ist wichtig, diese Komponente mit in den Trainingsplan aufzunehmen, damit sie nicht vergessen wird. Wenn der Hund große Mengen suchen soll bzw. damit umgehen muss, dass es nach großen Mengen riecht, dann muss er auch bestmöglichst trainiert werden, um im Einsatz abrufbar zu sein. Dabei ist uns sehr bewusst, dass nicht alles exakt so geübt werden kann, wie wir es im Einsatz vorfinden. Doch je näher unsere Übung an den echten Einsatz herankommt, um so leichter wird der Hund den Sprung ins Einsatzgeschehen schaffen.

Ein anderer Faktor, der bei dem ein oder anderen Zielgeruch mit berücksichtigt werden muss, ist das Ignorieren von alten Liegestellen. Bei dem Suchen nach Trüffeln ist es zum Beispiel wichtig, dass der Hund lernt, die Stellen zu ignorieren, an denen bereits Trüffel geerntet wurden. Auch das muss im Training geübt werden. Wir müssen also bereits im Training diese Bedingungen schaffen, um dem Hund zu zeigen, was er in solch einer Situation tun soll. Es ist wichtig, sich die Zeit zu nehmen und die Trüffel auch im Training mehrere Stunden an einer Stelle zu platzieren und sie dann kurz vor der Suche an einer anderen Stelle zu verstecken.

Alte Liegestellen sollten ignoriert und nicht angezeigt werden. Hier sucht Amy an einer alten Liegestelle vorbei, ohne den Restgeruch anzuzeigen.

Eine andere Sache, über die wir uns je nach Zielgeruch Gedanken machen müssen, ist das Thema Leersuchen. Je nachdem, was der Hund suchen soll, ist es sehr wahrscheinlich, dass er im Einsatz nichts findet. In der Bettwanzensuche oder der Sprengstoffsuche ist es an der Tagesordnung, dass die Hunde im Einsatz suchen und keinen Zielgeruch finden, weil keiner da ist. Ein Bettwanzenspürhund wird oft dann gerufen, wenn ein Befallsverdacht besteht, der Schädlingsbekämpfer aber nichts finden kann. Oft ist tatsächlich kein Befall vorhanden, was der Hund bestätigen soll. Wenn es solche Situationen im Einsatz geben kann, dann ist es wichtig, auch das im Trainingsplan zu berücksichtigen. Leersuchen müssen trainiert werden. Der Hund darf auch nach einer langen, erfolglosen Suche nicht frustriert sein und aus dem aufkommenden Frust heraus irgendwo falsch anzeigen. Deshalb müssen wir mit dem Hund immer wieder trainieren, dass eine Suche auch ohne Finden enden kann. Dafür brauchen wir eine gute Strategie. Die Leersuche hängt eng mit der Suchausdauer bzw. Länge der Suche zusammen: Der Hund muss lernen, dass er nicht immer nach spätestens 15 Minuten Suche etwas findet und dass eine Suche nicht unbedingt immer mit einer Anzeige endet. Zum Thema Suchausdauer und Leersuche gibt es auch ein eigenes Kapitel an einer anderen Stelle des Buches (s.S.134).

Generalisieren

Wenn wir unseren Hund zum einsatzfähigen Spürhund ausbilden möchten, dann ist es wichtig, dass er schnell generalisiert, was er tun soll: Er muss lernen, dass er das Gelernte an fremden Orten und Umgebungen zeigen und sich immer und überall auf seine Aufgabe konzentrieren soll.

Dafür muss das Training von Anfang an an verschiedene Orte verlagert werden. Der Hund sollte sich erst gar nicht an einen festen Trainingsort gewöhnen. Je schneller er lernt, dass es nichts mit dem Ort zu tun hat, desto besser. Er muss verstehen lernen, dass der Geruch der rote Faden, das immer gleiche Glied in der Kette ist. Alles andere kann sich verändern – nur der Zielgeruch bleibt immer der gleiche. So schaffen wir es, dass der Hund an jedem erdenklichen Einsatzort suchen, finden und anzeigen kann und somit zeigt, dass er weiß, was er tun soll.

Das gilt auch für die Ablenkungen. Je mehr verschiedene Ablenkungen wir trainieren, desto besser lernt der Hund, dass es wirklich nur auf den Zielgeruch ankommt.

Erfahrungsbericht Katja 

Hier kommt mir Ebby in den Sinn: Eine Schäfermixhündin, die mit ihrer Halterin an dem Projekt teilnahm, in dessen Rahmen Michaela und ich Hund-Halter-Teams dazu ausbildeten, nach invasiven Pflanzenarten zu suchen. Ebby konnte nur sehr schwer generalisieren: Veränderte ihre Halterin ihre eigene Haltung nur um Zentimeter, wusste Abby nicht mehr, was zu tun war. Bei einem solchen Hund müssen die einzelnen Trainingsschritte sehr winzig sein.

Wenn der Hund durch Abliegen anzeigt und dies gut generalisiert hat, dann sollte er sich auch durch andere Tiere nicht davon abbringen lassen.

Mehr dazu im Kapitel über das Arbeiten mit Ablenkungen (s.S.126 ff.).

Zur Generalisierung gehört aber auch, dass wir mit verschiedenen Geruchsmengen und Verdünnungen arbeiten. Je nach Geruch kann es sein, dass der Hund mal auf mehr und mal auf weniger Geruch stößt. Ein Wald voller Borkenkäfer ist etwas anderes als ein einzelner befallener Baum zwischen gesunden Bäumen, ein Kilo Falschgeld riecht anders als ein Schein. Der Hund muss im Laufe des Trainings lernen, dass alles das Gleiche ist und es eine gemeinsame Komponente in jedem Training gibt, die ihn zur Lösung führt.

Unserem Hund klarzumachen, was er tun soll, ist unsere Aufgabe. Das schaffen wir, indem wir in unserem Training möglichst viele Variablen, die für den Hund unwichtig sein sollen, immer wieder verändern, damit der Hund den Zielgeruch als die immer gleiche Variable erkennen kann.

Blinde und doppelblinde Suchen

Wenn der Hund einsatzfähig werden soll, ist es unerlässlich, blinde und doppelblinde Suchen zu trainieren. Oft finden wir auch die englischen Begriffe Single Blind und Double Blind. Wir verwenden hier im Buch die deutschen Begriffe.

Was bedeutet das?

Blinde (auch Singleblind genannt) Suchen sind Suchen, in denen der Hundeführer nicht weiß, wo der Geruch versteckt ist. Es ist aber eine Person anwesend, die die Lösung weiß und evtl. helfen, Rückmeldung geben oder den Hund bestätigen kann.

Doppelblinde Suchen sind Suchen, in denen keiner der anwesenden Personen weiß, wo der Geruch versteckt ist oder ob überhaupt ein Geruch versteckt ist.

Dies ist ein sehr wichtiger Trainingsbaustein, wenn der Hund im Einsatz bestehen soll. Wie bereits an anderer Stelle beschrieben, gibt der Hundeführer schnell unbewusste oder sogar bewusste körpersprachliche Hilfen, die es dem Hund leichter machen, den Geruch zu finden.
Wir müssen sehr kritisch auf unser Verhalten schauen, um zu vermeiden, dass dies passiert. Um immer wieder zu testen, wie der Hund arbeitet, wenn ich nicht weiß, wo der Geruch ist, ist es unerlässlich, wieder und wieder doppelblinde Suchen ins Training zu integrieren.

Es ist wichtig, sich so oft es geht von fremden Menschen den Geruch verstecken zu lassen, die dann beim Suchen nicht dabei sind, damit wir sehen können, wie der Hund wirklich sucht, wenn wir die Lösung nicht kennen.

Erfahrungsbericht Katja 

Ich sehe immer wieder Anfänger, die selbst mit ihren Hunden mitsuchen. Das ist der größte Fehler, den wir machen können! Gerade vor Kurzem hatte ich einen Kunden, der seinen Hund im Raum dort hinlenkte, wo er meinte, dass dort die Proben versteckt sein könnten und ihn genau von dem Platz wegrief, von dem er dachte, dass die Proben dort nicht versteckt sein könnten. Somit hatte er bewusst seinem Hund helfen wollen. Der Mensch muss aber die Kontrolle darüber, wo der Geruch zu finden ist, an den Hund abgeben und selbst Spaß daran bekommen, den Hund zu beobachten und zu sehen, wozu er in der Lage ist. Wenn ich meinen Hund beobachte und schaue, dass er tatsächlich das gesamte Suchgebiet abgesucht hat, habe ich schon genug zu tun!

Im Einsatz ist es immer so, dass der Hundeführer nicht weiß, wo sich der Geruch befindet und meist auch nicht, ob der Zielgeruch überhaupt im Suchgebiet ist. Im Einsatz brauchen wir einen Hund, der uns sagt, ob der Geruch da ist und wenn ja wo. Dazu darf der Hund sich nicht von uns als Hundeführer beeinflussen lassen oder ständig auf unsere Hilfe warten. Wir brauchen einen Hund, der selbständig arbeitet und Entscheidungen trifft.

Da wir im Einsatz nie wissen, ob der Geruch vor Ort ist oder nicht, ist es wichtig, auch im Training doppelblinde Suchen zu trainieren.

Die Spürhundearbeit eignet sich leider hervorragend dazu, sich in die Tasche zu lügen. Viele Hunde suchen und finden sehr beeindruckend, solange der dazugehörige Mensch weiß, wo sich der Geruch befindet oder die Spur verläuft. Wenn das Ganze allerdings doppelblind getestet wird, bricht häufig alles zusammen. Ein Hund, der nur dann sucht und findet, wenn die Lösung bekannt ist, ist nicht einsatzfähig. Im Einsatz muss er eigenständig arbeiten und absolut sicher wissen, was zu tun ist. Noch dazu kommt, dass in manchen Einsatzgebieten nach einer Anzeige des Hundes nicht sofort nachweisbar ist, ob der Hund Recht hat oder nicht. Bei der Suche nach Bettwanzen oder Schimmel gibt es im Einsatz Anzeigen, ohne dass es kontrollierbar ist, weil sich die Wanzen oder der Schimmel hinter einer eingebauten Schrankwand oder der Holzvertäfelung befinden. Wenn ein Hund dann im Einsatz unsicher ist, kann er auf Dauer nicht bestehen. Mit blinden und doppelblinden Suchen machen wir uns und unseren Hund sicherer in dem, was er tut. Er lernt Entscheidungen zu treffen und sich auf sich und seine Nase zu verlassen anstatt auf seinen Menschen. Deshalb sind doppelblinde Suchen im Training unerlässlich.

Wenn wir unser Training immer kritisch hinterfragen, den Hund gut ausbilden und ihn und uns im Training immer wieder vor leistbare Herausforderungen stellen, dann werden doppelblinde Suchen kein Problem darstellen. Haben wir uns im Training allerdings immer an Hilfen entlang gehangelt und uns selbst in die Tasche gelogen, dann wird der Hund nicht wissen, was er tun soll, wenn diese Hilfen bei einer doppelblinden Suche wegfallen.

Erfahrungsbericht **Michaela** 

Ich nutze zuhause sehr gerne meine Gäste, um doppelblinde Suchen zu trainieren: Ich verteile vor ihrer Abreise Bettwanzen (in ihren Behältnissen natürlich) und bitte sie, diese im Gästezimmer zu verstecken. So habe ich einige Stunden später eine doppelblinde Suche mit fremden Gerüchen im Zimmer.

Auch meinem Partner gebe ich oft Behälter mit Bettwanzen und bitte ihn, diese in meinem Haus zu verstecken, bevor er arbeiten fährt. Er versteckt manchmal alle ausgehändigten Behälter, manchmal weniger oder auch mal gar keine. Wir haben viel Spaß an diesen Tests und lernen eine Menge dabei. Vor allem sehe ich dann, wo ich mit meinen Hunden aktuell stehe.

Ablenkung einbauen

Für einen Spürhund ist es sehr wichtig, unter großer Ablenkung zu arbeiten. Dazu müssen wir zuerst verstehen, was Ablenkung ist:

- Eine Ablenkung lenkt die Aufmerksamkeit des Hundes auf etwas anderes, als das, was wir möchten.
- Eine Ablenkung unterbricht das Arbeiten des Hundes für einen kurzen oder längeren Moment.
- Eine Ablenkung kann auch unbeabsichtigt das Falsche belohnen.
- Eine Ablenkung unterbricht die Konzentration des Hundes auf das, was ich haben möchte.
- Eine Ablenkung verhindert, dass der Hund sich konzentrieren kann.

Wenn wir uns dies betrachten, wird klar, dass Ablenkungen sehr individuell sind und bei jedem Hund anders. Es ist wichtig, die Ablenkungen für unseren Hund zu kennen, damit wir damit umgehen können und ihm beibringen können, unter diesen Ablenkungen auch gut zu arbeiten. Zudem kann sich im Laufe des Hundelebens verändern, was eine Ablenkung ist oder eben nicht, also sollten wir auch immer das Alter, den Hormonstatus und die Gesundheit des Hundes mit in die Überlegungen einbeziehen.

Wenn wir uns überlegen, was eine Ablenkung für unseren Hund ist, dann wird auch klar, dass eine Ablenkung auch eine Belohnung sein kann beziehungsweise eine Belohnung auch eine Ablenkung sein kann. Die größte Ablenkung kann also auch die größte Belohnung sein, beziehungsweise die größte Belohnung kann auch die größte Ablenkung sein.

Ablenkung kann sehr individuell sein. Der Hund muss auf jeden Fall lernen, damit umzugehen und sich auf seine Aufgabe zu konzentrieren. Balou schaut sich das Huhn kurz an und sucht dann weiter.

Auch Angst, Stress oder eine hohe Erregungslage können Ablenkungen sein. In diesem Fall möchte der Hund nicht zur Ablenkung hin oder sie haben, sondern er möchte weg oder sie vermeiden.

Wenn wir uns überlegen, welche Ablenkung mehr dem Suchtraining des Hundes im Wege stehen, dann sollten wir uns auch überlegen, von welchen Dingen wir selbst uns ablenken lassen. Auch wir als Hundeführer lassen uns ja von äußeren Einflüssen und inneren Emotionen ablenken, was die Arbeit mit dem Hund in diesem Moment erschwert.

Um dem Hund besonders gut auf den Sucheinsatz vorzubereiten, sollten wir uns also ganz genau überlegen, welche Ablenkungen während eines Sucheinsatzes auf uns zukommen können. Das könnten zum Beispiel sein:

- sich bewegende und sprechende Menschen im Suchgebiet
- meine eigenen Bewegungen im Suchgebiet, wenn ich zum Beispiel mit meinem Hund gemeinsam suche
- Wohnungsgerüche
- Essensgerüche und umherstehendes Essen
- bauliche Herausforderungen
- Gerüche von z.B. Wild oder anderen Hunden
- flüchtende Tiere
- andere Menschen und Tiere im Suchgebiet

Selbst wenn andere Hunde sich im Suchgebiet aufhalten, sollte der Spürhund unbeeindruckt weitersuchen.

- Spuren
- Geräusche
- Wasser
- ... und vieles mehr!

Diese Ablenkungen können während der Suche auftauchen oder auch während der Anzeige des Hundes.

Wie können wir nun mit all diesen Ablenkungen umgehen? Eine Möglichkeit ist, sie zu eliminieren, damit der Hund nicht von ihnen gestört wird. Eine andere ist es, diese Ablenkungen wenn möglich gezielt zu trainieren, damit der Hund sich nicht von ihnen stören lässt. Und eine dritte Möglichkeit ist, ein paar Ablenkungen zu eliminieren und andere zu trainieren, also einen Mix aus den anderen beiden Möglichkeiten zu kreieren.

Es ist auf jeden Fall wichtig, den Hund gut zu beobachten, um erste Anzeichen der Ablenkung zu erkennen und ihn zu belohnen, wenn er damit umgehen kann und sich wieder seiner Aufgabe zuwendet.

Ablenkung als Belohnung einsetzen

Eine Ablenkung ist ein konkurrierender Verstärker. Wir können sie daher auch sehr gut als Belohnung und Verstärker für das Verhalten des Hundes einsetzen. Erfüllt der Hund das Trainingskriterium, kann er gezielt mit der Ablenkung belohnt werden. Das heißt, er bekommt genau das, was er haben will, wenn er das tut, was ich von ihm möchte. Dies nennt man Premack-Prinzip. Wir belohnen also den Hund mit dem, was er lieber möchte, als mit uns zu arbeiten. Das heißt aber auch, dass wir aufpassen müssen, dass der Hund nicht aus der Suche ausbricht und sich selbst mit der Ablenkung belohnt.

Wenn wir mit Ablenkungen arbeiten, ist es sehr wichtig, dass wir den Trainingsschritt so klein machen, dass der Hund die Möglichkeit hat, das Trainingskriterium zu erreichen. Wir setzen uns also ein Kriterium, setzen eine Ablenkung und belohnen den Hund mit der Ablenkung. In der Praxis kann dies so aussehen, dass Spielzeug oder Futter bei der Suche allgegenwärtig sind, sodass der Hund lernt, auch in deren Anwesenheit zu suchen. Erfüllt der Hund das aktuelle Trainingskriterium, wird er genau mit diesem ablenkenden Futter oder Spielzeug belohnt. Wir können ihn also nach dem sekundären Verstärker zur Ablenkung schicken, sodass er dadurch belohnt wird.

Wir haben die Möglichkeit, die Ablenkung von Anfang an oder auch später im Trainingsplan einzubauen. Arbeiten wir von Anfang an mit einer gewissen Ablenkung,

Auch wenn Spielzeug im Suchgebiet liegt oder bewegt wird, soll Fosco seine Aufgabe zuerst erledigen, bevor er es danach als Verstärker bekommt.

Naira konnten wir gut bei ihrer Konzentration unterstützen, indem sie ein halbes Tellington Körperband trug. Hier war sie noch ganz am Anfang ihres Spürhundetrainings.

gehört die Ablenkung für den Hund dazu und wird von Anfang an normal für ihn. Es ist also ziemlich schnell so, dass eine Ablenkung – auch eine neu hinzukommende – nichts Besonderes mehr für den Hund ist. Er lernt so von Anfang an, mit der Ablenkung umzugehen.

Wenn wir die Ablenkung erst später in den Trainingsplan einbauen, haben wir den Vorteil, dass der Hund seine Aufgabe schon gut kennt und weiß, worauf er sich konzentrieren soll, wenn eine Ablenkung dazukommt.

Manche Individuen schaffen ihre Aufgabe schneller auf die eine Weise und andere auf die andere. Je besser wir unseren Hund kennen, umso klarer ist, welche Strategie für ihn wahrscheinlich die bessere ist. Es ist also wie immer und überall: Alles hat Vor- und Nachteile und jeder muss für sich entscheiden, welche Nachteile er in Kauf nimmt, um die Vorteile nutzen zu können.

Die Stärke der Ablenkung

Der Hund ist mehr oder weniger in der Lage, sich auf seine Aufgabe zu konzentrieren. Unterbricht er seine Suche oder seine Anzeige für kurze Zeit oder auch etwas länger, dann ist das ein Zeichen dafür, dass er eine Ablenkung wahrgenommen hat. Die Konzentration ist also eher auf die Ablenkung gerichtet anstatt auf die Suche oder die Anzeige. Ein weiterer Indikator ist der Blick zur Ablenkung. Schaut der Hund zur Ablenkung hin, wissen wir, dass sie in dem Moment stark wahrgenommen wird und ihn etwas von seiner eigentlichen Aufgabe abhält. Je nachdem, wie stark die Ablenkung ist, ist der Hund leichter oder schwieriger zu seiner Aufgabe zurückzubringen.

Wichtig für uns ist zu erkennen, wie stark die Ablenkung für den Hund ist. Ist es nur ein kleiner Reiz und der Hund kann schnell wieder zu seiner Aufgabe zurückfinden oder bringt er ihn völlig aus dem Konzept, sodass er nicht mehr in der Lage ist, seine Aufgabe zu Ende zu führen?

Erfahrungsbericht Katja 

Grundsätzlich sollen die Zimmer für einen Schimmelspürhund-Einsatz möglichst vorab gesaugt werden. Aber bei einem Einsatz sah ich einmal, als ich die Kinderzimmertür öffnete, dass Erdnussflips quer durch den Raum verteilt lagen. Da wir schon etwas im Zeitdruck waren, lag es an mir, eine möglichst rasche Lösung für diese Herausforderung zu finden. Kurz entschlossen bat ich meine Hündin Taschka, ob sie schnell mal „staubsaugen" könnte. Sie schaute mich kurz irritiert an, bevor sie meiner Bitte entsprach. Zwei Minuten später konnten wir gemeinsam das Zimmer begehen, ohne dass der Hund durch herumliegende Erdnussflips abgelenkt wurde. Also es gibt immer viele Möglichkeiten, um mit solchen Aufgaben umzugehen. Selbstverständlich hätte ich auch vorab mehr mit herumliegendem Essen trainieren können oder Taschka trotz der Flips suchen lassen können (was wahrscheinlich auch funktioniert hätte), doch da Essen auf dem Boden liegend eigentlich nie vorkam, war es so die stressärmste und für uns effektivste Lösung.

Ablenkung für den Hund langsam steigern

Um einen Überblick zu bekommen, welche Ablenkungen relevant sind, erstellen wir uns eine Liste mit möglichen Ablenkungsreizen und sortieren diese nach ihrer Relevanz für den Hund. Dann können wir diese Ablenkungsliste zur Hand nehmen und beim ersten Punkt mit dem Training beginnen. Punkt für Punkt steigern wir die Ablenkung, sodass wir nach und nach alle trainiert haben.

Eine andere Möglichkeit ist es, erst mit großem Abstand zu beginnen und dann mit der Ablenkung immer näher zu kommen. Ist der Abstand so groß, dass der Hund sich noch auf seine Aufgabe konzentrieren kann, sind wir im grünen Bereich. Nach und nach nähert sich die Ablenkung dem Hund oder der Hund der Ablenkung. Im Laufe des Trainings lernt er immer besser, mit den Ablenkungen umzugehen.

Bei manchen Ablenkungsarten ist es auch möglich, den Reiz erst zu verkleinern und dann zu vergrößern. Geräusche können wir zum Beispiel erst leise ins Training einbauen und dann nach und nach lauter werden lassen. Das ablenkende Futter kann erst in geringer Menge im Suchgebiet sein und später immer mehr werden.

Andere Ablenkungen sind für uns nicht wahrnehmbar, für den Hund aber ein wichtiger Faktor. Hier sind die geruchlichen Ablenkungen gemeint. Hunde nehmen nicht nur die Gerüche wahr, die wir trainieren möchten. Im Einsatzgebiet gibt es eine Unmenge von Gerüchen, die der Hund wahrnimmt und unter denen er den passenden raussuchen muss. Auch geruchliche Ablenkungen sollten also ins Training eingebaut werden. So kann es wichtig sein, mit einem intakten Rüden auch in Anwesenheit einer läufigen Hündin zu trainieren oder mit einem jagdlich motivierten Hund in einer wildreichen Umgebung. Auch hier sollten wir uns immer vor Augen halten, was für unser Endziel relevant ist.

Die Ablenkung sollte dem Können des Hundes angepasst werden. Ist sie zu stark, kann der Hund sich nicht auf seine eigentliche Aufgabe konzentrieren.

Was kann man im Training als Ablenkung nutzen?

- Futter
- Fressbares im Sinne von Kot oder Essensresten
- Spielzeug
- andere Menschen
- Bewegungsreize
- Geräusche
- Geruch
- Alltagsgegenstände
- Bewegungen des Hundeführers
- Jagdsituationen
- Mauseloch
- Spur
- Angstreize
- Stressreize
- andere Tiere

Erfahrungsbericht Jacqueline

Die Suche nach dem giftigen Jakobskreuzkraut im Heu oder Gras wird meist an oder in Pferdeställen trainiert, wobei die Pferde und die Reiter eine enorme Ablenkung für die Hunde darstellen. Bei einem unserer Trainings fand am Stall gerade ein Kindergeburtstag statt mit vielen kleinen Kindern und Eltern, mit Luftballons und Spielgeräten. Die Hunde haben so gut gesucht wie noch nie zuvor! Wahrscheinlich gehörten die vielen Reize so sehr zur Suchumgebung, dass sie keine Ablenkung mehr darstellten, weil sie einfach zum Bild gehörten.

Auch Wasser kann für manche Hunde eine Ablenkung sein.

Ablenkungen generalisieren

Wichtig ist, wenn wir mit Ablenkungen arbeiten, dass wir den Generalisierungsprozess nicht vernachlässigen. Der Hund sollte das Konzept Ablenkung irgendwann verstanden haben, so dass am gleichen Trainingsort auch andere, nie zuvor trainierte Ablenkungen ins Training eingebaut werden können. Generalisierung bedeutet aber auch, dass die gleichen Ablenkungen an einem anderen Ort präsentiert werden können, ohne dass der Hund bei seinen Suchaufgaben behindert wird. Im Laufe des Trainings sollte der Hund also lernen, dass immer und überall Ablenkungen auftauchen können und sie ihn nicht aus dem Konzept bringen, auch wenn er mit dieser Art von Ablenkung vorher nie konfrontiert wurde oder diese an einem anderen Ort auftauchen.

Hat unser Hund gut generalisiert, ist er auf einen Einsatz mit all seinen Eventualitäten bestens vorbereitet.

Ablenkung für den Hundeführer

Beim Training unseres Hundes sollten wir in Sachen Ablenkung nicht vergessen, dass auch wir manchmal abgelenkt werden. Geräusche, Gerüche, andere Menschen am Einsatzort, andere Tiere, sich plötzlich ändernde Situationen – all das kann eine Ablenkung für uns als Hundeführer darstellen und uns aus der Konzentration bringen. Damit wir damit gut umgehen können, ist es wichtig, dass wir wissen, was uns ablenken könnte. Außerdem müssen wir erkennen, wenn eine Ablenkung auftaucht und wir uns davon ablenken lassen. Eventuell müssen auch wir für uns die Ablenkung in kleinen Schritten trainieren.

Abschließend ist es wichtig, sich bewusst zu machen, welche ablenkenden Reize im Augenblick der Suche auftauchen und Hund und Hundeführer von ihrer Aufgabe abhalten können. All dieses Wissen sollten wir mit einbeziehen, damit wir uns und unseren Hund gut auf einen Einsatz mit allen Eventualitäten vorbereiten können.

Erfahrungsbericht **Michaela** 

Während meiner ID-Tracking Zeit trainierten wir oft in der Innenstadt. Dort gab es viel Ablenkung für mich als Hundeführer. Oft war ich so damit beschäftigt, auf den Verkehr und die Menschen um mich herum zu achten, dass ich mich nicht richtig auf meinen Hund konzentrieren konnte. Die Ablenkung für mich war einfach zu groß, um effektiv arbeiten zu können. Hier war es für mich wichtig, diese Ablenkung in kleinen Schritten zu trainieren.

Suchausdauer trainieren

Wenn wir möchten, dass unser Hund ausdauernd sucht, dann müssen wir dies ganz gezielt trainieren. Suchausdauer bedeutet:

- Der Hund soll so lange suchen, bis er den Geruch gefunden hat.
- Der Hund soll so lange suchen, bis er ein anderes Signal bekommt.
- Der Hund soll eine bestimmte Zeit lang suchen.
- Der Hund soll viele Suchen nacheinander machen können.

Es ist also sehr wichtig, dass wir uns klarmachen, was für uns und unsere Arbeit Suchausdauer bedeutet. Wir müssen uns ganz genau überlegen, was wir im Training und im Einsatzfall brauchen. An welchen Kriterien müssen wir bei der Suchausdauer trainieren?

Schnüffel-Ausdauer: Der Hund muss eine gewisse Zeit lang und immer wieder hochfrequent schnüffeln können.

Genaues Suchen: Je nachdem, welche Aufgabe der Hund absolvieren soll, muss er sehr genau suchen. Das kann für ihn sehr anstrengend sein.

Sucht der Hund eine sehr kleine Geruchsquelle wie zum Beispiel den Keimling einer bestimmten Pflanze, braucht er Schnüffelausdauer und Konzentration.

Konzentration: Der Hund muss in der Lage sein, sich über einen langen Zeitraum und auch bei großer Ablenkung stark auf seine Aufgabe konzentrieren zu können.

Misserfolg: Der Hund soll auch bei Misserfolg weitersuchen und trotz vieler Suchen ohne Erfolg bei der nächsten Suche wieder motiviert starten.

Körperliche Ausdauer: Der Hund muss je nach Aufgabe große körperliche Ausdauer an den Tag legen (Rettungshundearbeit, Artensuche, Pflanzensuche, Pilzsuche).

Wie trainieren wir Suchausdauer?

Wir können viele Leckerchen auf einem engen Gebiet verstreuen, um das hochfrequente Schnüffeln zu trainieren. Die Zeit, die der Hund sucht, wird verlängert, indem immer mehr Leckerchen ausgestreut werden. Wir können ihn oft hintereinander suchen lassen.

Wir können auch mehrere Gerüche in einem Gebiet verstecken, damit der Hund motiviert ist, länger zu suchen und er oft belohnt wird. Auch mehrere Suchen hintereinander ausarbeiten zu lassen fördert die Suchausdauer.

Wir können einen Geruch in einem sehr großen Suchgebiet verstecken, damit der Hund lernt, lange zu suchen, um zu finden. Es können kleine Geruchsgegenstände versteckt werden, damit der Hund immer genauer suchen muss.

Wir können einen Geruch an einer Stelle verstecken, ihn nach einer gewissen Zeit wegnehmen und dann woanders platzieren. So lernt der Hund, mit Geruchspools umzugehen, genau zu suchen und dranzubleiben.

Schwierige Verstecke zu trainieren ist auch eine gute Möglichkeit, um Suchausdauer aufzubauen. Wir können Hochverstecke mit ins Training einbauen, Gerüche vergraben, schwieriges Gelände aussuchen oder schwierige Windverhältnisse nutzen. So lernt der Hund, dranzubleiben, Lösungen zu finden, Verstecke auszuarbeiten und Suchausdauer aufzubauen.

Eine wichtiger Punkt im Training unseres Hundes sind Leersuchen, wir ihn also bewusst in ein leeres Suchgebiet schicken. So lernt er, immer länger zu suchen und nicht aufzuhören, bis er ein neues Signal bekommt. Mehr dazu ab S.137 ff.

Je nach Einsatzgebiet müssen die Hunde lange laufen, sich durch anspruchsvolles Gelände bewegen, klettern oder sich in engen Räumen bewegen können. Dafür ist es wichtig, dass der Hund ein gutes Körperbewusstsein hat. Er muss körperlich fit und gesund sein und wissen, wie er seinen Körper einsetzt, um ohne Verletzungen aus der Übung zurückzukommen. Um dies zu erreichen, sind Körperübungen für den Hund sehr wichtig, damit er ein gutes Gespür für seinen Körper bekommt. Wir müssen also die körperliche Konstitution

Taz musste sehr lange suchen, da die Witterung der Person in diesem Höhenversteck nicht leicht auszuarbeiten war.

mitberücksichtigen und außerhalb des Suchtrainings trainieren. Dazu kann auch die Anwendung der Tellington TTouch® Methode hilfreich sein, was wir an anderer Stelle im Buch bereits erläutert hatten (s.S.33 ff.).

Noch eine Möglichkeit zum Trainieren von Suchausdauer ist die Arbeit an Lineups, Geruchsrädern, Geruchswänden oder ähnlichen Hilfsmitteln. Hier lernt der Hund, ausdauernd zu schnüffeln und nicht aufzugeben – und wir haben die Möglichkeit, viele Anzeigen in kurzer Zeit zu trainieren.

Auch die Suchtaktik hat eine Auswirkung auf die Ausdauer. Führen wir den Hund sehr eng, dann lernt er sehr konzentriert, genau dort zu schnüffeln, wo wir ihn hinführen. Sucht er hingegen frei und sucht sich den

Je nach Gelände kann die Suche auch für den Menschen anstrengend werden. Hier ist körperliche Ausdauer von Mensch und Hund gefragt.

Geruch im Wind, fordert das die körperliche Ausdauer.

Auch die Ablenkung hat einen Einfluss auf die Ausdauer. Je nachdem, wie viel Ablenkung für den Hund am Trainings- oder Einsatzort ist, ist es für ihn leichter oder schwieriger, sich auf seine Aufgabe zu konzentrieren. Je mehr Ablenkung vorhanden ist, desto mehr muss der Hund sich auf seine eigentliche Aufgabe fokussieren. Ein klarer Fokus über einen langen Zeitraum erfordert viel Ausdauer.

Beim Thema Ausdauer ist außerdem zu beachten, dass eine gelernte, auftrainierte Negativanzeige der Suchausdauer entgegensteht. Wie wir schon gesehen haben, ist eine Negativanzeige nur dann sinnvoll, wenn der Hund einen klar definierten Suchaufbau vorfindet. Geht es um eine ausdauernde Suche im Gelände oder auch in einem Raum, sollte keine Negativanzeige trainiert werden, denn hier geht es ja darum, dass der Hund so lange sucht, bis er ein anderes Signal bekommt. Er sollte niemals selbstständig aufhören zu suchen! Trainiere ich eine Negativanzeige, lernt der Hund, die Suche selbstständig abzubrechen und zu sagen, dass er an dieser Stelle keinen Geruch gefunden hat. Dies ist im Spürhunde-Training, bei dem es im Einsatzfall um eine sehr ausdauernde Suche geht, die am Ende oft ohne Finden des Geruches endet, kontraproduktiv. Der Aufbau der Negativanzeige wurde bereits im Trainingsplan zum Line-up beschrieben. (s.S.119).

Beim Thema Suchausdauer ist es auch wichtig, an den Menschen zu denken: An unsere eigene Suchausdauer also! Je nachdem, welchen Geruch der Hund sucht, brauchen auch wir selbst körperliche Fitness oder lange Konzentration auf eine Aufgabe. Suchen wir mit unserem Hund Wolfskot oder Wildschweinkadaver, sind wir schnell einige zig Kilometer am Tag unterwegs. Sucht der Hund Bettwanzen, muss der Hundeführer sich über einen langen Zeitraum auf den Hund und dessen Körpersignale konzentrieren können. Die Ausdauer des Hundeführers ist also nicht zu unterschätzen. Auch dieser darf sich nicht von anderen Dingen ablenken lassen und muss fokussiert mit seinem Hund arbeiten können. Hier wird klar, dass Suchausdauer und Ablenkung nah beieinander liegen. Im Grunde genommen gehen alle Kapitel ineinander über und jedes Thema findet sich in jedem anderen Thema wieder.

Es ist also überaus wichtig, dass wir beim Spürhundetraining unseres Hundes an die Ausdauer des Hundes denken und unsere eigene dabei nicht vergessen. Je nachdem, in welchem Suchgebiet wir arbeiten, welchen Geruch wir mit unserem Hund suchen und über welche Zeiträume wir arbeiten, brauchen wir mehr Ausdauer oder weniger. Dies müssen wir beim Training berücksichtigen.

Die Leersuche

Wenn wir einen einsatzfähigen Hund trainieren möchten, dürfen wir die Leersuche nicht vergessen. Im Einsatz findet der Hund selten nach ein paar Minuten Suche den Zielgeruch. Manche Hunde sind immer wieder stundenlang im Einsatz, ohne zur Anzeige zu kommen. Das gehört zum Einsatzleben dazu, zumindest in den meisten Sparten.

Deshalb ist es wichtig, dass wir mit unserem Hund auch Leersuchen trainieren. Er muss lernen, lange zu suchen, ohne zu finden. Das hängt auch eng mit dem Training der Suchausdauer zusammen. Der Hund darf nicht frustriert sein, wenn er eine halbe Stunde sucht, ohne zu finden. Er muss weiter motiviert an seiner Aufgabe dranbleiben.

Um das zu trainieren, ist es wichtig, dem Hund verschiedene Strategien an die Hand zu geben. Er sollte lernen, immer wieder auch für die Suche belohnt zu werden. Die Suche ist die größte Aufgabe, die die Hunde erfüllen müssen. Sie sollten bis zur Anzeige motiviert suchen und ihr Bestes geben. Denkt ein Hund beim Start aber nur an die Anzeige, weil er immer nur für die Anzeige belohnt wird, dann kann es sein, dass er bei langen Suchen in eine Fehlanzeige fällt. Um dem vorzubeugen, ist es sinnvoll, auch die Suche immer wieder zu belohnen. Ganz praktisch gesehen heißt das, dass wir den Hund dann belohnen, wenn er gerade motiviert am Suchen ist.

> **Erfahrungsbericht** Jacqueline
>
> 
>
> *Ich übe Leersuchen auch im Line-up, wenn ich keine Negativanzeige vom Hund erwarte. Das heißt, ich baue viele Leerdurchgänge ein, bei denen ich den Hund von der letzten abgesuchten Position des Line-ups rausrufe, ohne dass er etwas findet. Er lernt also, dass es durchaus in Ordnung ist, nichts anzuzeigen.*

Zum Belohnen der Suche gibt es mehrere Möglichkeiten:

- Der Hund wird zu einem geeigneten Zeitpunkt mit sekundärem Verstärker belohnt und kann sich seinen primären Verstärker beim Hundeführer abholen.
- Der primäre Verstärker wird in die Suche reingeworfen bzw. zu einem geeigneten Zeitpunkt vor den Hund geworfen.
- Der Hund wird mit einem Abrufsignal aus der Suche gerufen und für das Zurückkommen beim Hundeführer belohnt.

Wird immer mal wieder die Suche belohnt, dann versteift der Hund sich nicht zu sehr auf das Anzeigen. Das oberste Ziel ist allerdings immer noch, den Zielgeruch zu finden und anzuzeigen. Deshalb müssen wir auch immer die Waage zwischen dem Belohnen der Anzeige und dem Belohnen der Suche halten (s.S.78 zur Trainingswaage).

Wenn wir uns nun die Leersuche anschauen, haben wir auch hier verschiedene Möglichkeiten, um dem Hund zu sagen, dass es nicht immer zur Anzeige kommt.

- Aufgrund der Überlegung, wie lange der individuelle Hund in seiner Einsatzaufgabe ohne Anzeige suchen muss, arbeiten wir auf diese Zeit hin. Dies kann geschehen, indem der Hund immer später für die Suche belohnt wird, damit er lernt, immer länger zu suchen, um belohnt zu werden.
- Wir können den Hund in ein Suchgebiet schicken, in dem kein Zielgeruch versteckt ist. Dort lassen wir ihn eine definierte Zeit lang suchen. Nach Ablauf der Zeit schicken wir ihn in ein anderes Suchgebiet, in dem ein Zielgeruch ausgelegt ist, den der Hund schnell findet. So belohnen wir den Hund für die lange Suche mit einer Anzeige.
- Wir belohnen verschiedene Verhalten, die wir auch im Einsatz brauchen. So können wir den Hund zum Beispiel zehn Minuten lang suchen lassen, rausrufen, kurz abliegen lassen, weiter, suchen lassen, nochmal rausrufen und in einen Bereich schicken, in dem er den Zielgeruch finden wird. Jedes dieser Verhalten können wir belohnen oder auch aneinandersetzen.
- Wir sollten den Hund ab und zu ohne Finden des Zielgeruchs aus dem Training nehmen. Das heißt, es ist wichtig, auch Trainingseinheiten einzubauen, in denen der Hund eine halbe Stunde oder länger in der Arbeit ist, ohne den Zielgeruch zu finden. Es steht uns frei, andere Verhaltensweisen zu belohnen, aber der Hund

Wird eine Leersuche trainiert, ist es sinnvoll, dass der Hund das Abrufen aus der Suche bereits kennt und dafür belohnt wird.

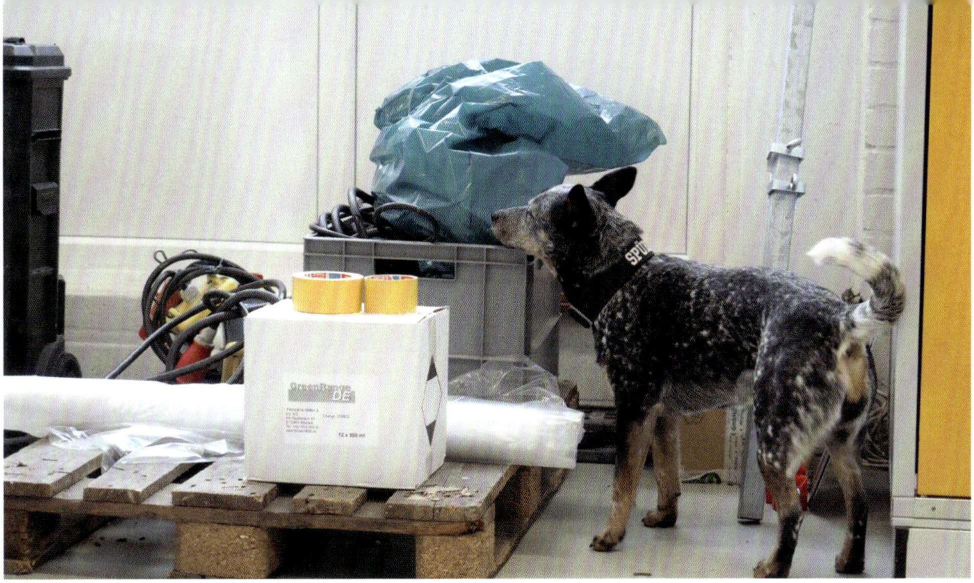

Im Einsatz kommt es vor, dass der Hund nichts findet. Deshalb ist es wichtig, Leersuchen ins Training einzubauen.

muss für den Einsatz lernen, frustfrei und lange zu suchen, ohne zu finden.

Auch im Line-up oder am Geruchsrad ist es möglich, Leersuchen zu trainieren. Hier lernt der Hund, die Behälter abzusuchen und nicht anzuzeigen, wenn er keinen Zielgeruch findet. Hat er alles abgecheckt und nicht angezeigt, so wird er für die Suche belohnt oder rausgerufen. Es wird für diesen Fall keine Negativanzeige aufgebaut.

Wichtig ist, dass wir dieses Thema nicht aus den Augen verlieren. Wir können von unserem Hund nur das verlangen, was wir ihm auch beigebracht haben. Wenn er im Training immer den Zielgeruch findet, dann müssen wir uns nicht wundern, wenn er im Einsatz mit den Leersuchen nicht umgehen kann und aus Frust eine Fehlanzeige bringt. Das zeigt mal wieder, wie wichtig es ist, kritisch zu bleiben und alle Eventualitäten durchzugehen, um einen guten Plan aufstellen zu können.

Erfahrungsbericht **Michaela** 

Ich weiß, dass viele Hundeführer ihrem Hund nach einer Leersuche einen Geruch verstecken, um ihn nochmals für eine Anzeige belohnen zu können. Dies ist auch eine gute Möglichkeit, um die Motivation hoch zu halten. Dabei achte ich allerdings darauf, dass der Geruch nicht in einem Suchgebiet ausgelegt wird, den der Hund bereits abgesucht hat. Findet der Hund auf einmal den Zielgeruch in einem Gebiet, das er kurz zuvor bereits abgesucht und nichts gefunden hat, kann es sein, dass er verunsichert wird. Ich finde, der Hund sollte sich darauf verlassen können, dass dort auch nichts ist, wo er bereits gesucht hat. Aus diesem Grunde verstecke ich die Geruchsprobe in diesem Fall lieber in einem anderen, noch nicht abgesuchten Gebiet oder Zimmer. Dies ist allerdings auch wirklich individuell zu sehen. Manch ein Hund hat vielleicht auch keine Schwierigkeiten und bei manchem Geruch ist es vielleicht auch sinnvoll, genau das zu trainieren.

Suchtaktik festlegen und Suchgebiet einteilen

Wenn wir mit unserem Hund in den Einsatz gehen und ihn dafür gut vorbereiten möchten, müssen wir uns auch Gedanken dazu machen, wie das Suchgebiet eingeteilt werden soll, damit er effektiv suchen kann. Das heißt, dass wir genau den Überblick behalten müssen, welche Gebiete unser Hund schon abgesucht hat und welche noch nicht. Am Ende der Suche müssen wir in der Lage sein, das Gelände freizugeben beziehungsweise eine Einschätzung zu geben, ob in diesem Gebiet der gesuchte Geruch vorhanden ist oder nicht.

Je nachdem, was der Hund sucht, kann dies eine große Herausforderung sein und auch Verantwortung beinhalten. Wenn der Hund zum Beispiel in ein Trümmergebiet geschickt wird, um vermisste Menschen zu finden, muss sichergestellt sein, dass dort kein Mensch mehr liegt, bevor das Gebiet freigeben wird und schweres Räumgerät die Trümmer beseitigt.

Bevor wir uns anschauen, wie wir ein Suchgebiet einteilen, müssen wir aber nochmals weiter ausholen und uns anschauen, mit welchem Suchgebiet wir es überhaupt zu tun haben. Je nachdem, was unser Hund sucht, arbeiten wir in Innenräumen, im Außengelände, im Wald, auf der Wiese, am Wasser oder auch auf dem oder im Wasser.

Zudem gibt es auch viele verschiedene Gerüche:

- große Gerüche, wie zum Beispiel Menschen die vermisst werden
- kleine oder sehr kleine Gerüche, wie zum Beispiel Bettwanzen oder Borkenkäfer
- sich ausbreitende Gerüche, wie zum Beispiel Schimmel
- tote Gerüche, wie zum Beispiel Leichen, Leichenteile oder auch Kot
- lebende Gerüche, wie zum Beispiel Pflanzen lebende Tiere oder Menschen
- sich bewegende Gerüche, wie zum Beispiel Igel oder andere flüchtende Tiere
- Gerüche aus verschiedenen Materialien, z.B. wenn der Hund nach verlorenen Gegenständen sucht.

Außerdem gibt es verschiedene Verstecke, an denen der Hund den Geruch finden kann:

- der Geruch kann offen rumliegen, wie zum Beispiel Wolfskot
- der Geruch kann unter etwas zu finden sein, wie zum Beispiel Eidechsen unter einem Steinhaufen
- der Geruch kann hinter etwas zu finden sein, wie zum Beispiel Schimmel oder Bettwanzen
- der Geruch kann in etwas versteckt sein, wie zum Beispiel Hamster im Bau oder Geld im Schrank
- der Geruch kann sehr weit oben sein, wie zum Beispiel Fledermäuse in Baumhöhlen

- der Geruch kann für den Hund erreichbar oder unerreichbar sein

- der Geruch kann mehr oder weniger tief unter der Erde sein wie zum Beispiel Trüffel, Knochen oder Schildkröteneier

- der Geruch kann im Wasser sein, wie zum Beispiel tote Menschen im Wasser

Dies alles, also die verschiedenen Suchareale, Gerüche und Versteckmöglichkeiten, haben einen großen Einfluss auf die Einteilung des Suchgebiets. Es gibt viele verschiedene Möglichkeiten, wie wir uns das Suchgebiet einteilen können, damit wir den Überblick behalten, wo wir bereits gesucht haben und wo noch nicht. Wichtig ist, dass wir jederzeit wissen, wo der Hund genau genug gesucht hat und wo er eventuell nochmal hingeschickt werden muss.

Um das Suchgebiet gut einteilen zu können, müssen wir uns genau anschauen, wie dieses beschaffen ist. Sucht der Hund auf einer Wiese, in einem Wald oder auf einem Feld? Befindet sich eine offene Fläche oder dichter Bewuchs in dem Gebiet, welches der Hund absuchen soll? Gibt es einen Weg? Welchen Untergrund finden wir vor? Es ist für den Hund eventuell etwas ganz anderes, ob er auf Asphalt, Schotter, Wiese oder in Dornenbüschen sucht. Auch Geländeübergänge sind wichtig zu bemerken. Ist in meinem Suchgebiet Wasser, ein steiler Hang, Felsen, Büsche, Moor, Dornen oder Trümmer? All das hat einen Einfluss auf meine Überlegungen zur Einteilung des Suchgebiets.

Der Hundeführer muss also jede Menge beachten, wenn es um das Einteilen des Suchgebiets geht:

Auch kleine Rassen haben durchaus Spürhundqualitäten, wenn sie einen passenden Geruch suchen. Eve sucht hier ihren kleinen Dummy.

- Er muss auf den Wind achten

- Er muss das Wetter beachten, besonders auch die Temperatur

- Er muss die Art des Suchgebiets im Blick haben

- Es ist wichtig, die vorhandenen Geländelinien wahrzunehmen

- Er muss den Überblick behalten

- Er muss das Gebiet effektiv einteilen können

Nicht alle Spürhunde suchen im Außengelände. Je nachdem, auf welchen Geruch der Hund trainiert ist, wird auch im Innenbereich gesucht. Das heißt, es werden Zimmer in Hotels und Gastronomie, private Haushalte, Industrieflächen, Lagerhallen, Flugzeuge oder auch Fahrzeuge abgesucht. Hier müssen wir uns ganz andere Gedanken

Je nach Zielgeruch kann es sein, dass der Hund am oder auch im Wasser sucht.

machen, wie das Suchgebiet eingeteilt wird, als im Außenbereich. In einem kleinen Zimmer können wir sehr viel besser den Überblick behalten, wo der Hund bereits gesucht hat als in einer großen Lagerhalle. Ein vollgestelltes Zimmer, in dem sich viele Möbel und/oder Gegenstände befinden, ist schwieriger abzusuchen als ein leeres, einfach eingerichtetes Hotelzimmer. Sucht der Hund ein Fahrzeug oder Schiff ab, muss ganz anders der Überblick behalten werden, da es vielleicht in der Enge des Raumes schwieriger zu sehen ist, wo der Hund schon gesucht hat und wo nicht.

Exkurs: Einfluss von Wind, Luftdruck und Temperatur auf die Geländeeinteilung und die Suchtaktik

Schauen wir uns an, was in Sachen Wind zu beachten ist. Dabei gibt es mehrere Faktoren, die eine Rolle spielen. Wir sollten uns im Klaren darüber sein, von wo der Wind kommt, denn die Windrichtung spielt eine große Rolle bei der Entscheidung, wie der Hund ins Gelände geschickt beziehungsweise gelenkt wird. Außerdem ist wichtig, wie stark der Wind ist. Bei Windstille ist es für die Hunde oft schwierig, den Geruch zu orten. Ist der Wind zu stark, kann es aber auch schwierig sein. Oft ist der Wind am Boden anders als in der Höhe. Auch haben

Der Wind hat durchaus einen Einfluss auf das Suchverhalten und den Erfolg des Hundes.

Bewuchs und Topografie einen Einfluss auf das Verhalten des Windes. Es lohnt sich also, den Wind im Blick zu haben. Was hat der Wind mit der Einteilung des Geländes und der Suchtaktik zu tun? Wie wir sehen werden, eine ganze Menge!

Suchen wir mit unserem Hund draußen im Gelände, ist es sehr viel wichtiger, Wind und Wetter im Blick zu haben, als wenn wir in geschlossenen Räumen arbeiten. Draußen im Gelände ist es sinnvoll, vor Suchbeginn den Wind zu messen. Dazu gibt es verschiedene Hilfsmittel im Handel zu kaufen. Wir können aber auch auf althergebrachte Hilfsmittel zurückgreifen. Eine Möglichkeit ist Babypuder, das in die Luft geworfen wird. Wir können auch einen Grashalm nehmen und schauen, in welche Richtung er sich vom Wind biegen lässt. Auch unsere Haare bieten Anhaltspunkte oder ein Feuerzeug oder Streichhölzer. Und nicht zuletzt spüren wir auch im Gesicht oder auf dem feuchten Finger, von wo der Wind weht.

Warum aber sollten wir wissen, woher der Wind kommt? Der Wind trägt den Geruch entweder vom Hund weg oder zu ihm hin. Wenn wir also die Windrichtung wissen, können wir den Hund gezielt so schicken, dass es leichter und energiesparender für ihn ist, die Geruchsquelle zu finden. Auf den folgenden Skizzen sind verschiedene Windszenarien aufgezeichnet, die deutlich machen sollen, wie wichtig es ist, die Windrichtung zu kennen.

Und was bedeutet das alles für unser Training?

Schon im Training sollten wir die Windrichtung beachten, denn so

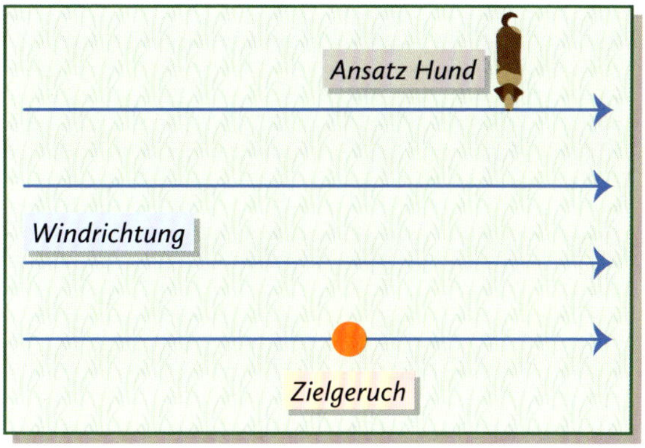

Der Hund sollte immer so ins Gelände geschickt werden, dass er den zu suchenden Geruch mit Hilfe des Windes möglichst schnell findet.

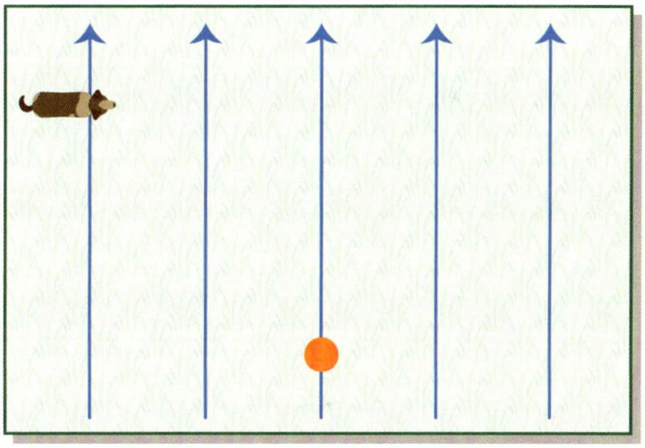

Ob der Hund von oben links nach rechts oder von rechts nach links geschickt wird, bringt dasselbe Ergebnis.

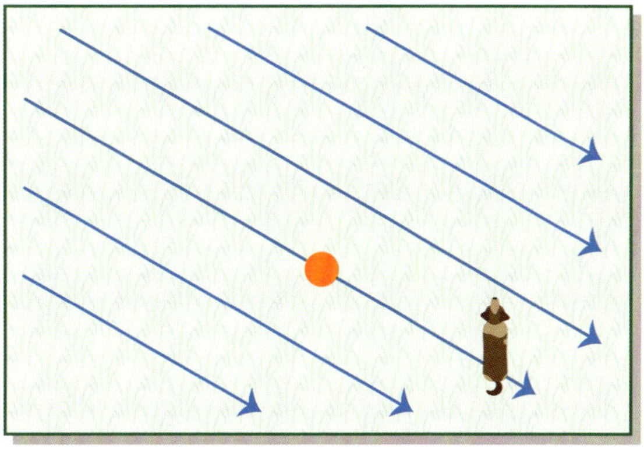

Kommt der Wind schräg ins Gelände, müssen wir etwas mehr nachdenken, wo der Hund angesetzt wird. Wichtig ist, dass er den Geruch durch den Wind zugetragen bekommt, wenn er ins Gelände läuft.

können wir schon zu Beginn die Aufgabe für den Hund leichter gestalten. Wenn wir wissen, woher der Wind kommt und wie stark er ist, können wir das Verhalten des Hundes besser verstehen lernen. Es ist also leichter für uns, die Situation zu lesen und die Aufgabe für den Hund schwerer oder leichter zu gestalten. Je nach Trainingskriterium können so die Windrichtung und die Windstärke mit ins Training einbezogen werden.

Wichtig ist, dass wir im Training nicht immer streng auf den Wind achten, sondern dem Hund Raum geben, eigene Suchstrategien zu entwickeln und sich den Geruch selbständig im Wind suchen zu können. Dazu ist es wichtig, Trainingssituationen in völlig unterschiedlicher Windstärke und -richtung zu gestalten. Am Anfang ist es gut, dem Hund durch gezielte Auslage des Geruchs im Wind die Aufgabe leichter zu machen. Mit der Zeit ist es aber wichtig, dass er mit allen Windverhältnissen klarkommt und sich auch nicht verunsichern lässt, wenn der Wind ihm den Geruch nicht sofort zuträgt.

Wir sollten im Training darauf achten, dass wir uns nicht zu sehr vom Wind abhängig machen, zumal dieser auch manchmal dreht. Wenn wir von Anfang an viele verschiedene Windsituationen trainieren, lernt der Hund auch von Anfang an, mit vielen verschiedenen Windsituationen klarzukommen. Im Einsatz achten wir natürlich auf den Wind, um dem Hund schnellstmöglichen Erfolg zu ermöglichen beziehungsweise das Gelände effektiv absuchen zu können. Manchmal ist es aber auch nicht möglich, den Hund an der optimalsten Stelle anzusetzen. Und genau deshalb ist es wichtig, dass der Hund auch dann suchen kann, wenn die Windverhältnisse nicht optimal sind. Im Training sollten wir den Hund auch schonmal völlig gegen eine logische Windrichtung ansetzen, damit er lernt, damit umzugehen.

Wichtig zu bedenken ist, dass der Wind sich nicht an unsere Regeln hält: Ganz oft dreht er von einem Moment auf den anderen und unsere gut ausgedachte Strategie funktioniert nicht mehr. Auch verhält sich der Wind im offenen Gelände oft anders als im Wald oder im hohen Gras. Besteht unser Suchgelände aus verschiedenartigen Flächen, sollten wir uns vorher Gedanken machen, ob wir den Wind nur einmal prüfen oder in jedem Gebiet extra.

Suchen wir in geschlossenen Räumen, sieht das Ganze ganz anders aus. Dort gibt es in diesem Sinne keinen Wind, aber ein starker Wind draußen wird sicherlich auch die Luftströme im Haus beeinflussen. Innen gibt es also Luftströme, hervorgerufen durch Fenster, Türen oder Wärmequellen.

Mit Babypuder oder wie hier mit dem Rauch einer E-Zigarette kann ich schauen, wie der Luftzug gerade in dieser Ecke den Geruch weiterträgt.

In geschlossenen Räumen wirken sich Luftdruck und -zirkulation auf das Suchverhalten aus. Keewa hat ihren Zielgeruch trotzdem gefunden.

Zudem gibt es den Luftdruck, der Gerüche eher nach außen drückt, wenn drinnen ein höherer Luftdruck herrscht oder eben nach innen, wenn drinnen ein Unterdruck zu finden ist. Es macht also durchaus einen Unterschied, ob das Fenster auf oder zu ist oder ob es während der Suche auf- oder zugemacht wird. Auch ob es in dem Raum warm oder kalt ist, ob er schon lange nicht mehr geheizt wurde oder täglich der Ofen an ist, spielt eine große Rolle, was die Luftzirkulation im Raum angeht. Mit jedem Luftzug, aber auch mit jeder Bewegung der Menschen und Hunde im Raum verändern sich die Luftverhältnisse im Raum. Dies muss uns klar sein. Wichtig ist auch zu wissen, dass die Luftzirkulation in jeder Ecke des Raumes anders sein kann. Die Anordnung der Möbel, die Enge der Gegenstände, oder auch die Fülle des Raumes spielen dabei eine große Rolle.

Da in geschlossenen Räumen die Luftzirkulation kaum zu regulieren und zu kontrollieren ist, ist es umso wichtiger, dem Hund im Training viele verschiedene Szenarien zu bieten. Wichtig ist, wenn wir mit den Hunden in geschlossenen Räumen Bettwanzen, Schimmel oder ähnliches suchen, mal mit offenem Fenster, mal mit geschlossenem Fenster zu trainieren und mal das Fenster zwischen der Suche zu schließen oder zu öffnen. Es ist wichtig, in kalten und in warmen Räumen zu trainieren, in Räumen zu trainieren, in denen viele Menschen sich bewegen und in Räumen zu trainieren, in denen nur der Hund sich bewegt. Auch das Verschieben der Gegenstände kann einen Einfluss auf das Suchverhalten beziehungsweise die Geruchsquelle haben. Es ist eventuell ein anderes Geruchsbild für den Hund, wenn er die Bettwanzen unter der liegenden Matratze suchen muss oder wenn diese hochgestellt wird, damit er sie absuchen kann. Dies alles sollten wir mit dem Hund trainieren, damit er im Einsatz für möglichst vieles vorbereitet ist.

Wenn wir uns den Wind so genau ansehen, sollten wir uns auch darüber Gedanken machen, was das Suchverhalten des Hundes noch beeinflusst. Da ist zum einen die Temperatur. Ob es 30 Grad heiß oder -10 Grad kalt ist, hat durchaus einen Einfluss auf die Suchleistung des Hundes. Es kann je nach Temperatur schwieriger sein oder dem Hund schwerer fallen. Das wiederum hat auch einen Einfluss auf die Einteilung

Durch die Windverhältnisse bekommt Fosco den Geruch erst etwas zu weit links in die Nase. Er muss den Geruch nun ausarbeiten, um den Zielgeruch möglichst genau anzeigen zu können.

des Geländes. Bei heißem Wetter ist es vielleicht sinnvoll, das Suchgebiet in viele kleine Areale einzuteilen, damit wir viele Pausen machen können und trotzdem den Überblick behalten. Die Temperaturen spielen auch eine Rolle, wenn wir mit den Hunden in Räumen suchen, da die Raumlufttemperatur sowie die Temperatur der Wandoberflächen auch die Thermik in den Räumen beeinflussen kann. Die Thermik im Haus entsteht generell durch Temperaturunterschiede, die Druckunterschiede zur Folge haben.

Auch der Luftdruck oder die Nässe bzw. Trockenheit können einen Einfluss auf das Suchverhalten haben. Wichtig ist, wahrzunehmen, welche Bedingungen gerade herrschen und dies in die Arbeit mit dem Hund zu integrieren. Schon im Training sollten wir deshalb auch daran denken, bei ganz verschiedenen äußeren Faktoren zu trainieren. Wenn wir nie bei starkem Regen trainieren, können wir am Ende auch nicht vom Hund verlangen, dass er im Einsatz eine gute Leistung bei Nässe bringt.

Vielfältige Suchgebiete

Um den Überblick über unser Suchgebiet zu behalten, ist es wichtig zu sehen, was wir für ein Gebiet vor uns haben. Müssen wir eine Wiese absuchen, ist es ein Unterschied, ob diese frisch gemäht ist, kniehoch ist, ob sie aus losen Halmen besteht oder sehr dicht bewachsen ist. Manche Wiesen sind voller Disteln, Brennnesseln oder Labkraut, was manche Hunde davon abhält, ungezwungen über die Fläche zu laufen.

Auch im Wald kann uns Verschiedenes erwarten. Haben wir einen offenen Laub- oder Nadelwald vor uns, gibt es Gebüsch oder Dornen oder sogar Sumpf? Ist ein Hang im Suchgebiet oder ein Feuchtgebiet? Darüber hinaus kann es natürlich auch sein, dass wir ein Suchgebiet vorfinden, welches verschiedene Geländearten beinhaltet. Vielleicht müssen eine Wiese und das nahegelegene Waldstück abgesucht werden oder ein Ufergebiet mit anschließendem Waldstück oder Wiese oder auch eine Wiesenfläche mit Gebüschen und Wegen dazwischen. Suchgebiete sind sehr vielfältig und je nachdem, was wir mit dem Hund suchen, kann das jedes Mal anders sein. Deshalb ist es so wichtig, auch in diesem Bezug dem Hund viele verschiedene Situationen im Training zu präsentieren. Wenn wir immer nur auf einer Wiese trainieren, müssen wir uns nicht wundern, wenn der Hund im Wald nicht weiß, was er tun soll.

Auch Geländeübergänge sind sehr wichtig zu trainieren. Jedes Suchgebiet hat Geländelinien. Das sind natürliche Linien, die ein Gebiet oder Gelände vom nächsten abgrenzen. Das kann das Ende der Wiese sein, ein Zaun, ein Weg, ein Hang, ein Ufer, ein Waldrand oder eine Straße. Möchten wir, dass unser Hund diese Geländelinien beim Suchen überläuft, müssen wir das gezielt trainieren. Möchten wir, dass der Hund diese Geländelinien als Grenze ansieht und sie nicht überläuft, müssen wir das genauso trainieren. Dabei ist es auch wichtig, auf mögliche Gefahrenquellen zu achten. Gibt es eine Straße, einen Abhang oder gefährliche Gegenstände im Suchgelände? Gibt es Spaziergänger, die nicht belästigt werden wollen? Dies alles muss berücksichtigt und somit auch trainiert werden.

Je nachdem, welches Gelände vorgefunden wird, können die Suchtaktik und die Einteilung sehr unterschiedlich aussehen.

Die Suchtaktik

Je nach geplantem Einsatzzweck und -gebiet unseres Hundes müssen wir uns im bzw. vor dem Training auch schon Gedanken dazu machen, mit welcher Taktik der Hund suchen soll. Dazu sollten wir uns einige Fragen stellen.

- Darf der Hund eine Geländelinie beziehungsweise Geländeänderung übertreten oder nicht?
- Soll er immer vor dem Hundeführer suchen?
- Soll er in seinem eigenen Suchstil um den Hundeführer herum suchen?
- Soll er rechts oder links laufen (revieren)?
- Soll er im Kreis um den Hundeführer herumsuchen, während dieser sich mitdreht?

- Soll er angeleint suchen oder ohne Leine, oder soll er beides können?

- Soll der Hund sehr stark kontrolliert arbeiten oder auch seine eigene Taktik nutzen?

Suchen wir im Außenbereich, sollten wir uns über all diese Fragen Gedanken machen, wenn wir den Hund darauf trainieren, eine bestimmte Geruchsquelle zu suchen. Wichtig ist, daran zu denken, dass wir die Suchtaktik je nach Veränderung des Suchgebiets ebenfalls ändern müssen. Gibt es zum Beispiel unerreichbare Gebiete im Suchgebiet? Gibt es Gebiete, die wir selbst nicht betreten können, die der Hund aber trotzdem absuchen soll? Ändert sich das Suchgebiet von offenem zu einem Gebiet mit vielen Büschen? Und so weiter.

Das Suchgebiet einteilen

Wenn wir das Suchgebiet vor uns haben, müssen wir uns Gedanken darüber machen, wie wir es einteilen, um den Geruch schnell und effektiv finden zu können. Wir müssen überlegen, wie und von wo wir den Hund ins Gelände schicken und die antrainierte Suchtaktik des Hundes dabei berücksichtigen.

Es gibt verschiedene Möglichkeiten, um das Suchgebiet einzuteilen:

- Wir bewegen uns auf einer Grundlinie am Rande des Geländes und schicken den Hund immer geradeaus unter Berücksichtigung der Windrichtung.

- Wir gehen in der Mitte des Suchgebiets in einer geraden Linie und schicken den Hund nach rechts und links, während wir uns langsam vorbewegen. Auch hier berücksichtigen wir die Windrichtung.

- Wir stellen uns in die Mitte des Suchgebiets und schicken den Hund im Kreis um uns herum.

- Wir teilen das Suchgebiet in mehrere kleine Suchgebiete ein und entscheiden uns für eine Suchtaktik je Areal. Auch hier haben wir immer den Wind im Blick.

- Wir stellen uns an den Rand der abzusuchenden Fläche und warten, bis der Hund anzeigt, um ihn dann dort aufzusuchen, wo er den Geruch gefunden hat.

Erfahrungsbericht Katja

Ab einem gewissen Ausbildungsstand habe ich meine Trümmerspürhunde immer in sehr unübersichtlichen Geländen alleine und auch außerhalb meines Sichtfeldes suchen lassen, da es bei bestimmten Trümmerlagen nicht nur schwierig, sondern auch riskant war, hinterherzugehen. Sobald der Hund dann mit Bellen anzeigte, haben wir uns auf den Weg gemacht, um die Fundstelle zu sichten. In so einem Fall muss der Hund es gewohnt sein, auch komplett ohne Einfluss seines Halters seinen Job zu erledigen.

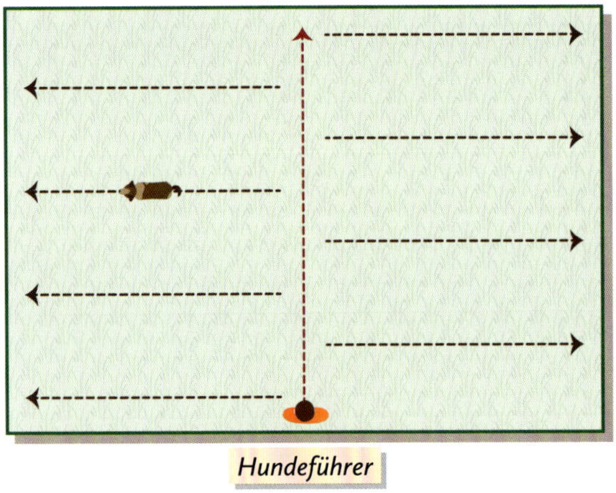

Bei dieser Möglichkeit, das Gelände einzuteilen, geht der Hundeführer auf der Mittellinie geradeaus und schickt den Hund rechts und links.

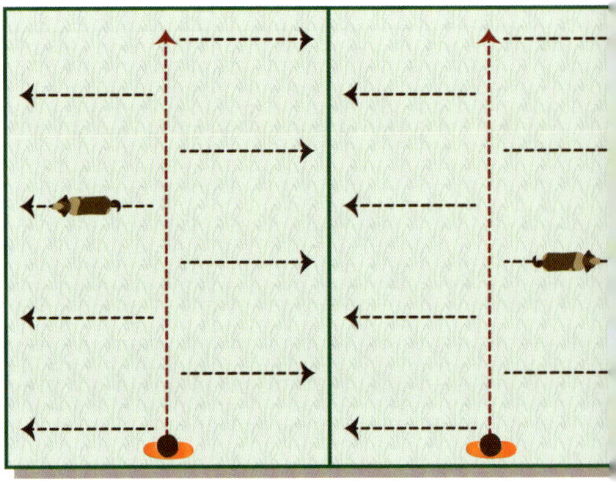

Ist das abzusuchende Gebiet zu groß, kann es in zwei kleinere Bereiche eingeteilt werden.

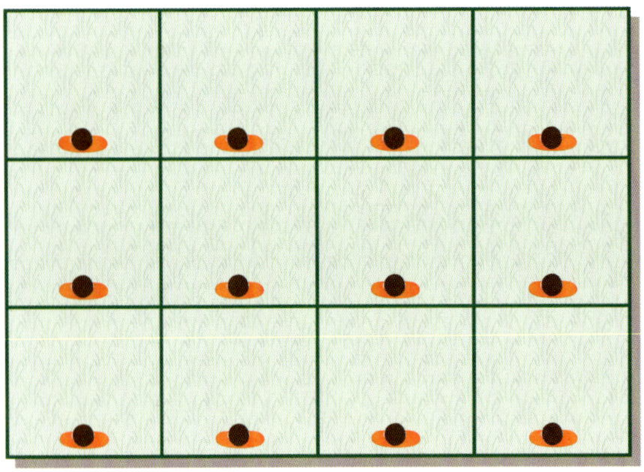

Je nach Suchgelände ist es sinnvoll, dieses in mehrere kleine Gebiete einzuteilen und sich dort jeweils eine Suchtaktik zu überlegen.

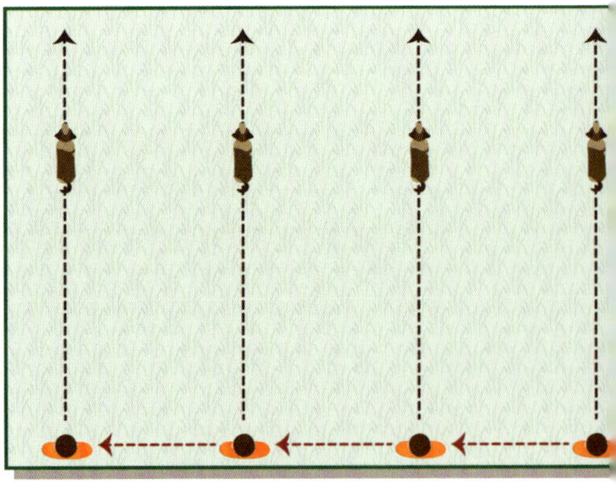

Der Hundeführer kann je nach Gelände und Windsituation auch am Rand des Gebiets laufen und den Hund immer wieder geradeaus ins Suchgebiet schicken.

In jedem Suchgebiet, welches wir uns eingeteilt haben, sei es im gesamten oder in einer kleinen Parzelle, arbeiten wir mit der trainierten Suchtaktik des Hundes. Im Außenbereich haben wir also unter Umständen ein sehr großes Suchgebiet, welches wir uns in viele kleine Suchgebiete einteilen müssen, um den Überblick behalten zu können. Sinn des Ganzen ist, dass wir am Ende der Suche das Suchgebiet freigeben beziehungsweise eine Einschätzung geben können, ob der gesuchte Geruch noch im Suchgebiet ist oder nicht. Je klarer wir uns das Suchgebiet einteilen und die Suchtaktik unseres Hundes im Blick haben, desto besser können wir einschätzen, ob der Hund das Gebiet vollständig und lückenlos abgesucht hat oder ob es Gebiete gibt, in denen er nicht effektiv suchen konnte oder wollte.

Mittlerweile gibt es im Handel immer mehr Hilfsmittel, die wir nutzen können, um den Überblick zu behalten. GPS-Geräte oder Tracker, die am Hund befestigt werden, zeigen, wo im Gelände der Hund schon war und wo wir ihn noch suchen lassen müssen. Diese Geräte können hilfreich sein, ersetzen aber meine Kenntnis über das Suchgebiet und die Suchweise des Hundes nicht.

Dodger sucht hier in einem künstlich geschaffenen Trümmergelände. Selbst hier ist zu sehen, dass es durchaus sinnvoll ist, wenn der Hund auch auf Abstand zum Hundeführer gut arbeiten kann.

Erfahrungsbericht Jacqueline

GPS-Tracker sind bei manchen Suchen auch ein schönes Beweismittel für den Kunden, dass alles abgesucht wurde. So arbeite ich bei der Schlagopfersuche gerne mit GPS-Trackern.

Auch Clyde trägt einen GPS-Tracker, damit zu sehen ist, wo er bereits gesucht hat und wo er noch hingeschickt werden muss.

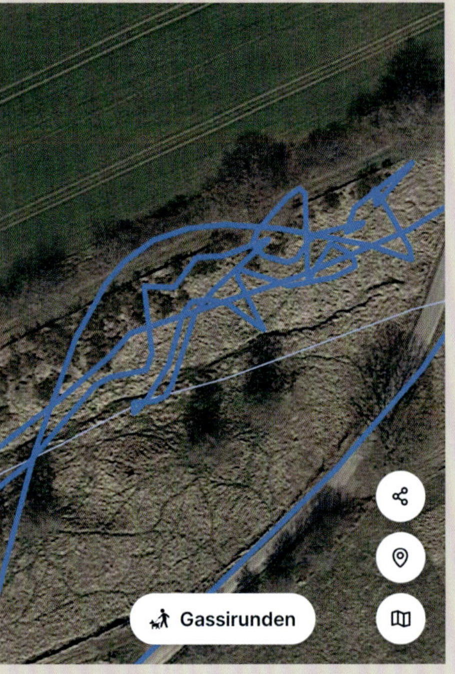

Suchen wir in Innenräumen, sieht das Ganze etwas anders aus. Auch hier muss überlegt werden, ob der Hund mit oder ohne Leine arbeitet oder ob er beides können sollte. Der Hund sollte sich von uns genauestens schicken lassen und dort suchen, wo wir hinzeigen, aber auch frei durch den Raum laufen und sich selbst den Geruch suchen können.

Auch in einem Innenraum – egal ob in einem kleinen Zimmer, einem Fahrzeug oder einer großen Lagerhalle – müssen wir uns das Suchgebiet einteilen. Wir müssen genau wissen, wo der Hund schon gesucht hat und wo er noch suchen muss. Dazu sollten wir uns ein paar Gedanken machen, wie wir das Gebäude einteilen.

- Lassen wir den Hund in einem Zimmer von rechts nach links suchen oder umgekehrt?

- Schicken wir ihn erst zur Grobsuche, bei der er sich frei bewegt und einem eventuellen Geruch selbstständig folgt, bevor wir ihn anleiten, wo er langzugehen hat?

- Lassen wir ihn erst unten suchen und dann immer eine Etage weiter oben, d.h. erst am Boden, dann in Nasenhöhe und dann auf den Hinterbeinen stehend bis auf Kopfhöhe, bevor wir in die ganz oberen Etagen gehen?

- Lassen wir ihn erst Gegenstände absuchen und dann die freien Flächen?
- Soll er jedes Möbelstück extra absuchen?
- Gibt es priorisierte Möbelstücke, wie bei den Bettwanzen das Bett?
- Soll er ein bestimmtes Konzept lernen, wie zum Beispiel Wände entlang abschnüffeln wie beim Schimmelspürhund?

Genau wie im Außenbereich müssen wir uns also auch im Innenbereich viele Gedanken darüber machen, wie wir den Raum absuchen wollen, damit wir den Überblick behalten, wo der Hund bereits gesucht hat und wo nicht. Je nach Geruch müssen wir dabei genauer vorgehen oder etwas grober. Suchen wir eine kleine Bettwanze in einem Zimmer, muss der Hund anders schnüffeln und arbeiten als bei der Suche nach einem vermissten Menschen in einem leerstehenden Gebäude. Je nach Größe und Intensität der Geruchsquelle muss der Hund eine andere Suchtaktik an den Tag legen, um effektiv suchen zu können.

Erfahrungsbericht Katja 

In Finnland suchten wir einmal sehr große Fabrikhallen ab und waren dabei mit Rollern unterwegs, um schneller von A nach B zu kommen. Dort war es zudem so unübersichtlich, dass es schon einen guten Plan brauchte, um später sicherzustellen, dass die Hunde überall abgesucht hatten.

Wir sollten uns ganz genau überlegen, was nötig ist, um den Hund effektiv und energiesparend suchen zu lassen. Im Einsatz geht es immer darum, schnellstmöglich den Geruch zu finden oder auch schnellstmöglich herauszufinden, dass in diesem Suchgebiet kein zu suchender Geruch vorhanden ist. Um das zu erreichen, sind ein gutes Training und eine gute Vorbereitung auf den Einsatz nötig. Eine gute Einteilung des Suchgebiets beziehungsweise eine gute Suchtaktik ist deshalb unerlässlich.

Auch im Innenbereich ist es wichtig, sich Gedanken zu machen, wie der Hund das Suchgebiet abarbeiten soll. Nele sucht das Regal nach Bettwanzen ab.

Wenn wir uns all diese Dinge anschauen, wird klar, dass der Hund viele Fähigkeiten haben muss, um effektiv suchen zu können. Es geht nicht nur darum, dem Hund das Suchen und Anzeigen beizubringen, sondern auch andere Aufgaben, die er während des Suchens braucht, um einen Einsatz bestreiten zu können.

Vor diesem Hintergrund wird klar, wie wichtig ein guter Grundgehorsam mit Leinenführigkeit, Rückruf, Stoppsignal etc., wie wir ihn schon im ersten Kapitel beschrieben haben, spätestens jetzt wird.

Auch bei der Spürhundearbeit treten wir mit unseren Hunden als Team auf. Da ist es wichtig, dass wir auf dem Weg zum Einsatzort nur positiv auffallen.

Lenkbarkeit des Hundes

Eine wichtige Aufgabe gerade im Außenbereich ist die Lenkbarkeit des Hundes. Im Laufe des Trainings sollte er lernen, sich lenken und schicken zu lassen, damit er später eine gute Hilfe im Einsatz ist.

Was sollte der Hund bestmöglich – angepasst an seinen Zielgeruch – können?

- Er sollte sich rechts und links schicken lassen.
- Er sollte voranlaufen können.
- Er sollte ein Signal zum Kehrtmachen kennen.
- Er sollte zurückkommen, wenn er gerufen wird.
- Er sollte sich zu einem bestimmten Punkt schicken lassen.
- Er sollte sein Suchsignal auch aus der Entfernung beherrschen.
- Er sollte auf Signal in der Nähe sehr fein suchen und genau so eine grobe Suche auf weitere Entfernung können.
- Er sollte auf Signal oben oder unten suchen können.
- Er sollte Geländelinien ablaufen können.

All diese Dinge erleichtern uns die Suche im Einsatz und helfen uns kolossal bei der Einteilung des Suchgebiets beziehungsweise beim Behalten des Überblicks, wo der Hund schon gesucht hat und wo nicht. Ein gut lenkbarer Hund kann zu bestimmten Stellen geschickt werden, um diese noch abzusuchen. Wichtig ist, dass der Hund all diese Aufgaben mit und ohne Leine und unter jeder Ablenkung ausführen kann.

Lenkbarkeit ist immer wichtig, aber ganz besonders auch, um Gefahren vom Hund abzuwenden. Bei Trümmersuchhunden gibt es häufig Situationen, in denen es wichtig ist, dass der Hund sofort stoppt oder umdreht.

Wie wir sehen, sind Geländeeinteilung und Suchtaktik sehr große Themen, die wir im Training nicht vernachlässigen dürfen. Unsere Aufgabe im Einsatz ist es, ein Suchgebiet schnell und effektiv abzusuchen, ohne den Hund unnötig müde zu machen und hinterher eine Einschätzung über den Zielgeruch im Gebiet abzuliefern. Da dies eine große Verantwortung ist, sollten wir alles tun, um den Hund im Training auf diese Aufgabe vorzubereiten.

Spürhundearbeit ist Teamarbeit

Sucharbeit ist Teamarbeit! Es ist auf der einen Seite enorm wichtig, dass der Hund seinen Job zu erledigen lernt, den er nun mal sehr viel besser kann als wir. Aber wir als Hundeführer haben genauso eine Aufgabe in diesem Spiel.

Unsere Hunde sind es meist gewohnt, nach uns zu schauen, uns jeden Wunsch von den Augen abzulesen und auf unsere kleinsten Hilfen und Signale zu reagieren. In den meisten Sparten des Hundesports und der Beschäftigung und auch im Alltag ist das ein sehr gern gesehener Effekt, der auch gezielt trainiert wird.

In der Sucharbeit können wir dem Hund aber nicht so viel helfen. Wir können nicht nachvollziehen, was der Hund riecht und müssen ihm zugestehen, dass es hier etwas gibt, was er besser kann als wir. Deshalb sollte er von Anfang an lernen, nicht zu sehr auf uns zu achten und keine Hilfen von uns zu erwarten. Er soll selbständig nach seinem

Jacqueline und ihre Hunde sind als Team unterwegs zur Schlagopfersuche an Windrädern.

gelernten Geruch suchen und uns zeigen, wenn er ihn gefunden hat. Um ihn dabei nicht zu stören, ist es wichtig, ihm beizubringen, dass wir keine Ahnung haben, wo der Geruch ist. Wir müssen im gesamten Training darauf achten, dass wir ihm keine unbewussten oder sogar bewussten Hilfen geben (s.S.56 f.).

Trotzdem sind wir natürlich als Team unterwegs und gehen auch als Team in den Einsatz, um nach Schimmel, Trüffeln, angeschossenem Wild, Bettwanzen, Sprengstoff, Geld, Neophyten, Kadavern, artgeschützten Tieren oder was auch immer zu suchen. Und da dürfen wir unseren Hund nicht allein lassen. Unsere Aufgabe ist es, den Hund verstehen zu lernen. Wir müssen ihn genau beobachten, damit wir gut erkennen können, wenn er den Geruch in die Nase bekommt und wie er aussieht, wenn er ihn gefunden hat. Hat er Schwierigkeiten bei der Ausarbeitung der genauen Duftquelle, dann helfen wir ihm, indem wir vielleicht ein paar Gegenstände wegräumen, damit er sich besser heranarbeiten kann.

Außerdem müssen wir das Suchgebiet ganz genau im Auge behalten. Wie wir eben gesehen haben, müssen wir aufpassen, dass der Hund alles abgesucht hat, was abzusuchen ist. Eventuell müssen wir ihn nochmals an die eine oder andere Stelle schicken, damit wir nichts übersehen bzw. überriechen. Dazu ist es auch wichtig, den Wind im Auge zu behalten. Je nach Wind und Gelände müssen wir den Hund evtl. nochmal an eine andere Stelle schicken, damit er den Duft wittern kann.

Es ist also sehr wichtig, als Team zu arbeiten, ohne sich gegenseitig zu stören. Der Hund hat die Aufgabe, zu suchen und wir als Menschen sind für die Bedingungen zuständig. Beides ist wichtig und eine gute Sucharbeit kann nur dann erfolgreich sein, wenn Mensch und Hund gut zusammenarbeiten. Das setzt viel Einfühlungsvermögen, Vertrauen, Wissen und Erfahrung mit der Situation voraus. Deshalb ist es wichtig, sich gemeinsam immer wieder neuen Situationen und Herausforderungen zu stellen. So werden wir ein immer besseres Team!

Auch der Tellington TTouch® kann dabei helfen, ein noch besseres Team zu werden.

Körperbewusstsein, Körpersprache und innere Einstellung des Menschen

Bis jetzt wurde in diesem Buch immer von der technischen Seite des Trainings gesprochen. Und schon an diesem Aspekt sehen wir, wie wichtig die Teamarbeit bei der Spürhundearbeit ist. Wir sind für die gute Ausbildung unseres Hundes zuständig, die uns im Einsatz zugutekommt. Wir gehen nicht allein in den Einsatz, sondern mit unserem Hund zusammen. Wir müssen die Aufgaben gemeinsam bewältigen.

Wenn wir ganz genau hinschauen, spielt der Mensch in diesem Team eine größere Rolle, als wir denken. Wenn wir mit unserem Hund zusammenarbeiten möchten, müssen wir auch ein Augenmerk auf uns, unseren Körper und unsere Körpersprache richten. Wir können nur entspanntes Verhalten unseres Gegenübers erwarten, wenn wir selbst entspannt sind. Um selbst entspannt zu sein, müssen wir unseren Körper ganz genau kennen. Wir müssen wissen, wie wir uns bewegen, wo wir angespannt sind und wie wir uns entspannen können. Hundetraining hat sehr viel mit Körperbewusstsein zu tun. Genau wie jeder gute Sportler sollten wir als Trainer jederzeit wissen, was unser Körper tut. Und wir sollten zu jeder Zeit in der Lage sein, unseren Körper so einzusetzen, wie es in dieser Situation vonnöten ist. Das ist nicht immer so einfach. Je nach Einsatzsituation wird ziemlich viel von uns und unserem Hund verlangt. Gerade dann ist es wichtig, entspannt zu bleiben. Spannen wir uns an, spannt auch der Hund sich an. Anspannung ist das letzte, was ich im Einsatz gebrauchen kann. Im Einsatz müssen unser Hund und wir ein Team sein, wir müssen uns aufeinander verlassen können und gemeinsam die Sache meistern können. Dazu ist es für uns wichtig, ruhig und entspannt zu bleiben – unsere Körpersprache so zu regulieren, dass wir dem Hund Entspannung rüberbringen können.

Hundetraining hat viel mit Gefühl zu tun. Ein guter Trainer kennt sich in den Trainingstechniken gut aus und hat ein besonders gutes Gefühl für den Hund und die Situation, in der wir uns gerade befinden. Trainingstechniken sind natürlich wichtig. Wir müssen jederzeit wissen, wie wir was trainieren und welche Techniken wir anwenden, um ans Ziel zu kommen. Trainingstechniken sind aber nicht alles. Genauso wichtig ist es, dass wir ein gutes Gespür für unseren Hund und für die Situation bekommen. Wenn wir in den Einsatz gehen, ist es wichtig, auch ein Gespür für das ganze Drumherum zu bekommen. Manchmal ist es im Training genau wie im Einsatzgeschehen wichtig, dass wir einmal Fünfe gerade sein lassen, den Trainingsplan Trainingsplan sein lassen und Entscheidungen aus dem Bauch heraus treffen. Manchmal ist es nötig, genau das Gegenteil von dem zu tun, was wir geplant haben. Manchmal bringt das Einsatzgeschehen auch Situationen, mit denen wir nicht gerechnet haben, die nicht in unserem Trainingsplan enthalten waren und über die wir uns vorher keine Gedanken gemacht haben.

Hundetraining hat viel mit Gefühl zu tun. Wir müssen uns in den Hund einfühlen, um ihm bestmöglich helfen zu können, ohne ihn zu stören. Fosco hat Vertrauen in Michaela, wenn sie ihn hochhebt.

Erfahrungsbericht **Michaela** 

Bei meinem ersten Bettwanzeneinsatz war ich etwas überrumpelt von der Reaktion des Schädlingsbekämpfers. Als Fosco gerade sehr intensiv am Lattenrost schnüffelte, näherte er sich dem Hund und leuchtete mit seiner Taschenlampe auf die Stelle, die er gerade absuchte. Ich war erstaunt, dass Fosco sich dadurch nicht stören ließ. Mittlerweile weiß ich, dass es manchmal durchaus Sinn macht, sofort nachzuschauen, ob eine Wanze wegkrabbelt, wenn der Hund im Begriff ist, anzuzeigen. Da wir vorher viel Ablenkung trainiert hatten, hat Fosco diese Situation gut gemeistert. Spürhundearbeit ist Teamarbeit. In dem Fall arbeiten Hundeführer, Hund und Schädlingsbekämpfer zusammen.

Deshalb ist es so wichtig, flexibel zu bleiben und die Fähigkeit, aus dem Bauch heraus spontan Entscheidungen zu treffen, nicht zu verlieren. Es ist großartig, wenn wir dabei auch noch eine große Portion Körperbewusstsein haben, damit wir dem Hund keine Anspannung und Aufregung vermitteln. Im höchsten Fall sollten wir gewarnt sein, aber nicht alarmiert. Wir sollten kein Blaulicht auf dem Kopf haben, das dem Hund sagt: Achtung, Achtung, es passiert gleich etwas. Möchten wir einen in jeder Situation entspannten Hund, so müssen auch wir in jeder Situation entspannt sein können. Das ist nicht immer einfach, kann aber trainiert werden.

Erfahrungsbericht Katja

Ich erinnere mich an einen Trainingstag in der Eifel, an dem ich mit meinen Hunden in der Mittagspause zu einer entlegenen Hütte an einem Feldweg gefahren war und mich mit einer Thermomatte in der Nähe des Autos etwas zum Dösen hingelegt hatte. Meine sechs Hunde streunten dabei ums Auto und ich ließ sie ihren Beschäftigungen nachgehen. Da ich eigentlich davon ausging, dass sie mir sich nähernde Spaziergänger schon melden würden, schloss ich die Augen.

Nach der Mittagspause sprach mich dann eine andere Kursteilnehmerin an, dass sie sehr bewundern würde, dass ich so vertrauensvoll schlafen könnte, während meine Hunde frei in einem ihnen unbekannten Gelände rumstromerten. Da wurde mir bewusst, dass ich wohl doch recht fest geschlafen hatte, während sie mit ihren Hunden in ein paar Metern Entfernung vorbeigelaufen war. Sie erzählte, dass meine Hunde sich ganz gelassen in meiner Nähe aufgehalten und überhaupt nicht auf sie oder ihre Hunde reagiert hätten.

Selbstverständlich sollten Hunde nicht unbeaufsichtigt in offenem Gelände sein, doch diese kleine Episode bewies mir mal wieder, dass meine Gelassenheit und mein Vertrauen in uns als Mensch-Hund-Team mehr als gerechtfertigt war.

Die eigene innere Balance trainieren

Es gibt viele Möglichkeiten, mit deren Hilfe wir einen großen Schritt weiterkommen. Wir können mit Mentaltraining, Tellington TTouch® , Meditation oder Selbsthypnose arbeiten oder andere Techniken zur Hilfe nehmen. Eine große Hilfe sind schlicht und ergreifend einfache Körperübungen. Mit Übungen zum Körperbewusstsein lernen wir unseren Körper kennen, in die Entspannung zu kommen und aus ihr heraus zu agieren. Können wir in unserem bewegten Körper auch entspannt sein, haben wir schon fast gewonnen.

Das bedeutet also, dass wir täglich unseren Körper ganz bewusst bewegen, ganz bewusst neue Bewegungen mit in unser tägliches Repertoire einbauen und auch mal Bewegungen machen, die uns nicht ganz leichtfallen. Jede neue Bewegung bringt unseren Körper auf neue Ideen. Somit bleiben wir flexibel und können je nach Situation auch flexibel reagieren. Auch täglich ein paar Tellington TTouches oder Übungen aus der Feldenkrais-Methode bringen die gewünschten Effekte.

Was hat das mit Hundetraining zu tun? Wie gesagt können wir von unserem Gegenüber nur dann entspanntes Verhalten verlangen, wenn wir selbst auch entspannt sind. So bauen wir Vertrauen zu unserem Hund auf, bleiben flexibel im Denken und Tun und bekommen alles mit, was für uns und die Situation wichtig ist. Durch einen entspannten Körper sind wir in unserer inneren Balance, stehen fest auf unseren zwei Beinen und können somit aus der inneren Balance heraus bessere Entscheidungen treffen. Diese innere Balance ist extrem wichtig, wenn wir in einen Einsatz gehen. Wenn wir unsere Sinne, unseren Körper, unsere Trainingstechniken und unser Gespür für die Situation im Einklang haben, können wir einen erfolgreichen Einsatz bewältigen.

Hundetraining ist Coaching an uns selbst

Eine Trainerkollegin hat einmal gesagt: „Hundetraining ist unbeabsichtigtes Coaching an sich selbst". Das bringt es auf den Punkt. Genau so viel, wie wir an den Aufgaben arbeiten, die wir dem Hund beibringen wollen, sollten wir an uns arbeiten. Wir sind ein wichtiges Mitglied im Einsatzteam. Es geht nicht nur darum, dem Hund die Aufgabe beizubringen, es geht auch darum, dass wir als Trainer und Hundeführer den Hund bestmöglich begleiten können – körperlich wie mental. Wir müssen nicht nur körperlich anwesend sein für unseren Hund, sondern auch von innen heraus für ihn da sein. Wir müssen authentisch mit ihm zusammenarbeiten und im Training wie im Einsatzgeschehen für ihn geradestehen.

Gerade im Einsatz, wo Entscheidungen zu treffen sind, bei denen hinterher eine Einschätzung abzugeben ist oder ein Suchgebiet freizugeben ist, ist es sehr wichtig, dass wir als Teamplayer mit dabei sind. Wenn wir mit unserem Hund im Einsatz sind, sollten wir vollkommen präsent sein. Wir sollten uns unseres Körpers bewusst sein und bereit sein, in jeder Sekunde Entscheidungen zu treffen, die wir vielleicht im Training nicht treffen würden. Es geht darum, mit seinem Hund als Team zusammenzuwachsen, als Team die Aufgabe zu erfüllen und als Team dafür geradezustehen. Das schaffen wir nur, wenn wir Trainingstechniken und das Gespür für die Situation und den Hund in Einklang miteinander bringen. Je mehr wir in unserer inneren Balance sind, desto besser kann auch der Hund in seiner inneren Balance sein. Je besser unsere innere Balance ist, desto bessere Ergebnisse werden wir bekommen. Wir werden zu einem besseren Team, indem wir auf uns achten und für uns sorgen. Nur wenn wir den anderen verstehen und uns selber verstehen, werden wir gemeinsam durch Dick und Dünn gehen können. Je besser wir uns selbst kennen, desto besser kennen wir unseren Hund. Je mehr wir mit Kopf, Herz und Hand dabei sind, desto mehr wird der Hund auch dabei sein. Je besser wir uns verstehen, desto besser versteht der Hund sich selbst und desto besser verstehen wir uns gegenseitig.

Katjas Azubis in Dubai lernen ebenfalls, Tellington-Führhilfen einzusetzen und ttouch-n-click als Trainingsgrundlage zu verwenden, um das Vertrauen und die Bindung der jungen Hunde zum Menschen zu stärken. Genauso können auch Spürhundeteams vom Tellington-Führtraining profitieren.

Es geht also nicht nur darum, dem Hund mit den passenden Trainingstechniken beizubringen, was er zu tun hat, sondern mit einem großen Gespür und Einfühlungsvermögen herauszufinden, was genau in dieser Situation vonnöten ist.

Miteinander statt gegeneinander

Wenn wir also die Spürhundearbeit als Teamarbeit anschauen, müssen wir auch auf unser eigenes Bild schauen, das wir von unserem Hund haben. Wie sehen wir ihn? Ist er ein Teampartner? Ein Kollege? Oder ein Befehlsempfänger, der einfach nur seine Arbeit machen soll? Die Einstellung zu unserem Hund und unserer gemeinsamen Arbeit sind ein wichtiger Baustein in der Zusammenarbeit. Wir sollten unseren Hund mindestens als Kollegen sehen, als wichtigen Baustein im Einsatz, wenn nicht sogar als Partner mit gegenseitigem Vertrauen als wichtigstes Bindeglied. Nur zusammen kommen wir zum guten Erfolg. Arbeiten wir gegeneinander, haben wir keine Chance, einen guten Einsatz zu laufen. Das heißt, dass wir unserem Hund gegenüber fair sein wollen, dass wir Vertrauen haben, aber auch Vertrauen erwarten. Es ist ein Arbeiten miteinander, ein gegenseitiges Einlassen aufeinander, ein gemeinsames Projekt, eine gemeinsame Aufgabe, die wir gemeinsam lösen möchten.

Dabei darf auch der Spaß nicht zu kurz kommen. Spaß bei der Arbeit ist wichtig. Nur wenn wir Spaß haben, können wir gemeinsam eine gute Arbeit abliefern. Wir sind dafür verantwortlich, unserem Hund den Spaß an der Sache zu vermitteln. Deshalb ist es extrem wichtig, dass wir fair mit ihm umgehen, mit positiven Methoden arbeiten und ihn nicht nur als Befehlsempfänger ansehen, der seine Arbeit tun muss und dafür belohnt oder bestraft wird. Wir arbeiten miteinander, nicht gegeneinander. Für ein gutes Miteinander müssen wir aufeinander zugehen. Wir vertrauen uns gegenseitig. Dann sind wir auch in der Lage, schwierige Einsatzsituationen gut zu meistern und schaffen es auch, unvorhergesehene Situationen im Einsatzfall zu lösen, ohne die Nerven zu verlieren.

Beim gemeinsamen Arbeiten ist es wichtig, unseren Hund gut zu beobachten, um zu wissen, was er tut und was er als Nächstes tun könnte. Wenn wir ihn gut beobachten, lernen wir ihn immer besser kennen. Das baut Vertrauen auf und macht uns zu einem guten Einsatzteam. Wichtig ist, nicht alles dogmatisch zu sehen. Manchmal kann es sinnvoll sein, auch mal Fünfe gerade sein zu lassen und irgendetwas zu tun, was nicht der reinen Lehre entspricht. Je besser wir den Hund kennen und je besser wir aufeinander eingehen können, desto mehr Gefühl bekommen wir auch für die Situation, die sich uns bietet. Im Training wie im Einsatz ist es wichtig, Trainingstechniken und das Gefühl für die Situation zusammenzubringen. Wenn der Hund uns vertraut und wir unserem Hund vertrauen, dann werden wir einen Weg finden, Aufgaben zu lösen. Ein Einsatz kann uns immer wieder vor unverhoffte Situationen stellen – dann müssen wir handeln und aus der Situation heraus Entscheidungen treffen, um das Bestmögliche daraus zu machen. Das ist nicht immer so einfach. Aber je länger wir mit unserem Hund zusammenarbeiten und je intensiver wir uns mit dem Hund und der Aufgabe beschäftigen, desto gestärkter werden wir aus diesen Situationen herausgehen.

Spürhundearbeit ist ein gemeinsames Projekt. Jacqueline und Angelina arbeiten gemeinsam daran, den Zielgeruch zu finden.

Eigene Wege finden

Wichtig in Sachen Teamarbeit ist auch, dass wir unsere eigenen Wege finden. Viele Spürhundteams und Trainer haben ihre eigene Methodik entwickelt oder eine, mit der sie am besten zum Erfolg kommen und geben diese weiter. Darunter sind oft großartige Ideen, die aber nicht unbedingt für jedes Mensch-Hund-Team passend sein müssen. Wichtig ist, dass sich jeder genau seinen Hund und seine Art zu arbeiten anschaut und das zusammen mit seinem Bild vom Hund übereinbringt, um aus all den Möglichkeiten seinen eigenen Weg herauszufiltern.

Das ist nicht immer einfach, aber ein großartiger Weg, an dem wir alle wachsen. In der Spürhundearbeit gibt es, wie in jeder anderen Sparte der Hundeausbildung auch, sehr dogmatische Ansichten. Es wird gesagt, dass dies oder jenes unbedingt genauso sein muss oder so nicht sein darf. Dabei gibt es kein Rezept für gutes Arbeiten. Jeder muss aus all den vielen Werkzeugen, die er sich anschaut, seinen eigenen Werkzeugkoffer packen und mit den Werkzeugen arbeiten, mit denen er am meisten Erfolg hat. Und das kann bei jedem Mensch-Hund-Team anders sein. Wichtig ist, dass wir fair sind zu unserem Hund, dass wir Vertrauen aufbauen und vor allem, dass wir Spaß miteinander haben. Dies verpaart mit einem guten Gefühl für die Situation und den Hund und mit guten Trainingstechniken an der Hand wird uns zu einem guten Spürhundetraining verhelfen.

Es lohnt sich natürlich, sich in der Trainerwelt umzuschauen, zu schauen, wer wie arbeitet, sich viele Ideen anzusehen und nicht alles auszuprobieren, sich Gedanken zu machen, was das Beste für uns und unseren Hund ist und uns somit gut vorzubereiten auf das, was uns auf dem Weg zum Einsatz erwartet. Aber im Endeffekt heißt es auch, dass wir uns von anderen Meinungen abgrenzen, unseren eigenen Weg finden und mit unserem Hund zusammenkommen müssen und somit unser eigener Guru werden.

Erfahrungsbericht **Michaela**

Ich genieße jeden Einsatz mit meinen Hunden. Das ist das, wofür wir trainieren. Ein Einsatz ist für mich der Inbegriff der Teamarbeit! Da müssen wir uns vertrauen, uns gut kennen und uns aufeinander verlassen können. Aber es zeigt sich auch, wie gut wir trainiert haben. Hier können wir im Miteinander die Früchte unserer Arbeit ernten.

5.

EINSATZFÄHIGKEIT

Wenn wir über Einsatzfähigkeit sprechen, sollten wir diese erst einmal definieren. Einsatzfähigkeit bedeutet:

- Der Hund sucht an Orten, an denen er vorher noch niemals war.
- Die Ablenkung ist eventuell sehr groß.
- Keine der anwesenden Personen kennt die Lösung.
- Es liegen vielleicht Stress, Aufregung und Hektik in der Luft.
- Der Hund wird aus heiterem Himmel in die Aufgabe geschickt.
- Der Hund muss eventuell mit Situationen klarkommen, die er so im Training noch nicht kennengelernt hat.

Wenn wir mit unserem Hund in Einsätze gehen, kann es immer sein, dass wir flexibel auf neue Situationen reagieren müssen. Im Einsatz werden alle trainierten Eigenschaften zusammengesetzt und auf die Probe gestellt. Auch hier ist es wichtig, dass wir uns klarmachen, dass wir vom Hund nur das verlangen können, was wir ihm auch beigebracht haben.

Immer wieder stoßen wir auf Trainerausreden, die Erklärungen zu bieten versuchen, warum der Hund im Einsatz nicht gut gearbeitet hat. Hier eine kleine Auswahl an oft gebrauchten „Trainer Ausreden":

- „Der Hund ist gestresst."
- „Das Suchgebiet ist zu schwer."
- „Der Hund ist nicht motiviert."

Im Einsatz zeigt der Hund, was er gelernt hat.

- „Dem Hund ist langweilig."
- „Die Ablenkung ist zu groß."
- „Der Wind ist zu stark".
- „Es geht ihm heute nicht gut."
- „Er ist nicht genug oder zu viel ausgelastet worden."
- „Es ist zu warm, zu kalt oder zu nass."

All diese Gründe können natürlich in der einen oder anderen Situation zutreffen und zu einem schlechteren Ergebnis führen. Es ist allerdings unsere Aufgabe, dem Hund genau das beizubringen, was wir möchten. Wenn das größte Ziel ist, mit dem Hund gemeinsam einen Einsatz zu bestreiten und erfolgreich aus diesem herauszugehen, dann müssen wir bereits im Training darauf hinarbeiten.

Erfahrungsbericht Katja

In einer Prüfung sagte uns einmal der begleitende Ausbilder des Spürhundteams, dass das Mensch-Hund-Team wahrscheinlich deshalb durch die Prüfung gefallen sei, weil es nicht dem Biorhythmus des Hundes entspräche, gegen 11 Uhr vormittags eine Suche absolvieren zu müssen. Leider durfte ich in der Situation nicht lachen. Wenn ich meinen Hunden und mir unseren jeweiligen Biorhythmus zugestanden hätte, dann wäre es bei vier einsatzfähigen Hunden wahrscheinlich schwierig geworden, eine Zeit mit den Auftraggebern auszumachen.

Im Einsatz zeigt sich, wie viele Trainingsfehler wir eingebaut haben. Meistens sucht der Hund nicht so gut, weil wir unachtsam sind, uns zu viel bewegen, falsche Verhalten verstärken, ein schlechtes Timing haben oder unsere Belohnungsrate im Training einfach zu gering war. Wenn wir mit unserem Hund erfolgreich in Einsätze gehen möchten, dann ist es wichtig, dass wir genau das trainieren, was wir am Ende brauchen. Wir brauchen, wie schon zuvor geschrieben, ein gutes Trainingsziel und einen guten Plan.

Jagdhunde dürfen sich nicht von anderen Wildspuren ablenken lassen, wenn sie gerade auf eine Spur von ihrem Hundeführer angesetzt wurden.

Verschiedene Einsatzgebiete

Wir haben ja schon gesehen, wie unterschiedlich die Einsatzgebiete sein können und wie wichtig es ist, sich vorher schon möglichst genaue Gedanken dazu zu machen und die verschiedenen Möglichkeiten auch zu trainieren.

Trotz aller durchdachten Vorbereitung kann es aber im Einsatz dazu kommen, dass wir in Situationen geraten, auf die wir nicht vorbereitet sind. Was uns konkret am Einsatzort erwartet, welches Suchgebiet und welche Ablenkungen, sehen wir letztendlich erst, wenn wir dort angekommen sind. Deshalb ist es so unglaublich wichtig, den Hund gut vorzubereiten und alle Eventualitäten mit ins Training einzubeziehen. Der Einsatz ist unser großes Ziel. Dort wollen wir hin und dort wollen wir zeigen, wie gut wir sind. Letztendlich ist der Einsatz auch eine Bestätigung unseres Trainings und zeigt uns, wie gut wir trainiert haben. Jeder Einsatz zeigt uns aber auch unsere Schwachstellen und woran wir arbeiten müssen, um im nächsten Einsatz erfolgreich sein zu können.

Vor allem die Themen Ablenkung und Suchausdauer sind entscheidend für die Einsatzfähigkeit. Im Einsatz muss der Hund manchmal länger suchen, als wir es im Training üben. Deshalb ist es wichtig, diese Komponente auch beim Training nicht aus den Augen zu verlieren. Hunde können sehr ausdauernd suchen – es muss aber trainiert werden. Allerdings ist auch wichtig, dass der Hund den Spaß bei der Sache behält, und wenn ich stets sehr viel von ihm verlange, kann auch die Gefahr bestehen, dass er irgendwann aus dem Spiel aussteigt. Darum ist es wichtig, die Trainingswaage zwischen langen und kurzen Suchen im Auge zu behalten: Kurze Suchen erhalten die Motivation, lange die Ausdauer. Beides brauchen wir im Einsatz.

Einsatzgebiete können je nach Zielgeruch sehr unterschiedlich aussehen.

Wenn wir Hund und Mensch als Team einsatzfähig bekommen möchten, ist es auch unerlässlich, immer wieder doppelblind zu suchen (s.S.124 f.). Im Einsatz weiß schließlich auch niemand, wo der Geruchsstoff liegt und ob er überhaupt im Suchgebiet zu finden ist.

Letztendlich kommt der Zeitpunkt, an dem wir entscheiden müssen, ob wir einsatzfähig sind oder nicht. Dabei sollten wir immer im Auge behalten, dass ein Einsatz eine ernsthafte Sache ist. Es geht dort um etwas und es stecken andere Menschen, Vertrauen und letztendlich Verantwortung für das, was wir tun, dahinter. Wir tragen also Verantwortung. Das sollten wir nie vergessen!

Es ist unsere Aufgabe, den Hund gut auf seinen Einsatz vorzubereiten. Chilli lernt, in einer Kiste zu stehen und oben zu suchen.

Vorbereitung eines Einsatzes

Das Training mit dem Hund ist die eine Sache. Eine andere ist aber auch die Vorbereitung des Einsatzes durch den Hundeführer. Auch von seiner Seite aus gibt es einiges zu tun, um die Einsatzfähigkeit und einen reibungslosen Ablauf zu gewährleisten.

Organisation, Recht und Versicherungen[1]

Bevor wir in einen Einsatz gehen, müssen wir uns noch über einige weitere Dinge Gedanken machen. Sehr sinnvoll ist es, in Kooperation zu Fachleuten zu gehen und mit diesen gemeinsame Einsätze zu gestalten. Über sie kommen Mensch-Hund-Teams auch an Einsatzmöglichkeiten heran. Wer Bettwanzen sucht, kann sich mit Schädlingsbekämpfern zusammentun und wer Sprengstoff sucht, kann eine Sicherheitsfirma gut gebrauchen, um an Aufträge zu kommen. Schimmelspürhund-Führer arbeiten eng mit Bausachverständigen zusammen und viele Hundeführer, die ihren Hund in der Artensuche ausbilden, werden von Planungsbüros beauftragt.

Es ist also gut, sich neben der Frage, welcher Geruchsstoff gesucht werden soll, auch zu überlegen, wie und über wen wir an Aufträge herankommen. Auch bei der Beschaffung von Probenmaterial sind diese Kooperationen Gold wert.

Außerdem müssen wir uns je nach unserem Spezialgebiet auch informieren, welche rechtlichen Regelungen gelten. Geschützte Tiere zum Beispiel dürfen in Deutschland weder tot noch lebendig aus der Natur entnommen werden. Wer mit seinem Hund mit geschützten Arten arbeiten möchte, braucht Genehmigungen, um diese händeln zu dürfen.

1 Die rechtlichen Fakten in diesem Kapitel beziehen sich auf die Situation in Deutschland.

Invasive Arten dürfen nicht von ihrem ursprünglichen Standort weggebracht werden, damit sie sich nicht noch weiterverbreiten. Auch hier braucht es Genehmigungen, um effektiv trainieren zu können. Trüffel dürfen in Deutschland nicht einfach so gesucht und aus der Natur entnommen werden, da sie unter Naturschutz stehen. Für gefährliche Stoffe, wie zum Beispiel Sprengstoff, braucht es noch ganz andere Genehmigungen.

Es ist wichtig, dass der Hundeführer sich Gedanken darüber macht, welche rechtlichen Bedingungen für seinen speziellen Zielgeruch gelten. Gerade wenn wir offiziell Einsätze anbieten, sollten wir uns an die rechtlichen Rahmenbedingungen halten. Allein dafür ist es sinnvoll, mit Experten zusammenzuarbeiten.

Auch sollten wir uns Gedanken darüber machen, welche Versicherungen wir benötigen und wann wir eventuell wofür haftbar gemacht werden können. Recht und Versicherungen sind also zwei wichtige Themen, die je nach Ziel, Stoff und Einsatzgebiet ganz unterschiedlich sind, über die wir uns aber auf jeden Fall Gedanken machen müssen, bevor wir mit unserem Hund in den Einsatz gehen.

Es ist außerdem wichtig, sich mit seinem zuständigen Veterinäramt in Verbindung zu setzen, um zu klären, ob eine Genehmigung nach §11 erforderlich ist.

Als Hundeführer im Einsatz müssen wir uns außerdem überlegen, mit welchen Personen wir Kontakt haben und umgehen müssen. Wer Schädlinge oder Schimmel sucht, hat in den meisten Fällen auch Kontakt zu den Hausbesitzern oder den Bewohnern. Das heißt, der sensible Umgang mit den Betroffenen ist sehr wichtig.

Wenn es Dinge gibt, die dem Hundeführer wichtig sind, um einen reibungslosen Einsatz zu gewährleisten, dann sollten auch diese im Vorfeld kommuniziert werden, wie z.B.:

- Gibt es andere Tiere am Einsatzort?
- Soll gelüftet werden oder nicht?
- Sollten Möbel verrückt werden oder alles am Ort gelassen werden?
- Wurden die landwirtschaftlichen Flächen, die abgesucht werden, in letzter Zeit mit Düngemittel oder Spritzmittel behandelt?
- Gibt es Gefahrenquellen im Einsatzgebiet?
- Dürfen weitere Menschen im Suchgebiet sein oder sollen Hund und Hundeführer alleine suchen, um nicht gestört zu werden?

Es gilt also, sich über einige Dinge im Vorfeld des Einsatzes Gedanken zu machen, damit alles reibungslos verläuft.

Erfahrungsbericht Michaela

Wenn ich auf der Suche nach Bettwanzen bin, bin ich auch mit den Bewohnern des Hauses oder dem Hotelmanager konfrontiert. Es sind also Menschen am Einsatzort. Wenn das so ist, muss ich entscheiden, ob sie im Raum sein dürfen, wenn die Hunde suchen oder nicht. Wenn es für die betroffenen Personen wichtig ist, dann ist es für mich völlig in Ordnung, wenn sie im Raum sind und zuschauen, solange sie nicht stören.

Am Einsatzort – wie gehen wir vor?

Vor einem Einsatz ist es zudem wichtig, die ein oder andere Information einzuholen, um Gefahren auszuschließen. Wurde das Suchgebiet zum Beispiel bereits mit Chemikalien oder Pestiziden behandelt, die dem Hund gefährlich werden können? Bei der Suche nach Schimmel oder Schädlingen ist dies von großer Bedeutung. Bei der Suche in Innenräumen ist es außerdem sinnvoll, den Raum erst einmal ohne den Hund zu begehen, um zu schauen, ob es Gefahrenquellen gibt, die beseitigt werden müssen. So können Chemikalien, Putzmittel und das Futter der hauseigenen Tiere außer Reichweite gestellt werden. Außerdem kann sich der Hundeführer so auch schon ein Bild davon machen, wo der Hund vorsichtiger geführt werden muss, weil zum Beispiel zerbrechliche Gegenstände im Raum stehen, falls diese nicht weggeräumt werden können.

Bei dem ein oder anderen Einsatzgebiet draußen ist es auch wichtig, mit den Besitzern der Flächen zu sprechen, die begangen werden sollen. Bei der Suche nach Schlagopfern sollte der Einsatz mit dem Besitzer der Landwirtschaftlichen Flächen rund um das Windrad besprochen werden und bei der Suche nach Borkenkäfer oder Kadavern, die mit der afrikanischen Schweinepest infiziert sind, mit dem Waldbesitzer bzw. dem Jagdpächter.

Auch im Außenbereich ist es wichtig, sich das Gelände erst einmal ohne Hund anzuschauen. Wo gibt es Gefahren oder Schwierigkeiten? Sind vielleicht besonders viele Dornen im Gelände oder gibt es Bereiche, die der Hund oder der Hundeführer nicht betreten kann?

Bei dieser Begehung sollten wir uns auch schon Gedanken machen, welche Suchtaktik

Wichtig abzuklären ist, ob es Gefahren am Einsatzort gibt, bevor der Hund hinzugenommen wird.

wir anwenden möchten. Sucht der Hund frei oder an der Leine? Wie lang sollte die Leine am besten sein? Von welcher Seite wird das Gebiet abgesucht? Wie wird sichergestellt, dass der Hund das ganze Gebiet inklusive der hohen Lagen absucht? Der ein oder andere Hundeführer hat sein immer gleich ablaufendes Schema, ein anderer schaut sich das Gebiet immer wieder aufs Neue an und entscheidet dann individuell. Hier gibt es kein Richtig und Falsch, es sollte aber wohl überlegt sein.

Während der Hund im Einsatz sucht, sollte darauf geachtet werden, dass er nichts beschädigt und die Menschen und Tiere vor Ort nicht belästigt.

Je nach Geländeart muss ich überlegen, welche Suchtaktik angewendet werden kann bzw. muss.

Nach dem Einsatz: Berichte, Dokumentation und Reflexion

Auch nach dem Einsatz ist die Arbeit für den Hundeführer noch nicht erledigt. In den meisten Einsatzbereichen wird im Nachhinein ein Bericht geschrieben, um ihn den Auftraggebern auszuhändigen.

Darin wird folgendes festgehalten:

- Einsatzort, Datum, Auftraggeber
- Art und Größe des Suchgebietes
- Wind, Wetter, Temperatur
- Vorbericht – warum wurde der Einsatz angesetzt?
- Anwesende Personen
- Was wurde gefunden?
- Wurden Proben zur Kontrolle versteckt und gefunden?
- Gab es Stellen, an denen der Hund sehr interessiert war, aber nicht angezeigt hat?
- Ergebnis des Einsatzes
- Evtl. Empfehlungen zum weiteren Vorgehen

Je nach Einsatzart und Geruchsstoff wird der ein oder andere Punkt wichtiger sein oder auch wegfallen. Wichtig ist, dass sich der Hundeführer im Nachhinein Gedanken über den Einsatz macht und diesen dokumentiert.

Auch in Sachen Training ist nach dem Einsatz vor dem Einsatz. Im Einsatz bauen wir uns immer wieder Fehler ein, weil wir sehr

Wenn wir den Hund erhöht suchen lassen und er kommt dort zu einer Anzeige, dann sollte so etwas in der Dokumentation speziell beschrieben werden, da es für das weitere Training interessant sein kann.

flexibel auf die jeweilige Situation eingehen müssen und deshalb oft anders reagieren als im Training. Außerdem zeigt sich in der Einsatzsituation, was der Hund im Training gelernt hat. Dort wird sichtbar, woran in nächster Zeit gearbeitet werden muss, um effektiv arbeiten zu können. Wir müssen also das Verhalten des Hundes sehr genau beobachten und daraus unsere nächsten Trainingsschritte ableiten.

Belohnen im Einsatz, ja oder nein?

Wenn wir mit unserem Hund im Einsatz sind, befinden wir uns in einer völlig anderen Situation als im Training. Ganz oft werden wir erleben, dass der Hund ein Anzeigeverhalten zeigt, wir aber nicht nachvollziehen können, ob er Recht hat oder nicht. Je nach Zielgeruch können wir es einfach nicht kontrollieren. Bei der Suche nach Bettwanzen wird der Hund ja gerade dann zu Hilfe gerufen, wenn wir Menschen keine Spuren von Wanzen finden können und diese zum Beispiel für uns nicht sichtbar hinter der Türzarge sitzen. Und da wir nicht die ganze Zarge ausbauen können, um zu kontrollieren, ob der Hund Recht hat, müssen wir uns auf ihn verlassen können.

Deshalb müssen wir auf diese Situation hinarbeiten. Für unser Training heißt das, dass wir immer kritisch hinterfragen müssen, was der Hund gelernt hat, kleine Trainingsschritte machen und dem Hund vor allem immer wieder andere und herausfordernde Suchszenarien bieten, die auch immer wieder doppelblind abgefragt

Egal ob im Einsatz oder im Training – die Belohnung muss den belohnen, den ich belohnen möchte! Vielfach lieben Hunde Felldummys.

werden. Wir müssen unseren Hund im Training so gut kennen, dass wir uns im Einsatz auf ihn verlassen können.

Außerdem sollte der Hund im Training gelernt haben, dass er nicht nur für eine Anzeige belohnt wird, sondern auch mal für die Suche selbst oder einen Abruf aus der Suche oder der Anzeige. Wenn wir diese verschiedenen Belohnungsmöglichkeiten haben, haben wir auch viele Varianten, die wir im Einsatz anwenden können.

Zeigt der Hund im Einsatz eine Anzeige, ohne dass wir nachweisen können, ob er Recht hat oder nicht, können wir wie folgt reagieren:

- Die Anzeige belohnen, weil wir sicher sind, dass er Recht hat.
- Den Hund aus der Anzeige rausrufen und für den Rückruf belohnen.
- Den Hund aus der Anzeige rausrufen, ihn weitersuchen lassen und für die Suche belohnen.
- Den Hund aus der Anzeige rausrufen, abliegen lassen und für das Abliegen belohnen.
- Gar nicht belohnen, sondern den Hund rausrufen, Pause machen lassen und erst einmal selber nachschauen, ob wir Hinweise auf den Zielgeruch finden. Wenn etwas gefunden wird, kann der Hund nochmals zur Anzeige geschickt und belohnt werden.

Wichtig ist, dass wir erst dann in den Einsatz gehen, wenn wir unseren Hund gut kennen und einschätzen können, was er tut. Und es ist wichtig, immer kritisch zu arbeiten, damit ich mich am Ende auf meinen Kollegen Hund verlassen kann!

Wie wir dann im Einsatz reagieren, wenn der Hund anzeigt, ist ganz individuell. Je mehr Szenarien und Belohnungsmodelle der Hund kennen gelernt hat, desto besser kann er auch in der Einsatzsituation damit umgehen.

Erfahrungsbericht Michaela

Ich entscheide im Einsatz immer sehr individuell, ob ich den Hund für eine Anzeige belohne oder nicht. Da lasse ich mich auch sehr von meinem Gefühl leiten. Ich kenne meine Hunde sehr gut und kann glaube ich ganz gut abschätzen, was sie mir gerade sagen. Auch weiß ich, wie das Training vor dem Einsatz gelaufen ist. Daraus kann ich ableiten, ob ich den Hund belohnen möchte und wie. Auf jeden Fall muss ich darauf einen guten Blick haben, um mir das Verhalten nicht kaputtzumachen. Aber ich muss meinem Hund auch trauen – ansonsten sind wir nicht einsatzfähig.

6.

DIE SUCHE NACH BETTWANZEN

SPEZIAL-THEMA

Bettwanzen – die gibt es doch bei uns in Deutschland nicht! Das ist ganz oft der erste Gedanke, wenn ich (Michaela) auf Bettwanzen angesprochen werde. Aber doch: Im Rahmen der vielen Auslandsreisen, der Flüchtlingswelle und der Globalisierung wird die Bettwanze mittlerweile auch wieder heimisch in Deutschland. Da die Menschheit großen Wert auf Reisen legt, Urlaub macht und geschäftlich in aller Welt unterwegs ist, steigt auch das Risiko, die kleinen Plagegeister als Urlaubsbekanntschaft mit nach Hause zu bringen. Bettwanzen können im Hotelzimmer in unsere Koffer, im Zug oder Flugzeug in unsere Kleidung oder wo auch immer zu uns ins Gepäck krabbeln und zu uns nach Hause umziehen …

Da die Wanzen ein immer größeres Thema im Bereich der Schädlingsbekämpfung werden, liegt es nahe, nach effizienten Bekämpfungsmethoden bzw. Detektionswegen zu suchen. Schon seit einiger Zeit sind Bettwanzenspürhunde auf der ganzen Welt unterwegs und auch in Deutschland kommen sie immer mehr zum Einsatz.

Aber bevor uns weiter mit der Suche befassen, schauen wir uns doch erst einmal genauer an, mit welchem Gegner wir es hier eigentlich zu tun haben.

Dieser junge Hund steht noch ganz am Anfang seiner Ausbildung. Die Art der Ausbildung und das Können des Hundeführers werden ihn maßgeblich beeinflussen.

Die Gemeine Bettwanze (Cimex lectularius)

Gastbeitrag von Detlev Lergon, DELEX Schädlingsmanagement

Einleitung

Das Thema um die Bettwanze ist sehr komplex, weshalb hier nur eine kurze Zusammenfassung erfolgt.

Die Bettwanze ist seit dem Sesshaftwerden des Menschen sein Begleiter und Peiniger. Bereits im alten Griechenland, 400 v. Chr. und bei den Römern um 77 n. Chr. fanden die Wanzen schon ihre Erwähnungen. In Deutschland wurden sie erstmals im 11. Jahrhundert erwähnt. Die Ausbreitung in Europa und Asien hat begonnen. Mit den Entdeckungsreisen der Seefahrer wurden die Wanzen weltweit verbreitet.

Zwischen den beiden Weltkriegen (1918–1939) stieg die Anzahl der Bettwanzenfälle stetig an. Im Zweiten Weltkrieg wurden Bettwanzen zum weiteren Gegner, der bekämpft werden musste, was nicht so erfolgreich gelang. Erst mit dem intensiven Einsatz des insektiziden Wirkstoffes DDT ab 1945 durch die Amerikaner für die militärische und zivile Nutzung gelang es in den folgenden Jahrzehnten in den Industrieländern, den Befall fast vollständig zu beseitigen. Seit 1972 ist die Herstellung, das Inverkehrbringen und die Verwendung von DDT in Deutschland verboten.

Bis etwa 1995 waren Bettwanzen in Deutschland eine Seltenheit, sodass man annehmen konnte, sie wären ausgerottet. Dies war ein Irrglaube, denn mit den sehr stark zugenommenen globalen Reisen wurden Bettwanzen wieder aus der ganzen Welt eingeschleppt und die Populationen sind seither stetig im Steigen begriffen.

Ein Bettwanzenbefall hat nichts direkt mit mangelnder Hygiene zu tun, eher mit Verschleppung. Es kann jeden unbeabsichtigt treffen.

Die Wanze

Die Gemeine Bettwanze (*Cimex lectularius*) gehört zur Gattung der blutsaugenden Plattwanzen (*Cimex*), weshalb sie auch umgangssprachlich Tapetenflunder genannt wird und in gemäßigten Klimazonen vorkommt. In Asien und Afrika ist die Tropische Bettwanze (*Cimex hemipterus*) verbreitet. Beide haben hauptsächlich den Menschen als Wirt. Zum Verwechseln ähnliche Plattwanzenarten sind die Fledermauswanze (*Cimex pipistrelli*), die Schwalbenwanze (*Cimex hirundinis*) und die Taubenwanze (*Cimex columbarius*). Alle können nach dem Verlust ihres Wirtstieres den Menschen als Zwischenwirt heimsuchen und dort ihre Blutmahlzeit einnehmen. Bettwanzen können weder springen noch fliegen. Sie bewegen sich fort, indem sie krabbeln.

Steckbrief

Ausgewachsene Bettwanzen:

- *haben einen sehr flachen Körper*
- *sind flügellos*
- *sind rötlichbraun gefärbt*
- *sind ca. 4–6 mm und vollgesogen bis zu 9 mm lang*
- *haben eine Lebensdauer von ca. 6 bis 12 Monaten*
- *müssen zur Fortpflanzung etwa einmal wöchentlich Blut aufnehmen*
- *Weibchen legen im Laufe ihres Lebens etwa 150 bis 400 Eier, jeweils täglich etwa 2 bis 10 Stück.*

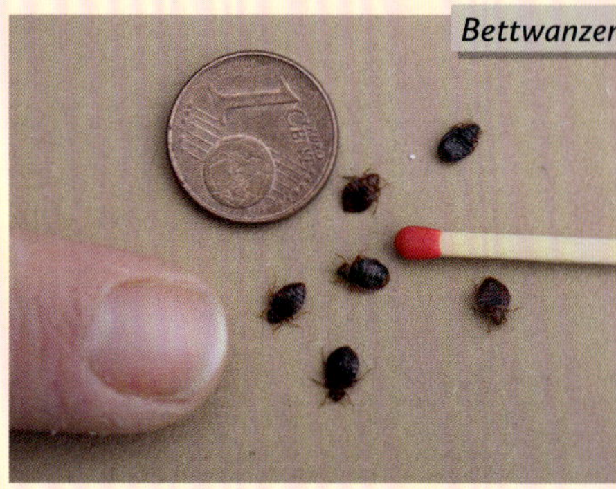

Bettwanzen

Jungtiere:

- *schlüpfen mit etwa 1–1,5 Millimetern aus den Eiern*
- *müssen vor jeder Weiterentwicklung (Häutung) Blut saugen*
- *häuten sich im Verlauf ihrer weiteren Entwicklung zum erwachsenen Tier fünf Mal*
- *sind auf Grund ihrer geringen Größe und hellen Färbung schlecht zu erkennen*

Bettwanzeneier:

- *sind etwa 1 Millimeter lang, milchig weiß und leicht gebogen*
- *werden von den Weibchen im Versteck oder in unmittelbarer Umgebung auf Oberflächen geklebt*

Bettwanzeneier

Quelle: Flyer UBA – „Bettwanzen Empfehlungen für Hüttenwirte"

Die Tiere können während der Wartezeit auf einen Wirt mehrere Monate ohne Blutmahlzeit überleben. Bei Temperaturen unter 7°C wird die Nahrungsaufnahme eingestellt und bei 45°C tritt der Tod ein.

Schadpotenzial

Die Larven und adulten Tiere stechen bevorzugt bei Dunkelheit, meistens in den Morgenstunden. Der Saugvorgang dauert meist 3 bis 20 Minuten und wird nicht unterbrochen. Danach kann es zu unterschiedlichen Stichreaktionen kommen, wobei der Stich nicht bemerkt wird. So können sich juckende Quaddeln bilden oder sie können bei empfindlichen Personen zu großflächigen Hautentzündungen führen. Durch den Juckreiz kommt es oft zu einem starken Kratzen, welches zu Entzündungen führt.

In Bettwanzen wurden die verschiedensten Erreger festgestellt, jedoch konnte bisher keine Übertragung von Krankheiten auf den Menschen nachgewiesen werden. Aus diesem Grunde ist ein Befall von Wanzen in Deutschland nicht meldepflichtig.

Eine aus unserer Sicht viel bedeutendere Beeinträchtigung bei einigen Menschen ist die durch einen Befall hervorgerufene Schlaflosigkeit und psychische Belastung, z.B. dass der Partner nicht gestochen und die Problematik heruntergespielt wird.

Erfahrungsbericht Katja 

Als ich einmal bei Michaela übernachtete, spürte ich nachts Stiche. Obwohl ich eigentlich sehr gelassen mit so etwas bin, habe ich sofort das Internet bemüht und mir angeschaut, wie Bettwanzenstiche aussehen. Es war sicherlich einfach eine Mücke, weil Michaela ihre „Suchwanzen“ in festen Behältnissen hält, doch ich kann seitdem die psychische Belastung der betroffenen Personen sehr gut nachvollziehen.

Oder dass überall Wanzen gesehen werden und es einen immer noch juckt, obwohl die Bekämpfung erfolgreich war. Viele sind auch fest davon überzeugt, dass Bettwanzen vorhanden sind, obwohl dies widerlegt wurde (z.B. eingebildeter Ungezieferwahn) oder dass es sich um andere Stechinsekten wie z.B. Mücken handelt.

Lebensweise und Verbreitung

Die Bettwanze ist nicht nur in Wohnungen, Hotels, Herbergen, Gästehäusern, Wohnheimen, Notunterkünften etc. zu finden, sondern mittlerweile auch in den Kabinen von Lastkraftwagen, Wohnmobilen, Zügen (Nachtzüge, Fernreisezüge), Flugzeugen, Kinos … und die Liste wird immer länger.

Die Bettwanze ist aufgrund ihrer Verhaltensweise sehr lichtscheu und bestrebt, ihren Körper beidseits mit Gegenständen in Berührung zu bringen. Daher hält sie sich gerne in Fugen, Ritzen und Spalten auf. Um kurze Wege zum Wirt für die Blutmahlzeit zu haben, ist die unmittelbare Nähe zum

Bett ideal. Beliebte Aufenthaltsorte sind z.B. Matratzen, Bettrahmen, Bettgestell, Nachttisch, Nachttischleuchte, Radiowecker, Bilderrahmen, Bücher, Steckdosen, Lichtschalter, Fußleisten, Tapeten. Je stärker der Befall im Raum ist, desto weiter weg verteilen sich die Wanzen von dem Bett des Menschen.

Eine Verbreitung in der Wohnung und im Haus ist möglich, wenn Gegenstände oder Kleidung verteilt werden oder wenn ein Umzug stattgefunden hat.

Eine Einschleppung und/oder Verbreitung erfolgt meist über Mobiliar, Elektrogeräte – besonders Gebrauchtwaren, Bücher, Hohlräume (z.B. Revisionsschächte, Kabelkanäle, Türrahmen, Trockenbauwände), Reisegepäck oder aber auch durch Übernachtungsgäste.

Ebenso ist eine Verbreitung über den Flur möglich, und auch oft genug geschehen, wenn z.B. in einer Wohnung der Befall so stark ist, dass die Bettwanzen auf der Suche nach einem Wirt aus der Wohnungstür über den Hausflur in die gegenüberliegende Wohnung abwandern.

Anzeichen eines Bettwanzenbefalles

Der sicherste Beleg für einen Befall ist das Auffinden lebender Tiere oder deren Häutungsreste. Ein weiteres sicheres Anzeichen sind die Kotspuren der Tiere, welche als schwarze bis dunkelbraune Punkte im Bett oder in der Nähe des Bettes zu finden sind. Wenn nur einzelne oder sehr wenige Wanzen vorhanden sind, ist es u.U. sehr schwierig, einen Befall nachzuweisen.

Es gibt bis heute keine nachgewiesenen wirkungsvollen Fallen für Bettwanzen.

Bei einem Fund von Wanzen sollte eine Bestimmung der Art durchgeführt werden, um festzustellen, ob es sich nicht in den Innenraum zugewanderte Wanzen, z.B. von Fledermäusen oder Vögeln handelt und somit die Beseitigung der Ursache andere Maßnahmen erfordern.

Sehr oft wird auch aufgrund von Stichen ein Befall von anderen Ektoparasiten wie z.B. Stechmücken, Flöhen, Taubenzecken außer Betracht gelassen oder ignoriert. Die Bewertung der Vorgeschichte zum Befall ist deshalb ebenfalls sehr hilfreich.

Bekämpfungsmaßnahmen

Es gibt nicht „die ideale" Bekämpfung gegen Bettwanzen. Diese kann von Objekt zu Objekt, von Raum zu Raum sehr unterschiedlich sein und hängt z.B. von der Art des Objektes, der Beschaffenheit, dem Inventar und der Nutzung ab. So kann z.B. eine Wärmebehandlung nicht in Räumen durchgeführt werden, in denen die Heiztemperatur von 60°C über mehrere Stunden zu Hitzeschäden führen können.

Nach der eindeutigen Bestimmung der Wanzen, Feststellung der Befallsursache und Objektbegehung wird die Bekämpfungsstrategie festgelegt. Hierzu werden unterschiedliche Verfahren angewandt, welche miteinander auch kombiniert werden können:

- Thermische Behandlung mit Wärme (Temperaturen von 55°C für eine Stunde an der ungünstigsten Stelle)
- Thermische Behandlung mit Heißdampf
- Insektizide Spritz-/Sprühmaßnahmen mit Langzeitmitteln, meist mehrere Maßnahmen notwendig
- Insektizide Stäubemaßnahmen mit Diatomeenerde oder amorphem Silikatgel

Jedes der Verfahren hat seine Vor- und Nachteile, welche von einem ausgebildeten Schädlingsbekämpfer abzuwägen sind. Nach einer Bekämpfungsmaßnahme sollte eine Erfolgskontrolle, z.B. durch einen Bettwanzenspürhund, erfolgen.

Eine Möglichkeit zum Bekämpfen von Bettwanzen ist, befallene Möbelstücke in einem Heizzelt mit Hitze zu behandeln.

Von einer Bekämpfung von Bettwanzen in Eigenregie ist aufgrund der Komplexität des Themas unbedingt abzuraten! Auch sind die Kosten letztendlich weitaus höher, als wenn man einen Fachbetrieb beauftragt hätte. Abgesehen von den Gegenständen, die entsorgt wurden, obwohl dies nicht notwendig gewesen wäre und dabei noch die Wanzen im Objekt, Fahrzeug, etc. verbreitet haben.

Bettwanzenspürhund

Aufgrund der sehr guten Riecheigenschaften von Hunden ist deren Einsatz als ausgebildeter Bettwanzenspürhundes eine sehr gute Unterstützung des Menschen bei der Bestätigung eines Befalles, bei der Feststellung der Ausbreitung, zur Erfolgskontrolle nach einer Bekämpfungsmaßnahme oder bei der Vorsorge.

Der Einsatz eines Spürhundes birgt aber auch Gefahren, z.B. Falschanzeigen bei nicht fachlich entsprechender Ausbildung, Überforderung und falsches Lesen des Hundes, was ggf. zu fatalen Folgen führen kann. Desweiteren gelangt man auch an Grenzen, z.B. bei einer Suche nach Wanzen in Deckenhöhe, in dicht zugestellten Räumen. Zwischen Hundeführer und Schädlingsbekämpfer sollte eine gute Zusammenarbeit bestehen, damit das Ziel der Tilgung eines Bettwanzenbefalles erreicht wird.

Solch eine Ansammlung von toten Bettwanzen, Häutungsresten, Kot und anderen Insekten ist sehr selten. Wenn der Hund auf eine solche Situation trifft muß er damit umgehen können. Ihm das beizubringen ist unsere Aufgabe.

Quellen:

- Krank durch Arthropoden (Horst Aspöck)
- Die Bettwanzen-Fibel (Oliver Zompro)
- Schädlinge Erkennen-Bestimmen-Bekämpfen (R., K. und U. Pospischil)
- Bettwanzen Empfehlungen für Hüttenwirte (Umweltbundesamt)
- Technische Regeln und Normen der Schädlingsbekämpfung (TRNS-Ausschuß)

Herausforderung Bettwanzenspürhund

Immer wieder ist zu lesen, wie zuverlässig Hunde Bettwanzen erschnüffeln können. Da ist die Rede von 96% Genauigkeit und mehr. Es wird behauptet, dass Hunde jederzeit eine einzelne Bettwanze, egal wie klein sie ist, egal in welchem Stadium sie ist und sogar ein einzelnes Ei überall im Raum aufspüren können. Bettwanzenspürhunde werden als überaus genau, zuverlässig und fehlerfrei dargestellt. Findet ein Bettwanzen Spürhund nichts in einem Raum, so ist dort definitiv keine Wanze mehr – so wird es dargestellt.

Aber ist das wirklich so? Wie genau ist ein Bettwanzenspürhund wirklich? Was kann er leisten? Wie ist sein Finden beziehungsweise Nichtfinden zu bewerten? Ist es wirklich so, dass der Raum wanzenfrei ist, wenn der Hund nicht angezeigt hat? Findet der Hund eine einzelne kleine Larve oben in der Deckenverkleidung, hinter der Schrankwand oder im Holzdielenboden? Was, wenn der Hund anzeigt, ich als Hundeführer aber keine Wanzen nachweisen kann? Hat der Hund immer recht?

Dies sind Fragen, mit denen ich mich als Hundeführer auseinandersetzen muss, wenn ich Bettwanzenspürhunde ausbilden möchte. Die Suche nach Bettwanzen ist sehr anspruchsvoll. Meiner Meinung nach ist dies ein Suchbereich, in dem ich mir als Hundeführer sehr viel in die Tasche lügen kann. Mein Hund kann sehr eindrucksvolle Arbeit leisten und trotzdem nicht gut ausgebildet sein. In vielen Einsätzen zeigt der Hund an, ohne dass wir eine Bettwanze nachweisen können. Genau für diese Situation sind Bettwanzenspürhunde da. Sie werden gerufen, wenn der Schädlingsbekämpfer nichts findet, der Wanzenbefall also sehr gering ist. Es ist also sehr wahrscheinlich, dass irgendwo einzelne Wanzen sitzen, die von uns Menschen nicht gefunden werden. Genau deshalb kommt der Hund ins Spiel. Aber genau deshalb müssen wir den Hund auch extrem gut ausbilden. Der Hund muss lernen, kleinste Gerüche zu riechen und zu lokalisieren. Er muss anzeigen, auch wenn ich nicht sicher bin, ob er Recht hat. Und er darf nicht anzeigen, wenn dort nichts ist. Der Erwartungsdruck an mich als Hundeführer ist sehr groß. Vor allen Dingen dann, wenn ich von einem Schädlingsbekämpfer oder dem Hotelbesitzer beobachtet werde.

Die Suche nach Bettwanzen ist meiner Meinung nach eine der anspruchsvollsten Sucharbeiten überhaupt. Es geht um sehr kleine Gerüche, die noch dazu in Spalten, Ritzen oder tief im Mobiliar versteckt sind. Der Hund muss lernen, sehr genau zu schnüffeln, er muss sehr eng mit mir zusammenarbeiten und trotzdem eigene Entscheidungen treffen. Ich muss lernen, meinen Hund zu lesen. Ich muss wissen, was er mir sagen möchte und darauf angemessen reagieren. Ich muss lernen, mit Fehlern umzugehen und das Verhalten meines Hundes einschätzen können. Da ich mit der Bettwanzensuche eine Dienstleistung anbiete, die bezahlt wird, ist es meine Pflicht, meinen Hund gut auszubilden. Damit dies gelingt, sind ein paar Dinge wichtig zu wissen. Darauf möchte ich in diesem Kapitel über Bettwanzenspürhunde eingehen.

Wann werden Bettwanzenspürhunde gerufen?

Bettwanzenspürhunde werden dann gerufen, wenn es einen unklaren Befall gibt. Oft ist es so, dass es einen Verdacht auf Bettwanzenbefall gibt, der gerufene Schädlingsbekämpfer aber keine Spuren von Wanzen findet. Dann kommt der Hund ins Spiel. Er soll Klarheit darüber geben, ob sich irgendwo eine Wanze versteckt hat, die wir Menschen nicht finden können. In diesem Fall ist es sehr wahrscheinlich, dass der Hund anzeigt, wir aber nicht nachweisen können, dass er Recht hat. Ich brauche also einen sehr gut ausgebildeten Hund, dem ich vertraue und von dem ich weiß, wie er wann reagiert.

Außerdem werden Hunde zur Nachkontrolle gebraucht. Wenn es einen nachgewiesenen Befall in einem Raum gab und dieser durch den Schädlingsbekämpfer behandelt wurde, kann der Hund bei der Nachkontrolle gute Dienste leisten. Hier geht es darum nachzuweisen, dass alle Wanzen tot sind oder ob vielleicht noch die ein oder andere Wanze überlebt hat. Deshalb ist es so wichtig, dass mein Hund nur lebende und keine toten Bettwanzen anzeigt.

Ein anderer Aufgabenbereich ist die Kontrolle der Verbreitung. Wird ein Befall in einem Zimmer nachgewiesen, kann es sein, dass auch andere Zimmer befallen sind. Bettwanzen wandern auch in andere Zimmer, durch Kabelkanäle oder Versorgungsschächte in benachbarte Räume. Auch hier kann der Hund gute Dienste beim Aufspüren eines geringen Befalls leisten.

Und dann gibt es noch den Fall der vorbeugenden Kontrolle. Es gibt immer mehr Hotels, die ihre Zimmer regelmäßig nach Wanzen absuchen lassen, um einem eventuellen Befall sofort entgegenwirken zu können. Auch hier kommen die Hunde zum Einsatz.

Es gibt also durchaus viele Einsatzgebiete für unsere Hunde auf dem Gebiet der Bettwanzensuche.

Bettwanzen-Spürhunde werden gerufen, wenn der Befall unklar ist, der Schädlingsbekämpfer also nichts gefunden hat, die Bewohner aber über Symptome klagen.

Was macht die Suche nach Bettwanzen so besonders?

Bettwanzen sind klein

Ein Ei ist 1,1 mm lang und 0,3 mm breit, die Larven bzw. erwachsenen Wanzen sind zwischen 1,3 und 5,5 mm groß. Wenn ich mir vorstelle, was mein Hund in einem Raum alles riecht (Wohnungsgerüche, Essensgerüche, Reinigungsmittel, Kosmetik, andere Tiere, Rauch ...) dann wird mir schwindelig. Wenn ich mir dann noch vorstelle, er soll eine 2 mm große Wanzenlarve in diesem Duftpotpourri finden, dann ist das für mich erstmal absolut unvorstellbar. Es wird aber behauptet, dass Hunde das könnten und ich bin mir auch sicher, dass dem so ist. Allerdings müssen sie dazu wirklich gut ausgebildet werden. Und sie müssen in den Duft der Wanze kommen.

Meine Hunde haben in einigen Einsätzen bereits einzelne Wanzen angezeigt, die wir im Nachhinein auch finden konnten. Allerdings weiß ich natürlich nicht, wie viele Wanzen sie „überrochen“ haben, obwohl sie irgendwo im Raum gesessen haben. Das genau ist ja auch die Schwierigkeit bei der Suche nach Bettwanzen.

Bettwanzen verstecken sich in Ritzen und Fugen. Sie lieben das Dunkle und die Enge. Meist sitzen sie in der Nähe des Bettes, je nach Befall aber auch ganz woanders. Wir finden sie am Lattenrost, am Bettgestell, an oder in den Möbeln in der Nähe des Bettes, in den Elektrogeräten am Bett (Wecker, Fernbedienung), in der Decken- und Wandverkleidung, hinter den Türzargen, im Dielenboden, im Rollladenkasten im Kleiderschrank oder im Koffer. Auch das Wohnzimmer mit dem Sofa sind beliebte Versteckorte.

Bettwanzen verstecken sich gerne in Ritzen. Der Hund lernt mit der Zeit das Konzept „Ritzen absuchen“ und wendet es an.

Ganz praktisch gesehen muss der Hund sehr nah an die Bettwanze heran, um sie orten zu können. Sitzt sie in einer Ritze, muss er theoretisch erst genau über der Wanze ausatmen, damit der Geruch aus der Ritze herauskommen kann und in diesem Moment genau dort schnüffeln. Das erklärt auch, warum der Hund im Training oft an den Wanzen vorbeischnüffelt, ohne den Geruch zu bekommen. Der Hund muss lernen, sehr genau und konzentriert zu suchen, Zentimeter für Zentimeter und nicht nur grob im Raum schnüffeln. Das macht das Ganze auch so anstrengend für die Hunde. Es ist etwas anderes, ob ich ein Bündel Bargeld suche oder eine 2 mm große

Wanze. Das muss uns beim Training eines guten Bettwanzenspürhundes klar sein und diese Schwierigkeit müssen wir im Training immer vor Augen haben.

Dort sehe ich auch ganz klar die Grenze der Hunde: Wenn eine einzelne Wanze im Zimmer ist und diese in der Deckenverkleidung aus Holz sitzt, dann kann es sein, dass der Hund trotz einer guten Ausbildung nicht anzeigt, weil er einfach nicht in den Geruch der Wanze kommt. Das heißt nicht, dass es nicht möglich ist. Ich habe es selbst schon erlebt, dass einer meiner Hunde in einem Hotel die Decke angezeigt hat und die Wanze kurz danach aus der Verkleidung rausgekrabbelt kam. Aber das heißt nicht, dass er das immer und überall schafft. Es kommt auch viel auf den Raum, die Temperatur, den Luftzug, den Luftdruck und die anderen Gerüche im Raum an. Vielleicht kommt es auch auf die Aktivität der Wanze an. Eine sich bewegende Wanze verteilt mehr Geruch als eine starr in der Ritze sitzende. All das können wir nicht überprüfen und deshalb auch nicht kontrollieren. Ich kann nur mein Bestes geben und meinen Hund so gut es geht ausbilden – immer mit dem Blick darauf, dass er auch nicht allmächtig ist.

Eine Schwierigkeit, die sich aus der Größe der Wanzen ergibt, ist die Tatsache, dass ich die Bettwanze im Training nicht so verstecken kann, wie sie im Ernstfall sitzt. Ich kann den Dielenboden nicht aufreißen, um eine einzelne Wanze zu verstecken, kann die Schrankwand nicht abbauen, um dort ein Krabbeltier hinzusetzen und auch nicht oben ins Gebälk klettern, um eine

Bettwanzen sind sehr klein und verstecken sich gut. Wenn eine einzelne Wanze irgendwo in der Deckenverkleidung sitzt, kann es für den Hund schwierig werden.

Fledermauswanze dort zu platzieren. Im Training muss ich mir so gut es geht Versteckmöglichkeiten ausdenken, die die tatsächliche Situation simulieren. Der Hund muss mit so vielen Situationen konfrontiert werden, dass er im Einsatz mit der neuen Situation umgehen kann. Hier ist es eventuell auch sinnvoll mit Ersatzgeruch zu arbeiten. Ein klitzekleines Stück Kong kann ich gefahrloser irgendwo hinter den Schrank stecken als eine einzelne Bettwanze.

Bettwanzen bewegen sich

Bei der Suche nach Bettwanzen haben wir es mit einem lebenden, sich bewegenden Tier zu tun. Es kann sein, dass sie wegläuft, während der Hund sucht und er sie immer wieder neu orten muss. Das ist eine Schwierigkeit, mit der der Hund erst im Einsatz umzugehen lernt. Im Training habe ich die Wanzen in kleinen Behältern, damit sie mir nicht weglaufen. Ich habe keine freilaufenden Wanzen zur Hand, an denen ich trainieren kann.

Eine weitere Herausforderung, die sich daraus ergibt, ist der Restgeruch. Es kann sein, dass eine Wanze stundenlang an einer Stelle sitzt. Wenn der Hund kommt, bewegt sie sich und sitzt an einer anderen Stelle. Der Hund muss lernen, trotz des starken Restgeruchs an der alten Liegestelle nur die lebende Wanze anzuzeigen. Es kann also sein, dass der Restgeruch stärker ist als die Wanze an sich. Aber er soll den lebenden Organismus zeigen und nicht die Stelle, die stark nach Wanzen riecht.

Bei einer Kontrolle nach einer Behandlung durch den Schädlingsbekämpfer befinden sich viele tote Wanzen im Raum. Der Hund muss nun in der Lage sein, auch zwischen Hunderten von toten Bettwanzen eine einzelne lebende herauszufinden. Auch hier ist der Geruch aufgrund der Menge der toten Wanzen viel intensiver als der der lebenden.

Auch wenn nach der Behandlung überall tote Wanzen im Raum liegen, soll der Hund sich auf die lebenden Individuen konzentrieren.

Es gibt Grenzen im Training

Das Training mit den Bettwanzen muss für mich sicher sein. Ich möchte nicht ungewollt einen Befall in meiner Wohnung auslösen, weil Wanzen beim Training verschwunden sind. Deshalb befinden sich die Wanzen immer in kleinen Behältern, die ich verstecke. Das hat zur Folge, dass der Hund immer auch meinen Eigengeruch mitverknüpft. Deshalb muss ich beim Training sehr kritisch hinschauen: Ich verstecke immer wieder auch leere Behälter oder auch Behälter mit toten Tieren, damit der Hund nicht lernt, die Behälter oder meinen Geruch zu suchen. Das ist eine wichtige Sache, auf die ich beim Training achten muss. Im Einsatz ist mein Geruch nicht mehr an den Wanzen und sie sitzen frei im Raum und nicht im Behälter.

Eine andere Sache, die der Hund mit den Wanzen im Behälter verknüpfen kann, ist der Geruchspool im Gefäß. Sitzen fünf Wanzen in einem kleinen Glasröhrchen, riecht die Luft in diesem Röhrchen sehr stark nach Wanzen. Die Luft strömt aus den Öffnungen und wird vom Hund gerochen. Damit er nicht diesen konzentrierten Geruch abspeichert, ist es wichtig, auch da beim Training sehr genau hinzuschauen. Ich setze die Wanzen immer wieder in andersartige Gefäße – große, kleine, aus verschiedenen Materialien, mit mehr oder weniger Öffnungen, aus reinem Netzgewebe, sehr große Gefäße, in denen die Wanzen rumlaufen können und so weiter. Außerdem ist es meiner Meinung nach auch wichtig, ab und an mal einen Test mit freilaufenden Wanzen zu machen. Ich setze die Wanze dann in eine Metallschüssel, aus der sie nicht rauslaufen kann und verstecke diese so, dass die Hunde nicht rankommen. So kann ich kontrollieren, ob die Hunde auch Wanzen ohne Gefäße und deren Geruchspool anzeigen.

Auch Fledermäuse haben Wanzen

Immer wieder haben wir die Situation, dass in einem Haus oder einer angrenzenden Scheune Fledermäuse wohnen, die Fledermauswanzen beherbergen. Diese Wanzen sind den Bettwanzen sehr ähnlich. Die Erfahrung zeigt, dass es für die Hunde auch geruchlich wenig Unterschied macht. Alle meine Hunde haben bis jetzt die Wanzen der Fledermäuse nach etwas Training genauso angezeigt wie die Bettwanzen. Wird der Parasitendruck bei den

Wenn Fledermäuse unter dem Dach wohnen, kann es auch zu Wanzenbefall in den Wohnräumen kommen.

Fledermäusen zu groß oder ziehen diese in ein neues Quartier um, kann es sein, dass die Wanzen zu den Menschen ins Haus ziehen. Dann suche ich mit den Hunden die Fledermauswanzen im Haus der Familie. Da wir nicht wissen, ob es einen geruchlichen Unterschied gibt, ist es sinnvoll, sich auch solche Wanzen zum Training zu besorgen.

Es gibt verschiedene Stämme und Stadien

Es gibt viele verschiedene Stämme von Bettwanzen. Der Hund sollte im Einsatz jeden Stamm anzeigen. Das heißt für mich, dass ich auch mit verschiedenen Stämmen trainieren sollte. Bekomme ich die Wanzen von einer Laborzucht, riechen diese möglicherweise etwas anders als die, die ich im Hotel gefangen habe. Eine Wanze, die durch eine Membran beißt und Schweineblut trinkt, riecht bestimmt anders als eine, die einen Menschen gebissen hat. Auch das muss der Hund lernen und generalisieren. Die Erfahrung sagt, dass Hunde das schnell lernen, aber sie zeigt auch, dass unerfahrene Hunde beim Wechsel der Wanzen oft stutzen und etwas unsicher sind.

Außerdem gibt es verschiedene Entwicklungsstadien. Vom Ei bis zur erwachsenen Wanze gibt es vier Nymphenstadien und die Erwachsenen. Wenn der Hund alle Stadien suchen und anzeigen soll, dann muss ich auch mit allen Stadien trainieren.

Arbeit im Team

Noch eine Sache ist bei der Suche nach Bettwanzen besonders: Sie erfordert eine gute Zusammenarbeit mit dem Schädlingsbekämpfer und den betroffenen Personen. Nur dann kann die Suche gelingen. Diese Herausforderung haben wir auch in anderen Bereichen, wie zum Beispiel der Schimmelsuche. Für mich als Hundeführer ist es etwas anderes, ob ich alleine in den Einsatz ziehe und hinterher Bericht erstatte oder ob ich mit anderen Personen zusammenarbeite. Auch der Hund muss damit klarkommen und den Schädlingsbekämpfer am Einsatzort nicht als Störung empfinden. Und das will auch trainiert sein.

Ich denke, nun wird klar, dass das Training mit Bettwanzen nicht das einfachste ist. Ein Hund kann ein guter Bettwanzenspürhund werden und eine großartige Hilfe bei der Ortung und Kontrolle sein. Aber es gehört auch ein guter, immer kritischer Hundeführer dazu. Spürhundetraining ist Teamarbeit – in diesem Fall zwischen Hund, Hundeführer, Schädlingsbekämpfer und den betroffenen Personen.

Das Training eines Bettwanzenspürhundes

Wenn wir mit unserem Hund Bettwanzen suchen möchten, müssen wir beim Training einiges beachten. Wir haben ja schon gesehen, dass der Hund nur lebende Wanzen anzeigen soll – sprich, keine toten, keine leeren Eier, keinen Kot und auch keine Häutungsreste. Das heißt, dass ich zum Training immer lebende Wanzen brauche. Ich brauche aber auch tote Wanzen, Eier und Häutungsreste, um eine Differenzierung zu trainieren. Der Hund muss lernen, tote von lebenden Bettwanzen zu unterscheiden und nur die lebenden Individuen anzuzeigen. Dafür muss ich immer wieder auch tote Wanzen verstecken oder auch Häutungsreste und dem Hund erklären, dass er diese nicht anzeigen soll. Da die Wanzen in einem kleinen Behälter gefangen sind, ist es auch wichtig, dass ich beim Training immer wieder auch leere Behälter im Suchgebiet auslege, damit der Hund nicht lernt diese Behälter zu suchen. Er muss lernen, dass es auf den Inhalt ankommt.

Erfahrungsbericht Michaela

Ich sage meinem Hund, dass tote Wanzen nicht interessant sind, indem ich überall in meinem Haus Behälter mit toten Wanzen liegen habe. So wird der Geruch für den Hund völlig normal und uninteressant. Für mich ist das sehr normal, für Besuch manchmal etwas befremdlich.

Damit der Hund am Ende auch Wanzen in allen Entwicklungsstadien anzeigen kann, ist es wichtig, mit den verschiedenen Stadien zu trainieren. Und diese muss ich auch als Proben zu Hause haben. Auch Proben von verschiedenen Stämmen sind wichtig. Der Hund sollte am Ende jeden erdenklichen Stamm anzeigen. Wenn ich im Training nur mit Wanzen aus einem einzigen Labor trainiere, kann es sein, dass er im Einsatz die Wanzen im Hotel nicht anzeigt. Je breiter ich trainiere, desto sicherer wird der Hund den immer gleichen Geruch bei allen Bettwanzen erkennen und auch im Einsatz völlig neue Wanzen anzeigen.

Wichtig beim Training eines Bettwanzenspürhundes ist weiterhin, dass ich die Intensität des Geruchs trainiere. Es kann sein, dass ich im Einsatz eine einzige Wanze im Raum habe, die der Hund orten soll. Es kann aber auch sein, dass sich hinter einer Schrankwand ein großes Nest befindet. Beides soll der Hund anzeigen. Es ist also wichtig, im Training mit einzelnen Wanzen zu trainieren, aber auch mit großen Mengen. Die Wanzen sollten mal alle auf einer Stelle sitzen, mal flächig ausgelegt sein oder es sollten viele versteckte Proben im Raum verteilt sein. Der Hund muss lernen, mit all diesen Geruchsbildern umzugehen. Auch ein Raum mit sehr vielen toten Wanzen, in dem er einzelne lebende finden soll, ist wichtig zu trainieren. Das genau muss er ja leisten, wenn er nach der Bekämpfung eine Nachkontrolle durchführen soll.

Bettwanzen verstecken sich in Ritzen und Fugen, sie sitzen oft unerreichbar für den Hund – weshalb sie ja auch von uns Menschen nicht gefunden werden. Um den Hund auf den Ernstfall vorzubereiten, ist es sehr wichtig, das Suchen von Wanzen in verschiedenen Verstecken zu trainieren. Der Hund muss lernen, wie er damit umgeht, wenn er nicht so nah an die Wanze herankommt, wie er es gewohnt ist.

Ich muss die Wanzen im Training also auch in tiefen Lagen verstecken: tief in der Ritze, im Schrank, in der Schublade, im Koffer, zwischen den Kleidern, unter der Matratze – je vielfältiger, desto besser. Dabei ist es wichtig, dass ich das in kleinen Schritten aufbaue. Erst kommt der Hund an die Wanze dran und dann verschwindet sie immer tiefer – Zentimeter für Zentimeter, bis der Hund verstanden hat, dass er den Geruch auch mit etwas Entfernung anzeigen kann, wenn er ihn genau geortet hat.

Eine andere wichtige Sache, die trainiert werden will, sind die Hochverstecke. Wanzen sitzen auch gerne oben in der Deckenverkleidung, im Kleiderschrank, in den Türzargen oder Rollladenkästen. Dafür ist es wichtig, dass ich mit meinem Hund trainiere, dass er sie auch da finden und anzeigen kann. Im Training verstecke ich die Wanzen erst auf Hundehöhe, dann allmählich auf Nasenhöhe. Dann lernt der Hund, dass er sich auch an der Wand oder den Möbeln hochstellen kann, um noch höher zu suchen. Verstecke ich die Wanzen sehr viel höher als der Hund sich recken kann, dann gibt es zwei Möglichkeiten, wie wir als Team damit umgehen. Ich kann dem Hund beibringen, dort anzuzeigen, wo er den stärksten Geruch bekommt. Meine Hunde stellen sich in Richtung des Geruchs und strecken die Nase, soweit es geht in die Richtung. Ist mein Hund leicht genug für mich, kann ich ihn hochheben und mit ihm trainieren, dass er auch auf dem Arm suchen kann. Ich persönlich übe das erst einmal mit Futter. Ich lege schmackhaftes Futter ins Regal oder auf den Schrank und hebe den Hund

Wichtige Trainingskriterien für einen Bettwanzenspürhunde sind tiefe Lagen und Hochverstecke.

hoch, damit er drankommt, um es zu fressen. Dann lege ich mehrere Leckerchen ins Regal und gehe mit dem Hund auf dem Arm so an den Regalbrettern vorbei, dass er die Futterstückchen aufsammeln kann. Erst dann ersetze ich das Futter durch Bettwanzen und lasse ihn anzeigen, bevor ich ihn runterlasse und belohne. Wenn der Hund sehr klein ist, kann ich ihn natürlich auch ins Regal oder auf den Schrank setzen und dort suchen lassen.

Das Training der Hochverstecke ist sehr wichtig, um im Einsatz erfolgreich sein zu können. Leider wird es immer wieder etwas stiefmütterlich behandelt. Die Erfahrung zeigt, dass es nicht ganz einfach, aber machbar ist. Und wenn die Hunde eine Idee davon haben, dreidimensional zu suchen, dann ist unsere Erfolgsquote im Einsatz direkt sehr viel größer.

Erfahrungsbericht **Katja** 

Ich habe bei Hochverstecken immer wieder festgestellt, dass die Hunde diese Aufgabe eigentlich leicht meistern, wenn wir das Training gut aufgebaut haben. Allerdings erlebe ich dabei auch immer wieder, dass dies für die Hundeführer anscheinend besonderen Anlass zur Freude mit sich bringt, vielleicht weil sie es sich vorher überhaupt nicht vorstellen konnten, dass ihre Hunde auch dazu in der Lage sind. Doch diese überschwängliche Freude birgt das Risiko, dass die Hunde sich mehr und mehr für die höheren Lagen interessieren, einfach weil für die meisten Hunde es das Größte ist, wenn sie ihre Halter dazu bringen, aufrichtige Freude zu empfinden. Das heißt, es kann zu Fehlanzeigen kommen, weil der Hund seinen Halter wieder zum Strahlen bringen möchte (und dabei ist es mir egal, ob er es macht, weil es ihn dann auch sehr glücklich macht oder aus ganz altruistischen Beweggründen). Dieses Risiko kann ich leicht umgehen, indem ich mich immer wieder wie eine Schneekönigin freue, wenn mein Hund eine Probe ordentlich anzeigt, egal ob sie im Boden, an der Wand oder eben in der Decke versteckt war.

Wichtig bei der Suche nach Bettwanzen ist auch die Liegezeit. Wenn ich meine Proben im Training immer kurz vor der Suche verstecke, dann wird der Hund im Einsatz eventuell überfordert sein, wenn er auf ein schon länger befallenes Zimmer stößt. In einem Zimmer, in dem seit Wochen Bettwanzen wohnen, riecht es anders als in einem Zimmer, in dem ich vor 15 Minuten welche eingebracht habe. Deshalb ist es wichtig, dass ich meine Proben auch mal länger liegen lasse, bevor ich den Hund zum Suchen schicke. Sinnvoll ist es auch, ab und an die Wanzen kurz vor der Suche nochmal woanders hinzulegen. Lebende Wanzen bewegen sich. Es kann sein, dass sie stundenlang auf einer Stelle sitzen und wenn der Hund kommt, woanders hinkrabbeln. Auch dies muss ich trainieren, damit der Hund im Einsatz damit umgehen kann.

Im Einsatz habe ich ganz oft die Situation, dass wir nichts finden. Bei einem unbestätigten Befall ist es sogar sehr wahrscheinlich, dass keine Wanzen da sind. Auch wenn es darum geht, die Nachbarräume zu kontrollieren, kommt es immer wieder zu langen Suchen ohne Fund. Deshalb ist es unverzichtbar, Leersuchen ins Training einzubauen. Der Hund muss lernen, auch nach langer Suche nicht frustriert zu sein. Dazu ist es wichtig, auch die Suche an sich zu belohnen. Der Hund darf nicht nur auf die Anzeige hinarbeiten, sondern muss lernen, dass es sich lohnt, zu suchen. Da der Hund ein Nasentier ist, haben wir den Vorteil, dass es ihm so viel Spaß macht, diese einzusetzen, dass wir schnell in einen Bereich der intrinsischen Motivation kommen. Trotz alledem ist es sinnvoll, den Hund ab und an auch für die Suche an sich mit dem primären Verstärker zu belohnen. So verhindern wir, dass er auf die Idee kommt, die Suche mit einer Fehlanzeige abzubrechen, um belohnt zu werden.

Ein guter Bettwanzenspürhund kann lange suchen, ohne zu finden. Nicht immer können wir den Befall bestätigen.

Wenn ich mit meinem Hund in den Einsatz gehe, betrete ich in fremde Häuser, Wohnungen, Wohnheime oder Hotels. Überall sieht es anders aus. Ich weiß nie, was mich erwartet. Deshalb ist es wichtig, mit meinem Hund auch an vielen verschiedenen Orten zu trainieren. Wenn ich immer nur in meinem eigenen Gästezimmer trainiere, dann heißt das nicht, dass der Hund auch in fremden Wohnungen mit all den dort zu findenden Ablenkungen klarkommt. Der Hund muss lernen, dass er überall nach Bettwanzen suchen kann.

Erfahrungsbericht **Michaela**

Es klingt schräg, aber meine Wanzen begleiten mich fast überall hin. Egal, wohin ich fahre – ich nutze die Gelegenheit und trainiere mit den Hunden an fremden Orten. Überall finde ich neue spannende Verstecke, die ich nutzen kann. Oder ich festige die zu lernenden Konzepte (suche das Bett ab, suche die Ritze ab). Es ist so wichtig, zu generalisieren und die Suche an viele verschiedene Orte zu bringen!

Zu fremden Wohnungen gehören auch viele andere Ablenkungen. Das können Gerüche, andere Menschen, Haustiere, Gegenstände oder Geräusche sein. Es ist wichtig, dass ich mit meinem Hund unter hoher Ablenkung trainiere, damit er auch im Einsatz damit klarkommt. Ich persönlich arbeite lieber im Training mit extrem viel Ablenkung, damit er sich im Einsatz von der dort vorkommenden Ablenkung nicht aus der Ruhe bringen lässt. Vor allem der geruchliche Aspekt ist nicht zu unterschätzen. Wohnungen riechen nach Putzmittel, Parfum, Weichspüler, Zigarettenrauch, Essen, menschlichen Ausdünstungen … Auch unter diesen vielen anderen Gerüchen muss der Hund lernen, den Bettwanzengeruch zu finden. Das gilt es zu trainieren.

Eine weitere einsatzrelevante Suche ist das Absuchen von Fahrzeugen. Es kann durchaus sein, dass ich zu einem Einsatz gerufen werde, bei dem auch das Auto oder auch Busse oder Zugabteile abgesucht werden sollen. Deshalb ist es wichtig, dass ich auch dies mit dem Hund trainiere. Ein Auto ist eng und der Hund muss sich ganz anders bewegen als in einem großen Raum. Außerdem ist der Geruch in dem kleinen Raum sehr viel konzentrierter, womit der Hund auch erst einmal umgehen lernen muss.

Den genauen Aufbau der Suche findest du im Trainingsplan (s.S.197).

Es ist durchaus möglich, dass auch ein Bettwanzenbefall im Auto oder Wohnmobil abgeklärt werden muss.

Aufbau der Bettwanzensuche

Hier möchte ich einen möglichen Aufbau der Bettwanzensuche beschreiben. Es gibt mit Sicherheit noch viele andere Wege, die gut funktionieren. Wir sagen immer: Es gibt 1000 Wege, ein Verhalten aufzubauen. 500 davon sind tierschutzrelevant und fallen damit weg. Also bleiben noch 500 andere, die wir anwenden können!

Wenn ein Trainer von sich behauptet, den einzig wahren und besten Weg gefunden zu haben, so gilt das nur für ihn persönlich! Es gibt viel zu wenige Daten, um behaupten zu können, dass Weg A der beste von allen ist. Jeder muss einen Weg für sich und seinen Hund finden, der passt und schnell und effektiv zum Ziel führt. Dies ist EIN möglicher Weg!

Bettwanzen besorgen

Wenn ich mit meinem Hund Bettwanzen suchen möchte, brauche ich – na klar – Bettwanzen! Falls ich keine in meinem Bett finde, was ich doch hoffe, muss ich eine Möglichkeit der Beschaffung finden.

Eine Möglichkeit ist, sie im Internet zu bestellen. Eine andere Möglichkeit ist es, mit einem Schädlingsbekämpfer zusammenzuarbeiten, der eher die Möglichkeit hat, an Bettwanzen zu kommen. Es gibt auch das ein oder andere Labor mit Bettwanzenzucht, das eventuell einige zum Hundetraining abgibt. Es ist auf jeden Fall nicht immer einfach, an Wanzen zum Training zu kommen. Vor allem, da wir ja auf lebende Wanzen angewiesen sind.

Egal, woher wir sie beziehen, die Wanzen müssen sicher aufbewahrt werden. Es gibt im Handel kleine Plastikröhrchen extra für Bettwanzen, aus denen sie nicht ausbrechen können. Es gibt auch die Möglichkeit, kleine Röhrchen im Laborbedarf zu kaufen und mit einer heißen Nadel selbst Löcher reinzustechen. Sehr kleine Salzstreuer eignen sich auch zur „Aufbewahrung" der Krabbeltiere.

Damit der Hund nicht lernt, Plastikröhrchen zu finden, sollte man die Wanzen in verschiedenen Behältern haben. Außerdem sollten wir genügend leere Behälter haben, damit wir diese als Verleitung verstecken können. Unser Hund soll schließlich Bettwanzen suchen und keine Plastikröhrchen.

Außerdem ist eine Federstahlpinzette ein wichtiges Utensil zum Umsiedeln der Wanzen oder auch zum Fangen im Einsatz.

Um immer Bettwanzen zum Training zur Verfügung zu haben, bietet sich die Zusammenarbeit mit einem Schädlingsbekämpfer an.

Anzeige und Startritual

Als erstes müssen wir uns überlegen, wie der Hund uns zeigen soll, dass er eine Bettwanze gefunden hat. Die Anzeige ist ein wichtiges Glied der Suchkette. Die beste Suche nutzt uns nichts, wenn der Hund uns nicht anzeigt, dass er den Geruch gefunden hat.

Bei der Wanzensuche müssen wir sehr genau wissen, wo die Wanze sitzt. Ein Sitz, Platz oder Bellen als Anzeige nutzt mir also nichts, da es zu ungenau ist. Da ich beim Bettwanzensuchen in fremden Räumen unterwegs bin, ist es selbstverständlich, dass ich darauf achte, nichts zu beschädigen. Deshalb sollte der Hund bei der Anzeige auch nicht kratzen oder springen.

Meiner Meinung nach ist ein passives Verweisen, bei dem der Hund die Nase so nah wie möglich in Richtung der Wanzen streckt und verharrt, eine gute Anzeigenwahl für diese Art von Suche.

Viele Spürhundeführer arbeiten mittlerweile mit einem Sitzen und Starren auf die betroffene Stelle. Das ist durchaus auch eine gute Anzeigemöglichkeit. Letztendlich muss jeder für sich entscheiden, was er möchte und was nicht. Ich persönlich arbeite mit einem stationären Nasentarget so nah wie möglich an der Stelle, an der die Wanze sitzt.

Überlegen muss ich mir auch, wie das Ganze aussehen soll, wenn der Hund nicht an die Wanze herankommt, weil diese sich außerhalb seiner Reichweite befindet, etwa oben an der Zimmerdecke. Es kann sein, dass ich in solchen Situationen auf die natürliche Anzeige übergehe, weil der Hund seine gelernte Anzeige nicht zeigen kann. Meine Hunde sollen ihre Nase so weit wie möglich in die Richtung der Wanze strecken und dort verharren.

Wir haben zwei Möglichkeiten, dem Hund die Anzeige aufzutrainieren:

- Wir trainieren das Suchen und schauen dann, was der Hund von sich aus macht, wenn er die Wanzen gefunden hat. Aus diesem Verhalten (natürliche Anzeige)

Um eine genaue Anzeige zu haben, bietet es sich an, das Hinstarren oder einen stationären Nasentarget zu trainieren.

formen wir die Anzeige, die wir haben möchten.

- Wir trainieren zuerst die Anzeige, die wir haben möchten, verknüpfen sie mit dem Zielgeruch und trainieren dann das Suchen.

Im untenstehenden Trainingsplan möchte ich die zweite Möglichkeit beschreiben.

Außer der Anzeige brauchen wir noch ein Startritual. Der Hund muss bereits beim Start wissen, dass er Bettwanzen suchen soll. Vor allem, wenn er auch noch andere Suchaufgaben kennt, ist es umso wichtiger, für jede Disziplin ein anderes Startritual zu haben. Der Start sollte für den Hund jedes Mal gleich ablaufen, seine Position ist immer gleich und meine auch. Meine Hör- und Sichtzeichen sind auch vor jeder Suche gleich.

Bei mir sieht das so aus: Der Hund steht rechts neben mir, während ich hocke. Er legt das Kinn in meine linke Hand. Dann ziehe ich meine Hand unter seinem Kinn weg und schicke ihn mit „Such Wanzen" ins Zimmer.

Wie das Ritual aussieht, ob der Hund sitzt, steht oder liegt, rechts oder links von mir oder zwischen meinen Beinen ist, was ich sage und zeige, ist völlig egal. Es sollte nur immer gleich ablaufen.

Da ich mit meinen Hunden mehrere Zielgerüche suche, ist mir das jeweilige Signal sehr wichtig. Wenn ich nur einen Zielgeruch trainiere, muss ich eventuell nicht so viel Wert auf das Startritual legen.

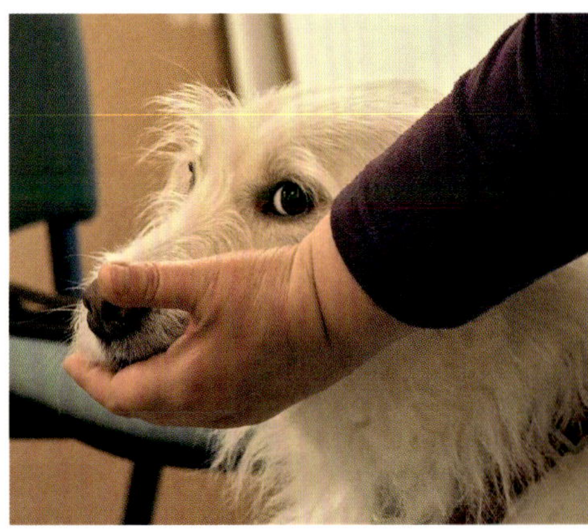

Über das Startsignal sollten wir uns ein paar Gedanken machen, damit für den Hund klar ist, was er tun soll. Hier startet Godiva zur Geldsuche.

Trainingsplan Bettwanzensuche

Bei allen folgenden Trainingsschritten befinden sich die Bettwanzen in einem Behälter, den der Hund mit der Nase berühren kann. Wie oben schon erklärt, ist es wichtig, die Behältnisse immer wieder zu tauschen, damit der Hund nicht ein bestimmtes Gefäß, sondern den Bettwanzengeruch verknüpft. Um eine Verknüpfung an Wanzen bestimmter Populationen zu minimieren, werden nicht nur Bettwanzen aus Zuchten, sondern auch Tiere aus befallenen Objekten entnommen und eingesetzt.

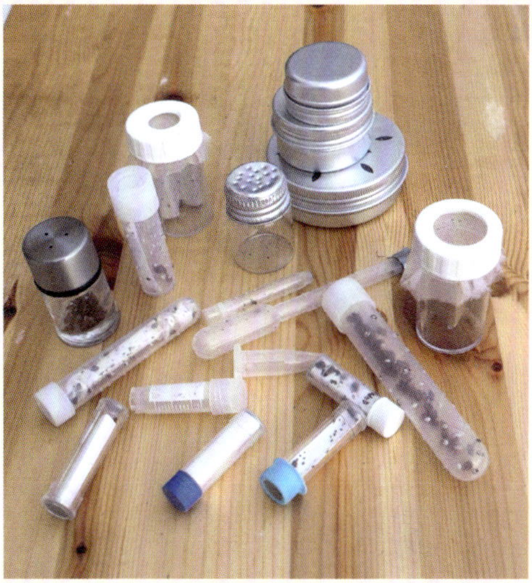

Die Bettwanzen sind immer in sicheren Behältern untergebracht, die aber sehr unterschiedlich sein sollten, damit der Hund nicht die Behälter verknüpft.

Jeder Trainingsschritt wird so oft durchgeführt, bis das Verhalten des Hundes die PENG-Kriterien (s.S.66) erfüllt. Wenn das der Fall ist, gehen wir zum nächsten Schritt über.

Sobald der Hund verstanden hat, dass er die Bettwanzen suchen, finden und zeigen soll, können die verschiedenen Trainingskriterien auch ausgetauscht werden. Ob du zuerst Ablenkung, schwierige Verstecke oder andere Umgebungen trainierst, ist egal. Wichtig ist, dass du an all das, was in den Trainingsschritten beschrieben ist denkst, um einen einsatzfähigen Hund zu bekommen.

Schritt 1: Nasentarget am Geruch

Du hältst den Behälter mit den Bettwanzen in deiner Hand und bringst dem Hund bei, die Nase daran zu halten. Dies ist ein einfaches Targettraining, bei dem jedes Berühren mit der Hundenase mit Marker und Futter belohnt wird.

Bis der Hund verstanden hat, worum es geht, ist es sinnvoll, ihn am Geruch zu füttern.

Schritt 2: Gefäß an verschiedenen Stellen präsentieren

Du hälst den Behälter immer an eine etwas andere Stelle, sodass der Hund sich immer etwas bewegen muss, um an den Geruch zu kommen.

Schritt 3: Anzeigedauer aufbauen

Du dehnst die Zeit aus. Dein Hund muss seine Nase immer länger am Behälter halten: 1-2-3-4-5-6... Sekunden. Er soll die Nase so lange an der Dose halten, bis du deinen Marker gibst, mindestens aber 5 Sekunden lang.

Die Dauer der Anzeige ist wichtig zu trainieren, damit wir später gut erkennen können, wenn der Hund eine Bettwanze gefunden hat.

Schritt 4: Bettwanzen in einer Dose

Du legst den Behälter mit den Bettwanzen in eine Dose mit Deckel und lässt den Hund diese Dose anzeigen.

Schritt 5: Ablenkung beim Anzeigen aufbauen

Schon jetzt fängst du an, Ablenkung einzubauen. Der Hund soll seine Nase am Geruch halten, egal, was um ihn herum passiert. Dazu gehst du immer wieder an andere Stellen und fügst von außen kontrollierte Ablenkung ein. Du beginnst schon hier kritisch zu hinterfragen. Die Schritte sollten so klein sein, dass der Hund jede Frage mit JA beantworten kann.

Kann der Hund auch am Geruch bleiben, wenn

- in 50 cm Abstand gutes Futter vorgehalten wird?
- in 20 cm Abstand gutes Futter vorgehalten wird?
- direkt neben der Schnauze mit dem Futter gewackelt wird?
- die Dose voller Futter direkt neben deiner Nase erscheint?
- direkt neben ihm mit Spielzeug gewackelt wird?
- ein Spielzeug weggeworfen wird?
- mehrere Spielzeuge nacheinander geworfen werden?
- mit Spielzeug gequietscht wird?
- mehrere Spielzeuge auf einmal geworfen werden?
- eine Katze durchs Zimmer geht?
- andere Menschen durchs Zimmer gehen?
- es an der Haustür klingelt?

... der Ablenkungsfantasie sind keine Grenzen gesetzt!

Schritt 6: Geruch auf den Boden bringen

Die Dose wird auf den Boden gestellt und der Hund soll sie dort anzeigen.

Schritt 7: Entfernung aufbauen

Die Dose wird immer weiter weggestellt. Der Hund soll nun hinlaufen und die Dose anzeigen. Jetzt ist auch ein guter Zeitpunkt, um das Startritual einzusetzen. Das heißt, wenn du hundert Euro verwetten würdest, dass dein Hund zum Geruch laufen wird, schaltest du dein Startritual davor. Von nun an wird es jedes Mal gegeben, wenn du den Hund startest.

Schritt 8: Auswahl aus zwei Gefäßen

Du stellst zwei gleiche Dosen vor den Hund auf den Boden. In einer ist der Behälter mit lebenden Bettwanzen und die andere ist leer. Der Hund muss nun auswählen und die richtige Dose anzeigen.

Schritt 9: Auswahl aus drei Gefäßen

Du stellst drei gleiche Dosen vor den Hund auf den Boden. In einer sind lebende Bettwanzen, die anderen beiden sind leer. Der Hund muss nun aus den dreien die richtige Dose auswählen und anzeigen.

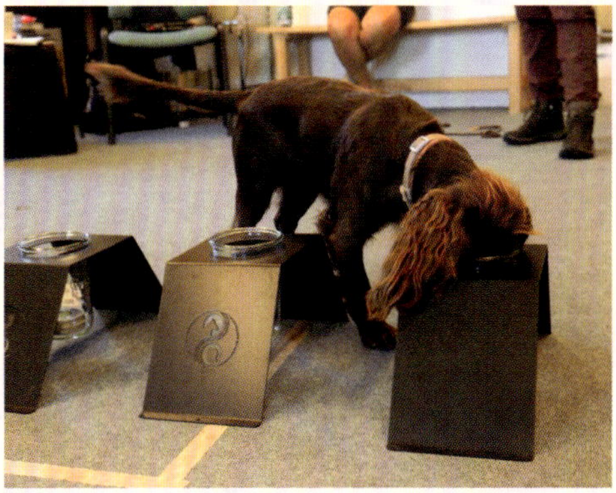

Miss Bee lernt erst einen vor ihr stehenden Behälter anzuzeigen und wählt dann den richtigen unter mehreren aus.

Schritt 10: Differenzierung gegen leere Behälter

Nun sind in einer der drei Dosen lebende Bettwanzen und in den anderen leere Behälter. Jetzt muss der Hund zwischen Behältern mit lebenden Wanzen und leeren Behältern differenzieren und die richtige Dose anzeigen.

Schritt 11: Geruch außer Sicht

Nun wird die Dose mit den lebenden Bettwanzen außer Sicht gestellt. Der Hund darf zusehen, wie du sie außer Sicht, z.B. hinter das Sofa, stellst. Aufgabe ist immer noch: „Laufe zum Geruch und halte deine Nase so lange daran, bis das Markersignal kommt."

Schritt 12: Geruch an anderer Stelle

Der Geruch wird an einer anderen Stelle außer Sicht platziert.

Schritt 13: Behälter ohne Dose außer Sicht

Der Behälter mit den lebenden Wanzen wird aus der Dose herausgenommen und alleine außer Sicht versteckt.

Schritt 14: Verschiedene Verstecke wählen

Ein drittes, viertes und fünftes Versteck wird nacheinander mit dem Geruch versehen. Der Hund darf immer noch beim Verstecken zuschauen.

Schritt 15: Verstecke antäuschen

Während der Hund zuschaut, täuschst du die ihm bekannten fünf Verstecke an. Das heißt, du tust so, als ob du überall was hinlegst, aber nur in einem Versteck ist der Geruch zu finden.

Schritt 16: Hund wartet außer Sicht

Der Hund wartet außer Sicht und du versteckst den Geruch in einem der bekannten Verstecke.

Schritt 17: Erste Suche

Du versteckst den Geruch in einem sechsten Versteck in der Nähe eines bekannten Versteckes. Bis jetzt musste der Hund noch nicht dringend seine Nase einsetzen. Es kann sein, dass er bis hierhin immer nur die bekannten Verstecke abgelaufen ist. Nun muss er zum ersten Mal seine Nase einsetzen, da er den Geruch nicht da findet, wo er ihn erwartet. Da der Geruch aber schon so oft belohnt wurde, ist es sehr wahrscheinlich, dass er anfängt zu suchen. Da das Versteck in unmittelbarer Nähe zu einem bekannten Versteck gewählt wurde, sollte der Hund sehr schnell zum Erfolg kommen.

Schritt 18: Neue Verstecke

Du versteckst den Geruch immer an einer anderen Stelle und immer weiter weg von den bekannten Verstecken, bis du das gesamte Zimmer nutzen kannst.

Schritt 19: Differenzierung mit leeren Behältern

Damit der Hund nicht die Behälter verknüpft, versteckst du leere Behälter im Zimmer, während der Hund den Geruch sucht.

Schritt 20: Differenzierung mit toten Bettwanzen

Du versteckst Röhrchen mit toten Bettwanzen und Häuten im Zimmer. Der Hund soll nur die lebenden Bettwanzen anzeigen.

Wenn der Hund verstanden hat, dass er seine Nase einsetzen muss, wechsle ich die Umgebung, damit er immer neue Verstecke kennenlernt. Leora weiß schon, was sie tun soll.

Schritt 21: Umgebung wechseln

Du versteckst den Geruch in verschiedenen Zimmern.

Schritt 22: Ohne Hund verstecken

Du versteckst die Wanzen so, dass der Hund nicht mitbekommt, dass du sie versteckst. Nun geht der Hund, ohne es gesehen zu haben, auf die Suche.

Schritt 23: Verschiedene Stadien

Du arbeitest mit verschiedenen Entwicklungsstadien und auch mit verschiedenen Bettwanzen-Stämmen.

Schritt 24: Ablenkung in der Suche

Du baust Ablenkung ein. Der Hund sucht und findet auch wenn:

- du dich bewegst
- du dich wegdrehst
- du telefonierst
- du mit jemandem sprichst
- du dich irgendwo hinsetzt und ein Buch liest
- andere Menschen im Raum sind
- die Katze im Zimmer ist
- du das Zimmer verlässt

Alles, was für den Hund eine Ablenkung ist, kann eingesetzt werden!

Schritt 25: Versteckvarianten

Du variierst die Verstecke der Bettwanzen. Der Hund findet auch, wenn:

- die Wanzen unter etwas liegen
- die Wanzen höher liegen als erreichbar
- die Wanzen im Schrank sind
- die Wanzen hinter etwas liegen und nicht erreichbar sind.

Die Ablenkung wird immer so weit gesteigert, dass der Hund es schaffen kann.

Schritt 26: Bodensuche

Du lässt den Hund auf dem Fußboden suchen.

Schritt 27: Möbel absuchen

Du lässt den Hund einzelne Möbelstücke absuchen.

Während der Hund immer neue Verstecke kennenlernt, lernt er auch, sich nicht ablenken zu lassen – wie hier von klappernden Besenstielen.

Schritt 28: Ritzen absuchen

Du lässt den Hund Ritzen absuchen (Schrank, Fußleisten, Bodendielen ...).

Schritt 29: Wandsuche

Du lässt den Hund an der Wand suchen.

Schritt 30: Genaue Suche an der Leine

Der Hund ist an der Leine, während er sucht. Du zeigst ihm mit der Hand dahin, wo er schnüffeln soll. Anfangs findet er relativ schnell und mit der Zeit muss er immer länger suchen, bis er die Wanzen findet. Hier musst du sehr genau aufpassen, dass du dem Hund nicht hilfst. Wenn du ihm die Richtung zeigst und dort deine Hand nicht mehr bewegst, wo die Bettwanzen versteckt sind, dann lernt der Hund schnell der Bewegung deiner Hand zu folgen und dort anzuzeigen, wo deine Hand sich nicht mehr bewegt. Diese Feinsuche kannst du an der Leine durchführen oder auch ohne Leine.

Schritt 31: Fremde Räume

Du trainierst immer wieder in anderen, dem Hund fremden Räumen.

Schritt 32: Suche belohnen

Du variierst das Belohnungskriterium. Das heißt, der Hund wird mal für eine Anzeige belohnt, mal wird er aus der Suche oder der Anzeige abgerufen und dafür belohnt und mal wird er für die Suche an sich belohnt.

Es ist wichtig, dass der Hund lernt, Ritzen, einzelne Möbelstücke und Dielenböden abzusuchen. All das sind prädestinierte Verstecke für Bettwanzen. Das Bett gehört natürlich auch dazu.

Schritt 33: Wanzen außer Reichweite

Du versteckst die Wanzen außer Reichweite für den Hund: oben im Raum, im Schrank, unter der Matratze. Hier ist es sehr wichtig, den Hund ganz genau zu beobachten und ihn lesen zu lernen. Wie sieht er aus, wenn er Witterung hat und nicht in gewohnter Weise an den Geruch herankommt? Hier braucht er eventuell erst einmal Hilfe. Dazu muss dir klar sein, was der Hund zeigen soll, wenn er nicht an die Wanzen herankommt. Ich habe für mich entschieden, dass der Hund dann so nah wie möglich an den stärksten Geruch rangehen und in die Richtung starren soll.

Schritt 34: Hochverstecke

Du arbeitest ganz gezielt an Hochverstecken. Der Hund soll lernen, auch dann anzuzeigen, wenn die Wanzen an der Decke sitzen. Das musst du in vielen kleinen Zwischenschritten aufbauen, in denen der Hund lernt, dass die Wanzen weit oben sein können. Je nach Hund kann ich hier auch das Hochheben und auf dem Arm suchen trainieren.

Sitzen die Bettwanzen oben im Raum, ist es für die Hunde nicht so einfach, den Duft zu bekommen. Deshalb ist es wichtig, dass ich dies gut trainiere. Die Hunde können lernen, von unten zu schnüffeln und anzuzeigen oder sie können hochgehoben werden. In dieser Hinsicht haben kleine Hunde wie Findus einen Vorteil.

Schritt 35: Tiefe Lagen

Du arbeitest ganz gezielt an tiefen Lagen. Der Hund soll lernen, auch dann anzuzeigen, wenn die Wanzen tief in etwas drinnen sitzen (im Bettzeug, in der Matratze, im Schrank, im Fußboden, im Wecker, in einem Buch, zwischen den Handtüchern …). Das musst du in kleinen Zwischenschritten aufbauen, damit der Hund lernt, auch dann den Geruch zu orten, wenn die Wanze tief in einem anderen Material sitzt. Hierzu gehört auch, dass du mit dem Hund trainierst, Koffer zu durchsuchen.

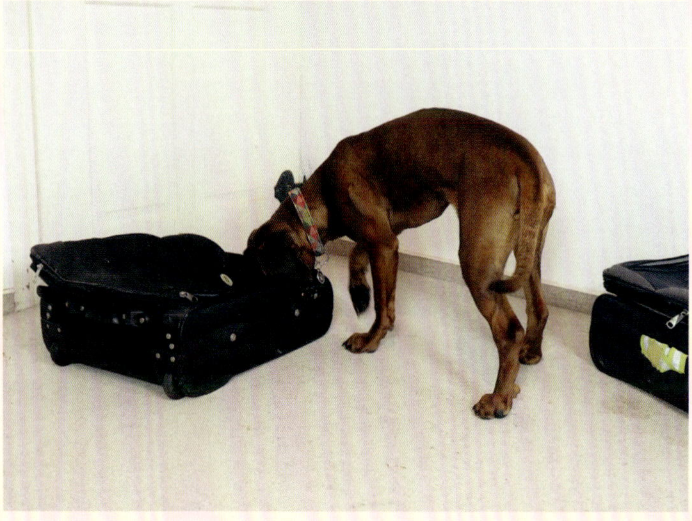

Clyde kontrolliert, ob in den Koffern etwas versteckt ist.

Schritt 36: Liegezeiten:

Die Liegezeiten der Wanzen im Zimmer werden immer weiter erhöht bzw. variiert.

Schritt 37: Geruchspool

Du baust Geruchspools ein. Das heißt, du lässt die Wanzen über mehrere Stunden an einer Stelle liegen und versteckst sie kurz vor der Suche an einer anderen Stelle.

Schritt 38: Anzahl der Wanzen

Die Anzahl der Wanzen, die versteckt sind, wird variiert. Du versteckst auch mal Plastikröhrchen mit nur einer Wanze drin oder sehr viele Wanzen in einem Behälter. Beim Einsatz kann das auch sehr variieren und es ist sinnvoll, dem Hund auch im Training zu zeigen, dass die Menge der Wanzen für Suche und Anzeige irrelevant ist. Eine große Menge des Geruches zu riechen ist für den Hund etwas völlig anderes als wenig Geruch wahrzunehmen. Wenn er im Training gelernt hat, nur einzelne Wanzen anzuzeigen, wird er Probleme haben, wenn er in ein Zimmer kommt, in dem sich viele Bettwanzen befinden.

Schritt 39: Flächige Auslage und Reihen

Du legst sehr viele Wanzen in einer Fläche oder einer Reihe aus. Der Hund muss auch mit vielen lebenden Wanzen, die du nicht direkt siehst, klarkommen. Da viele Wanzen ein anderes Geruchsbild ergeben als eine Wanze, ist es wichtig. auch dies zu trainieren. Die toten Wanzen werden mal im Behälter und mal offen ausgelegt.

Wenn wir im Training verschiedene Verstecke trainieren, sollten wir auch an Staubsauger denken. Fosco kontrolliert, ob in den Staubbeuteln Wanzen drinnen sitzen.

Schritt 40: Tote Wanzen in der Mehrzahl

Du legst viele tote und wenige lebende Wanzen im Zimmer aus. Bei einer Nachkontrolle nach der Behandlung des Schädlingsbekämpfers muss der Hund zwischen vielen toten Wanzen eine lebende rausfinden können. Auch das musst du trainieren.

Schritt 41: Differenzierung mit anderen Insekten

Du differenzierst mit anderen Insekten, die im Zimmer sein können (diverse Speckkäferarten, Fischchen, Kleider- und Pelzmotten ...). Der Hund muss lernen, nur die lebenden Wanzen anzuzeigen und andere lebende Insekten zu ignorieren.

Schritt 42: Leersuchen

Du arbeitest mit Leersuchen. Es ist also kein Geruch versteckt, der Hund soll aber trotzdem motiviert suchen.

Schritt 43: Noch mehr Ablenkung

Du baust immer mehr Ablenkung ein. Dazu ist es sinnvoll, sich zu überlegen, welche Ablenkungen dir im Einsatzfall begegnen können. Natürlich kannst du auch dafür sorgen, dass die ein oder andere Ablenkung beseitigt wird, bevor du mit dem Hund zu arbeiten beginnst, aber sicherer ist es, wenn er gelernt hat, auch unter solchen Bedingungen zu suchen. Wie schon erwähnt, werden sich im Einsatz vermutlich auch andere Menschen im Raum aufhalten. Die Bewohner oder Hotelbesitzer werden zuschauen und ganz aufgeregt sein. Der Schädlingsbekämpfer wird evtl. dabei sein und darauf warten, dass der Hund anzeigt. Dann wird er wahrscheinlich zum Hund gehen und schauen, ob er Wanzen an der Stelle findet. In dem Fall ist es gut, wenn der Hund seine Anzeige auch dann hält, wenn sich ihm ein Mensch nähert.

Wenn du suchst, nachdem der Schädlingsbekämpfer gegen die Bettwanzen vorgegangen ist, um zu kontrollieren, ob alle Wanzen tot sind, kann es sein, dass es noch nach chemischen Mitteln riecht. Deshalb ist es sinnvoll, bereits im Training verschiedene Gerüche als Ablenkung mit einzubauen. Raumdüfte, die seltsam riechen, eignen sich dafür hervorragend.

Auch hier sollten die Ablenkungen immer so eingebaut werden, dass der Hund die Aufgabe schaffen kann. Er sollte wie immer alle Fragen, die du ihm stellst, mit JA beantworten können.

Schritt 44: Blinde Suchen

Du nutzt blinde Suchen, d.h du weißt nicht, wo die Wanzen versteckt sind, es ist aber eine Person anwesend, die die Lösung weiß.

Schritt 45: Doppelblinde Suchen

Du nutzt doppelblinde Suchen, d.h. es ist niemand anwesend, der weiß, wo oder ob überhaupt Bettwanzen versteckt sind.

Schritt 46: Neue Umgebungen

Du arbeitest in anderen Suchumgebungen, in denen auch Bettwanzenbefall vorkommen kann: Autos, LKW, Busse, Züge, Umkleidekabinen, Kinos. Auch Sperrmüll kann abgesucht werden.

Zwischen all diesen Trainingsschritten kannst du auch immer wieder Anzeigen oder Differenzierungen im Line-up, dem Geruchsrad oder der Suchwand trainieren.

Auch Sperrmüll kann von Bettwanzen befallen sein. Bevor ich mir ein paar schöne Möbelstücke mitnehme, die andere Menschen nicht mehr brauchen, lohnt es sich, sie nach Bettwanzen zu durchsuchen. Auch das können Aufträge für Bettwanzenspürhunde sein.

Einsatz – der Wanze auf der Spur

Wenn mein Hund in fremden Räumen arbeiten kann, mit einsatzrelevanter Ablenkung umgehen kann, wiederholt doppelblind gearbeitet hat und ich ihn gut verstehe, dann kann ich mich in einen ersten Testeinsatz wagen.

Ich mache es immer so, dass ich die ersten Einsätze mit dem jungen Hund unentgeltlich mache und den betroffenen Menschen offen gegenüber kommuniziere, dass ich den jungen Hund im Einsatz testen möchte. Diese Einsätze laufe ich gemeinsam mit dem Schädlingsbekämpfer. In diesen zwei bis drei ersten Einsätzen sehe ich dann, wie der Hund unter den Bedingungen arbeiten kann, was wir gemeinsam leisten können und was wir optimieren müssen.

Wenn ich mit meinem Hund professionell Bettwanzen suchen möchte, dann sollte er in der Lage sein, zuverlässig doppelblinde Auslagen in fremden Räumen zu finden.

Erfahrungsbericht Michaela

Ich habe das große Glück, mit einem sehr erfahrenen Schädlingsbekämpfer zusammenzuarbeiten, der viel Fachwissen und eine gute Beobachtungsgabe hat. Da er auch Erfahrung und vor allem viel Interesse an der Hundeausbildung hat, kann ich mit ihm meine Einsätze nachbesprechen und überlegen, was wichtig zu trainieren ist. Wir lernen bei jedem Einsatz gemeinsam dazu.

Eine andere Möglichkeit ist eine Zertifizierung, die mir bescheinigt, dass mein Hund einsatzfähig ist. Mehr dazu in einem späteren Kapitel (s.S.213).

Wenn ich mit meinem Hund professionell Bettwanzen suchen möchte, ist es wichtig, mit Fachleuten, in dem Fall einem Schädlingsbekämpfer, und auch mit den betroffenen Personen zusammenzuarbeiten. Ich habe die Möglichkeit, mit einem Schädlingsbekämpfer gemeinsam in den Einsatz zu gehen oder auch alleine. In dem Fall, dass ich alleine unterwegs bin, ist es wichtig, meine Arbeit gut zu dokumentieren, damit der behandelnde Schädlingsbekämpfer darauf aufbauen kann und meine

Ergebnisse in seine Arbeit mit einbeziehen kann.

Vor einem Einsatz ist es wichtig, die betroffenen Personen über den Einsatz der Hunde zu informieren. Sie sollten wissen, was auf sie zukommt und worauf sie achten sollten, wenn die Hunde vor Ort sind. Dazu sollte ich mir im Vorfeld einige Gedanken machen und einige Infos schriftlich aushändigen.

- Soll irgendetwas im Haus verändert werden?
- Wie sieht es mit Haustieren aus? Können sie im Zimmer sein oder lieber nicht?
- Dürfen Personen bei der Suche anwesend sein oder nicht?

Eine gute Befragung der betroffenen Menschen ist wichtig, um den Einsatz planen zu können:

- Welche Anzeichen für Bettwanzen gibt es (Kot, Häute, tote Tiere, Sichtungen, Stiche)?
- Seit wann besteht das Problem?
- Gibt es einen Verdacht, wo sie herkommen könnten (Reise, gebrauchte Möbel, Gäste, Aufenthalt an betroffenen Orten)?
- Was wurde in Eigeninitiative getan?
- Wurde bereits ein Schädlingsbekämpfer eingeschaltet?
- Was hat der Schädlingsbekämpfer getan?
- Wurde etwas in den Zimmern verändert (Möbel weggebracht oder dazu gestellt)?
- Wurden Schädlingsbekämpfungsmittel ausgebracht? Wenn ja, welche, wieviel und wann?

Besonders der letzte Punkt ist wichtig. Insektizide können auch für den Hund schädlich sein. Im Fall einer vorangegangenen Behandlung sollte sich jeder gut überlegen, ob und wann er mit dem Hund dort suchen will. Ich persönlich setze meine Hunde keinem Risiko aus und lehne den Einsatz bei der vorigen Ausbringung von Insektiziden in den betroffenen Räumen ab. Im Zweifelsfall bespreche ich mich mit dem Schädlingsbekämpfer, der sich mit dem Wirkstoff und der Wirkdauer der einzelnen Präparate besser auskennt als ich.

Bei der Befragung der betroffenen Personen ist es wichtig, sehr einfühlsam vorzugehen. Oft sind Ängste und Sorgen wegen des Befalls oder des Verdachtes auf Befall im Spiel. Dies sollte man ernst nehmen. Manchmal habe ich Anfragen, bei denen ich erst einmal die Wichtigkeit eines Einsatzes herausfinden muss. Durch gezielte Fragen versuche ich herauszufinden, ob die Wahrscheinlichkeit eines Befalls groß ist oder ob die Hausbewohner „nur Angst haben", sich eine Wanze eingefangen zu haben, weil sie davon gelesen und einen Stich haben. Dann ist es wichtig, ihnen erst einmal die Sorgen zu nehmen und alles faktisch zu besprechen. Manchmal kommt es dann zu einem Termin oder ich rate tatsächlich auch, erst einmal abzuwarten. In einigen Fällen erledigt sich das Problem von selbst, wenn die Menschen ihre Sorgen verlieren und nochmal von außen auf die Problematik drauf schauen. Da gerade Juckreiz sehr auf die Psyche geht, ist es wichtig, die Menschen auf dieser Ebene abzuholen und ihnen Angst und Sorge so weit wie möglich zu nehmen.

Es ist wichtig, behutsam mit den betroffenen Personen umzugehen. Ich arbeite in ihrem privaten Bereich und möchte ihnen nicht zu nahetreten. Hier sucht Fosco ein Kinderzimmer unter den wachsamen Augen der Kinder ab.

Nachdem die Fragen beantwortet sind und es zu einem Termin vor Ort kommt, ist es wichtig, dass ich meinen Kopf leermache. Ich sollte völlig ohne Erwartungen in den Einsatz gehen. Je nachdem, welche Antworten ich auf meine Fragen bekommen habe, habe ich bereits eine Idee im Kopf, ob ich Wanzen finden werde oder nicht. Das wiederum kann das Verhalten meiner Hunde beeinflussen. Wenn ich im Kopf habe, dass wir eh nichts finden, weil ein Befall sehr unwahrscheinlich ist, dann kann es sein, dass meine Hunde nicht anzeigen, weil ich sie nicht anzeigen lasse. Umgekehrt kann es sein, dass sie eine Fehlanzeige bringen, weil ich mir sicher bin, dass dort was zu finden sein muss. Hier zeigt sich wieder, wie sehr der Einsatz Teamarbeit und wie wichtig eine gute Ausbildung des Hundes ist. Es zeigt aber auch wieder, wie sehr die Spürhundearbeit etwas mit mir zu tun hat und wie sehr unsere Gedanken und unsere Körpersprache die Hunde beeinflussen.

Am Einsatzort angekommen, gehe ich erst einmal ohne Hunde durch die Räume, die abzusuchen sind. Dabei schaue ich mir folgende Dinge an:

- Gibt es Gefahrenquellen für den Hund?
- Gibt es Bereiche, die der Hund nicht betreten kann oder soll?
- Gibt es andere Tiere im Haus (kann ich auch bereits im Vorfeld abfragen)?
- Stehen irgendwo Tierfutter oder andere Lebensmittel, die der Hund essen könnte?
- Gibt es besonders wertvolle Einrichtungsgegenstände?

- Wo gibt es Stellen, an denen ich besonders aufpassen muss, dass der Hund nichts umwirft?

- Gibt es besonders enge Stellen, an denen der Hund suchen soll?

- Gibt es bauliche Besonderheiten, die berücksichtigt werden müssen?

Ich persönlich lasse im Raum alles möglichst so wie es ist. Wenn der Hund sucht, kann ich immer noch die Matratze hochheben oder die Schubladen öffnen, um dem Hund einen besseren Zugang zu ermöglichen. Erst einmal sollte aber alles im Zimmer belassen werden – vor allem auch, um eine Verbreitung der Wanzen soweit es geht zu verhindern.

Während der Hund sucht, beobachte ich ihn, leite ihn an, gebe ihm Hilfestellung, führe ihn aber möglichst, ohne ihn in seiner Arbeit zu stören. Das ist eine Herausforderung, aber für mich einer der schönsten Momente der Teamarbeit. In diesem Moment bin ich eins mit meinem Hund. Wir verlassen uns aufeinander, arbeiten zusammen und gehen aufeinander ein.

Eine wichtige Sache, die bei der Suche nach Bettwanzen nicht vergessen werden darf, sind die baulichen Besonderheiten des Gebäudes, in dem wir arbeiten. Nicht selten haben diese etwas mit den Verstecken oder den Verbreitungswegen der Wanze zu tun. Wanzen gehen durch Versorgungsschächte, Kabelkanäle, unter Türen durch oder durch nicht gut verschlossene Isolierungen. Es ist wichtig, darüber Bescheid zu wissen, um die Anzeige des Hundes interpretieren zu können.

Erfahrungsbericht Michaela 

Ich finde es wichtig und selbstverständlich, dass meine Hunde nichts in fremden Wohnungen beschädigen. Deshalb tragen sie auch Pfotenschuhe, um Kratzer an den Möbeln und Wänden zu vermeiden. Trotz aller Vorsicht gibt es aber auch leichtere und schwierigere Situationen. Ich hatte einmal einen Einsatz in einer Musiker-Wohngemeinschaft, in deren Räume überall Musikinstrumente standen. Eine Geige, ein Kontrabass oder eine Ziehharmonika sind großartige Verstecke für Bettwanzen, wenn sie neben dem Bett stehen. Hier war es für mich ganz besonders wichtig, darauf zu achten, dass die Instrumente nicht beschädigt, aber trotzdem abgesucht werden.

Erfahrungsbericht Michaela

Ich hatte einmal einen Einsatz in einer Burg, in deren Dachgeschoss Fledermäuse wohnten. In den darunter liegenden Gästezimmern wurden immer wieder tote Wanzen gefunden. Bei unserem Einsatz ging es darum, festzustellen, ob sich auch lebende Wanzen in den Zimmern befanden. Lebende Wanzen haben wir keine gefunden. Allerdings hat Fosco an verschiedenen, ganz seltsamen Stellen angezeigt. Ich konnte es mir nicht erklären, war mir aber sicher, dass er Recht hatte, weil das Verhalten sehr sicher war. Erst der dazugerufene Burgherr konnte uns darüber aufklären, dass es an allen Anzeigestellen ein Zugang zum Versorgungsschacht gab (hinter dem Schrank, hinter der Fußleiste, in der Klappe unter der Tapete …). Dieser führte ins Dachgeschoss, in dem die Fledermäuse wohnten. Die Fledermauswanzen wohnten also auch dort und kamen durch den Versorgungsschacht in den bewohnten Bereich.

Dieser Erfahrungsbericht zeigt nicht nur, wie wichtig die bauliche Situation ist, sondern auch, dass ich lernen muss, das Anzeigeverhalten meines Hundes zu interpretieren. Je näher er an die Wanze herankommt, desto genauer wird er sie anzeigen. Je weiter entfernt er aber ist (durch Möbel im Weg, tiefe Lagen oder weil die Wanze irgendwo außerhalb der Nasenhöhe sitzt), desto eher kann es passieren, dass ich überlegen muss, wo genau die Wanze sitzt. Dafür brauche ich wiederum eine gute Kenntnis darüber, wie mein Hund sucht – wobei wir wieder bei der Teamarbeit sind.

Am Ende unseres Einsatzes kommen wir zu einem Ergebnis und können eine Einschätzung abgeben. Dieses Ergebnis fasse ich in einem Bericht zusammen, den ich den betroffenen Personen aushändige. Darin wird folgendes festgehalten:

- Gab es Stellen, an denen der Hund besonders interessiert geschnüffelt, aber nicht angezeigt hat?
- An welchen Stellen hat der Hund angezeigt?
- Welche Anzeigen konnten durch den Fund einer lebenden Wanze bestätigt werden?
- Wurden Spuren von Wanzen gefunden (Kot, Häutungsreste, Eier, tote Wanzen)?
- Wurden lebende Wanzen gefunden (Eier, Nymphen, adulte Wanzen)?

Mit diesen Informationen kann dann der später übernehmende Schädlingsbekämpfer arbeiten.

Gedanken zur Zertifizierung von Bettwanzenspürhunden

Ein gut ausgebildeter Bettwanzenspürhund kann eine gute Hilfe bei der Suche nach den Krabbeltieren sein. Ein schlecht ausgebildeter Hund hingegen bringt die Branche in Verruf. Aber wie erkenne ich, ob ein Hund gut ausgebildet ist?

Diese Frage ist tatsächlich nicht so einfach zu beantworten. Es gibt bereits Zertifizierungen für Bettwanzenspürhunde (und auch für andere Spürhunde). Allerdings ist gleich dazuzusagen, dass es keine Zertifizierung gibt, die von irgendeiner staatlichen Stelle auf irgendeine Weise anerkannt wird. Jede Organisation oder Ausbildungsstätte kann ihr eigenes Zertifikat ausstellen. Ein Zertifikat sagt also erst einmal nichts über das Können des Hundes bzw. die Ausbildung von Hund und Hundeführer aus. Möchte ich bewerten, was ein Hund kann, muss ich also sehr genau hinschauen, was das Team zeigen musste, um das Zertifikat zu bekommen. Manchmal steckt eine lange Ausbildung dahinter und manchmal eine halbe Stunde Prüfung. Manchmal muss der Hund eine einzige Suche zeigen und manchmal mehrere doppelblinde Aufgaben lösen.

Wie bereits ausführlich beschrieben, kann ich mir bei der Spürhundearbeit schnell „in die Tasche lügen" und den Hund so manipulieren, dass es so scheint, als sei er gut ausgebildet. Das Gleiche gilt für Prüfungen. Auch hier kann ich die Prüfung so leicht gestalten, dass das Team auf jeden Fall besteht. Ich kann es aber auch so schwer machen, dass viele durchfallen. Eine Prüfung ist immer nur eine Momentaufnahme. Ich kann einen guten Moment erwischen und die Prüfung bestehen, obwohl mein Hund eigentlich noch nicht gut genug ist oder ich kann durchfallen, obwohl mein Hund sehr gut ausgebildet ist. Ein Spürhundeteam besteht aus Lebewesen. Jeder – Mensch und Hund – kann mal einen schlechten Tag haben. Es kann mir oder dem Hund unwohl sein – Zahnweh, Kopfweh, Bauchweh, läufige Hündin .... Es gibt viele gute Gründe, warum es mal nicht gut läuft. An einem solchen Tag Prüfung zu machen ist eine schlechte Voraussetzung. Jeder Hund macht aber auch hin und wieder große Entwicklungsschritte. Wenn ich solch einen Moment in der Prüfung erwische, habe ich großes Glück und es kommt ein gutes Ergebnis heraus. Das Ergebnis einer Prüfung sagt also erst einmal nicht wirklich etwas über das Können des Hundes aus.

Es sagt allerdings aus, dass das Suchteam sich bereits mit dem Training beschäftigt hat und sich gut genug fühlt, um an einer Prüfung teilzunehmen. Und es kann einen gewissen Mindeststandard setzen, den Spürhunde haben sollten, um in den Einsatz zu gehen. Dies wiederum setzt voraus, dass alle Prüfungen gleich ablaufen. Eine bestandene Prüfung gibt auch vielen Auftraggebern das Gefühl, ein gutes Team beauftragt zu haben.

Meiner ganz persönlichen Meinung nach braucht es ein paar Dinge, die Hund und Hundeführer zeigen sollten, um ihr aktuelles Können möglichst gut einschätzen zu können:

- Es werden mehrere Aufgaben gestellt. Der Hund muss in mehreren Situationen zeigen, dass er in der Lage ist, den Bettwanzengeruch zu finden und anzuzeigen. Das sollten einsatzrelevante Situationen sein.

- Die Aufgaben sollten auf mehrere Tage verteilt sein, damit es nicht nur eine Momentaufnahme ist.

- Es sollten blinde und doppelblinde Aufgaben dabei sein, um zu prüfen, ob das Team auch findet, wenn niemand anwesend ist, der die Lösung weiß.

- Es sollten unabhängige Prüfer sein, die das Team gut beobachten und die Zusammenarbeit einschätzen können.

- Die Prüfung sollte an einsatzrelevanten Orten stattfinden und nicht „im Labor".

- Es sollte eine für das Team fremde Umgebung sein.

- Die ausgelegten Proben sollten für den Hund neu und nicht vom Hundeführer angefasst worden sein.

Mir ist bewusst, dass eine solche Prüfung aufwändig und auch teuer sein wird. Wenn diese Punkte erfüllt sind, habe ich allerdings ein einigermaßen gutes Bild, was das Spürhundeteam kann und was nicht. Je nach Aufgabenzahl kann ich dann auch festlegen, dass nicht alle Aufgaben bestanden sein müssen, um die Prüfung zu bestehen. So kann sich das Team auch mal einen Fehler leisten, ohne gleich bescheinigt zu bekommen, dass es nicht einsatzfähig ist. Das Ziel sollte allerdings klar darin bestehen, alle Aufgaben zu meistern.

Abschließend möchte ich sagen, dass es eine Menge Spürhundeteams gibt, die ohne Zertifizierung gute Arbeit im Einsatz leisten. Das Wichtigste ist ein kritischer Hundeführer, der seine Ausbildung gut im Blick hat und immer wieder hinterfragt, was der Hund kann und woran er noch arbeiten muss. Dazu gehört auch die Zusammenarbeit mit Kollegen und das Zulassen von Kritik. Diese Teams werden im Einsatz zeigen, dass sie gut arbeiten können – auch ohne Zertifizierung.

Nur einsatzfähige Hunde sollten auch im Einsatz geführt werden. Es gibt vielfältige Möglichkeiten dies unter Beweis zu stellen.

7.

DIE SUCHE NACH SCHIMMEL

SPEZIAL-THEMA

Viele Schimmelschäden sind auf den ersten Blick nicht als solche zu erkennen. Zu der Prozentzahl der sichtbaren Schimmelschäden im Vergleich zu den Schäden, die erst aufgespürt werden müssen, finden sich in der Fachliteratur sehr unterschiedliche Angaben. In einer Auswertung von 16.000 Fällen, bei denen es zu gesundheitlichen Auffälligkeiten der Bewohner gekommen war, wurde angegeben, dass nur 16% der Schimmelschäden sichtbar waren.[1] Also ist auf jeden Fall klar, dass es sehr viele Schimmelschäden gibt, die nicht direkt gesehen werden.

Es wird unterschieden zwischen sichtbaren Schäden, verdeckten oder versteckten Schäden (z.B. Rückseite einer Gipskarton-Wand) und den nicht sichtbaren Schäden. Es handelt sich um nicht sichtbare Schäden, wenn Materialien, die zu sehen sind, befallen sind, doch der Schimmel nicht sichtbar ist. Dabei kann es sich dann z.B. um Bakterien handeln, die auch dem Oberbegriff Schimmel zugeordnet werden. Und selbst Schimmelpilze sind nicht immer sichtbar, da der Hauptteil des Pilzes, nämlich das Myzel, welches im Material wächst, häufig nicht sichtbar ist. Was wir sehen, sind vor allem die farbstoffhaltigen Sporen. Die Sporen erscheinen dann schwarz, grün, gelb, bräunlich, weiß oder andersfarbig.

Wenn im weiteren Text von verdeckten Schäden gesprochen wird, dann sind damit alle nicht sichtbaren Schäden gemeint, um das Lesen des Textes zu vereinfachen. Festzuhalten ist, dass es viele Schäden gibt, die nicht gleich gesehen werden, daher

Nachdem die Tapete abgemacht wurde, konnte der Schimmel gut gesehen werden.

1 In „Praxis-Handbuch Schimmelschäden" (2016 Auflage 2) von Lorenz, Betz wird in Kapitel 4 (Seite 95) in einer Tabelle gezeigt, dass von den dort untersuchten Schäden der Schimmel in nur 16% der Fällen sichtbar war und in 84% der Fälle verdeckter Schimmel vorhanden war.

braucht es gute Instrumente und Methoden, um Schimmelschäden aufzuspüren. Eine Methode ist die Suche mittels eines ausgebildeten Schimmelspürhundes.

Schimmelspürhunde werden vor allem zur Lokalisierung von verdecktem Schimmelbefall z.B. nach Wasserschäden, bei allergischen oder anderweitigen Krankheitsbefunden der Bewohner, aber auch zur Kontrolle nach einer Schimmelsanierung oder zum vorsorglichen Gebäudecheck, z.B. vor dem Kauf oder der Vermietung, eingesetzt.

Ein Schimmelspürhund kann in kurzer Zeit auch sehr große Räume absuchen, für die ein Gutachter viel mehr Zeit aufwenden müsste. Zudem werden ansonsten Bauteilöffnungen auf Verdacht vorgenommen, die unnötige Zerstörungen und Kosten mit sich bringen. Deshalb ist eine Schimmelspürhund-Begehung auf jeden Fall eine schnelle und wirtschaftlich interessante Alternative, um verdeckten Schimmelbefall aufzuspüren.

Ist Schimmel in Räumen zu sehen, dann kann der gerufene Gutachter meist leicht die Ursache für die Schimmelbildung erkennen und dementsprechend etwas dagegen unternehmen. Doch häufig gibt es nur einen auffälligen Geruch oder die Menschen fühlen sich gesundheitlich beeinträchtigt, wenn sie sich in den Räumen aufhalten. Besonders verdächtig ist es, wenn sich Personen immer in bestimmten Räumen unwohl fühlen. Jeder Mensch reagiert unterschiedlich und vielen Menschen macht der Kontakt mit geringem Schimmelbefall auch gar nichts aus. Andere zeigen unterschiedlichste Krankheitssymptome. Zudem spielt die persönliche Einstellung, das Denken über Schimmel, eine Rolle dabei, wie sich Menschen fühlen.

Die Frage, wie hoch das gesundheitliche Risiko bei einem bestimmten Schimmelbefall ist, ist schwer zu beantworten.

Der hölzernen Wandverkleidung war von außen nichts anzusehen, aber darunter vermehrte sich der Schimmel.

Einerseits gibt es bei Schimmelbefall eine Vielzahl unterschiedlicher Mikroorganismenarten, andererseits kann eine Art unter verschiedenen Lebensbedingungen unterschiedliche Stoffe produzieren. Zudem sind Personen je nach ihrer Veranlagung und ihrem Gesundheitszustand unterschiedlich gefährdet. So wird allen Schimmelpilzen ein gewisses allergisches Potential nachgesagt, was nach heutigem Wissen aber etwas geringer ist als etwa bei Graspollen oder Tierepithelien. Ob eine Person beim Kontakt mit einem Schimmelpilz mit einer Allergie reagiert, hängt stark von deren Veranlagung ab, nicht nur davon, ob es Allergene in der Raumluft gibt oder nicht.

Manche Mikroorganismen sind harmlos oder sogar nützlich (wie zum Beispiel Mikroorganismen, die in der Lebensmittelproduktion verwendet werden). Manche Mikroorganismen können Giftstoffe produzieren, und sehr wenige Schimmelpilze sind unter bestimmten Umständen infektiös.

Der Tipp an dieser Stelle ist, dass sich Hundeführer bei den gesundheitlichen Fragen besser zurückhalten sollten. Die Beurteilung der Gesundheitsgefährdung, ausgelöst durch einen Schimmelschaden in einer Wohnung, sollte ein kompetenter Sachverständiger vornehmen.

Die Auswertung des Suchresultats ist wichtig

Das Fraunhofer-Institut für Bauphysik kommt in einer Studie zu dem Ergebnis, dass 84 Millionen Europäer (Stand 2015) in zu feuchten und häufig auch schimmeligen Wohnungen leben.[2] In der Kombination, dass es sehr viele Wohnungen gibt, die von Schimmel betroffen sind, aber nur wenige Schimmelschäden direkt sichtbar sind, ist anzunehmen, dass der Bedarf an Schimmelspürhundeinsätzen in den kommenden Jahren zunehmen wird.

Es gibt mehrere Möglichkeiten, die dazu beitragen können, dass verdeckte Schimmelschäden gefunden werden. Der Schimmelspürhund ist nur eine dieser Möglichkeiten. Das ist immer wieder wichtig zu betonen. Der gerufene Bausachverständige wird einen Schimmelspürhund hinzuziehen, wenn er nach eingehender Betrachtung der Gegebenheiten keinen Anhalt hat, wo der Schaden exakt zu finden ist. Durch den Einsatz eines Hundes kann die Zahl der nötigen Bauteilöffnungen meist erheblich reduziert werden. Doch da der Hund „nur" den austretenden Schimmelgeruch anzeigt, ist weiterhin ein erfahrener Bausachverständiger von Nöten, der die Anzeige des Hundes einordnen kann. Daher kommt es bei der erfolgreichen Lokalisierung des Schadens auch auf die Zusammenarbeit zwischen dem Bausachverständigen und dem Hundeführer an.

Kleine Hunde wie Ella haben bei der Suche nach Schimmel sehr viele Vorteile. Sie können in beengten Räumen arbeiten oder auch mal auf Schränke oder ähnliches hochgesetzt werden.

2 https://www.ibp.fraunhofer.de/content/dam/ibp/ibp-neu/de/dokumente/publikationen/eer/report-mould-dampness-impact-on-health.pdf

Schimmel besteht aus mehr als nur den Schimmelpilzen

Pilze sind eine sehr unterschiedliche Gruppe von Lebewesen, die überall in der Natur vorkommen. Taxonomisch gehören Schimmelpilze in die Oberkategorie der Pilze, die wiederum ein eigenes Reich bilden, das zwischen den Pflanzen und den Tieren angesiedelt ist.

Schimmelpilze sind ein Teil der belebten Natur, ohne die organische Stoffe wie Laub im Wald nicht abgebaut werden könnten. Sie sind saprophytisch, das heißt sie ernähren sich von organischem Material. Durch diesen Prozess zerlegt der Schimmelpilz das Material in einfachere Mineralien. Die Kompostierung von Mineralien ist für den Boden von großem Wert. Schimmelpilze erreichen zeitweise eine sehr hohe Konzentration in der Außenluft. Die Außenluftbelastung mit Mikroorganismen kann aber nicht mit einem Schimmelbefall in einem Innenraum gleichgesetzt werden, schon alleine deshalb, weil die Artenzusammensetzung unterschiedlich ist.

Mit Schimmel werden durch Mikroorganismen gebildete, oft auch mit bloßem Auge sichtbare Verfärbungen bezeichnet, die sich dort bilden, wo sich ausreichend Feuchtigkeit in oder auf Materialien befindet.

Die Aktinobakterien bilden eine der artenreichsten Abteilungen aller Bakterien. Es ist spannend, sich mit ihnen zu beschäftigen, da sie zum Beispiel für die Verursachung von Abszessbildungen nach Menschenbissen genannt werden oder auch in Bezug auf ihre probiotischen Eigenschaften, die unser Immunsystem stärken. So hat alles immer mehrere Seiten.

Schimmel wird häufig durch Schimmelpilze gebildet, aber auch durch andere mikroskopisch, – also mit bloßem Auge nicht sichtbare – Organismen wie Bakterien (besonders der Gruppe Aktinobakterien), Hefen, aber auch Milben und anderen Kleinstlebewesen, die in der Lebensgemeinschaft vorhanden sein können. Manchmal bilden auch nur Bakterien ohne Schimmelpilze den Schimmelbefall.

Eigenschaften und Lebensgewohnheiten

Schimmelpilze sind eine vielfältige Gruppe von äußerlich recht ähnlichen Pilzarten, die fadenförmige Zellstrukturen, dem sogenannten Hyphengeflecht und Sporenträger ausbilden. Sie verbreiten sich überwiegend durch ungeschlechtlich gebildete, meist sehr gut flugfähige Sporen. Das Hyphengeflecht macht die überwiegende Masse der Schimmelpilze aus, ist aber oft farblos, und dadurch auch in größeren Mengen kaum ohne mikroskopische Untersuchung erkennbar. Die Sporen dagegen sind, wie bereits beschrieben, häufig pigmentiert und können, wenn sie in großen Mengen gebildet wurden, auch als Verfärbungen an Materialoberflächen erkennbar sein. Obwohl in Innenräumen viele verschiedene Schimmelpilzarten nachgewiesen sind, kommen nur ca. 20 Schimmel- und Bakterienarten häufig bei Feuchteschäden vor.

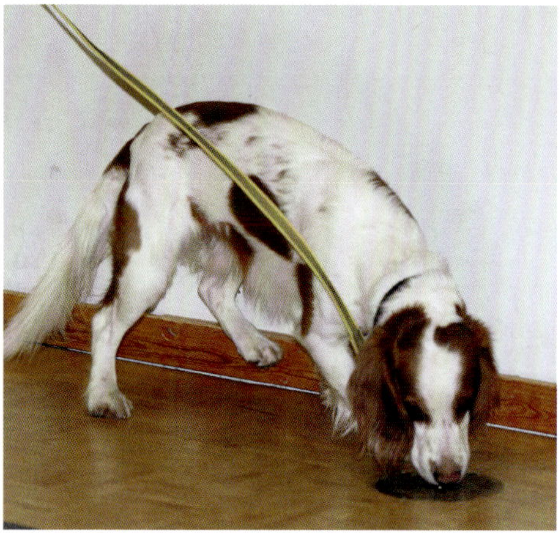

Wird der Hund an vielen Stellen im Raum fündig und ein großflächiger Schimmelschaden entdeckt, ist eine Sanierung immer notwendig.

Schimmelpilze und Bakterien können auf einer Vielzahl von Materialien mit organischen Bestandteilen oder Verschmutzungen wachsen. Auch tolerieren die meisten Arten ein breites Temperaturspektrum. Ausschlaggebend für die Entwicklung und Wachstum von Schimmel ist eine ausreichende Feuchtigkeit. Schimmel gedeiht also nicht im trockenen Milieu. Unter günstigen Bedingungen kann sich Schimmel bereits innerhalb von wenigen Tagen bilden.

Die genauen arttypischen Eigenschaften, welche Materialien befallen werden, optimale Wachstumsbedingungen und so weiter können in zahlreicher Fachliteratur[3] nachgelesen werden.

Die Identifizierung/Artbestimmung von Schimmelpilzarten ist nur durch speziell ausgebildete Fachkräfte in mikrobiologischen Laboren möglich. Für die Sanierung ist es jedoch oft nicht notwendig, die Arten zu bestimmen. Eine Sanierungsnotwendigkeit ist bei großen Schimmelschäden immer gegeben, unabhängig von den Mikroorganismen.

Schimmelpilze können auch Gutes leisten

Dass Schimmelpilze auch Gutes leisten können, ist vielleicht am einfachsten am Beispiel des Penicillins aufzuzeigen; denn wer möchte heutzutage noch auf das lebensrettende Medikament verzichten. Beim Penicillin handelt es sich um den Schimmel Penicillium chrysogenum, dessen Bakterien tötende Lebensweise der Mikrobiologe Alexander Fleming zufällig 1929 entdeckt hat. Erst 1944 ging es, nachdem es vielfach weiterentwickelt wurde, in die industrielle Großproduktion. Seit dieser Zeit rettete und rettet es weltweit Menschenleben. Dass es heutzutage vielfach zu häufig und nicht sorgsam genug angewandt wird und dadurch bereits zahlreiche Krankheitserreger resistent dagegen geworden sind, ist dem Anwender und nicht dem Schimmelpilz anzulasten.

Auch bei Nahrungsmitteln gibt es erwünschte Formen, wie etwa Edelschimmel an Schimmelkäse und Salami. Die Pinselschimmel-Arten Penicillium roqueforti und Penicillium camemberti sind nach

3 z.B. von Samson et al. ISBN: 9789491751189, Edition: 2, Oct 2019, Publisher: Centraalbureau voor Schimmelcultures

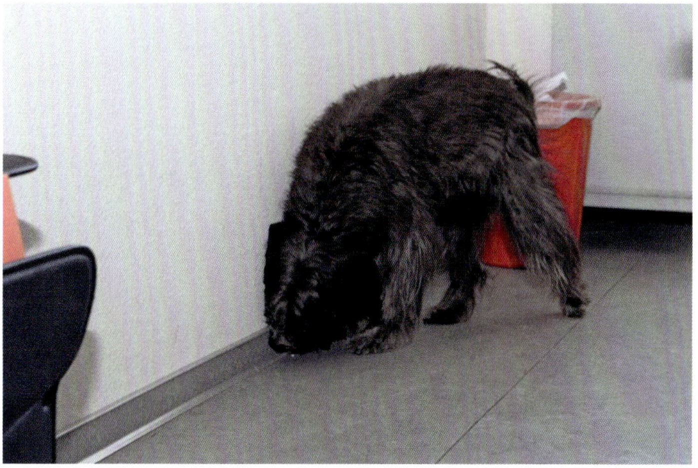

Meist suchen Schimmelspürhunde die Wände ab, wie hier bei Taschka zu sehen. Daher sollten die Möbel vor dem Einsatz möglichst von der Wand abgerückt werden.

ihrer Verwendung in der Herstellung der Weichkäsesorten Roquefort bzw. Camembert benannt.

Trichoderma reesei ist ein Pilz, der die Fähigkeit besitzt, Zellulose in Holz abzubauen und dessen Enzyme industriell in der Papier- und Textilindustrie und zur Herstellung von Bioethanol verwendet wird. Trichoderma atroviridis und Trichoderma virens sind Schimmelarten, die im Gemüseanbau verwendet werden und oft in enger Verbindung mit Pflanzen im Bereich der Wurzeln leben. Auch wenn nun seit ein paar Jahren bekannt ist, dass diese Pilze nicht, wie vorher angenommen, in echter Symbiose mit den Pflanzen leben, sondern parasitär nur ihren eigenen Vorteil suchen, sind sie trotzdem als besonders umweltfreundliche Pflanzenschutzmittel und wertvolle Enzyme für den Biotreibstoff auf dem Vormarsch.

Aspergillus niger ist ein Schimmelpilz, der von der Nahrungsindustrie zu vielerlei Zwecken eingesetzt wird, er produziert unter anderem Enzyme wie z.B. Zitronensäure (E330), die wir in vielen Lebensmitteln finden. Er produziert auch Enzyme für die Herstellung von Wein: Das Enzym „Novoferm“ dient unter anderem zur Geschmacksverbesserung bei etlichen bekannten Weinsorten. Aspergillus niger ist allerdings auch im Badezimmer zu finden, wo er für schwarze Flecken auf den Fliesen sorgt.

Ursachen für Schimmel in Innenräumen

Ursache für Schimmel in Innenräumen ist immer ein Feuchteproblem. Es gibt viele Ursachen für erhöhte Feuchtigkeit im Innenraum oder in den Baustrukturen. Beginnend beim Bau eines neuen Gebäudes mit Einbau von feuchten (eventuell bereits verschimmelten) Baumaterialien, nicht ausreichende Trocknung und Lüftung der Gebäude in der Bauphase, Wasserschäden durch Gebäudefehler und gefährdete Gebäudestrukturen (Wärmebrücken, mangelnde Wärmeisolierung oder unzureichende Lüftung) oder mangelnde Instandhaltung bis hin zu Feuchte-/Wasserschäden durch Gebäudenutzung.

Grenzen der Schimmelspürhund-Methode

Es ist wegen der enormen Vielfalt der verschiedenen Schimmelschäden (und dessen Geruchsspektren) sowie der Tatsache, dass der Schimmelgeruch für den Hund nicht immer aufspürbar ist, jeweils zu beachten, dass der Spürhund keine Ausschlussmethode für Schäden sein kann. Eine völlige Schadensfreiheit kann anhand einer Schimmelspürhund-Begehung nicht garantiert werden. Dasselbe gilt jedoch auch für andere Schimmelnachweismethoden. Auch „falsch positive" Ergebnisse sind möglich: Der Hund kann zum Beispiel kleinste Mengen eines Schimmels anzeigen, der eigentlich keine hohe Belastung darstellt (verschimmelter Wasserspender, Raumluftbefeuchter, etc.).

Erfahrungsbericht Katja

Ich war mit meinen Hunden Ella und Tamika einmal im Einsatz in einem Einfamilienhaus, das vor ein paar Jahren aufgrund von Schimmelbefall saniert worden war und dessen Bewohner nun noch einmal wissen wollten, ob der Schimmel auch dauerhaft beseitigt werden konnte. Ich setzte zuerst Ella ein und später Tamika. Beide Hunde zeigten einen Karton unter einer Treppe an. Die Erklärung war, dass dieser Karton in dem Raum mit dem Schaden gestanden hatte und die Bewohner den Karton nicht entsorgt hatten. Solche Anzeigen hatten wir ab und zu auch in anderen Einsätzen. Standen Koffer oder Kartons dicht an der Wand, zeigten die Hunde auch teilweise die Wand an, da diese den Geruch sicherlich über die Zeit übernommen hatte. Die flüchtigen Geruchskomponenten (MVOC, s. nächste Seite) haften auch sehr gut an Materialien, wodurch es zu solchen Geruchskontaminationen kommen kann. Das zeigt einmal mehr, wie wichtig die spätere Auswertung der Ergebnisse durch einen Sachverständigen ist. Der Hund ist nur eine Untersuchungsmöglichkeit, doch der Bausachverständige ist der Detektiv, der später alle Ergebnisse auswerten und zu einem Bild zusammensetzen muss.

Wir hatten in diesen Schacht, der oben mit einem Gitter abgedeckt war, eine große Schimmelprobe eingebracht. Sie lag nur ca. eine Stunde lang drin, als wir mit dem Training begannen. Interessanterweise zeigte keiner der Hunde die Stelle an. Deshalb haben wir im Anschluss etwas Rauch in den Schacht eingebracht und konnten gut sehen, dass dieser im Schacht stehen blieb. Da war es kein Wunder, dass die Hunde den Geruch nicht bekommen konnten.

Ein Spürhund zeigt Stellen an, wo Schimmelgeruch vorliegt. Die Quelle dieser Gerüche können neben betroffenen Bauteilen zum Beispiel auch von feuchten Böden unter dem Gebäude her stammen. Hierbei liegt nicht zwangsweise ein Gebäudeschaden vor, auch wenn meistens ein Feuchteproblem, z.B. durch unzureichende Lüftung des Kriechbodens oder fehlender/verstopfter Drainagen, vorliegt und die Luft den Innenraum belasten kann. Eine Sanierungsentscheidung sollte deshalb nie direkt aus den Anzeigen eines Schimmelspürhundes abgeleitet werden. Das Ausmaß oder die Intensität des Schadens kann nur durch gezielte Bauteilöffnungen und ggf. Materialuntersuchungen festgelegt werden.

Auch können Spürhunde Schäden nur dann lokalisieren, wenn der Schimmelgeruch während der Begehung in den Innenraum gelangt. Dies kann durch Luftdruckverhältnisse, Lüftungstechnik, Wetterbedingungen (z.B. starken Wind) beeinflusst werden.

Schimmelproben und der Umgang damit

Bei der Ausbildung und dem Training von Schimmelspürhunden sind gute Trainingsproben essenziell. Die Besonderheit hier ist, dass die Proben meist noch lebende Mikroorganismen (also Schimmelpilze und Bakterien) enthalten. Eine andere Möglichkeit ist es, reine Geruchsproben zu nutzen, die nur die von Mikroorganismen gebildeten flüchtigen Geruchskomponenten (Microbial Volatile Organic Compounds; MVOC) enthalten. Hierzu können Geruchsträger verwendet werden, z.B. Wattepads, die mit den Schimmelproben in ein geschlossenes Behältnis gegeben und für eine bestimmte Zeit zusammengelagert werden. Sie nehmen den Geruch der jeweiligen Schimmelprobe an und können dann im Training verwendet werden. Beide Probenarten haben ihre Vor- und Nachteile sowie Besonderheiten in der Handhabung.

Schimmelgerüche

Der reine Schimmelgeruch als solcher besteht aus den oben genannten MVOC. In den Trainingsproben und Schadensfällen besteht er daneben aber auch aus Gerüchen von Abbauprodukten der Substrate/Materialien (z.B. verschiedene Baumaterialien), die vom Schimmel befallen sind. Die Geruchsmuster der Schimmelschäden haben demnach ein breites Spektrum und die gebildeten Gerüche können sich je nach Probe stark voneinander unterscheiden.

Variationen in den Geruchsmustern entstehen, weil

- verschiedene Mikroorganismen unterschiedliche Geruchsmuster (Geruchsmuster = Gruppe von verschiedenen Geruchskomponenten) produzieren
- Schimmel auf verschiedenen Nährböden oder Baumaterialien wachsen kann

- Mikroorganismen in den Schäden in unterschiedlichen Mischungen (überwiegend Schimmelpilzen und/oder Bakterien) vorkommen

- aus der Probe abgegebene Gerüche je nach Alter des Schimmelbefalls variieren

- die Mikroorganismen in den Trainingsproben (sowie auch bei echten Schäden) vital, inaktiv oder bereits abgestorben sein können

- die Proben feucht oder trocken sein können.

Ein weiterer Aspekt sind einzelne Geruchskomponenten, die nicht nur vom Schimmel, sondern auch aus anderen Quellen stammen können. Beispielsweise können Schimmelpilze und Bakterien Gerüche bilden, die auch in Klebstoffen (Tape), Weichmachern oder z.B. in Insekten (Chitin) vorhanden sind.
Um zuverlässig Schimmelschäden anzuzeigen, muss der Spürhund also eine Vielzahl von schimmelbefalltypischen Geruchsmustern kennen lernen. Dies erfordert gute Planung und Dokumentation des Trainings sowie gute Kenntnisse (in Zusammensetzung, Handhabung, Lagerung etc.) der verwendeten Trainingsproben.

Erfahrungsbericht Katja 

In dem Projekt, in dem Michaela und ich Spürhundeteams ausgebildet haben, um nach invasiven gebietsfremden Pflanzenarten zu suchen, stellten zwei Teams unabhängig voneinander fest, dass die Hunde die gefriergetrockneten, „künstlich“ getrockneten Pflanzen sowie frische Pflanzen oder auch Wurzeln leichter anzeigten als die gleiche Pflanze, nachdem sie in der Natur vertrocknet war. Was den Schluss zulässt, dass der Geruch sich verändert, ob eine Pflanze auf natürliche Weise verstirbt oder sozusagen mitten aus dem Leben herausgerissen wird.

Erwerb von Schimmelproben

Schimmel und Materialien mit Schimmelschaden, die zur Konditionierung und dem Suchtraining eingesetzt werden, sollen immer Mikroorganismen (oder die Gerüche der Mikroorganismen) beinhalten, die typisch für Schimmelschäden in Innenräumen sind. Ein beliebiges mit Schimmel befallenes Material ist nicht als Trainingsprobe geeignet, da es eine Vielzahl von Schimmelpilzen gibt, die bei Schimmelschäden in Innenräumen nicht vorkommen.

Erfahrungsbericht Katja 

Ich erlebte einmal einen Prüfungsteilnehmer, der in einem Vorgespräch erwähnte, dass er unter anderem verschimmelte Orangen als Trainingsobjekte nutzte, da diese sich schnell reproduzieren ließen. So etwas ist selbstverständlich überhaupt nicht zielführend und war vielleicht einer der Gründe, warum das Spürhundteam die Prüfung nicht erfolgreich abschloss.

Empfehlenswert ist es, von mykologischen Laboren erworbene und untersuchte Schimmelproben fürs Training zu nutzen. Dies können Reinkulturen der Mikroorganismen, kontrolliert beimpfte Baumaterialien oder mikrobiologisch untersuchte Materialien aus Echtschäden sein.

Reinkulturen sind einzelne Mikroorganismen, die auf einem Nährmedium (z.B. MEA, DG18, CASO) wachsen. Der Artname des Mikroorganismus und das Datum der Beimpfung sowie der Name des Nährmediums sollten immer auf dem Behälter zu lesen sein.

Die oben genannten untersuchten Laborproben sollten in Innenräumen benutzte Baumaterialien beinhalten und einen für das Material typischen mikrobiellen Befall aufweisen. Es können bereits getrocknete oder noch feuchte Materialien mit Schimmelbefall verwendet werden.

Die Trainingsproben-Materialien sollten sich im Alter des Schadens unterscheiden. Es können also Materialien von einem „frischen" Schaden bis hin zu einem mehrere Jahre alten „Altschaden" zum Training eingesetzt werden (mehr zum Alter der Proben gleich).

Dies ist ein Aspergillus Versicolor. Dieser Schimmelpilz zählt laut Umweltbundesamt zu den Schimmelpilzen, die als Indikatoren für Feuchteschäden genannt werden.

Wichtig:

Materialproben sollten vom mykologischen Labor kontrolliert und mit bestimmten Schimmel- oder Bakterienarten beimpft sein. Bei Materialien aus Echtschäden müssen diese vom spezialisierten Labor analysiert worden sein. Das ist für die professionelle Trainingsdokumentation unerlässlich.

Deutsche Sammlung von Mikroorganismen und Zellkulturen (DSMZ)

Das Leibniz-Institut DSMZ – die Deutsche Sammlung von Mikroorganismen und Zellkulturen – ist das weltweit umfassendste Zentrum für biologische Ressourcen. 2022 schrieb das DSMZ, dass seine Sammlung etwa 36.200 verschiedene Bakterien- und 8.400 Pilzstämme umfasst. Diese Zahl soll nochmal die Artenvielfalt der Schimmelpilze hervorheben. Alle biologischen Materialien, die in dieser Sammlung aufgenommen sind, unterliegen einer umfassenden Qualitätskontrolle sowie einer physiologischen und molekularen Charakterisierung.

Die meisten der dort vorhandenen Mikroorganismen sind käuflich erwerbbar. Außerdem stellt die DSMZ-Sammlung eine umfangreiche Dokumentation und detaillierte diagnostische Information zu den biologischen Materialien zur Verfügung. Wer sich also für ganz bestimmte Pilze oder Bakterien interessiert, sollte hier fündig werden.

Probenbehälter

Als Probenbehälter sind üblich:

- Plastikröhrchen
- Petrischalen
- Glasbehälter
- Plastikbehälter oder -tüten
- Alufolie
- Edelstahlbehälter

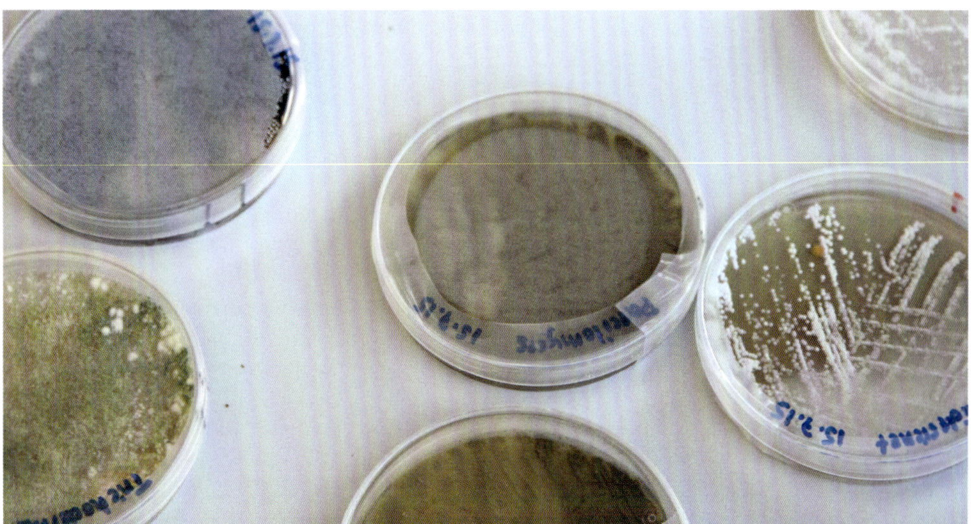

Es gibt Petrischalen in unterschiedlichen Größen. Diese hier sind mit sogenanntem Parafilm, einem Filmmaterial aus Paraffin, verschlossen.

Glas- und Edelstahlbehälter nehmen am wenigsten den Geruch an und können am besten von Geruchskontaminationen gereinigt werden. Doch sind in die Deckel häufig Gummi oder gummiähnliche Stoffe eingearbeitet, die den Geruch wiederum stark annehmen können.

Bei Papp-, Plastik-, Holz- oder Tonbehältern ist immer daran zu denken, dass solche Materialien Gerüche extrem schnell annehmen und dann selbstverständlich auch an ihre Umgebung abgeben.

Bei der Anwendung von Klebefilmen zum Verschließen von Behältern ist immer zu beachten, dass Hunde leicht auf die Klebstoffgerüche konditioniert werden können.

Bei Petrischalen ist es anzuraten, Parafilm (online bestellbar) zur Versiegelung zu nutzen. Dies lässt einen Gasaustausch mit der Umgebung zu, verhindert aber weitestgehend Kontaminationen. Der Nachteil ist, dass der Parafilm mit der Zeit austrocknet und undicht wird, auch kann er leicht beschädigt werden. Der Parafilm riecht selbstverständlich auch, jedoch unterscheiden sich die Gerüche deutlich von denen des Schimmelbefalls und sie sind weniger häufig in Haushalten vorhanden. Zudem können auch Parafilmstreifen im Suchgebiet versteckt werden, um dem Hund zu zeigen, dass das Auffinden solcher Streifen zu keiner Belohnung führt.

Risikogruppen

Mikroorganismen werden nach ihrer Fähigkeit, Krankheiten auszulösen, in verschiedene Risikogruppen eingeteilt. Die meisten Schimmelarten gehören zur Risikogruppe 1 (siehe aktuelle Liste von TRBA – Technische Regeln für Biologische Arbeitsstoffe – 460 Einstufung von Pilzen in Risikogruppen). Es wird empfohlen, nur Schimmelpilze der Risikogruppe 1 für das Training zu nutzen.

Pilze der Risikogruppe 2 oder höher (Risikogruppen gibt es bis 4) können Infektionen bei Menschen verursachen. Die Aufbewahrung, Handhabung und z.B. Versendung (per Post) der Pilze aus dieser Risikogruppe unterliegen höheren Anforderungen, weshalb sie häufig von den mikrobiologischen Laboren nicht verkauft werden.

Schimmelpilze aus beiden Risikogruppen (1 und 2) haben sensibilisierende Wirkungen und können unter Umständen Allergien verursachen oder allergische Reaktionen auslösen. Auch sind viele Schimmelpilze in der Lage, Mykotoxine zu bilden, die im Baumaterial beachtliche Konzentrationen erreichen können. Deshalb sind eine sorgfältige Handhabung und möglichst „sauberes“ Arbeiten (z.B. Anfassen der Probe mit Pinzette sowie möglichst wenig Kontamination der Luft mit Schimmelsporen aus der Probe) mit allen Trainingsproben wichtig.

Hierbei ist zwischen der Geruchsübertragung und der Übertragung von partikelförmigen Substanzen aus der Probe zu unterscheiden. Auch wenn die Probe mit Handschuhen angefasst wird, wird es sich nicht gänzlich vermeiden lassen, dass der menschliche Geruch, allein schon durch die Vielzahl an Hautschuppen, die wir stetig verlieren, übertragen wird.

Schimmelkulturen haben nur eine begrenzte Haltbarkeit

Eine Verunreinigung des Trainingsmaterials mit ungewollten Schimmelpilz- oder Bakterienarten ist leider nicht zu vermeiden. Dabei ist es wichtig, dieses bei der Dokumentation des Trainings zu vermerken, sofern es festgestellt wird. In der Umgebungsluft gibt es immer Schimmelsporen, die eine Probe leicht kontaminieren können. Daher ist es wichtig frische/feuchte Proben möglichst gut zu versiegeln. Kontaminierte Kulturen sind z.B. durch andersartige Fremdkolonien auf der Kultur zu erkennen.

In feuchten Materialproben geht das Schimmelwachstum weiter, und die Artenzusammensetzung kann sich mit der Zeit ändern. Einfacher ist es, bereits im Labor unter sterilen Bedingungen getrocknete Materialproben einzusetzen.

Trockene Materialproben sind bei guter Lagerung und der sorgsamen Handhabung (zur Vermeidung von Fremdgerüchen) sogar bis mehrere Jahre einsetzbar.

Auch in trockenen Materialproben (wie auch in Reinkulturen auf Nährstoffagar) ändert sich der Geruch mit der Zeit. Die leicht flüchtigen Geruchskomponenten verschwinden als erstes. Bestimmte Geruchskomponenten verbleiben aber in der Probe. Erkennbar sind die Schimmelgerüche sogar noch in mehreren Jahren alten Materialproben.

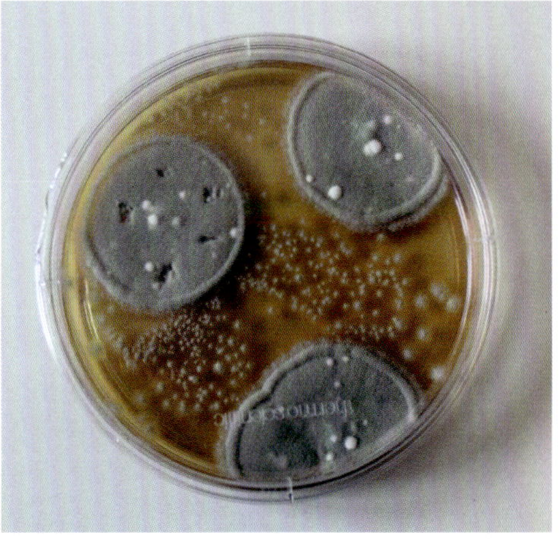

Hier kann die Verunreinigung der Probe gut gesehen werden. Die ursprüngliche Kolonie sind die drei großen Kreise und die kleinen weißen Pünktchen sind unerwünschte Kontaminationen.

Lagerung von Schimmelproben

Eine fachgerechte Handhabung und Lagerung der Trainingsproben mit Mikroorganismen ist wichtig, um die Qualität der Proben und damit die typischen Schimmelgerüche zu erhalten. Frische Reinkulturen (Petrischalen) und Materialien werden am besten versiegelt in kühler (+4–8°C) Umgebung (z.B. Kühlschrank) gelagert. Trockene (Material-) Proben können auch bei Zimmertemperatur gelagert werden.

Die Temperatur der Probe hat Einfluss auf den Stoffwechsel von Mikroorganismen sowie die Flüchtigkeit von Geruchskomponenten, daher hat die Temperatur der Probe einen starken Einfluss auf das abgegebene Geruchsmuster. Dieser Punkt sollte beim Training Beachtung finden, denn die Proben geben einen anderen Geruch ab, wenn sie erst vor Minuten aus dem Kühlschrank genommen wurden oder eben schon seit Stunden bei Zimmertemperatur versteckt liegen.

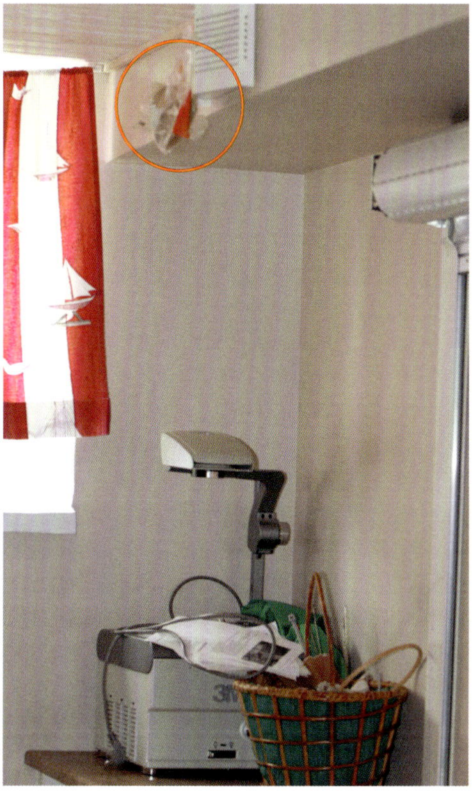

Auf diesem Bild ist zu sehen, wo die Schimmelprobe versteckt war (oranger Kreis).

Hier wurden die Materialproben bereits am Vortag aufgehangen, somit hat die Probe auf jeden Fall die Zimmertemperatur angenommen.

Geruchskontamination an Trainingsproben

Bei der Lagerung und Handhabung können Geruchskontaminationen der Proben mit verschiedenen anderen Gerüchen stattfinden, auf die die Hunde dann versehentlich konditioniert werden. Das Verpackungsmaterial und der Lagerort haben immer einen Eigengeruch, den die Probe mit der Zeit aufnimmt.

Proben, die zusammen gelagert werden, nehmen gegenseitig den Geruch an. Auch die Umgebungsgerüche werden von der Probe angenommen (z.B. Kühlschrank, Aufbewahrungsbox, Aufbewahrungsraum), sprich sie haften an den Proben. Besonders sind hier Nahrungsgerüche zu nennen, wenn die Schimmelprobe zum Beispiel neben dem Hundefrischfleisch gelagert wird. Hunde können leicht unabsichtlich auf diese Gerüche konditioniert werden und beginnen, nach dem „anderen Geruch“ anstatt dem Schimmelgeruch zu suchen.

Auch unsere Handhabung der Proben (Anfassen mit und ohne Handschuhe/ Werkzeug) kann Gerüche auf der Probe verursachen. Sowohl unsere Haut als auch Gummihandschuhe oder eventuell auch eine Pinzette haben einen für den Hund deutlich wahrnehmbaren Eigengeruch. Daher ist es ratsam, die Probenverpackungen, Aufbewahrungsorte und Handhabung der Proben unterschiedlich und abwechslungsreich zu gestalten und Proben separat aufzubewahren. Hiermit wird vermieden, dass der Hund ungewollt auf die Kontaminationsgerüche anstatt den gewollten Schimmelgeruch konditioniert wird. Ich selbst lagere die Schimmelproben immer in Glasbehältnissen.

Manche Schimmelpilze riechen auch für uns stark und andere gar nicht. Ich würde nie etwas darauf geben, was ich dabei rieche.

Welche Schimmelarten sind für die Spürhundearbeit interessant?

Die Frage nach „optimalen“ oder „richtigen“ Trainingsproben bei der Schimmelspürhundausbildung ist ein spannendes Thema, das bisher nicht gezielt untersucht wurde. In der Ausbildung ist es vorerst wichtig, dass der Hund Gerüche und Kombinationen von Gerüchen der häufigsten bei Innenraumschäden vorkommenden Mikroorganismen kennenlernt. Eine gute Orientierung geben die Feuchteindikatoren, die im „UBA-Schimmelleitfaden“ (s.S.231) aufgelistet sind.

Grundsätzlich kann uns leider niemand genau sagen, welche Schimmelarten und wie viele davon wir trainieren müssen, damit der Hund später jeden Schimmelschaden anzeigt. Die Experten sind sich da durchaus uneins. Ich möchte hier zwei Schemata vorstellen, am Ende muss aber jeder Hundeführer seine Auswahl treffen.

So eingefärbt sieht der Aspergillus versicolor fast wie eine Blume aus, die ihre Pollen verteilt. Hier sind die Hyphen und Sporenträger gut zu sehen.

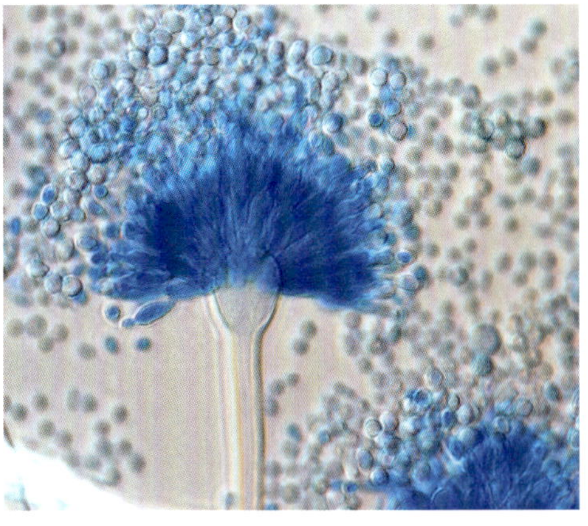

Schema 1

Laut Expertenmeinung sind in Schimmelschäden immer wieder die gleiche MVOC nachzuweisen. Die folgenden Pilze und Bakterien sind demnach sehr häufig in Feuchteschäden zu finden: *Aspergillus versicolor*, *Aspergillus restrictus*, eine *Penicillium*-Mischung, *Actinomyceten* und *Bacillus.*

UBA-Schimmelleitfaden, Tabelle 2:

Schimmelpilze mit hoher Indikation für Feuchteschäden (Feuchteindikatoren)[4]

1. *Acremonium spp.*
2. *Aspergillus penicillioides, Aspergillus restrictus, Aspergillus versicolor*
3. *Chaetomium spp.*
4. *Phialophora spp.*
5. *Penicillium chrysogenum*
6. *Penicillium brevicompactum*
7. *Scopulariopsis brevicaulis, Scopulariopsis fusca,*
8. *Scopulariopsis brumtii, Scopulariopsis chartarum*
9. *Stachybotrys chartarum**
10. *Tritirachium (Engyodontium) album*
11. *Trichoderma spp.*

Das Training mit dem oben aufgeführten* ***Stachybotrys chartarum* *ist ein zwiespältiges Thema. Wegen der Häufigkeit der Schimmelschäden mit dieser Art ist es wichtig, dass die Spürhunde ihn anzeigen. Aber er bildet sehr oft potente Toxine auf Baumaterialien. Daher empfehle ich, das Training mit dieser Art auf ein Minimum zu reduzieren, auf den direkten Kontakt mit den befallenen Materialien möglichst zu verzichten und/oder einen nachweislich nicht toxinbildenden Stamm zu nutzen.*

4 Aus: Leitfaden zur Vorbeugung, Erfassung und Sanierung von Schimmelbefall in Gebäuden (Tabelle 2, Umweltbundesamt, 2017)

Deshalb ist es sinnvoll, diese Mikroorganismen beim Training auf jeden Fall einzusetzen. Zudem sollte mit den vier folgenden, bei Schimmelschäden sehr häufig besiedelten, Materialien trainiert werden:

Gipskarton, Wandputz, Mineralwolle und Styropor.

Auch sollte je eine sehr nasse Probe und eine eher trockene Probe hergenommen werden, um sicherzustellen, dass sowohl xerophile (trockenheitsliebende) als auch hydrophile (feuchtigkeitsliebende) Mikroorganismen in den Trainingsproben vorhanden sind.

Da wir nicht genau wissen, was der Hund tatsächlich riecht, würde ich raten, Schema 1 abzuarbeiten. Diese sich daraus ergebenden 40 verschiedenen Trainingsproben (5 Pilze und Bakterien auf jeweils 4 Materialien und diese Proben einmal recht feucht und einmal eher trocken) bilden bereits eine gute Basis mit häufig bei Schäden vorkommenden Geruchskomponenten. Anschließend können Feuchteindikatoren sowie weitere Mikroorganismen und Baumaterialien aus dem Schema 2 nach und nach mit ins Training aufgenommen werden.

Schema 2: Weitere fürs Training interessante Arten

Weitere fürs Training interessante Arten sind:

Alternaria chartarum, Aspergillus glaucus, Aspergillus vitis, Sarocladium strictum, Chaetomium globosum, Engyodontium album, Penicillium chrysogenum, Penicillium brevicompactum, Phialophora sp., Scopulariopsis brevicaulis, Scopulariopsis brumptii, Ulocladium sp.

Zudem sollen häufig bei Schimmelbefall vorkommende Bakterienarten in das Training eingeschlossen werden. Danach sind dann Mischproben, auch gerne aus analysierten Echtschäden, zu verwenden.

Interessante zusätzliche Materialien sind auf jeden Fall:

Holz, Teppichboden, Raufasertapete, Spanplatten, Wellpappe, Tapete, künstliche Mineralfaser und andere Dämmstoffe, Schüttungen (wie Perlit).

Es ist immer wieder wichtig zu betonen, dass nicht jeder Schimmel bei Innenraumschäden vorkommt. Daher ist es besonders wichtig, mit Proben von Reinkulturen oder Baumaterialien mit einem bekannten Artenspektrum zu arbeiten.

Aus der Unterschiedlichkeit der Schimmelarten und der Möglichkeiten der Mischgerüche wird schnell deutlich, dass die Schimmelspürhundausbildung recht anspruchsvoll und zeitintensiv ist, wenn sie korrekt erarbeitet wird.

Abhängig von den Bedingungen (Feuchtemenge, betroffene Fläche, Alter des Schadens, betroffene Materialien etc.) bei den Echtschäden handelt es sich immer um eine Kombination von unterschiedlichen Mikroorganismen in unterschiedlichen Lebensphasen oder Aktivitätsstadien. Daher gibt es ein Spektrum von mehreren Geruchskomponenten, die von Schaden zu Schaden variieren. Es ist nicht möglich, den Hund auf alle vorkommenden Geruchsspektren von Schimmelschäden zu trainieren. Sinnvoll ist es, die häufigsten und damit wichtigsten Geruchskomponenten und deren Geruchsspektren zu trainieren. Im Laufe des Trainings und der praktischen Arbeit wird das Geruchsspektrum automatisch durch die Erfahrung an Echtschäden erweitert.

Es ist sogar anzunehmen, dass der Hund Schimmelgeruch generalisiert, also Schimmelarten anzeigt, die er im Training nicht kennengelernt hat. Doch zum einen hängt

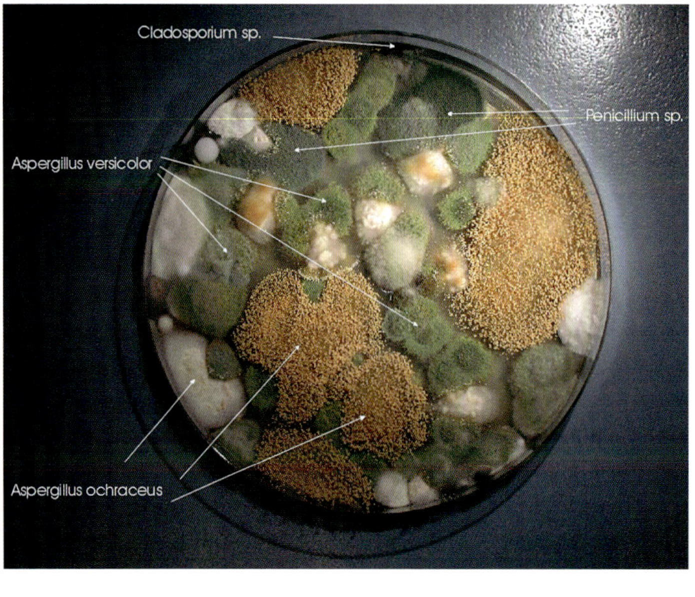

So unterschiedlich können Schimmelpilze aussehen. Eigentlich sind es sehr interessante Lebewesen.

das vom Trainingsstand des Hundes und dem jeweiligen Individuum ab und ist auch nur eine Annahme, da es meines Wissens nach keine Studie zu dieser These gibt. Allerdings habe ich mich mit erfahrenen Schimmelspürhundführern über dieses Thema unterhalten und alle waren ebenfalls dieser Meinung.

Die geweiteten Nasenlöcher zeigen hier sehr deutlich, dass Arwen gerade Witterung aufnimmt. So ausgeprägt wird dieses Verhalten bei der Schimmelsuche in Räumen eher selten zu sehen sein.

Erfahrungsbericht Katja

Meine Freundin Kerttu erzählte, dass ihre Hündin Wilma sich bei Schimmelarten, die sie bisher noch nicht kennengelernt hatte, durchaus interessiert zeigte, aber nicht zur Anzeige kam. Zum Glück hatte Kerttu eine gewissenhafte Trainingsdokumentation vorgenommen und konnte dementsprechend sehen, dass Wilma diese Schimmelarten noch nicht bekannt gewesen waren. Da die Hunde genau wie Menschen mit Verallgemeinerungen sehr unterschiedlich verfahren, ist es wichtig, solche Sachverhalte wahrzunehmen.

Training des Schimmelspürhundes

Auf die Unterscheidung zu anderen Spürhundsparten werde ich im Folgenden noch eingehen, aber grundsätzlich gilt auch hier: Es ist wichtig, dem Hund an der exakt richtigen Stelle zu zeigen, wie großartig er es macht, wenn es sich um einen gelungenen Durchgang handelt. Und genauso an den exakt richtigen Stellen abzubrechen, um ihm die Information zu vermitteln, dass ihn dieses Verhalten nicht zu seiner Belohnung führt, wenn es sich um einen fehlerhaften Durchgang handelt.

Bedenken wir die unglaubliche Fähigkeit der Hunde zum Verarbeiten von Gerüchen, wird sicherlich klar, dass es für Schimmelspürhunde sehr einfach ist, z.B. Chloranisolgeruch (Chloranisole sind keine Schimmelpilze, geben aber einen muffigen und für den Menschen, dem Schimmel sehr ähnlichen Geruch ab) in Fertighäusern vom Schimmelgeruch zu unterscheiden. Wir dürfen dabei nicht von unserem eigenen Geruchssinn ausgehen. Vielleicht unterscheiden sich diese Gerüche für den Hund wie für uns schwarz und hellgelb, obwohl sie für uns sehr ähnlich riechen. Daher liegt es immer am Training, nicht am Hund, wenn der Hund nicht das sucht oder etwas anderes anzeigt, als wir es ihm vermitteln wollten.

Fachleute gehen davon aus, dass der Hund die MVOC (s.S.223) als den Schimmelgeruch wahrnimmt und er nicht direkt die Sporen riecht.

Ist die Schimmelspürhundarbeit für den Hund gefährlich?

Das ist meist die erste Frage, die in Bezug auf die Suche mittels Hunden nach Schimmelpilzen gestellt wird und war auch meine erste Frage, bevor ich mit der Schimmelspürhundausbildung begann.

Unseres Wissens nach gibt es dazu keine Studien. Die Erfahrungswerte belegen allerdings, dass die eingesetzten Hunde genauso alt werden wie andere Hunde auch. Selbst wenn diese Hunde mehrfach in der Woche im Einsatz waren, gab es keine besonderen gesundheitlichen Beeinträchtigungen, die vermehrt auftraten. Die von mir befragten Schimmelspürhundführer waren sich alle darin einig, dass es den Hunden nichts anzuhaben scheint. Taschka, meine eigene Hündin, die 12 Jahre lang aktiv im Einsatz war, wurde 17 Jahre alt.

Da Schimmelpilze vielfach im Erdreich angesiedelt sind, haben Hunde ständig engen Kontakt zu ihnen, wenn sie im Außenbereich herumschnüffeln. Aufgrund dieser Tatsache erhielt ich von mehreren befragten Tierärzten die Aussage, dass Hunde höchstwahrscheinlich sogar besser als der Mensch an das Verstoffwechseln von Schimmel angepasst seien.

Der Hund ist meist nur für Minuten im Einsatz und sehr selten mal für ein paar Stunden einer höheren Konzentration an Schimmelpilzen ausgesetzt. Da ich viele Hunde kenne, die dem Kompost im Garten oder dem Abfalleimer jeden Tag einen Besuch abstatten und dabei vielleicht sogar das ein oder andere Mahl zu sich nehmen, würde ich denken, dass Schimmel generell dem Hund nicht so viel anhaben kann wie dem Menschen.

Selbstverständlich gibt es auch unter Hunden Schimmelallergiker. Doch das ist eher eine Ausnahme und meines Wissens nach lange nicht so stark verbreitet wie beim Menschen.

Wenn bereits gefährliche Schimmelarten der Risikogruppe 2 oder höher nachgewiesen wurden, wird das dem Schimmelspürhundführer im Normalfall vorher mitgeteilt. Dann hat jeder Spürhundführer für sich und seinen Hund abzuwägen, wie er mit diesem Risiko für sich und sein Tier umgehen möchte. Schließlich gibt es keine Verpflichtung, jeden Auftrag anzunehmen.

Ich bin immer sehr auf die Gesundheit meiner Tiere bedacht. Wenn ich irgendwann einmal den Eindruck gewonnen hätte, dass diese Arbeit meinen Hunden schaden könnte, dann würde ich schon längst aufgehört haben.

Trainingsplan Schimmelsuche

„Wenn du ein Schiff bauen willst, beginne nicht damit, Holz zusammenzusuchen, Bretter zu schneiden und die Arbeit zu verteilen, sondern erwecke in den Herzen der Menschen die Sehnsucht nach dem großen und schönen Meer.“
Antoine de Saint-Exupéry

Eigentlich alle guten Spürhundführer, die ich kennenlernen durfte, hatten einen extremen Spaß dabei, ihre Hunde zu beobachten und sich mit ihnen zu freuen, wenn sie den Zielgeruch fanden. Vielleicht ist das zumindest eines der Geheimnisse, um ein wirklich exzellenter Spürhundführer zu werden.

Grundsätzlich ähneln sich natürlich die Trainingspläne für die unterschiedlichen Spürhundaufgaben, die wir hier beschreiben. Trotzdem haben wir uns entschlossen, sie in jedes Spezialkapitel aufzunehmen, da es sich immer wieder zeigt, dass zwar alles ähnlich, aber doch nicht exakt gleich ist. Außerdem gibt es nicht *den* Plan, da jeder Hund und jede Situation individuell zu bewerten ist und damit umgegangen werden sollte. Bei dem nun folgenden Plan bin ich ganz klassisch auf die drei A‘s eingegangen – Ausdauer, Abstand, Ablenkung. Das hat sich für mich in der Vergangenheit für viele Teams sehr bewährt. Auch baue ich keine weitere

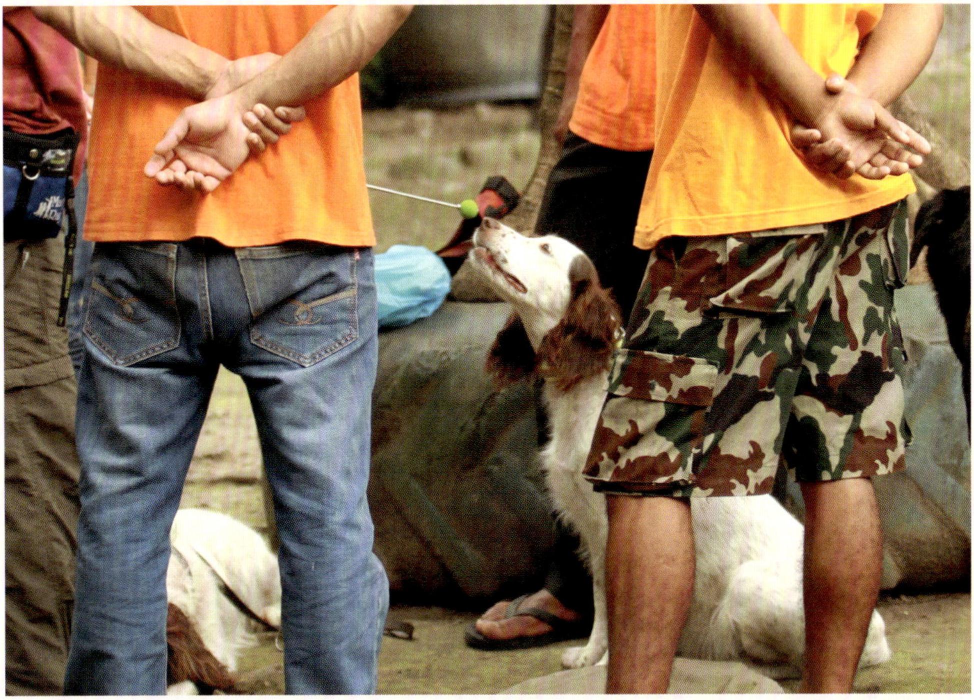

Dies kann auch eine Möglichkeit sein, den Hund seinen Zielgeruch kennenlernen zu lassen. Dabei trägt der Ball am Ende des Targets dann den Zielgeruch.

Diskriminierung (in dem Fall Materialproben ohne Schimmel neben den Schimmelproben) ein, da hierbei die Gefahr besteht, dass z.B. auf Schimmelanzuchtsplatten oder auch neu gekauften Baumaterialien bereits Schimmel vorhanden sein kann und wir dem Hund dann einen Fehler in seinem Training einbauen würden. Wir haben erlebt, dass bereits nach zwei Tagen in einem Röhrchen mit Malzextrakt-Agar Schimmel zu sehen war, obwohl das Röhrchen augenscheinlich mit Parafilm gut verschlossen war. Zudem kam bei einer Laboranalyse von verschiedenen neu im Baufachhandel erworbenen Materialien (Holz, Tapete, Dämmwolle) heraus, dass dort durchaus zum Teil schon Schimmel nachgewiesen werden konnte.

Teilweise können wir die Schritte des Trainingsplans auch vertauschen oder Schritte überspringen. Wichtig ist, die Dokumentation im Blick zu behalten, um zu sehen, dass wir uns in Richtung unseres Ziels vorwärts bewegen.

Alle Schritte werden so oft wiederholt, bis wir evaluieren, ob der nächste Trainingsschritt vielleicht schon möglich ist. Dazu können wir uns immer an den PENG Kriterien (s.S.66) orientieren.

Ein allererster Trainingsschritt könnte sein, dem Hund erst einmal über einfaches Targettraining das ruhige Verharren beizubringen. Wenn ich den Targetball mit dem Zielgeruch beträufele, dann lehre ich dem Hund parallel dazu, den Zielstoff anzuzeigen. Das ist einer von sehr vielen möglichen Trainingswegen. Es gibt so viele Wege, die ans Ziel führen. Diesen möchte ich erwähnen, da viele Hunde ein solches Targettraining eventuell bereits kennen.

Eventuelle Vorarbeit

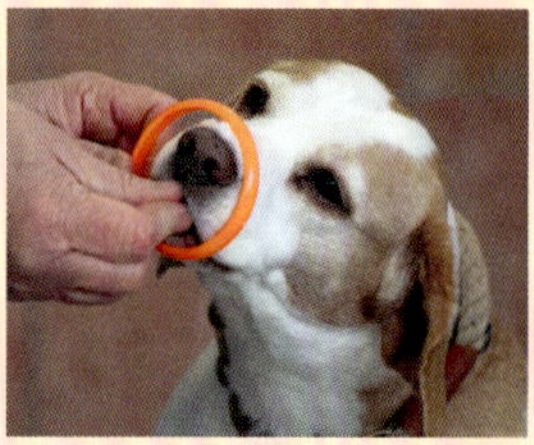

Als Ring kann z.B. ein Armreif verwendet werden.

Da es für manche Hunde einfacher ist, mit dem Glas zu beginnen, wenn sie bereits einmal gelernt haben, ihre Nase in etwas hineinzustecken und dort zu verharren, kann es als erster Schritt eventuell hilfreich sein, mit einem Plastikring zu beginnen. Der Trainingsvorteil beim Plastikring ist der Futterpunkt. Bei dem Ring kann ich den Hund so füttern, dass der Hund die Nase im Ring behalten kann. Du markerst deinen Hund dafür, dass er seine Nase durch einen Plastikring steckt und fütterst ihn so, dass er die Nase im Ring behält. Wird er dort mit einer hohen Belohnungsrate belohnt, dann wird dem Hund schnell klar, dass es sich lohnt, seine Nase im Ring einfach still zu halten. Kann er im Ring eine halbe Minute ruhig verharren, beginne ich mit dem eigentlichen Trainingsplan. Manche Hunde kennen so etwas schon vom Maulkorb- oder Kopfhalftertraining.

Bis zu Schritt 6 gibst du keinen Laut von dir, außer wenn du Pause machst, um zum Beispiel deine Dokumentation anzufertigen, dann sagst du „Pause“ und wenn du für heute aufhörst, dann sagst du „Ende“ zu deinem Hund. Beides hilft dir dabei, konsequent zu sein. Ob du mit einem gelungenen Durchgang oder einem Fehler endest, ist völlig egal. Gut ist es, aufzuhören, bevor deine oder die Konzentration des Hundes weg ist.

Und ab Schritt 7 gibt es dann das von dir gewählte Hörzeichen, um den jeweiligen Durchgang zu starten und weiterhin Pause und Ende. Denk dabei immer daran: „Deinem Hund sagt deine Handlung mehr als tausend Worte".

Schritt 1: Interesse für das Glas

Du setzt dich auf einen Stuhl und hältst deinem Hund ein geöffnetes Glas mit einer Schimmelprobe hin. Ich benutze zu Beginn zumeist eine Penicillium oder Aspergillus-Probe. Interessiert der Hund sich für die Öffnung des Glases, belohnst du ihn am Glas. Dann bringst du das Glas etwas neben oder hinter dich, bis du neu startest. Diesen Vorgang wiederholst du ein paar Mal und hältst ihm dabei das Glas stets an exakt der gleichen Stelle hin. Dein Hund sollte das Glas leicht aus stehender oder sitzender Position erreichen können, sodass er eigentlich nur den Kopf bewegen muss. Wir nutzen zu Beginn kleine Gläser, die großen Einmachgläsern ähneln und ebenfalls über Bügelverschluss zu schließen sind.

Schritt 2: Nase am Glas

Nun verlangst du ein bisschen mehr. Dein Hund soll das Glas mit der Nase berühren oder zumindest sehr dicht damit am Glas sein. Dabei sollen sich die Nasenlöcher möglichst über der Glasöffnung, also über dem Geruch befinden.

Schritt 3: Anzeige(aus)dauer

Nun belohnst du deinen Hund erst, wenn er seine Nase eine halbe Sekunde an dem Glas behält. Dann erst nach einer Sekunde, zwei Sekunden, drei Sekunden, vier Sekunden, fünf Sekunden … bis er eine Minute ruhig am Glas verharrt.

Leckt der Hund, führt das zu einem Abbruch. Abbruch heißt, dass Glas wird komplett kommentarlos weggenommen. Die gesamte Zeit über hältst du das Glas immer wieder an exakt die gleiche Stelle.

Steigere die Dauer nicht kontinuierlich, sondern eher variabel, damit dein Hund den Spaß behält.

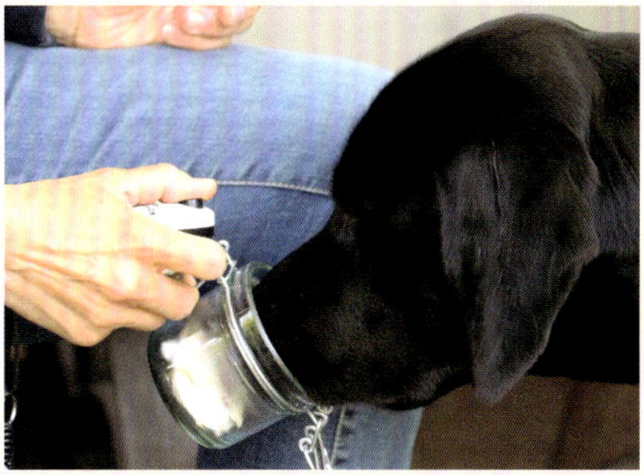

Nero hat bereits am zweiten Tag verstanden, seine Nase für mehrere Sekunden an das Glas zu halten. Wie schnell das geht, ist individuell sehr verschieden.

Sollte der Hund das ruhige Verharren als Konzept bisher noch nicht anderweitig gelernt haben, dann kann das bereits ein herausfordernder Trainingsschritt sein.

Schritt 4: Glas nähert sich dem Boden

Nun wird die Verweilzeit heruntergesetzt, da jetzt der Abstand im Vordergrund steht. Allerdings sollten auch hierbei immer mindestens drei Sekunden abverlangt werden.

Halte das Glas etwas tiefer, als du es zuvor gehalten hattest. Dann hältst du es noch etwas tiefer usw., bis es auf den Boden zwischen deine Füße gestellt wird. Bis zu diesem Schritt wird das Glas erst durch die Hand und dann durch die Füße stabilisiert.

Schritt 5: Glas steht unbefestigt auf dem Boden

Nun stellst du das Glas zwischen deine Füße, aber die Füße halten das Glas nicht mehr fest. Du belohnst den Hund nur, wenn das Glas aufrecht stehen bleibt und nicht verschoben wird, während seine Nase für mindestens drei Sekunden dran ist.

Chilli hält ihre Nase eine Minute ans Glas, sodass sich das Glas dabei nicht bewegt.

Schritt 6: Probenvielfalt erhöhen

Jetzt legst du dem Hund jeweils andere Proben ins Glas, bis er zumindest die 40 Proben aus Schema 1 kennengelernt hat (s.S.230).

An dieser Stelle sind ganz klar den laborgewachsenen Proben den Vorzug zu geben, wie bereits auf S.225 erklärt.

Ab diesem Schritt wechselst du immer wieder die Proben. Dabei ist es wichtig, dass deine Dokumentation dir zeigt, dass du die verschiedenen Proben ähnlich oft verwendest, damit der Hund alle Proben immer mal wieder im Training dabeihat. Er soll lernen, dass alle weiteren Schritte durchaus für jede dieser Proben Gültigkeit haben.

Schritt 7: Hörzeichen

Nun wird das Hörzeichen (und oder bei Bedarf auch das Startritual) eingebaut, welches später das Signal zum Start der Suche sein wird. Da du inzwischen wahrscheinlich um 1000 Euro wetten kannst, dass dein Hund seine Nase an das Glas hält, sobald du es zwischen deine Füße stellst, kannst du nun das Hörzeichen für dieses Verhalten einbauen.

Du sagst zu deinem Hund das Hörzeichen und stellst das Glas wieder zwischen deine Füße. Er erhält seine Belohnung, wenn er das Glas mindestens drei Sekunden angezeigt hat, ohne es umzuwerfen oder zu verrutschen. Welches Hörzeichen du hierfür wählst, ist dem Hund egal – hilfreich ist es, ein Wort zu wählen, welches dem Hund ausschließlich in dieser Situation gesagt wird.

Schritt 8: Der Ort wird verändert

Du stellst das Glas

a) zehn Zentimeter vor dir,

b) zehn Zentimeter links von dir,

c) zehn Zentimeter rechts von dir

auf und gibst deinem Hund sein Hörzeichen. Du beginnst mit b, wenn er a bereits gelernt hat und mit c, wenn er dann auch b bereits beherrscht.

Schritt 9: Abstand

Nun wird die Entfernung erweitert, bis du das Glas in fünf Metern Entfernung aufstellen kannst, dann deinem Hund das Hörzeichen gibst und er daraufhin zum Glas läuft und es mindestens drei Sekunden ruhig anzeigt. Du solltest deinen Hund immer mal wieder auch länger anzeigen lassen, damit deine aufgebaute Dauer nicht ganz in Vergessenheit gerät.

Schritt 10: Ablenkung bei der Anzeige

Jetzt baust du gezielt Ablenkungen ein. Dazu stellst du das Glas wieder in einigem Abstand auf, gehst zu deinem Hund zurück und sendest ihn mit seinem Hörzeichen los. Nachdem er am Glas angekommen ist und anzeigt, baust du die folgenden Ablenkungen ein.

Dein Hund zeigt auch an, während:

- du dich bewegst
- du dich weg drehst
- du sprichst oder telefonierst
- eine andere Person mit im Raum ist
- du mit jemand anderem sprichst
- du dich auf einen Stuhl setzt
- du zu ihm gehst und dich neben ihn kniest
- Menschen/Kinder vorbeigehen
- etwas herunterfällt
- Essensreste herumliegen
- es klingelt
- eine andere Person ins Zimmer kommt
- eine Katze durch den Raum läuft
- der Ball neben dem Hund zu Boden fällt

Dies sind alles nur Beispiele und selbstverständlich baust du erst jeweils eine dieser Ablenkungen ein, bevor du die Ablenkungen eventuell auch kombinierst. Alles, was für den Hund eine Ablenkung ist und im Suchgebiet vorkommen kann, kann eingesetzt werden!

Absitzen ist als Anzeigeverhalten für die Schimmelsuche eher ungeeignet, da es nicht präzise genug zeigt, ob die Wand oder der Boden befallen ist.

Schritt 11: Suchbeginn (Anzeige noch mit Sicht)

Jetzt stellst du das Glas hinter eine Ecke, sodass dein Hund es nicht direkt sehen kann, wenn er startet. Allerdings sieht er noch, wo du hingegangen bist und er kann das Glas sehen, sobald er um die Ecke kommt.

Schritt 12: Weitere einfache Suchen (Anzeige noch mit Sicht)

Stelle das Glas an verschiedene Stellen, an denen dein Hund es beim Losgehen nicht direkt sehen kann.

Schritt 13: Probengefäß wird entfernt

Nun gehst du zu Schritt 4 zurück, nur dass du das Glas weglässt. Du nimmst die Schimmelprobe aus dem Glas heraus, legst sie zwischen deine Füße und gibst dem Hund sein Hörzeichen. Nur, wenn der Hund die Probe wie das Glas anzeigt, wird er belohnt. Dabei reicht es, wenn die Nase drüber schwebt. Zeigt er irgendein anderes Verhalten, wie z.B. Apportieren, dann nimmst du die Schimmelprobe an dich und unterbrichst das Training damit.

Chilli zeigt die Probe auch ohne das Gefäß an.

Diese Unterbrechung gibt dem Hund genauso viel Information wie eine Belohnung, nur eben, dass dieses Verhalten nicht zum Erfolg und somit zu keinem Leckerchen führt. Merkst du, dass dieser Schritt noch zu schwer ist, dann gehst du zu Schritt zwei zurück und hältst dem Hund die Schimmelprobe hin.

Hat dein Hund einmal begriffen, dass er mit der Probe genauso verfahren soll, wie er es mit der Probe im Glas gemacht hat, kannst du rasch die einzelnen Schritte bis Schritt 10 mit der Probe ohne Glas durchgehen. Häufig lassen sich dabei auch Schritte überspringen.

> *Das Risiko, dass du dabei Schimmelpilze in dem Gebäude freisetzt, die dann später dort ein Problem verursachen, ist so gut wie nicht vorhanden, da wie bereits mehrfach erwähnt, immer ein Feuchteschaden vorliegen muss.*

Schritt 14: Probe außer Sicht bringen

Manchmal ist es einfacher, die Schimmelprobe im Glas zu verstecken, aber wenn es möglich ist, verstecke die Probe (den Geruchsträger) ab sofort ohne Glas. Ab diesem Schritt soll die Probe oder das Glas mit der Probe so versteckt werden, dass der Hund sie auch beim Finden nicht mehr sehen kann, also z.B. hinter einer Leiste. Nur wenn du die Probe komplett versteckst, kann dein Hund lernen, seine Nase einzusetzen.

Es kann immer auch mit Watte oder Papier bzw. Pappe als Geruchsträger gearbeitet werden, wenn die eigentliche Schimmelprobe nicht verwendet werden soll. Diese Geruchsträger werden dann mindestens eine halbe Stunde mit in die Petrischale zu dem Schimmel gelegt, bevor sie genutzt werden. Für die letzte Prüfung wurden die Schimmelproben in Material eingepackt, was nachweislich die Sporen aufhält, doch den Geruch gut entweichen lässt. Früher haben wir dazu einfach Briefumschläge genutzt, die selbstverständlich recht schnell ebenfalls besiedelt sein können.

Fasse beim Verstecken gezielt auch andere Versteckmöglichkeiten in der Weise an, als ob du dort ebenfalls etwas verstecken wolltest, damit der Hund lernt, dass er nicht nach deinem Geruch an den eventuellen Versteckstellen suchen soll.

Je mehr die Verstecke, den späteren Schadensbereichen ähneln, umso leichter hat es der Hund zu lernen, die relevanten Bereiche abzusuchen. Schimmelproben sollten also möglichst z.B. zwischen Wand und Schrank, einer Leiste oder unter einem Lüftungsgitter versteckt werden und weniger in oder auf Möbeln. Im Einsatz geht es darum, Wände und Böden abzusuchen und nicht Schubladen und Sofaecken. Es kostet den Hund Energie, wenn er den gesamten Raum abgeht, anstatt nur an den Wänden entlangzulaufen.

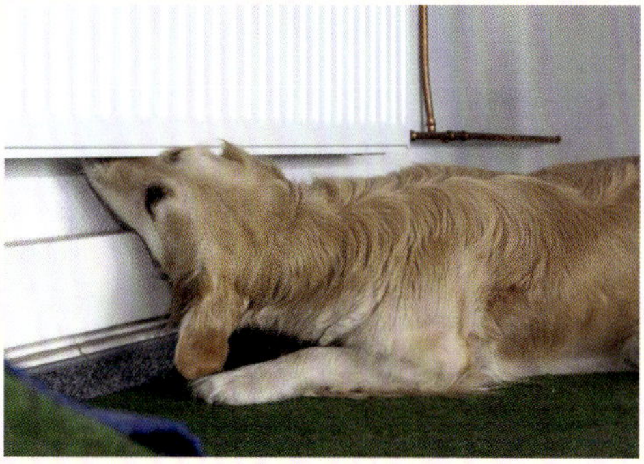

Heizungen können gut genutzt werden, um Schimmelproben für das Training zu verstecken.

Schritt 15: Probenanzahl erhöhen

Nun kannst du auch einmal zwei Proben verstecken. Dabei ist darauf zu achten, dass die Proben mindestens anderthalb Meter Abstand zueinander haben, um dem Hund das Training einfach zu gestalten. Geht der Hund zu einer bereits gefundenen Probe ein zweites Mal, dann bedankst du dich bei ihm und sendest ihn freundlich weiter.

Du kannst auch mal drei oder vier Proben in einem größeren Raum verstecken, sodass dein Hund das Konzept lernt, dass das Spiel durchaus nach dem ersten Fund noch weitergehen kann. Dabei wird er für jeden Fund belohnt.

Schritt 16: Suche an der Leine

Jetzt solltest du beginnen, deinen Hund angeleint suchen und anzeigen zu lassen, damit du ihn im Einsatz flexibel mit oder ohne Leine einsetzen kannst. Es kann von Vorteil sein, den Hund an der Leine zu führen, wenn es in einem Haus oder einer Wohnung nur wenige Türen gibt und bestimmte Bereiche nicht abgesucht werden sollen.

Schritt 17: Versteckabstand variiert

Du variierst den Abstand des Versteckes in Relation zu dir. Der Hund findet also mal direkt bei dir und mal in zehn Metern Entfernung. Der Hund sollte sich nie auf eine Entfernung festlegen können. Deshalb ist es wichtig, den Geruch immer in einer anderen Entfernung zu verstecken, besser gesagt, du bewegst dich mal mehr weg vom Versteck und mal stehst du direkt daneben.

Dabei wird der Geruch auch mal ganz am Anfang des Raumes versteckt, sodass der Hund lernt, dass er bereits nach dem ersten Schritt schon erfolgreich sein kann und es dementsprechend wichtig für ihn ist, vom ersten Schritt an seine Nase einzuschalten.

Schritt 18: Versteckhöhe variiert

Du variierst die Höhe der Verstecke. Der Hund findet auch, wenn:

- der Geruch unter etwas liegt (z.B. Fußmatte).
- der Geruch etwas höher liegt, sodass der Hund es noch anzeigen kann, indem er die Nase dranhält (z.B. hinter Heizungen).
- der Geruch so hoch liegt, dass er es mit seiner Nase nicht mehr erreichen kann.

Für den Schimmelspürhund ist es wichtig, dass er auch Schimmelgeruch findet, der von der Decke ausgeht. Um das zu üben, kann die Probe mal auf Schränken, hinter Gemälden oder in Deckenlampen versteckt werden. Besonders bei Höhenverstecken ist es sinnvoll, dass die Probe durchaus ein paar Stunden oder sogar Tage vorher eingebracht wird, um genügend Geruch abgegeben zu haben, sodass der Hund der Duftspur gut folgen kann. Das ähnelt dann auch eher dem Echtschaden.

Bei Deckenschäden ist die Größe des Hundes irrelevant, solange der Geruch irgendwo unten vom Hund wahrgenommen werden kann.

Schritt 19: Grobsuche

Stell dich an einen Punkt im Raum, eventuell direkt hinter die Tür, und sende deinen Hund zum Suchen. Dabei leitest du ihn nicht in eine Richtung, sondern beobachtest nur, wie er sich in dem Raum verhält und wo er von sich aus zu suchen beginnt. Die Probe ist zu Anfang so versteckt, dass der Hund sie sehr wahrscheinlich einfach finden wird, damit er zum selbständigen Suchen motiviert wird.

Schritt 20: Feinsuche

Bei der Feinsuche oder geführten Suche zeigst du deinem Hund mit der Hand und deinem ganzen Körper, wo er schnüffeln soll. Anfangs findet er relativ schnell, dann zeigst du ihm viele Stellen und er muss immer länger suchen, bis er die Probe findet. Hier solltest du sehr genau aufpassen, dass du dem Hund nicht hilfst zu finden, indem du etwa verstärkt zu der Stelle zeigst, wo die Probe tatsächlich versteckt ist.

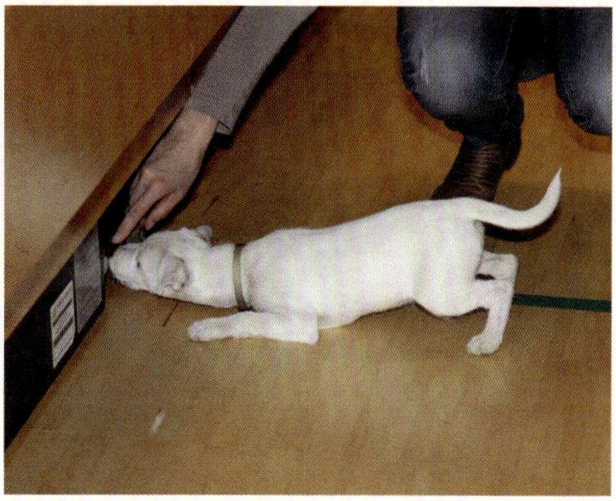

Wilma war zu dieser Zeit erst ein paar Wochen alt. Deshalb ist das eher eine Feinsuche, da sie auf die Stellen hingewiesen wird, wo es sich für sie lohnen könnte zu suchen.

Wenn du ihm die Richtung zeigst und deine Hand dort, wo der Geruch versteckt ist, nicht mehr bewegst, dann lernt der Hund schnell, der Bewegung deiner Hand zu folgen und dort anzuzeigen, wo deine Hand sich nicht mehr bewegt. Das sollte nicht passieren. Er soll zwar deiner Zeigegeste folgen, aber immer weiter selbstständig nach dem Geruch suchen. Diese Feinsuche kannst du an der Leine durchführen oder auch ohne Leine.

Du solltest deinen Hund häufig mal auf Stellen hinweisen, wo du sicher bist, dass nichts zu finden ist, damit ihm klar wird, dass du nicht weißt, wo der Geruch versteckt ist.

„Bricht“ dein Hund aus deiner Feinsuche aus, weil er den Geruch in der Nase hat, dann solltest du ihn so gut kennen, dass du ihn dem Geruch nachgehen lässt. Hierbei merkst du dir die Stelle, an der er die Feinsuche abgebrochen hat und gehst nach seiner Anzeige, falls er erfolgreich war, dorthin zurück und setzt ihn neu an.

Schritt 21: Große Suchfläche (Suchausdauer)

Du versteckst den Zielgeruch in einer großen Halle oder Fabriketage, damit der Hund lernt, länger zu suchen. Hierbei übst du gleichzeitig dein Suchgebiet so zu strukturieren, dass du am Ende sicher bist, dass der Hund überall gesucht hat.

Schritt 22: Verschiedene Tageszeiten

Es ist sinnvoll, dass du zu verschiedenen Uhrzeiten trainierst – morgens, mittags, abends. Zum Beispiel kann in Gebäuden mit Publikumsverkehr manchmal nur abends gesucht werden.

Schritt 23: Blindsuche (Single blind)

Du suchst blind, d.h. jemand anderes versteckt den Geruch für dich und du weißt nicht, wo er zu finden ist. Diese andere Person ist bei der Suche anwesend und kann evtl. Hilfestellung bieten, indem sie den abzusuchenden Raum etwas verkleinert. Zeigt der Hund die Probe an, lässt du dir von der Versteckperson bestätigen, dass dein Hund korrekt anzeigt, bevor du sein Markersignal gibst und ihn belohnst. Solche Versteckpersonen sollten jeweils gut eingewiesen sein. Es hilft, dass diese Personen ein paar Mal vorher bei der Suche dabei sind. Es gibt auch die Möglichkeit, dass die zweite Person das Markersignal setzt, falls es sich dabei zum Beispiel um den Trainer handelt, der genau einschätzen kann, wann der Hund bestärkt werden sollte.

Ab sofort solltest du deinen Hund möglichst häufig singleblind suchen lassen, um sicher zu stellen, dass du deinem Hund keine versteckten Hilfen gibst.

Wenn der kleine Hund auch auf Schränken in der Höhe suchen soll, dann muss der Trainingsplan erweitert werden. Das Hochheben und Suchen auf Schränken sollten dann Extra-Trainingsschritte werden.

Schritt 24: Doppelblind

Du suchst doppelblind, sprich es ist niemand anwesend, der das Versteck kennt.

Einfach und doppelblinde Suchen sollten immer wieder eingebaut werden, damit sichergestellt ist, dass der Hund keine unbewussten Hilfen bekommt.

Hierbei bestätigst du deinen Hund erst, nachdem du geschaut hast, ob die Probe tatsächlich dort liegt.

Richtlinien für Unbeteiligte, die beim Probenverstecken helfen

Lässt du jemand deine Proben verstecken, der eigentlich keine Ahnung von der Materie Spürhundtraining hat, dann kann es hilfreich sein, wenn du vorher mit ihm folgende Richtlinien durchgehst.

1. *Alle Proben sollten so versteckt werden, dass der Hundeführer und der Hund sie nicht sehen können.*
2. *Der Geruch der Probe muss austreten können.*
3. *Höhenverstecke, die über erreichbarer Nasenhöhe liegen, sind vorher extra abzusprechen.*
4. *Die Geruchsaustrittsstelle muss für den Hund zugänglich sein.*
5. *Gefahrenquellen, die z.B. zu beachten sind: eventuell offene Steckdosen, umfallende Gerätschaften, Chemikalien, scharfkantige Gegenstände*
6. *Die Versteckstellen sollten möglichst aus mehreren Metern Entfernung gut einsehbar sein, damit die Versteckperson am besten in ein paar Metern Entfernung stehen bleiben kann.*
7. *Ideen für Verstecke: Schlüssellöcher, unter Fußmatten, Schubladen, Fußleisten, Kabelkanäle, Lüftungsklappen, unter Schränke, auf Schränke, hinter Pinnwände*
8. *Möglichst einmal vorher mit der Versteckperson einen Durchgang machen, wo du selber die Proben versteckst.*
9. *Vorher absprechen, ob Deckel von Probengefäßen abgenommen werden sollen und was damit gemacht werden soll.*
10. *Die Proben nicht in Spinnweben verstecken, da dies den Geruchsaustritt enorm beeinflussen kann.*
11. *Gut absprechen, wann der Hund bestätigt wird – damit jede Bestätigung auch korrekt ist.*

Schritt 25: Leersuche

Du lässt deinen Hund einen Raum absuchen, in dem du keine Schimmelprobe versteckt hast und rufst ihn raus, wenn er den Raum komplett abgesucht hat.

Danach belohnst du ihn fürs Herankommen, aber belohne ihn moderater, als wenn er gefunden hätte oder sende ihn direkt in den nächsten Raum, wo er die Möglichkeit hat, erfolgreich zu sein und sich so seine Belohnung verdienen kann.

Schritt 26: Fremde Gebäude und Räume

Für die Schimmelsuche ist es wichtig, dass der Hund möglichst viele unterschiedliche Räume und auch Untergründe im Training kennenlernt. Dabei sollte es deinem Hund egal sein, ob er auf Fliesen, Parkett oder welchem Untergrund auch immer unterwegs ist. Bei diesen Räumlichkeiten ist der Fantasie keine Grenze gesetzt – durchaus kann auch in Wohnmobilen, sogar Autos, Bussen oder auf Schiffen gesucht werden.

Erfahrungsbericht Katja

Als ich mit Taschka einmal einen großen Schuhladen absuchen sollte, begann sie sich plötzlich auf dem Teppich hin und her zu rollen und suhlte sich ganz behaglich. Ich ertappte mich dabei, wie ich spontan den berühmt-berüchtigten Spruch dachte: „Das hat sie ja noch nie gemacht!" Der Auftraggeber war sichtlich irritiert und fragte, ob der Fußboden verschimmelt sei und der Hund das auf diese Weise zeigen würde? Ich lachte, verneinte und es blieb mir nur zu sagen, dass sie anscheinend den Teppich für so besonders erachtet hatte, dass sie ihn einfach genießen wollte. Im Nachgang habe ich dann häufiger auf verschiedenen Teppichböden trainiert, damit uns das nicht noch einmal passieren sollte.

Schritt 27: Liegezeit der Proben erhöhen

Die Liegezeit des Geruchs in den Räumen wird immer weiter erhöht bzw. variiert. Die Probe sollte möglichst minimal drei Stunden lang liegen, damit sich der Geruch ausbreiten kann. Manchmal ist es für den Hund schwierig, den Geruch zu orten, wenn die Probe zu kurz ausgelegt ist. Sie sollte, wenn möglich, immer schon ein paar Tage vorher ausgelegt werden, denn lange Liegezeiten ähneln einem reellen Einsatz schließlich viel eher als nur minutenlange Liegezeiten.

Schritt 28: Eigene Spur und verwendete Hilfsmittel

Verstecke die Probe auch mal so, dass dein Hund deiner Spur nicht folgen kann. Du kannst zum Beispiel von außerhalb des Gebäudes durchs geöffnete Fenster den Geruch drinnen unter dem Fensterrahmen verstecken. Oder gehe noch einige weitere Wege durch den Raum und berühre verschiedene Gegenstände, sodass dein Hund viele deiner Spuren vorfindet. Verwendest du zum Beispiel Tesafilm oder ähnliches, um deine Proben an der Wand zu fixieren, dann befestige immer auch Tesafilmstreifen an Stellen, wo keine Proben versteckt sind, um deinem Hund zu zeigen, dass er nicht die Klebestreifen suchen soll.

Schritt 29: Quantität der Proben

Anzahl und Größe der Geruchsproben werden variiert. Auch im Einsatz kann beides sehr variieren und es ist deshalb sinnvoll, deinem Hund schon im Training zu zeigen, dass die Menge des Geruchs für Suche und Anzeige irrelevant ist. Eine große Menge des Geruches zu riechen kann für den Hund etwas völlig anderes sein als wenig Geruch. Wenn er im Training gelernt hat, nur kleine Mengen an Geruch anzuzeigen, wird er es vielleicht als sehr herausfordernd empfinden, wenn er beim Einsatz auf ein anderes Szenarium stößt.

Schritt 30: Socken oder Schuhe tragen

Da es vielleicht mal sinnvoll sein kann, dass der Schimmelspürhund mit rutschfesten Hundesocken oder -schuhen sucht und anzeigt, solltest du das auch trainieren. An diesem Punkt wird der Hund im Suchen und Anzeigen bereits so gefestigt sein, dass er sich wahrscheinlich nicht mehr sehr von diesem Equipment ablenken lässt. Trotzdem solltest du das Laufen erst einmal ohne Suche und Anzeige üben und ihn erst dann in die Suche schicken, wenn das Laufen schon etwas routiniert vonstattengeht. Hierbei kann dir Tellington TTouch® (s.S.33) eine gute Hilfe sein, da die Hunde, die bereits Tellington-Körperbänder oder Tellington-Beinbänder gewohnt sind, sich auch leichter an Socken oder Schuhe gewöhnen.

Schritt 31: Ablenkungen

Baue immer mehr Ablenkungen ein. In der Einsatzvorbereitung (s.S.130) haben wir uns ja schon Gedanken gemacht, welche Ablenkungen uns möglicherweise begegnen können.

Die Ablenkungen sollten sowohl während des Suchens eingebaut werden als auch dann, wenn der Hund die Anzeige hält. Beides macht sein Verhalten immer sicherer und es wird immer schwieriger, ihn aus dem Konzept zu bringen.

Du solltest die Ablenkung immer so einbauen, dass der Hund die Aufgabe meistern kann. Er sollte wie immer alle Fragen, die du ihm stellst, mit JA beantworten können.

Schritt 32: Einsatzfähig?

Gehe in einen Raum, von dem dir bekannt ist, dass dort verdeckter Schimmel nachgewiesen wurde und lasse deinen Hund diesen Raum absuchen. Dieser Schritt dient der Evaluierung, ob dein Hund bereits von sich aus die Übertragung von der Probe auf den echten Zielgeruch von alleine schafft. Dieser Schritt wird nur einmal durchgeführt. Der Raum sollte hierbei einfach strukturiert und eher klein sein.

Hilfreich hierfür kann ein anderer ausgebildeter Schimmelspürhund sein, der den Raum vorher abgesucht hat, da der junge Hund dann jeweils nachsuchen kann und du so sehen kannst, ob die beiden zu den gleichen Anzeigen kommen.

Schritt 33: Echtschaden-Proben-Kombi

Falls dein Hund die Übertragung auf den wildgewachsenen Schimmel noch nicht geschafft hat, wirst du deinem Hund nun in ein paar verschiedenen Räumen (in denen verdeckter Schimmel nachgewiesen wurde) jeweils die Probe möglichst nah zu dem

Arwen fiel es nach dem Training leicht, den wildgewachsenen Schimmel anzuzeigen. Da Hunde sehr unterschiedlich gut generalisieren, fällt dieser Schritt manchen Hunden schwer.

Schimmelschaden legen. Diesen Schritt wiederholst du, bis du ziemlich sicher bist, dass der Hund nun die Übertragung schafft.

34. Schritt: Jetzt einsatzfähig?

Wiederhole Schritt 31 (Einsätzfähig?) um zu sehen, ob es dein Hund nun schafft und damit in reale Einsätze gehen kann. Zeigt der Hund nun wildgewachsenen Schimmel an, ist die eigentliche Ausbildung abgeschlossen und das Erhaltungstraining beginnt. Dieses ist manchmal anspruchsvoller als das eigentliche Training und sollte immer genauso gewissenhaft durchgeführt werden wie das Aufbautraining.

Meinen Trainees empfehle ich, mindestens einmal im Jahr einen Auffrischungskurs bei einem Trainer zu besuchen, um weiterhin sicher zu sein, dass der Hund wirklich noch das sucht, was er suchen soll. Außerdem bleibt dann auch der Hundeführer auf dem neuesten Stand. Dass wir alle niemals ausgelernt haben, ist hoffentlich jedem klar und sollte besonders im Spürhundbereich jedem bewusst sein.

Wichtig ist auch noch, dass mit einem Schimmelspürhund öfter trainiert werden sollte als er in Einsätze geht. Da wir im Einsatz sehr selten sehen können, ob der Hund mit seiner Anzeige richtig liegt. Deshalb brauchen wir die Gewissheit durch das Training, dass der Hund immer noch genau das sucht, was er auch suchen soll.

So sollte es aussehen, wenn ein Schimmelspürhund den Raum absucht: Mit tiefer Nase die Wände entlang. Dabei ist häufig auch das typische Schnüffelgeräusch zu hören.

Besonderheiten der Schimmelsuche im Vergleich zu anderen Spürhundsparten

Was macht die Schimmelsuche so besonders? Vielleicht die wichtigste Unterscheidung zu vielen anderen Suchsparten ist, dass das Training niemals wie der echte Einsatz sein kann. Schimmel besteht aus vielen Variationen von Lebewesen. Wir können die Proben nicht so einbringen, wie sie in die Materialien auf natürliche Weise hineinwachsen. Drogen oder Sprengstoff zum Beispiel werden von Menschenhand versteckt, und genauso können wir es in der Übung auch simulieren. Diese Möglichkeit haben wir mit dem Schimmel nicht. Außerdem gibt es durch die Vielzahl der Arten, die in vielen verschiedenen Kombinationen auf den unterschiedlichen Materialien wachsen, eine Menge an verschiedenen Gerüchen, die der Hund geübt haben sollte. Erschwerend kommt dazu, dass Schimmelpilze zu unserer normalen Umwelt gehören, das heißt nicht jeder gefundene Schimmelpilz stellt einen Schaden dar, der saniert werden muss.

Im Training bedeutet das, dass wir eigentlich nie ganz sicher sein können, dass es keinen Realschaden in unserem Trainingsgebäude gibt, wenn wir nicht einen ausgebildeten Hund vorab alles absuchen lassen. Zeigt der Hund eine Anzeige an einer Stelle im Trainingsgebäude, wo wir nichts versteckt haben, stellt sich also immer die Frage, wie wir damit umgehen. Ich selbst habe mich vor Jahren dazu entschlossen, dass ich in Trainingsgebäuden keine Anzeigen meiner Hunde mehr bestätige, wenn ich dort nichts versteckt habe. Ich bedanke mich dann bei meinen Hunden und versichere ihnen, dass ich ihnen glaube, dass dort bestimmt Schimmelgeruch ist, doch dann bitte ich sie, weiterzugehen, um die Proben zu suchen, die dort für sie versteckt wurden. Mit dieser Vorgehensweise bin ich jahrelang gut gefahren. Ich erinnere mich dabei an Bob Baileys Spruch: „Lieber einen guten Click verpassen, als einen schlechten zu geben!“, und genau danach handele ich hierbei.

Bobs Rat 

Lieber einen guten Click verpassen, als einen schlechten zu geben!

Dieses Bild verdeutlicht exemplarisch, dass das Training des Schimmelspürhundes sich immer vom Realeinsatz unterscheiden wird. Es ist nicht möglich, einsatznahe Proben zu erstellen, da Schimmel zum Beispiel sehr großflächig vorliegen kann.

Wo beispielsweise Pflanzen etwas viel gegossen wurden, sodass es dort zu Feuchtigkeit auf dem Boden kommt, sind fast immer Schimmelpilze nachweisbar. Von Anfang an habe ich meine Hunde an solchen Stellen weitergeschickt und sie haben sehr schnell gelernt, daran vorbeizugehen – auch wenn mir bei dieser Vorgehensweise sehr wohl bewusst war, dass sie dazu führen könnte, dass ein Schaden von den Hunden überlaufen wird. Dieses Risiko habe ich in dem Wissen in Kauf genommen, dass ich auf solche Stellen immer besonders geachtet habe. Hatte ich irgendwie Zweifel, weil der Hund sich in der Nähe zu diesen Stellen schon sehr interessiert gezeigt hat, dann habe ich sie dort noch mal an der Wand und dem Boden eine Feinsuche vornehmen lassen. Es war mir aber lieber so, als dass die Hunde an fast jedem Blumentopf in den Hunderten Büros, die wir gemeinsam abgesucht haben, unnütze Anzeigen gemacht hätten.

Die Größe der Echtschäden ist auch etwas, was sich von den meisten anderen Suchsparten unterscheidet. In anderen Suchsparten werden vielfach geringe Duftmengen gesucht, doch der Schimmelspürhund muss manchmal eine punktmäßige Austrittsstelle genauso wie eine mehrere Quadratmeter-große Fläche anzeigen lernen.

Der letzte und auch ein sehr wichtiger Faktor ist, dass der Fund des Hundes im Einsatz häufig nicht nachgeprüft werden kann. Meistens braucht es weitere Messungen und Bauteilöffnungen, die dann noch im Labor untersucht werden müssen. Und selbst wenn da dann herauskommt, dass dort kein Schimmelpilz gefunden wurde, heißt das noch nicht, dass vielleicht ein paar Zentimeter daneben oder darunter der Schaden zu finden gewesen wäre. Das bedeutet, dass der Hund schon eine richtige Anzeige gemacht hat, aber der Bausachverständige sie nicht richtig zuordnen konnte.

Mehrfach war ich zu Einsätzen in Schulen, in denen durchaus auch große Räume wie Turnhallen abzusuchen waren, die teilweise auch sehr großflächige Schimmelschäden aufwiesen.

Das alles führt dazu, dass Schimmelspürhunde stets häufiger trainiert werden müssen, als dass sie in den Einsatz gehen. Nur auf diese Weise kann sichergestellt werden, dass die Hunde noch die richtigen Verknüpfungen haben und wissen, was sie anzuzeigen haben. Denn dann sehe ich, ob der Hund noch die versteckten Proben sucht oder eben nicht. Das ist beispielsweise bei Drogenspürhunden einfacher, weil dort im Zweifel der Koffer durchsucht wird und sich dann herausstellt, ob der Hund noch weiß, was er suchen soll oder vielleicht eine Nachschulung stattfinden muss.

Dabei sollte immer klar sein, dass Hunde so gut arbeiten, wie ihre Ausbildung gewesen ist und trotzdem sind es auch lebende Wesen, die von Befindlichkeiten genauso beeinflussbar sind, wie es auch der Mensch ist.

Einsatz

Es ist schon aufregend, wenn ich im Trainingsplan an dem Punkt angelangt bin, der mir signalisiert, dass ich nun in den realen Einsatz gehen kann. Wenn ich dann die Möglichkeit erhalte, dass ich am Anfang einem bereits erfahrenen Hund hinterher suchen darf, dann ist das großartig. Doch auch wenn dem nicht so ist, weiß ich, dass mein Hund nach bestem Wissen und Gewissen ausgebildet ist und ich auf seine Leistung vertrauen kann.

Einsatzfähigkeit des Hundes

Michaela sagte mal: „Ein guter Ausbilder ist derjenige, der alle Stolperfallen im Vorfeld bedenkt, bevor er seinen Hund einsetzt."

Sobald der Hund gezeigt hat, dass er auch wildgewachsenen Schimmel gefunden hat, ist es möglich, die ersten Einsätze anzunehmen. Immer bedenken sollten wir aber, dass jeder Einsatz individuelle Stolperfallen mit sich bringen kann, die es zu beachten gilt. Außerdem ist die jeweilige Kondition des Hundes und auch die eigene mit einzubeziehen, wenn wir die Einsätze planen und durchführen. Wie viele Einsätze in der Woche möglich sind, hängt von vielen Faktoren ab, wie z.B. Kondition, Rasse, Alter und auch Größe des abzusuchenden Areals etc..

Zeigt der Hund solche Stellen an, dann kann der Schimmelgeruch auch von feuchten Böden unter dem Gebäude stammen, wo nicht zwangsläufig auch ein Gebäudeschaden vorliegt.

Einsatzgebiete

Die Einsatzgebiete sind sehr abwechslungsreich, eigentlich jede Gebäude- und Raumart ist möglich. Bei mir waren es manchmal Neubauten, wo meist beim Bau nicht gut gearbeitet worden war oder auch alte Gebäude, bei denen es einfach Verschleißerscheinungen gab oder die zum Beispiel schlecht nachverdichtet wurden.

Das sind alles Gebäudearten, wo ich mit meinen Hunden über die Jahre im Einsatz war:

- Hotels
- Wohnungen
- Bürogebäude jeder Größe
- Hallen
- Einfamilienhäuser
- Mehrfamilienhäuser
- Garagen
- Villen
- Schulen
- Kindergärten
- Kirchen
- usw.

In seltenen Ausnahmefällen haben wir sogar Fahrzeuge abgesucht. Dazu war es von Vorteil, dass meine Ella nur vier Kilo schwer, also dementsprechend klein ist. Mir hat es gefallen, dass jeder neue Einsatz so unterschiedlich war und wir uns auf neue Gegebenheiten einstellen mussten.

Vielleicht ist auch eine Aufzählung all der Arten von Auftraggebern interessant, die mich und meine Hunde angefordert haben. Häufig waren es Mieter oder Eigentümer von Wohnungen und Häusern, bei denen ich allerdings immer in Zusammenarbeit mit anderen Sachverständigen tätig wurde. Fachbetriebe haben uns angefordert, besonders auch nach einer Schimmelsanierung oder auch Sachverständige, denen bei

Auch Schimmelspürhunden, die ja ihre Hauptaufgabe drinnen erledigen, kann es Spaß machen und sie in ihren Spürhundfähigkeiten verbessern helfen, wenn auf den Spaziergängen Leckerchen oder Spielzeuge versteckt werden.

der Begutachtung auffiel, dass ein Spürhund eventuell noch gute Hinweise in Bezug auf die Schadenslage liefern könnte. Zeitweise waren wir auch turnusmäßig für Hausverwaltungen tätig, wenn Mieterwechsel anstanden. Selten kamen Schadenregulierer auf uns zu und haben uns im Auftrag für Versicherungen gebucht. Zudem sind wir immer wieder in Verwaltungsgebäude, öffentlichen Einrichtungen und auch medizinischen Komplexen im Einsatz gewesen, um Schäden aufzuspüren oder einen Lagebericht abzugeben.

Was den Schimmelspürhundführer sonst noch erwartet

Es sollte immer klar sein, dass es bei Schimmelsanierungen um große Summen gehen kann. Für mich bedeutet es, dass ich vielfach von einem oder sogar mehreren Rechtsanwälten bei Einsätzen begrüßt wurde. Wenn es um fünf- und sechsstellige Beträge geht und im Vorfeld schon sehr viele Untersuchungen der Räume ohne oder mit unterschiedlichem Befund stattgefunden haben, dann gibt es fast immer zwei Parteien, die sehen möchten, was der Hund nun macht – oder besser gesagt, viele wollen sich davon überzeugen, ob es überhaupt möglich ist, dass ein Hund Schimmelgeruch anzeigen kann. Wobei eigentlich fast alle interessierten Personen überhaupt keine Ahnung von Hundeausbildung oder Spürhundausbildung haben. In etwa die Hälfte der anwesenden Personen sind sehr daran interessiert, dass der Hund was findet und die andere Hälfte ist exakt am Gegenteil interessiert. Der Schimmelspürhundführer steht also ein bisschen zwischen den Stühlen und darf sich dabei nicht verunsichern oder unter Druck setzen lassen, um seinen Hund noch souverän lenken und anleiten zu können. Bei einem Einsatz hatte ich mal sieben Rechtsanwälte, den Verkäufer und die komplette Familie des Käufers einer sicherlich sehr teuren Wohnung als Empfangskomitee, als ich mit Hund und zum Glück gemeinsam mit dem zuständigen Sachverständigen vor Ort eintraf. Dieses Szenario schildere ich heute all denen, die sich für

Selbstverständlich können so verschlammte Hunde wie hier Arwen nicht in einen Einsatz, der in Innenräumen stattfindet.

eine Ausbildung zum Schimmelspürhund-Team interessieren.

Da ich auch mal gefragt wurde, ob die Hunde irgendwie desinfiziert werden, da ja anderes Messequipment tatsächlich vor und nach dem Einsatz desinfiziert wird, kann ich sagen, dass ich mich selbst nicht desinfiziert habe und genauso wenig die Hunde. Ich habe den Hunden angewöhnt, mit Hundesocken oder Hundeschuhen zu suchen. Somit konnte ich diese nach dem Einsatz entsorgen. Allerdings habe ich ihnen die nur angelegt, wenn es ausdrücklich gewünscht wurde. Ansonsten sind Anhaftungen am Fell ähnlich zu werten wie Anhaftungen am Menschen, wobei ich da auch nicht erlebt habe, dass die komplette Kleidung desinfiziert wurde.

Den Raum vorbereiten / Gefahren beseitigen

Ich gehe die abzusuchenden Räume, wenn es nicht zu viele sind, immer zuerst ohne Hund ab und schaue darauf, dass alle Anweisungen, die den Bewohnern vorher schriftlich von mir zugegangen sind, umgesetzt wurden.

Diese Anweisungen lauten:

1) Die Wände müssen zugänglich sein. Möbel, Kisten, Pflanzen etc. müssen mind. 50 cm von den Wänden (auch von Innenwänden) abgerückt werden. Es sollte gestaubsaugt sein.

2) Haustiere entfernen. Damit der Schimmelspürhund bei der Arbeit nicht abgelenkt wird, müssen Haustiere, insbesondere Hunde und Katzen, aus der Wohnung entfernt werden.

3) Ca. eine halbe Stunde vor Begehungstermin kräftig lüften, danach Fenster und Türen schließen. (Wichtig: Das gilt nicht, wenn gleichzeitig Raumluftmessungen vorgesehen sind.)

4) Störende Geruchsquellen, wie z.B. Lacke, Farben, Parfüme, ätzende Chemikalien, Reinigungsmittel u.ä. bitte entfernen.

Dass der Hund sich von anderen Hunden oder Katzen nicht ablenken lässt, kann ich zwar sehr wohl auch trainieren, doch ich möchte trotzdem bei der Begehung keine herumlaufenden Tiere, da ich diese anderen Tiere schließlich nicht trainiert habe und deren Verhalten somit in keiner Weise einschätzen kann. Und selbstverständlich kann ich den Hunden auch beibringen, in völlig unaufgeräumten Zimmern zu suchen, aber wenn sie nicht an die Wände kommen, dann haben sie häufig keine Möglichkeit, den Schimmelgeruch zu finden.

Zudem schaue ich auf Kabel, die den Hund behindern oder auch Gerätschaften, die vielleicht von dem Hund umgeworfen werden können und nehme diese, so gut es möglich ist, außer Reichweite. Wenn mir der Raum oder ein Bereich für den Hund zu unsicher oder sogar riskant vorkommt, dann lasse ich ihn dort nicht suchen. Dabei erinnere ich mich an einen Gebäudekomplex, der mit einem scharf riechenden Reinigungsmittel gesäubert wurde. Ich ließ letztendlich meinen Hund dort nicht suchen. Ich weiß, dass Michaela sich dahingehend gut mit ihrem Sachverständigen abspricht, aber weil ich hierzu häufig keinen Ansprechpartner habe, gehe ich in solchen Bereichen dann lieber später suchen oder lasse sie aus. Bevor ich den Hund hereinhole, lasse ich alle Fenster und Türen schließen, um ein möglichst eindeutiges Suchfeld und stehendes Geruchsbild zu bekommen. Wobei selbstverständlich Klimaanlagen oder Lüftungsanlagen jeweils berücksichtigt werden müssen.

Persönlich nutze ich keine Steckdosen als Probenversteck, obwohl mir klar ist, dass Steckdosen häufig von den Hunden angezeigt werden. Sie sind einfach manchmal der Punkt, an dem der Schimmelgeruch am meisten austritt.

Erfahrungsbericht Katja 

Eine Schimmelspürhündin, bei deren Ausbildung ich mitgewirkt hatte, erlitt einmal bei einem Einsatz einen Arbeitsunfall durch eine defekte stromführende Steckdose. In der Stromführung des Hauses hatte der FI-Schalter nicht ausgelöst. Der Stromschlag ging durch die Nase übers Herz durch den ganzen Körper. Die Hündin war davon traumatisiert, musste mit Herzrhythmusstörungen in die Tierklinik und alle waren froh, dass sie diesen Unfall überlebt hat. So ein Unfall sollte in Deutschland eigentlich nicht vorkommen, da es Bestimmungen gibt, wie Wandsteckdosen angebracht und abgesichert sein müssen, um genau solche Situationen auszuschließen. Doch leider gibt es viele Steckdosen, die eben nicht diesen Bestimmungen entsprechen. Daher gehe ich auf Nummer sicher und verstecke keine Proben in Steckdosen. Auch schicke ich meine Hunde weiter, wenn sie direkt in der Steckdose suchen möchten und ich schaue mir alle Räume genau an, bevor ich meine Hunde darin suchen lasse.

Spezifische Ablenkungen im Einsatz

Die Ablenkungen, die wir in Einsätzen am häufigsten hatten, waren fremde Personen, die teilweise den Hund beim Absuchen behinderten, weil sie ungünstig standen. Dazu ist vielleicht zu bemerken, dass ich anfänglich eigentlich jederzeit Zuschauer zugelassen habe. Nach einigen Einsätzen habe ich das aber geändert und nur noch ausgewählte Personen zuschauen lassen, da es zum einen zeitintensiv war, den Personen die Reaktionen des Hundes zu erläutern und diese entgegen meinen klaren Anweisungen doch vielfach genau dort herumstanden, wo der Hund suchen wollte.

Zum anderen wollten vielfach diejenigen zuschauen, die dem Hund sehr skeptisch gegenüberstanden und sogar absichtlich die Suche störten. Meist bin ich dann die Wohnung mit dem Hund oder den Hunden allein abgegangen und habe meine Dokumentation angefertigt. Danach bin ich auf Wunsch mit den interessierten Personen erneut in einen oder auch mehrere Räume, in denen der Hund gefunden hatte und habe es den Sachverständigen nochmal live gezeigt.

Ansonsten gab es herumliegende Essensreste, vor allen Dingen in Kinderzimmern, es war nicht gesaugt worden oder andere Haustiere, die entgegen der Vereinbarung doch in der Wohnung verblieben waren, bellten oder kratzten an Türen. Nur einmal wurden wir von einem wirklich lauten Geräusch gestört – von den Glocken, als wir eine Kirche absuchten. Dabei muss ich sagen, dass es die Hunde weniger störte als mich.

Dokumentation

Ich habe beste Erfahrungen mit einem DIN A6-Block gemacht. Darauf habe ich bei der ersten Begehung jeden Raum schematisch eingezeichnet und mir dazu vom Bewohner die Namen der einzelnen Räume geben lassen. Wichtig waren mir die Türen und Fenster sowie größere Möbel und vor allen Dingen auch Bereiche, wo der Hund die Wände nicht absuchen konnte.

Nach der Begehung mit dem Hund habe ich mir notiert, wo er welche Anzeige gemacht hatte. Wenn es eindeutig war, habe ich einen Pfeil gemacht, um eine Wandanzeige zu symbolisieren oder ein Kreuz, um eine Bodenanzeige darzustellen. Alles weitere habe ich eventuell dazu geschrieben, wenn mir etwas aufgefallen ist.

Zuhause habe ich die Skizzen dann sauber in ein Formblatt übertragen, was dann dem Auftraggeber zuging. Es kann auch sinnvoll sein, spezielle Witterungslagen, besondere Hitze, extreme Winde oder ähnliches zu vermerken.

Mit Hilfe eines Streichholzes oder einer Kerze kann geschaut werden, wohin der Luftzug in dem Bereich des Raumes gerade geht.

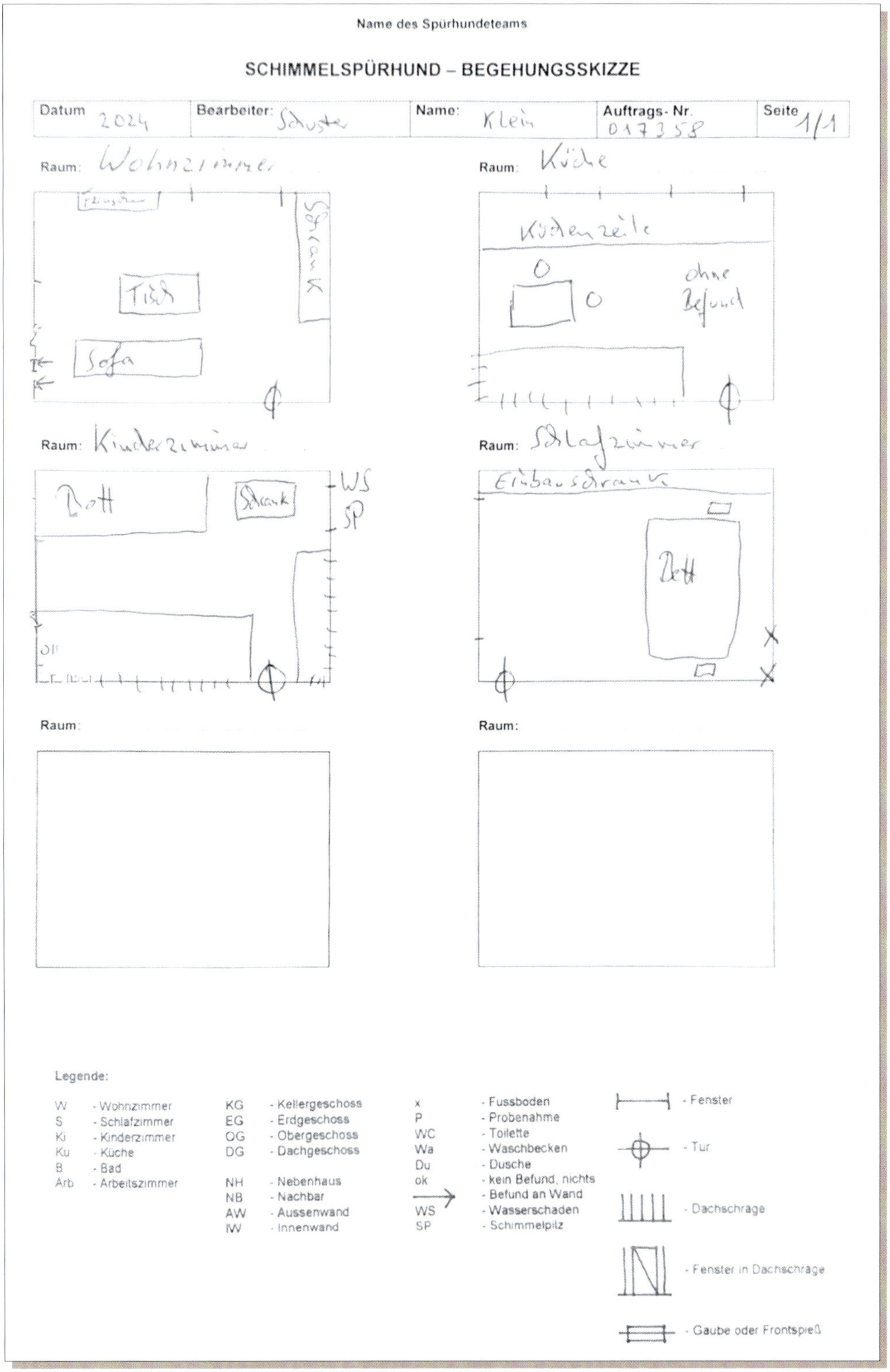

Name des Spürhundeteams

SCHIMMELSPÜRHUND – BEGEHUNGSSKIZZE

Datum	Bearbeiter:	Name:	Auftrags-Nr.	Seite
2024	Schuster	Klein	017358	1/1

Legende:

W	- Wohnzimmer	KG	- Kellergeschoss	x	- Fussboden		- Fenster
S	- Schlafzimmer	EG	- Erdgeschoss	P	- Probenahme		- Tur
Ki	- Kinderzimmer	OG	- Obergeschoss	WC	- Toilette		- Dachschräge
Ku	- Küche	DG	- Dachgeschoss	Wa	- Waschbecken		- Fenster in Dachschräge
B	- Bad			Du	- Dusche		- Gaube oder Frontspieß
Arb	- Arbeitszimmer	NH	- Nebenhaus	ok	- kein Befund, nichts		
		NB	- Nachbar	→	- Befund an Wand		
		AW	- Aussenwand	WS	- Wasserschaden		
		IW	- Innenwand	SP	- Schimmelpilz		

Zusammenarbeit mit Experten

Hier ist zu unterscheiden zwischen den Sachverständigen, die ihre eigenen Hunde in den Einsatz bringen und den reinen Schimmelspürhundführern.

Es gibt inzwischen immer mehr Bausachverständige, die selber einen Hund ausbilden um dieses „Messinstrument" stets zur Verfügung zu haben und um damit werben zu können. Diese Konstellation hat den Vorteil, dass es keinen zusätzlichen Spürhundführer braucht und Kosten eingespart werden können.

Allerdings können Spürhunde durch ihren Halter bewusst sowie unbewusst gelenkt und bei der Anzeige beeinflusst werden, was das Risiko einer Fehlanzeige groß macht.

Die zweite Gruppe hat den Vorteil neutral, also unvoreingenommen den Hund suchen zu lassen, ohne Gefahr zu laufen, dem Hund unbewusste Hilfen zu geben, die den Hund zu einer Fehlanzeige verleiten könnten. Zudem hat die zweite Gruppe den Vorteil, dass sie sich intensiver mit der Hundeausbildung und dem Hundetraining beschäftigen kann, da dies ihr Hauptmetier ist. Damit kann diese Gruppe eventuell an einigen Stellen ihren Hund noch besser lesen als die erste Gruppe. Allerdings ist die zweite Gruppe definitiv auf eine gute Zusammenarbeit angewiesen und muss sich auf den Sachverständigen in seiner Schlussfolgerung verlassen. Dazu muss dem Sachverständigen vorher erklärt werden, dass der Hund lediglich den Geruch anzeigt und dieser nicht unbedingt an der gleichen Stelle zu finden ist wie der eigentliche Schaden. Zudem kommen bei der zweiten Gruppe erhöhte Kosten auf den Auftraggeber zu. So hat es alles Vor- und Nachteile.

Unterhalb eines Waschbeckens kommt es durch vermehrte Feuchtigkeit häufig zu Schimmelbildung, den die Hunde anzeigen. Wobei es dabei noch nicht gesagt ist, dass dies ein versteckter Schaden ist, der sanierungsbedürftig ist. Diese Fälle muss dann ein Bausachverständiger beurteilen, bevor es womöglich zu Bauteilöffnungen kommt.

Erfahrungsbericht Katja

Als ich das erste Mal in Finnland zum Austausch mit einer Schimmelspürhund-Gruppe war, hatte ich meine kleine Hündin Ella dabei, da sie als Handgepäck mit mir fliegen durfte. In einem der Übungsobjekte zeigte Ella eine Wand an, an der ich nirgends erkennen konnte, wo die Schimmelprobe versteckt sein könnte. Der Übungsleiter Jussi Grönman beglückwünschte mich zu der sauberen Anzeige und zeigte mir, wo die Probe versteckt gewesen war. Tatsächlich befanden wir uns in einem Teil des Gebäudes, der unter dem Erdgeschoss lag und unter anderem durch ein Lüftungssystem mit Luft gespeist wurde. Der Übungsleiter hatte die Probe am Vortag in das Lüftungsrohr gelegt. Somit wurde der Geruch auf die gegenüberliegende Wand gepustet und genau diese Wand hatte Ella angezeigt. Dieses Beispiel macht deutlich, wie wichtig die Interpretation der Schadenslage durch den Sachverständigen ist. Wäre die Wand eröffnet worden, an der Ella angezeigt hatte, dann wäre dort nichts zu finden gewesen und es hätte wahrscheinlich den Eindruck erweckt, dass der Hund sein Handwerk nicht versteht.

An der Stelle mit dem roten X war die Schimmelprobe am Vortag versteckt worden, am grünen X hat Ella angezeigt. Die Anzeige war absolut korrekt – siehe oben!

Anzeigen

Meine erste Schimmelspürhundin Taschka kratzte noch an der Fundstelle, da es damals (vor mehr als 20 Jahren) so üblich war und gar nicht weiter durchdacht wurde. Doch inzwischen sind die meisten Schimmelspürhunde darauf ausgebildet, dass sie zum Geruch schauen oder wenn möglich die Nase dicht dranhalten, so wie es im Trainingsplan steht. Das hat den Vorteil, dass dort keine Kratzschäden entstehen, zumal die Geruchsaustrittsstelle nicht immer gleich der Schadensstelle ist.

Ob ein Schimmelspürhundeinsatz auch vor Gericht Bestand hat, also wie viel Gewichtung der Richter darauf legt, hängt vom Richter, von den Rechtsanwälten und sicherlich von dem jeweiligen Fall ab. Das kann pauschal nicht beantwortet werden. Sollte in so einem Fall nach dem Trainingsstand des Hundes gefragt werden, so kann ein gewissenhaft geführtes Trainingstagebuch sicherlich hilfreich sein.

Ich hatte bereits geschrieben, dass leider das Training nicht eins zu eins wie der Einsatz ablaufen kann, was verschiedene Ursachen hat. Damit geht einher, dass die Anzeigen beim Schimmelspürhund häufig nicht so eindeutig sind, wie sie es vielleicht bei anderen Spürhundarten sein können. Ist zum Beispiel der gesamte Fußboden betroffen, dann ist das auf jeden Fall eine Situation, die vorher nie so geübt worden ist. Der Geruch wird womöglich an verschiedenen Stellen verschieden stark austreten. Dann kann es sogar dazu kommen, dass der Hund keine klare Anzeige macht, da er sich nicht für einen Punkt entscheiden kann.

Das ist in etwa mit der Situation vergleichbar, wenn der Hund gelernt hat, bestimmte Pflanzenarten anzuzeigen, wie zum Beispiel in unserem IGAMon Projekt den Japanischen Staudenknöterich oder das Drüsige Springkraut und nun auf einen riesigen Bestand trifft. Dabei kann immer beobachtet werden, dass der Hund verständlicherweise zu Beginn unsicher ist, da er zwar den Geruch erkennt, doch dieser auf einer ganzen Fläche zu finden ist. Da ist es dann an uns, dass wir den Hund für sein Interesse an diesem Geruch, der ihm so vertraut ist, bestärken und ihm damit zu verstehen geben, dass er dafür belohnt wird, wenn er

Erfahrungsbericht Katja 

Es gab mal eine ARD-Fernsehsendung mit dem Namen „Pfarrer Fliege", zu der ich mit Taschka eingeladen wurde. Wir sollten live im Studio nach Schimmel suchen, sodass die Studiokamera es filmen konnte. Die Herausforderung bestand darin, dass das Studio ein sehr steriler Bereich war, wo es keine Versteckmöglichkeit gab. Also hatten wir uns entschlossen, die Probe hinter der Studiowand zu verstecken, die nur ein stoffbespannter Holzrahmen war. Da Taschka durch Kratzen anzeigte, worauf ich gleich hinwies, als der zuständige Mitarbeiter dieses Versteck vorschlug, war eigentlich absehbar, was passierte. Taschka zeigte eine schöne Suche und ich unterbrach die Anzeige schon nach der ersten Sekunde. Allerdings hatte der Bühnenbildner trotzdem eine neue Wand zu erstellen, da der erste Krallenkontakt zu der Wand bereits einen Riss im Stoff hinterließ. Da lobe ich mir doch die passiven Anzeigen, die die meisten Hunde heutzutage zeigen.

irgendeine dieser Pflanzen anzeigt. Steht er allerdings mitten im Feld, dann wird das Ganze etwas sinnlos – es ist dann etwa so, als ob ich mich in einen total verschimmelten Kellerraum stelle und den Hund frage, ob er mir den Schimmelgeruch anzeigen kann, den es dort überall gibt.

Ich hatte es diverse Male bei großflächigen Schäden, dass mir die Hunde an einer Wand alle paar Zentimeter eine Anzeige machten. Zu dieser Anzeigeform kamen sie meist, wenn sie vorher schon ein bisschen Einsatzerfahrung sammeln konnten.

Suchtaktik

Ich beobachte meine Hunde schon beim Betreten des Gebäudes: Manchmal zeigen sie sich schon im Treppenflur aufgeregt oder eben auch sehr uninteressiert. Außerdem mache ich meine Suchtaktik von dem abzusuchenden Bereich abhängig und betrachte dabei die Fläche, die Aufteilung und die Gestaltung der Räume. Auch habe ich im Blick, wie viele Quadratmeter an dem Tag noch abzusuchen sind.

Wenn ich sie in den ersten abzusuchenden Raum führe und die Tür hinter mir geschlossen habe, schicke ich sie häufig mit ihrem Hörzeichen erst einmal ganz grob zum Absuchen. Dabei stehe ich meist in Türnähe und beobachte ihr Verhalten aufmerksam. Das gibt mir schon erste Hinweise, wie interessiert der Hund im Allgemeinen an dem Raum ist und ob es ihn in eine Richtung besonders zieht. Ab und zu gibt es bei der Grobsuche direkt eine Anzeige,

Nicht nur bei Trümmersuchhunden, auch bei Schimmelsuchhunden kann es von Vorteil sein, wenn der Hund gelernt hat, Leitern oder leiterartige Treppen zu gehen – zumindest, wenn der Hund so groß ist, dass er nicht getragen werden kann. Oft führen genau solche Treppen zum Dachboden, der vielleicht auch abgesucht werden muss.

aber immer bekomme ich eine Idee, wie ich mir vielleicht den Raum am besten einteilen könnte. Danach gehe ich dann in einer Feinsuche alle Bereiche ab, sodass ich sicherstellen kann, dass der Hund überall gesucht hat. Da ich im Anschluss manchmal nochmals den Raum mit dem Sachverständigen betrete, haben wir dann ein zusätzliches Mal die Möglichkeit, den Hund eine spezielle Stelle erneut absuchen zu lassen.

Ist der Raum winzig, reicht meist eine Grobsuche, ist er dagegen riesig, beginne ich meist gleich mit der Feinsuche, um die Ressourcen meines Hundes nicht vorzeitig zu erschöpfen.

Hat die Wohnung keine Türen, führe ich meine Hunde meist an der Leine, um zu verhindern, dass sie kreuz und quer suchen. Zuvor lasse ich sie kurz grob suchen, um mein Suchgebiet nach ihrem Verhalten aufzuteilen. Dabei gehe ich als erstes in die Ecke, für die sie sich besonders interessieren – oder aber ich gehe bewusst erst woanders mit ihnen suchen, auch das mache ich wiederum von etlichen Faktoren abhängig. Denn es ist immer wichtig, die Aufteilung der Räume, eventuelle Luftzüge usw. zu beachten.

Meist hole ich mir vorab möglichst wenig Informationen zur Baustruktur des Gebäudes ein, um den Hund unvoreingenommen suchen zu lassen. Aber falls ich schon Informationen aus bereits gemachten Untersuchungen oder dem Schadenshergang vor der Begehung erhalte, fließen diese selbstverständlich auch in die Suchtaktik ein.

Erfahrungsbericht Katja 

Im Bad eines Hauses zeigten sich meine Hündinnen Rani und Arwen sehr interessiert, aber beide kamen nicht zur Anzeige. Als ich später auf meine Beobachtungen hinwies, sagten die Bewohner, dass es an der Dusche einen Feuchteschaden gab, der erst vor ein paar Tagen saniert worden war. Womit mir klar war, warum die beiden Hunde doch anfänglich recht interessiert gewirkt hatten.

Umgang mit den Betroffenen

Bei einem Thema wie dem Kontakt mit Schimmel steht fast hinter jedem Einsatz nicht nur ein betroffenes Gebäude, sondern auch ein gesundheitlich betroffener Bewohner. Wenn ganze Wände oder Böden verschimmelt sind, dann ist das immer gesundheitlich bedenklich. Es hängen oft tragische Schicksale dran, wo Menschen und vor allen Dingen auch Kinder schwer beeinträchtigt sind, aber ein Umzug sich schwierig gestaltet.

Dazu sollte sich jeder Hundeführer selber einschätzen, wie viel er diese Schicksale an sich herankommen lassen kann. Mir fällt es leicht, empathisch zu sein und trotzdem nicht alles mit nach Hause zu nehmen, doch das geht ja bekanntlicherweise nicht jedem so.

Erfahrungsbericht Katja 

Ein Fall, der mich sehr betroffen machte, war ein Einfamilienhaus einer jungen Familie mit zwei kleinen Kindern. Es handelte sich um einen Neubau. Das Haus war erst ein halbes Jahr alt und die Familie war vor drei Monaten eingezogen. Ich weiß nicht mehr, mit welchen meiner Hunde ich dort zum Einsatz war, auf jeden Fall zeigten sie sich in vielen Zimmern an allen Wänden sehr interessiert und machten auch immer wieder Anzeigen. Der Sachverständige stellte später mit Bauteilöffnungen fest, dass die Sperrfolie zum Erdboden nur zur Hälfte unter dem Haus eingezogen worden war und die Feuchtigkeit somit ungestört ins Haus eindringen konnte. Er meinte, das Sinnvollste wäre es, das Haus abzureißen und neu zu bauen. Ohne weitere Rücklagen ist so etwas ein ziemlicher Schicksalsschlag.

Gedanken zur Überprüfung von Schimmelspürhunden

Im Kontakt mit dem Umweltbundesamt hatte der Fachausschuss „Schimmelspürhund“ vom BSS (Bundeverband der Schimmelpilzsanierung e.V.), in dem ich damals Mitglied war, 2011 eine „Richtlinie des Bundesverbandes Schimmelpilzsanierung e.V. zur Prüfung von Schimmelspürhunden“ geschaffen. Seit 2013 war ich dann mehrere Jahre als Schimmelspürhund-Prüferin im In- und Ausland tätig, woran sich erkennen lässt, dass ich eine Überprüfung durchaus als sinnvoll erachte. Allerdings bin ich inzwischen der Meinung, dass es eigentlich eine Zertifizierung durch eine staatliche Institution geben sollte, die frei und unabhängig prüft. So eine Zertifizierung und auch Rezertifizierung in bestimmten Abständen wäre sicherlich für alle Spürhundarten sinnvoll, in denen die Hunde als Diensthunde gegen Entlohnung eingesetzt werden. Allerdings steht und fällt jede Hundeprüfung mit den Prüfern, die neutral und sehr erfahren sein müssen, um Details zu sehen und damit umzugehen.

Wichtig ist, dass Hunde so unabhängig wie Ella ihr Suchgebiet absuchen. Es ist eine Menge Konzentration nötig, damit der Hund gewissenhaft ein bestimmtes Areal absuchen kann.

In Innenräumen und vielleicht auch in bestimmten Außenbereichen könnte ich mir gut eine Online-Überprüfung vorstellen, sodass nicht alle Prüfer vor Ort sein müssen. Inzwischen ist die Kameratechnik so gut, dass Räume vollständig dargestellt werden können. Zudem kann parallel eine Aufzeichnung der Prüfung stattfinden, sodass im Nachhinein Unklarheiten geklärt werden könnten. Es würde dann nur einen Prüfungsleiter vor Ort brauchen, der alles organisiert, doch die Prüfer könnten von zu Hause am Bildschirm verfolgen, ob das Team seine Aufgabe gut meistert. Das wäre im Sinne der Kostenersparnis sowie auch der praktikablen Umsetzung, um Prüfungen regelmäßig durchführen zu können, sicherlich eine hilfreiche Maßnahme.

Allerdings erlebe ich bei den Prüfungen immer wieder, dass selbst sehr versierte Spürhundeteams auf ganzer Strecke versagen, weil der Hundeführer zu aufgeregt ist. Die Hunde zeigen sich in der Prüfung an einer Stelle interessiert und kommen aber nicht zur Anzeige, dann werden sie dort wieder und wieder hingeschickt, bis sie endlich anzeigen, obwohl da keine Probe versteckt ist. Oder die Hunde werden vor der Anzeige abgerufen, weil die Hundeführer in der Prüfung selbst mitsuchen und der Meinung sind, dass dort keine Probe versteckt sein kann. Kurz gesagt, es werden die eklatantesten Fehler begangen, nur weil der Hundeführer sich solch einen Stress macht und vielleicht sogar die Nacht davor schon nicht mehr schlafen konnte. Leider ist Prüfungsstress oder besser gesagt Prüfungsangst in Deutschland sehr verbreitet.

In meiner Ausbildung HUNDGESTÜTZT für Pädagogen und Therapeuten, die ihren Hund in ihr Arbeitsfeld integrieren möchten, haben wir uns daher entschlossen, dass

Auch für Prüfungen wäre es großartig, wenn alle Hundehalter Tellington TTouch® beherrschen würden. Denn es ist bereits erforscht worden, dass Tellington TTouch® unter anderem deshalb so fabelhaft wirkt, weil es sich auf beide auswirkt. Es wirkt sich auf den Gettouchten aus und auf den, der den TTouch ausführt. Somit kann es auch dem Spürhundeführer dabei helfen, Stress loszulassen und Ängste zu mildern.

wir den Eignungstest des Hundes über die ersten drei Ausbildungstage laufen lassen. Wir schauen uns die einzelnen Hunde in den ersten drei Tagen ihrer Ausbildung an und geben danach unsere Einschätzung darüber ab, ob wir den Hund für die Ausbildung geeignet halten oder eben nicht. Diese Vorgehensweise bringt den großen Vorteil mit sich, dass die Halter nicht aufgeregt sind. Zudem können wir den Hund in sehr vielen verschiedenen Situationen ansehen und uns dadurch ein umfassenderes Bild von ihm machen. So etwas würde ich mir auch für Spürhundeteams wünschen! Es müssten mindestens zwei, besser noch drei Tage sein, an denen die Spürhundeteams auf unterschiedlichem Niveau geschult werden. Dabei kann dann gut beobachtet werden, welche Hürden das Team bereits nehmen kann und wo es noch Defizite hat.

Haftung

Bevor ich zu einem Einsatz fahre, lasse ich mir eine Haftungsfreistellung unterschreiben, die bei mir folgendermaßen lautet:[5]

Haftungsausschlusserklärung

Vorsorglich weisen wir darauf hin, dass die Begehung mit dem Schimmelspürhund durch einen Gutachter bewertet und analysiert werden muss. Der Spürhund zeigt lediglich die Geruchsquelle an. Er kann nicht die Menge und Art der Mikroorganismen unterscheiden. Bestimmte Einflüsse, wie z.B. Chemikalien und Reinigungsmittel können sich störend auf die Untersuchung mit dem Hund auswirken und müssen vorher entfernt werden.

Allgemeines zum Suchverhalten des Hundes:

Die Vorgehensweise bei der Begehung einer Immobilie mit einem Schimmelspürhund besteht darin, den Hund angeleint oder unangeleint sich frei im Raum bewegen und suchen zu lassen, da schon seine Verhaltensweise wichtige und zuverlässige Informationen für das Ergebnis der Begehung liefert.

In diesem Zusammenhang könnten, durch die naturgegebene Bewegung des Hundes, evtl. Sachschäden entstehen, wie zum Beispiel das Umstoßen von Vasen, Verfangen in Kabeln etc.

Verbindliche Erklärung:

Hiermit verzichte ich auf Schadensersatzansprüche gegenüber dem Schimmelspürhund-Team für evtl. auftretende Schäden, die in ursächlichem Zusammenhang mit dem Suchverhalten des Hundes im Rahmen des Auftrags entstehen.

5 Diese Erklärung ist nicht juristisch überprüft und wir können keine Gewähr dafür übernehmen, dass sie wirklich vor jeder Haftung schützen kann, aber meiner Erfahrung nach wendet sie schon im Vorfeld vielen möglichen Ärger ab.

Ich hatte in meiner gesamten Zeit, in der ich Schimmelspürhunde eingesetzt habe, keinen einzigen Haftungsfall, was ich allerdings mehr meiner Umsicht zurechne, vorher ordentlich zu schauen, als der Haftungsausschlusserklärung.

Wer viel Zeit hat, kann Hunde auch für verschiedene Einsätze ausbilden. Ischka hatte ich als Filmhund vielfach im Einsatz, doch zudem war sie ausgebildet und geprüft als Trümmerspürhund beim THW. Manchmal kann einem eine weitere Trainingsaufgabe dabei helfen, Aufträge zu generieren, da es einfach zu mehr Kontakten beiträgt.

Aufträge bekommen

Das komplette Spezialkapitel hat wohl gezeigt, dass der verdeckte Schimmel ein großes Problem ist und der Schimmelspürhund eine großartige Möglichkeit darstellt, diesen zu finden. Daher ist es recht einfach, Aufträge zu bekommen, wenn ich mir eine Homepage gestalten lasse und dann zu Sachverständigen oder Hausverwaltungen Kontakt aufnehme.

Ich habe mich nicht darauf eingelassen, dass ich für Privatleute, also sozusagen Endkunden, die Gebäude ohne weitere Diagnostik von Sachverständigen untersucht habe, da ich das für unseriös halte. Es braucht immer eine Interpretation dessen, was der Hund gefunden hat. Ich kann nur sagen, dass mein Hund dort Schimmel gerochen hat. Am Ende braucht es immer den Sachverständigen, der dann die Auswertung macht. In Ausnahmefällen habe ich nach Sanierungsmaßnahmen die Hunde schauen lassen, ob da wirklich nichts mehr zu finden war. Findet der Hund nichts, heißt es auch nur bedingt, dass dort kein Schimmelschaden ist, wie bereits oben beschrieben. Die bereits auf S. 222 beschriebenen Grenzen der Methode müssen immer beachtet werden. Allerdings kann ich durchaus zusammenfassend sagen: Wer sich etwas hineinkniet, kann durch den Einsatz des Schimmelspürhundes sicherlich seinen Lebensunterhalt verdienen.

8. TRÜFFELSPÜRHUND

SPEZIAL-
THEMA

Der Trüffel, auch schwarzer Diamant genannt, gewinnt im Moment immer mehr an Bedeutung und wer sich mit Trüffeln beschäftigt und sich gar auf die Suche nach ihnen machen möchte, kommt nicht umhin, sich Gedanken um das Finden zu machen – und wird früher oder später auf den Hund kommen! Denn es ist immer noch so, dass nur unser vierbeiniger Freund mit seinem ausgezeichneten Geruchssinn zuverlässig in der Lage ist, uns die Diamanten der Küche im Wald zu zeigen. Zwar kennt man landläufig und aus Redensarten auch das Trüffelschwein, das aber gegenüber dem Hund gleich mehrere Nachteile hat: Erst einmal ist es nicht so leicht das Schwein in weiter entfernte Suchgebiete zu bringen, es sucht viel langsamer (und schafft damit weniger Fläche) und vor allem: Es wird den Trüffel fressen, ohne nachzufragen!

Das Hauptziel, warum Trüffelhunde eingesetzt werden, ist bestimmt von der Grundidee her verschieden und dabei sehr interessenabhängig, wie:

- Eifrige Hundehalter, die eine intensive Beschäftigung und Auslastung für ihren Hund suchen oder einfach nur Spaß mit ihrem Hund haben möchten und als gemeinsame Aktivität die Trüffelsuche gewählt haben.

- Naturliebhaber, die gern mit ihrem Hund durch die Natur streifen und dabei auch noch etwas Sinnvolles tun möchten.

- Interessierte Pilzfreunde, die bei der Suche von Pilzen eventuell auf Trüffel gestoßen sind.

- Versuchsfreudige Besitzer von Trüffelgärten, die ihren Hund als Erntehelfer brauchen.

- Glückliche Hundehalter, die einen ausgebildeten Trüffelhund ihr Eigen nennen und dessen Dienste zur Verfügung stellen, weil vielleicht ein Gartenbesitzer den Verdacht hat, dass in seinem Garten Trüffel wachsen.

- Engagierte Menschen, die sich für die Trüffelkartierung einsetzen.

- Wettkampffreudige Hundebesitzer, die eventuell in Frankreich oder Italien an einem Trüffelwettkampf teilnehmen möchten.

- Gourmet-Hundebesitzer in der Schweiz oder Luxemburg, die sich gerne ein leckeres Essen erarbeiten möchten (dort ist das Mitnehmen von Trüffeln – im Gegensatz zu Deutschland – erlaubt).

- Erholungsbedürftige Hundehalter, die im Urlaub im Ausland auf die Trüffelpirsch gehen (Achtung, in Italien ist die Trüffelsuche ausweis- und gebührenpflichtig, in Österreich ist die kommerzielle wie private Trüffelsuche sowie die Ernte verboten).

In Deutschland ist es leider so, dass das Trüffelsuchen und das Trüffelfinden zwar erlaubt sind, nicht aber das Mitnehmen! Alle heimischen Trüffelarten stehen unter besonderem Schutz. Dies ist dem Irrglauben von vor einigen Jahrzehnten geschuldet, in Deutschland gäbe es keine Trüffel oder sie seien so selten, dass sie unbedingt geschützt werden müssten. Also kamen die

Lovelyn mit der Nase dicht am Boden. Bei der Trüffelsuche ist es von Vorteil, wenn mit tiefer Nase gesucht wird.

Trüffel auf die Rote Liste und sind durch die Bundesartenschutzverordnung (BArtSchV) unter besonderen Schutz gestellt. Durch die Kartierung von Trüffelfunden soll bewiesen werden, dass sie bei weitem nicht so selten sind, wie früher angenommen und mit diesem Beweis fordern Trüffelfreunde eine Lockerung des Verbotes. Das Verbot gilt übrigens nur für wilde Trüffel, nicht aber für Trüffel aus dem eigenen Garten oder Trüffelplantagen.

Da in Deutschland die Trüffel, außer dem Périgordtrüffel und dem weißen Albatrüffel, flächendeckend sehr gut gedeihen, weil die Beschaffenheit des Bodens und die klimatischen Bedingungen günstig sind, geht die Tendenz verstärkt dahin, sie auch in Deutschland zu kultivieren – und damit wird die Nachfrage nach guten, zuverlässigen Trüffelspürhunden auch bei uns immer mehr steigen.

Kleine Trüffelkunde

Eigenschaften der Trüffel

Trüffel (lat. Tuber) ist der Gattungsname, der diejenigen Pilze zusammenfasst, die ihren Lebenskreislauf komplett unterirdisch verbringen. Sie müssen in Symbiose mit dem Baumwuchs leben, um den wertvollen Fruchtkörper bilden zu können. Es gibt keine giftigen Trüffel, wohl aber ungenießbare unter den 300 Trüffelarten in Deutschland (weltweit mehr als 2000).

Die Trüffelgestalt ist generell kugelförmig und mehr oder wenig uneben. Die Größe variiert je nach Art von etwa haselnuss- bis faustgroß und ist abhängig von Klima und Bodenbeschaffenheit. Der Trüffel besteht aus einer äußeren Rinde, die glatt oder rau sein kann und eine veränderliche Farbe von hell- bis dunkelbraun bzw. fast schwarz haben kann. Die Farbe unterscheidet sich nach der Art und der Reifung.

Die Sporen der Trüffel werden durch pilzfressende Tiere verbreitet: Sie werden anhand des Geruchs geortet, gefressen und mit dem Kot wieder ausgeschieden. Man bezeichnet alle Pilzfresser auch als „Mykophagen“ – dafür infrage kommen Vögel, wirbellose Tiere und Säugetiere wie zum Beispiel Wildschweine, Mäuse, Füchse und Dachse, aber eben auch Menschen und

Ein schwarzer Trüffel

Hunde. Auch Nacktschnecken, Trüffelkäfer und Trüffelfliegen werden übrigens durch den starken Geruch des Trüffels angezogen und gelten bei Trüffelzüchtern als Schädlinge, weil sie den Trüffel anknabbern, ihr Fraß den Wert mindert und das Risiko des Verderbs erhöht.

Die verschiedenen Trüffelarten unterscheiden sich nach morphologischen Eigenschaften wie äußere Rinde, inneren Teil sowie Größe und Geschmack. Gemeinsam haben alle die Symbiose mit den Wurzeln eines Baumes, genannt Mykorrhiza. Der Pilz umhüllt die äußersten Feinwurzeln des Baums mit einem dichten Fadengeflecht, dringt zwischen den Wurzelzellen ein und bildet einen Pilzmantel.

Entwicklung

Um zu wissen, wann und wo der ausgebildete Trüffelspürhund sinnvoll eingesetzt werden kann, müssen wir uns ein wenig mit den Eigenschaften und der Entwicklung des Trüffels beschäftigen.

Trüffel wachsen unterirdisch und zeigen sich als knollenförmige Fruchtkörper. Der eigentliche Pilz ist aber ein weitreichendes Geflecht von fadenförmigen Pilzzellen und wird als Myzel bezeichnet. Trüffel

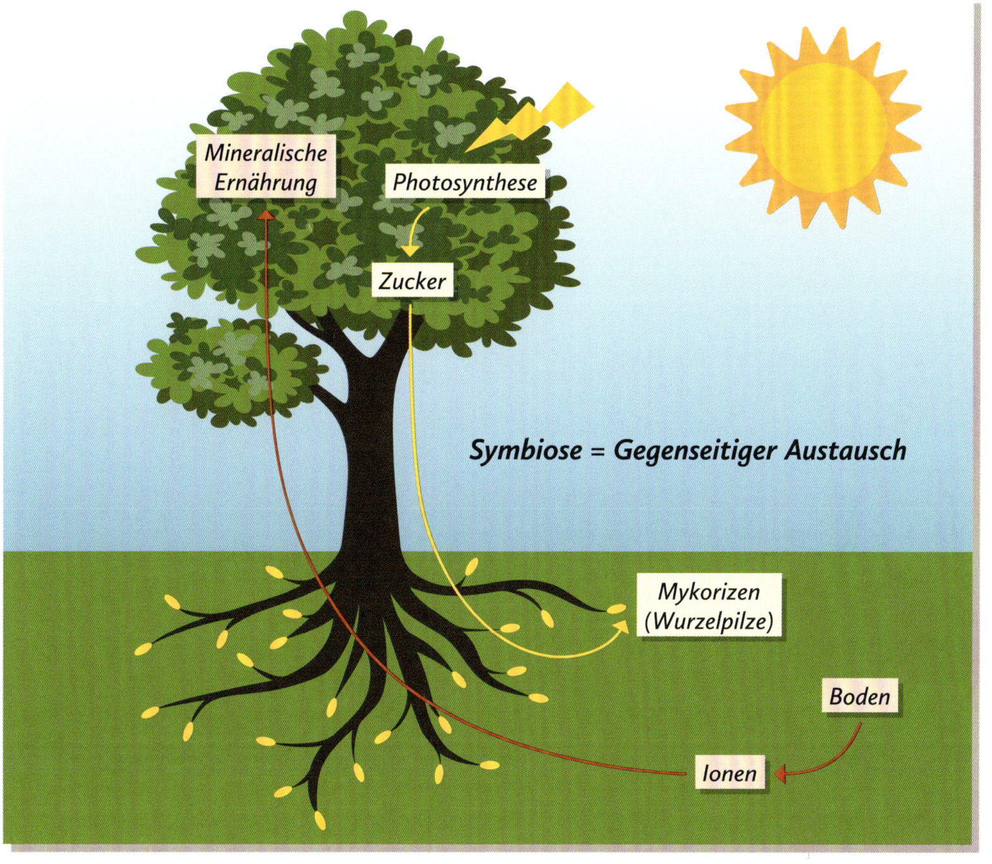

sind also nur die Fruchtkörper und, wie bei allen Pilzen, das Vermehrungsorgan des Pilzgeflechtes.

Trüffel sind nicht in der Lage, Photosynthese zu betreiben, das heißt, sie können den Zucker nicht direkt aus dem Sonnenlicht gewinnen und sind auf andere Lebewesen angewiesen. Der Trüffelpilz wächst deshalb immer in Symbiose mit bestimmten Bäumen oder Sträuchern wie zum Beispiel Eiche, Hainbuchen, Birken, Linden oder Haselnuss, seltener unter Kiefer. Im Rahmen dieser Lebensgemeinschaft werden dann Stoffe zum gegenseitigen Nutzen ausgetauscht: Der Trüffelpilz vergrößert

Maisie legt sich geduldig hin, bringt ihre Nase ganz nahe an den Trüffel und verharrt den Trüffel anstarrend, bis ich am Fundort bin. Eine sehr präzise Anzeige!

mit seinen feinen Fäden die Aufnahmefläche der Wurzeln um das fünfzigfache und hilft so der Pflanze, Wasser und wertvolle Mineralstoffe aufzunehmen. Er erhält dafür im Gegenzug Nährstoffe, Kohlenhydrate und Vitamine – genial von der Natur eingerichtet!

***Anmerkung:** Trüffel können also nicht wie so manch anderer Pilz im Keller kultiviert oder im Labor gezüchtet werden. Deshalb kann das Trainingsmaterial zur Ausbildung des Trüffelspürhundes auch nicht selbst gezüchtet werden.*

Schlüsselrolle des Geruches

Der Trüffelspürhund ist auf den Geruch des reifen Trüffels angewiesen. Der aufdringliche, sehr spezielle Geruch ist wohl neben dem Geschmack die markanteste charakteristische Eigenschaft des Trüffels. Dies hat einen wichtigen Grund, denn dahinter versteckt sich der wichtigste biologische Sinn des Geruches für den Trüffel, nämlich die Fortpflanzung. Weil der Trüffel unterirdisch wächst, muss sich die Natur einen Trick einfallen lassen, um die Pilzsamen (Sporen) zu verbreiten. Im Stadium der Sporenreife entwickelt der Trüffel einen unwiderstehlichen Geruch, der Tiere anlockt. Die Tiere fressen den Trüffel oder knabbern ihn an und die unverdaulichen Sporen werden mit dem Kot an anderer Stelle wieder ausgeschieden.

Je nach Trüffelart keimen die Sporen zu verschiedenen Jahreszeiten aus und bilden das reich verzweigte Pilzgeflecht. Unter günstigen Umweltbedingungen bildet dieses innerhalb weniger Monate Trüffelfruchtkörper aus. Mit zunehmendem Reifegrad ändert sich die chemische Zusammensetzung der Aromastoffe. Bei vollständiger Reife hat der Geruch seinen Höhepunkt gefunden und lockt Tiere an. Der Kreislauf beginnt von neuem.

Bei vollständiger Reife wird auch unser Trüffelspürhund angelockt und zeigt uns den Trüffel an. Und auch der Hund kann

Romeo bei der Arbeit: Er prüft gerade den Boden, um die exakte Liegestelle zu finden, bevor er zur Anzeige kommt. Ein deutliches Suchschnauben ist zu hören.

ein Vektor, ein Träger von Sporen, sein. Vielleicht knabbert er den Trüffel an und frisst ihn sogar, die Sporen werden auch hier durch den Kot ausgeschieden.

Zeigt der Hund einen Trüffel an und es gelingt, diesen zu bergen, ist es wichtig, dass das beim Ausgraben des Trüffels entstandene Loch wieder zugedeckt wird. Sonst trocknen die Feinwurzeln der Bäume und das Pilzmyzel aus. Deren Gesundheit ist aber eine Grundvoraussetzung für das gute Gedeihen der Trüffeln. Trägt man Sorge für einen Trüffelplatz, können dort über mehrere Jahre Trüffel geerntet werden.

Lebensgewohnheiten des Trüffels

Als Trüffeljäger sollten die Bäume, unter denen Trüffel wachsen, die so genannten Symbionten (also „Lebenspartner") gekannt und erkannt werden und auch die Bodenbedingungen sind wichtig zu wissen. Denn wahllos nach Trüffeln zu suchen, macht keinen Sinn und macht auch unserem Trüffelhund keinen Spaß!

Zunächst einmal sind viele Eichensorten Symbionten, und zwar unterschiedliche Arten für unterschiedliche Standorte (in Deutschland vorwiegend Trauben- und Stileiche), aber auch Haselnüsse und Linden. Weniger bekannt als Trüffel-Symbionten sind einige Kieferarten, Weiden, Pappeln und Birken.

In Europa ist vor allem der Burgundertrüffel großflächig heimisch und verbreitet. Er kommt innerhalb einer großen Bandbreite von Klima- und Bodenbedingungen vor. Er ist dabei nicht auf warme oder südexponierte Lagen begrenzt, aber der Boden muss kalkhaltig sein und einen Säuregehalt als pH-Wert zwischen 6 und 8 haben, muss also vorwiegend basisch sein.

Eine junge Trüffelplantage in Frankreich, bepflanzt mit Steineiche und gemeiner Haselnuss.

Verbreitung – wo werden Trüffel gefunden?

Es gibt fast unzählig viele Gebiete, die für die Trüffelsuche geeignet sind. Die wohl bekanntesten sind Piemont (Alba) und Périgord. Italien und Frankreich sind seit langem durch mediale Aufmerksamkeit für ihre Trüffelfunde bekannt. In Spanien sind die größten Trüffelplantagen mit Périgordtrüffel angelegt worden. Trüffel kommen aber fast überall auf der Welt vor: Von Australien über Neuseeland bis hin nach Amerika sind sie zu einem geschätzten Gut geworden. Auch Länder wie Iran und Griechenland sind Teil der weltweiten Trüffelsuche geworden. Selbst unsere direkten Nachbarn Österreich und die Schweiz lassen sich als Trüffelländer in die Liste eintragen.

Deutschland galt früher lange Zeit als Trüffelland. Die ersten Trüffelhunde kamen 1720 durch den sächsischen Kurfürsten und König von von Polen, August den Starken, nach Deutschland. Erst im Dritten Reich galt der Verzehr von Trüffeln plötzlich als „undeutsch" und das Suchen wurde verboten. Zudem verstarben im Zweiten Weltkrieg viele Trüffelkundige, ohne ihr Wissen weitergegeben zu haben.

Die deutschen Böden sind in großen Teilen kalkhaltig und die weitläufigen Laubwälder (Odenwald, Schwarzwald etc.) sind eine riesige Fundgrube für einheimische Trüffelarten. Wenn da nicht das Verbot wäre, die heiß begehrte Knolle der Natur zu entnehmen.

Eine gute Freundin wohnt in Finnland und auch sie geht auf Trüffelsuche, da tatsächlich auch in Finnland Trüffel wachsen. Ich hätte gedacht, dass es in Finnland zu kalt wäre!

Die Trüffelsuche ist saisonabhängig, Sommertrüffel reifen von Anfang Juni bis Anfang Dezember und schwarze Trüffel von Mitte Dezember bis März. Trüffel reifen nicht alle zum gleichen Zeitpunkt, sondern reifen über einen längeren Zeitraum. Der Trüffelspürhund muss deswegen mehrmals ausrücken, um Trüffel zu finden, vorausgesetzt es reifen überhaupt welche.

Trüffelart / Monat	Jun	Jul	Aug	Sep	Okt	Nov	Dez	Jan	Feb	Mär
Sommertrüffel *Tuber Aestivum*										
Burgundertrüffel *Tuber Uncinatum*										
Wintertrüffel *Tuber Brumale*										
Périgordtrüffel *Tuber Melanosporum*										
Frühlingstrüffel *Tuber Borchii*										

Fundorte erkennen

Wirtspflanzen, also spezielle Laubbäume, Nusssträucher und auch Kiefern können Hinweise für Trüffel sein, ebenso wie die Waldränder, Wegränder, Hecken, wo diese Bäume stehen. Hierfür können topografische Karten zu Hilfe genommen werden. Des weiteren gibt es typische Zeigerpflanzen, die gerne unter den gleichen Bedingungen gedeihen wie Trüffel, so zum Beispiel Waldmeister, Aronstab oder Veilchen. Auch Gehäuseschnecken oder Weinbergschnecken können auf eine eventuelle Trüffelstelle hinweisen, denn sie sind wichtige Kalkanzeiger. Außerdem können uns natürlich geologische Karten Aufschlüsse geben, wo der Boden kalkhaltig ist.

Optische Anzeichen können die „verbrannte Erde“ (französisch auch: BRÛLÉE) sein. Die Erde ist rau und dunkler als das weitere Umfeld. Dieses Phänomen entsteht um den Bereich der Trüffel herum, da der Pilz die umliegende Vegetation unterdrückt und die Nährstoffe für die Wirtspflanze abgreift. Manchmal sind auch Löcher im Boden ein Indiz für ein Trüffelvorkommen: Kleine Nagetiere auf Nahrungssuche werden immer wieder von dem starken und besonderen Aroma der unterirdisch wachsenden Knolle angezogen und versuchen diese auszugraben.

Der Trüffel liegt üblicherweise rund 1–30 cm unter der Erdoberfläche.

Der Spürhund braucht all diese Hinweise nicht, er verlässt sich auf seine Nase. Wenn reife Trüffel vorhanden sind, dann findet er sie auch.

Brulée unter einem Eichenbaum: Deutlich zu erkennen ist, dass in einem größeren Umfeld kein Kraut wächst. Dies ist ein wichtiger Hinweis dafür, dass hier Trüffel wachsen könnten.

Trüffeldüfte

Der betörende Geruch des Trüffels besteht aus flüchtigen Ausdünstungen, über 200 verschiedene Komponenten konnten bereits festgestellt werden.[1] Viele der charakteristischen Duftstoffe enthalten Schwefelatome und diese schwefelhaltigen, flüchtigen Stoffe (Volatile) können sogar vom Menschen wahrgenommen werden. Die Zusammensetzung der Duftmoleküle variiert zwischen Arten und einzelnen Proben, aber auch Reife und Frische haben einen Einfluss auf die Zusammensetzung des Duftes. Als wirksamer Signalstoff für Trüffelhunde[2] hat sich die Schwefelverbindung Dimethylsulfid erwiesen. Trüffelspürhunde werden entweder mit „richtigen" Trüffeln oder mit Trüffelaromaersatz ausgebildet, aber darauf gehen wir später im Trainingskapitel noch genauer ein.

Erfahrene Trüffelspürhunde, vor allem solche, die nur auf essbare Trüffel ausgebildet sind (so wie die Hunde der französischen und italienischen Trüffeljäger) zeigen ein unterschiedliches Verhalten je nachdem, welchen Trüffel sie gefunden haben: Bei essbaren beginnen sie zu graben, bei ungenießbaren lassen sie die Fundstelle unberührt.

Zu beachten ist außerdem, dass nur reife Trüffel ihr Aroma entfalten, sodass nur diese vom Trüffelspürhund angezeigt und geerntet werden können. Unreife Trüffel reifen nicht wie unreifes Obst später noch nach und sind damit wertlos. Genau diese Tatsache macht es für die Trüffelsucher aber auch sehr schwer, denn sie müssen zur richtigen Zeit am richtigen Ort sein.

Beim Betrachten dieses Fotos steigt einem fast der markante Trüffelgeruch in die Nase.

Übrigens können wir Menschen mit etwas Übung nicht nur Trüffel generell riechen, sondern sogar die verschiedenen Arten ausmachen: Manchmal ist dies sogar leichter, als einen Trüffel nach seinem Aussehen zu erkennen!

Erfahrungsbericht Jacqueline

Ich habe schon so manchen professionellen Trüffeljäger beobachten können, wie er sich auf den Boden kniete und die Erde durch die Finger rieseln ließ, um selbst die Nase daran zu halten. Auch wir Menschen können Trüffel im Erdreich riechen.

Trüffeldüfte lassen niemanden kalt, entweder man liebt sie oder man lehnt sie ab! Manche Trüffel gehören zu hochgeschätzten Delikatessen, andere sind auf Grund ihres stechenden Geruchs, bitteren Geschmacks oder der gummiartigen Konsistenz ungenießbar.

1 Culleré et al. 2010; Splivallo et al. 2011
2 Talou et al 1990

Die Hundenase arbeitet wie ein wissenschaftliches Labor.

Es wurden schon viele Versuche unternommen, um das Aroma des Trüffels synthetisch herzustellen – diese Imitationen können sich jedoch in keiner Weise mit der Komplexität und Feinheit des natürlichen Trüffelaromas messen.

Der Duft ist die Sprache dieser Pilze, mit der sie mit ihrer Umwelt kommunizieren. An der Entschlüsselung der einzelnen Wörter dieser Sprache arbeiten Wissenschaftler seit Jahrzehnten.

Aufbewahrung als Trainingsproben

Die Aufbewahrung von Trüffeln sollte sowohl für den Verzehr als auch als Trainingsmaterial für die Ausbildung von Trüffelspürhunden gut durchdacht sein. Als wertvolles und aromatisches Naturprodukt sind sie sehr empfindlich und müssen fachgerecht gelagert werden, sofern sie nicht sofort verzehrt werden.

Ich schneide meine Trainingstrüffel in Scheiben und friere sie ein. So habe ich für jedes Training frische Proben. Die zum Training benutzen Trüffelscheiben lasse ich im Wald liegen, nochmal einfrieren lohnt sich nicht, da sie sehr leicht matschig werden. Frische Trüffel lege ich auf ein feuchtes Papiertuch und dann in den Kühlschrank, so halten sie sich einige Tage. Achtung, dabei unbedingt eine hermetisch geschlossene Kunststoffbox verwenden, sonst riecht und schmeckt der gesamte Kühlschrankinhalt intensiv nach Trüffel!

Eventuelle Schimmelsporen am Trüffel sind kein Indiz für mindere Qualität oder für das Alter der Trüffel. Bei der Trüffelernte kann die hochempfindliche Außenhaut der Trüffel verletzt werden. Diese nicht sichtbaren Verletzungen laden Schimmelsporen geradezu ein, sich darauf anzusiedeln. Dieser Schimmelbefall ist nur rein äußerlich und beeinträchtigt nicht die Qualität und den Geschmack. Der Schimmelbefall wird einfach mit einer weichen Bürste trocken abgebürstet. Einen verdorbenen Trüffel erkennt man ganz einfach an der Tatsache, dass er nicht mehr fest ist und der typische Duft fehlt, stattdessen riecht er faul.

Aufbau der Trüffelsuche

Bei der Ausbildung zum Trüffelspürhund gibt es einige Besonderheiten, aber ansonsten sind die Trainingsschritte identisch und können genauso abgearbeitet werden wie bereits im allgemeinen Grundlagenteil beschrieben. Ein Beispiel für einen Trainingsplan mit möglichen Trainingsschritten habe ich nach dem Kapitel „Besonderheiten im Training" beschrieben (ab S.287).

Bei der Trüffelsuche wird die Ablenkung eventuell anders sein als bei der Bettwanzen- und Schimmelsuche. So sollte zum Beispiel im Training der Trüffelgeruch nie hoch versteckt werden, weil der Trüffel in der Natur eben unter der Erde wächst und es wäre schade, wenn der Hund seine Energie und Motivation damit verschwenden würde, Bäume, Äste und Sträucher abzusuchen.

Trainingsziel

Das grundsätzliche Trainingsziel ist, dass der Spürhund in einem Wald oder auf einer Trüffelplantage einen Trüffel findet und anzeigt.

Ein Beispiel für ein genauer formuliertes Trainingsziel könnte zum Beispiel lauten: Ich laufe mit meinem Hund durch den Wald (an Wegrändern entlang oder, wo es erlaubt und zugänglich ist, auch quer durch den Wald). Mein Hund läuft ohne Leine durch den Wald, wenn die Sicherheit des Hundes und der Bewohner des Waldes gewährleistet ist und die Gesetzgebung es erlaubt (während der Brut- und Setzzeit z.B. sind Hunde fast überall an der Leine zu führen). Mein Hund hält sich in einem Umkreis von etwa drei bis fünf Metern um mich herum auf. Bekommt er den Trüffelgeruch in die

Romeo auf Trüffelpirsch in der freien Suche. Voraussetzung für eine Suche ohne Leine ist zuerst der Sicherheitsaspekt (Straße, Spaziergänger), der Hund muss sich gut lenken und bei Bedarf sofort abrufen lassen.

Ritchie sucht Trüffel an der Leine. Die Leine im Wald ist oftmals eine Herausforderung für den Menschen, aber mit ein wenig Geschick und Erfahrung ist dies durchaus machbar.

Nase, wird er langsamer und schnüffelt bis zur exakten Liegestelle des Trüffels. Hier scharrt er mit einer Pfote vorsichtig über die Erde (sein ihm antrainiertes Anzeigeverhalten). Er scharrt ein bis maximal drei Mal mit der Pfote, beginnt also nicht zu buddeln. Jetzt sollte ich mich ihm schon angenähert haben und hocke mich neben ihn hin. Er zeigt mir jetzt mit der Nase die genaue Liegestelle des Trüffels an. Ich lege meinen Hund ab, damit ich den Trüffel sichern kann. Falls ich den Trüffel nicht finden kann, denn er sieht manchmal aus wie ein Erdklumpen, dann fordere ich meinen Hund auf, den Trüffel mit der Nase anzuzeigen und belohne ihn, bevor wir unsere Suche nach weiteren Trüffeln fortsetzen.

So etwa könnte ein Trainingsziel zur Trüffelsuche aussehen, natürlich kann es aber noch detaillierter beschrieben werden.

Erfahrungsbericht Jacqueline 

Mich erstaunt es immer wieder, wie schnell die Hunde den Trüffelgeruch verknüpft haben und mit welchem Eifer sie die Trüffel suchen. Ob sie eine Vorliebe für den Trüffelgeruch haben? Sicherlich, denn schwefelhaltige volatile Verbindungen, die dem Trüffelmolekül sehr ähnlich sind, befinden sich auch im Kot oder in verwesenden Tieren.

Besonderheiten im Training

Trainingsmaterial

Für das Trüffeltraining können wir mit ganzen essbaren Trüffeln oder Trüffelstücken arbeiten. Manchmal werden im Verkauf (z.B. im Internet) sogar „Trainingstrüffel" angeboten. Diese weisen irgendeine Beschädigung auf, sei es durch Parasiten oder durch „Hundezähne" und sie sind deshalb preiswerter, aber immer noch teuer. Je nachdem, was das Ziel der Ausbildung ist, können auch ungenießbare Trüffel wie zum Beispiel der Hirschtrüffel als Trainingsobjekt genutzt werden. Dabei müssen wir uns aber bewusst sein, dass der Hund dann auch solche ungenießbaren Trüffel vermehrt anzeigen wird.

Trüffelöl ist eine andere Möglichkeit, den Trüffelgeruch zu trainieren. Es ist eine preiswerte Lösung und das Trüffelöl hält sich lange. Bis jetzt habe ich noch nicht feststellen können, dass ein mit Trüffelöl konditionierter Hund das Trägeröl (wie z.B. Olivenöl) mitverknüpft hat. Sobald die Hunde auf einen richtigen Trüffel stoßen, vergessen sie das assoziierte Bild mit Öl und zeigen an. Viele der charakteristischen Duftstoffe des Trüffels, vor allem die Schwefelatome, sind auch im Trüffelöl enthalten. Übrigens gibt es neben dem teuren Trüffelöl mit echten Trüffeln auch günstigeres mit synthetischen Geruchsmolekülen – auch das funktioniert, solange die typischen Trüffelduftstoffe enthalten sind.

Ich finde allerdings, dass es am meisten Spaß macht, mit richtigen Trüffeln zu trainieren. Ich präpariere mir gerne einige Trüffeldummys: Ich stecke winzig kleine Trüffelstücke in kleine Dummys oder Holzstückchen, die von den Bäumen stammen, mit denen der Pilz in Symbiose lebt oder ich nehme andere Gegenstände wie zum Beispiel kleine Plüschtiere, die ich mit dem Trüffel zusammen lagere und die so den Trüffelgeruch annehmen.

Es gibt sogar Trüffelattrappen zu kaufen, die zum Beispiel als Tischdekoration verwendet werden können. Oder es gibt auch „bionische" Trüffel zu kaufen, diese sind aus Plastik nachgebildete schwarze Trüffel, die fast wie echt aussehen, aber mit Löchern versehen sind. Solche Attrappen können aufgeschraubt werden und für den Trainingszweck mit Trüffeln gefüllt werden – ideal zum naturnahen Trüffeltraining.

Bionische Trüffel bestehen aus Kunststoff, lassen sich aufschrauben, um den Trüffelgeruch aufzunehmen und sind mit Löchern versehen, damit der Trüffelgeruch sich wie bei einem echten Trüffel auch gut in der Erde ausbreiten kann.

Wird mit richtigen Trüffeln oder Trüffelöl trainiert, braucht man ein Trägermaterial, welches der Hund nicht verschlucken kann. Das Training sollte so gut aufgebaut sein, dass die Hunde gar nicht auf den Gedanken kommen den Trüffel zu beschädigen oder gar zu fressen. Trägermaterial können Watte, Kompresse, Stoff, Korken, Wattestäbchen und Ähnliches sein.

Trägermaterial wie Gaze, Stoff, Korkstopfen, Holzklammern oder Teeeier eignen sich hervorragend, um den Trüffelgeruch zu transportieren.

Dabei bin ich mir immer bewusst, dass das Trägermaterial eventuell eine Verknüpfung mit dem Trüffelgeruch beim Hund herstellt. Wichtig ist, dass der Hund verstanden hat, den Trüffelgeruch anzuzeigen – egal wo er auftaucht und mit welchem Geruch er zusätzlich behaftet ist. Wichtig ist auch, das Training so aufzubauen, dass der Spürhund keinen Gedanken daran verschwendet, ob er den gut schmeckenden Trüffelgeruch ins Maul nimmt.

Startritual

Da ich mit meinen Hunden in mehreren Spürhundesparten arbeite und für jede Aufgabe ein anderes Startritual trainiert habe, benutze ich natürlich auch für die Trüffelsuche ein besonderes Startritual.

Wenn ich mit meinen Hunden in Frankreich zur Trüffelsuche losziehe, zu einem Wettkampf antrete oder zu einer Trüffelplantage gerufen werde, dann sehen meine Hunde schon, dass ich mir eine Tasche umhänge, wo ein Trüffelausbuddelgerät, auch Vanghetta genannt, dranhängt und in welcher meine Ausbeute verschwindet. Meine Hunde gehen mit einem „Trüffel"-Halsband auf Trüffelsuche und ich streiche zu Beginn mit der flachen Hand über den Boden und sage mein Wortsignal, welches ich nur bei der Trüffelsuche benutze.

Lass ich meine Hunde aber nur kurz einen Baum, einen Parkplatz oder einen alten Schlossgarten nach Trüffeln abchecken, dann habe ich keine Tasche dabei (nur ein kleines Messer in der Hosentasche). Aber Sie tragen ihr „Trüffel"-Halsband und mein Wortsignal bleibt gleich. Die Hunde wissen genau, was zu tun ist, wahrscheinlich aber auch schon durch das Umfeld und durch meine innere Einstellung (Spannung und Freude).

Othello lässt sich auch bei der Trüffelsuche sofort abrufen und kommt in Windeseile, wenn ich ihn rufe.

Erfahrungsbericht Jacqueline

Ich habe ein Wortsignal gewählt, das eventuell anwesende Spaziergänger nicht erkennen lässt, was meine Hunde suchen sollen. Mein magisches Wort lautet „Scoubidou".

Die Suche

Die Trüffelsuche gestaltet sich natürlich anders als die Suche von Bettwanzen und Schimmel, die ja überwiegend im Gebäude stattfindet. Trüffel wachsen in der freien Natur, und hier stellt sich zu Beginn eine wichtige Frage: Möchte ich meinen Hund an der Leine suchen lassen oder darf er sich frei bewegen? Beide Suchtechniken haben ihre Vor- und Nachteile.

Freie Suche ohne Leine

Der Hund sucht unabhängig vom Menschen und lässt sich nicht oder nur wenig beeinflussen, je nachdem, wie seine eigene Suchtechnik ist. Jede Rasse oder besser jeder Hund entwickelt eine Suchtechnik, ob es das Revieren ist oder im Kreis absuchen, wobei diese Kreise dann immer kleiner

Muggle ist mit Carole unterwegs und sucht ohne Leine nach Trüffeln. Die beiden sind ein tolles Team und verstehen sich „ohne Worte". Jede Suche schweißt das Team ein wenig mehr zusammen.

werden. Natürlich können wir dem Hund auch eine geeignete Suchtechnik antrainieren. Wahrscheinlich ist der Suchradius ohne Leine größer als mit einer Leine, das heißt der Hund deckt mit seiner Suche ein größeres Gebiet ab. Dadurch wird es aber für den Menschen schwer zu erkennen, ob der Hund anzeigt oder Gestrüpp und Bäume behindern manchmal die Sicht auf die Anzeige. Aber der Mensch ist ja auch in Bewegung und der Hund sollte sehr schnell in seinem Sichtfeld wieder auftauchen. Wichtig ist also eine dauerhafte Anzeige – im besten Fall so lange, bis der Hundeführer an der Fundstelle ist – als Faustregel bis etwa 30 Sekunden je nach individuellen Anforderungen.

Manchmal erkennt der Mensch eine potenzielle Fundstelle anhand der Zeigerpflanzen (s.S.275) und möchte, dass der Vierbeiner die Stelle genauer absucht. Der Hund muss dann seine eigene Suche unterbrechen, zum Menschen zurückkommen, die Stelle absuchen und darf dann wieder in die freie Suche. Er wird also in seiner freien Suche gestört und sucht sich einen Neuanfang, der nicht unbedingt dort ist, wo er abgerufen wurde. Das Abrufen setzt einen guten Rückruf voraus und der Hund muss sich „lenken" lassen. Meine Hunde kennen auch ein einfaches „zurück", bei dem ich möchte, dass sie sich wieder ein wenig mehr in meine Richtung orientieren. In der freien Suche verliert der Mensch auch schon mal die Übersicht, was der Hund schon abgesucht hat und was nicht. Außerdem kommt hier das Thema jagdliche Motivation ebenfalls ins Spiel: Lässt sich der Hund von Wildspuren ablenken oder läuft er einem hoppelnden Hasen oder Kaninchen hinterher? Nur, wenn er diesen Verleitungen widersteht, ist eine freie Suche sinnvoll. Natürlich sollte sich der Mensch auch vorher anhand von Karten informiert haben, ob Straßen das Suchareal kreuzen. Dass man auf der Trüffelsuche anderen Menschen oder Hunden begegnen wird, ist eher selten. Aber selbstverständlich sollte der Mensch in der freien Suche jederzeit die Kontrolle über seinen Spürhund haben und ihn abrufen können.

Erfahrungsbericht Jacqueline

Ich liebe es, früh morgens, wenn der Nebeldunst aufsteigt, mit meinen Hunden durch die Wälder zu streifen und nach Trüffeln zu suchen. Ob im Urlaub oder zu Hause im Wald. Die Vögel singen, der Waldboden duftet stark und ich spüre nur das Laufen meiner Hunde. Hier verschmelzen wir zu einer Einheit.

Suche an der Leine oder Schleppleine

Die Leine gibt dem Menschen die Sicherheit, jederzeit auf den Hund einwirken zu können. Es hängt von den Gegebenheiten im Suchareal ab, wie lang die Leine sein kann (dichter Baumwuchs, dorniger Untergrund). Der Mensch sollte auch ein gutes Leinenhandling (Auf- und Abrollen der Leine in der Hand) haben, um den Hund bei der Suche nicht durch Leinensalat zu behindern oder zu stören, wenn er den Duft eines Trüffels aufgenommen hat. Von Vorteil ist das schnelle Dasein an der Fundstelle, um den Trüffel zu sichern. Hat der Trüffelhund eine ausgeprägte jagdliche Motivation, dann ist eine Leine zudem sehr hilfreich, um entspannt auf Trüffelsuche zu gehen. Mit der Leine hat der Mensch natürlich auch viel mehr Einwirkung auf den Suchradius, weil beide mit der Leine verbunden sind.

Länge der Suche

Ich werde immer wieder gefragt, ob der Hund die ganze Zeit im Suchmodus ist und wie lange ihm eine Suche zuzumuten ist. Dies ist abhängig vom Ausbildungsstand des Hundes: Erfahrene Hunde können länger suchen als unerfahrene, aber auch die Hundepersönlichkeit spielt eine Rolle. Ich möchte mich auf keine Zeit in Minuten oder Stunden festlegen, aber ich habe bemerkt, dass meine Hunde nach einer gewissen Zeit in einen Sparmodus im Suchen übergehen. Das heißt, sie werden langsamer; sie revieren zwar mehr und manchmal sieht es so aus, als ob sie nicht mehr suchen würden. Komme ich aber in ihre Nähe, dann höre ich deutlich das „Suchschnauben". Bekommen sie den Trüffelgeruch in die Nase, dann spannt sich der ganze Hund an und die genaue Fundstelle wird lokalisiert und angezeigt.

Wichtig: Wasser!

Ich bin natürlich bei der Suche auch der Wasserträger für meine Hunde. Sie brauchen oft Wasser, wobei sie nicht wirklich trinken, sondern die Zunge und die Mundschleimhäute befeuchten, damit die Duftmoleküle besser hängen bleiben.

Enja bekommt zwischen den Suchen Wasser von Martina angeboten, damit die Schleimhäute auch immer schön feucht sind und viele Duftmoleküle andocken können.

Die Anzeige

Jede Anzeige kann prinzipiell für die Trüffelsuche verwendet werden, aber auch hier hat jede Anzeigeart ihre Vor- und Nachteile. Diese Vor- und Nachteile muss jedes Team für sich abwägen und sich für eine Anzeige entscheiden.

Die klassische Trüffelanzeige ist ein Scharren mit der Pfote, weil der Trüffel ja unter der Erde wächst und der Hund sie ans Tageslicht befördern möchte.

Es gibt auch Trüffelspürhunde, die den Trüffel ganz sauber apportieren, aber Vorsicht – jede Verletzung des Trüffels durch Hundezähne vermindert seinen Wert.

Leider gibt es auch Vertreter, bei denen der Trüffel hin und wieder im eigenen Bauch landet. Dies ist natürlich nicht das

Es ist einfachstes Training, Leckerbissen anzuzeigen, ohne diese zu berühren, so wie Blu dies mit dem leckeren Käsewürfel zeigt.

erwünschte Ziel. Viele professionelle Trüffeljäger ziehen ihren Hunden deshalb Maulkörbe an. Auch das ist eine Möglichkeit, damit der Hund den Trüffel nicht frisst. Aber der Hund kann durchaus lernen, dass er den Trüffel unbeschädigt lässt. Wir gestalten unser Training von Anfang an so, dass der Spürhund gar nicht erst auf die Idee kommt, den Trüffel aufzunehmen. Das ist also einfach eine Frage des Trainings.

Die Anzeige sollte auf jeden Fall so gefestigt sein, dass der Mensch sich Zeit lassen kann, bis er bei seinem Hund ankommt, ein Abliegen und Sitzen sind von Vorteil. Beim Hund angekommen, fordert der Mensch nochmal eine genauere Anzeige, hier wäre dann ein Anstarren des Trüffels ideal.

Erfahrungsbericht Jacqueline

Ein Bekannter sollte uns vor einem Trüffelwettkampf zum Training einige Trüffel verstecken. Dies hat er auch getan, aber nicht in der Erde, sondern hoch in den Baumrinden. Die Hunde hatten sichtlich Spaß! Im nächsten Wettkampf suchten meine Hunde dann aber erst einmal die Baumstämme ab, was ich dann nicht mehr lustig fand.

Fehlanzeigen

Fehlanzeigen gibt es beim Trüffel eigentlich wenige. Der Hund wird nicht eine Stelle anzeigen, an der kein Trüffel wächst, es sei denn, er ist zum Beispiel ein Mäusejäger und zeigt Mäuselöcher an. Diese Anzeige ähnelt aber nicht einer Anzeige einer Trüffelfundstelle und der Halter sollte dies schon von weitem unterscheiden können. Vorkommen kann es allerdings, dass noch Restgeruch vorhanden ist, wenn schon ein Trüffelsuchteam vorher an dieser Stelle einen Trüffel geborgen hat. Der Mensch erkennt aber sofort, dass hier schon ein anderer Trüffeljäger einen Trüffel ausgegraben hat. In dem Fall handelt es sich um Restgeruch, d.h. es können noch winzig kleine Trüffelmoleküle an der Erde hängen, aber der Quellgeruch, der eigentliche Trüffel, ist nicht mehr da. Es kann mit dem Spürhund trainiert werden, dass er nur Quellgeruch anzeigt, also nur Stellen, wo wirklich ein Trüffel liegt. Aber während der realen Trüffelsuchen bin ich froh, wenn sich meine Trüffelhunde für frisch gegrabenes Erdreich interessieren, weil sich dort mal ein Trüffel befand. Dies ist für mich eine wichtige Information, denn wo ein Trüffel wächst, wachsen meist auch noch andere und dann lohnt es sich, diese Stelle gewissenhaft abzusuchen und für spätere Suchen im Auge zu behalten. Deshalb kennen meine Hunde das Okay (ohne Belohnung) und suchen weiter. Das kann man ein wenig vergleichen mit dem Beispiel, wenn die Hunde in einem frühen Ausbildungsstadium die Ziegelwand absuchen und an einer Stelle hängenbleiben, wo der Kong im vorherigen Durchgang gelegen hat.

Belohnung

Ein anderes Thema ist die Belohnung. Findet der Hund einen Trüffel, dann ist dies leicht zu belohnen – natürlich mit einer riesigen Party, nur im Training. In der eigentlichen Suche geht die Belohnung eher leiser vonstatten, damit niemand auf die Fundstelle aufmerksam wird, falls doch noch ein

Julia schaut, wo Ella einen Trüffel mit der Anzeige Liegen angezeigt hat, um sie dann, nachdem der Trüffel geborgen wurde, mit einem Leckerchen für den Fund zu belohnen. Die Belohnung wird dicht über dem Trüffel gegeben.

anderer Trüffeljäger unterwegs sein sollte. Es stellt sich aber die Frage, was zu tun ist, wenn man als Team längere Zeit (ein bis zwei Stunden) durch den Wald streift und keinen Trüffel findet. Ist der Hund nicht frustriert, wenn er keine Belohnung bekommt? Mit der Zeit und je erfahrener der Hund wird, desto besser kann er auch schon mal ohne Belohnung auskommen, so wie wir es bereits im Kapitel über die Leersuche (s.S.137) beschrieben haben. Ich versuche außerdem, andere Verhalten bei der Suche zu belohnen. Zum Beispiel das Zurückkommen oder ein Sitzen und Warten. Für den Hund ist es allein schon Quality-Time, mit seinem Menschen durch den Wald zu streifen. Dieses Zusammensein hat einen hohen Wert beim Hund und es muss nicht immer eine Futterbelohnung herausspringen. Natürlich ist die Trüffelsuche Teamarbeit, Mensch und Hund schmelzen zu einer Einheit zusammen und genau diese Teamarbeit macht die Trüffelsuche aus.

Erfahrungsbericht **Jacqueline**

Wenn wir lange unterwegs waren, gebe ich meinen Hunden am Auto ausgiebig zu trinken und sie bekommen einen kleinen Napf mit extra leckerem Futter – als Dankeschön.

Trainingsplan Trüffelsuche

Bei allen folgenden Trainingsschritten befindet sich der Trüffelgeruch in einem Gefäß, das der Hund mit der Nase berühren kann, weil dies den Einstieg ins Training vereinfacht. Er darf das Gefäß berühren, aber nicht die Probe. Es gibt verschiedene geeignete Gefäße, wichtig ist, dass der Trüffelgeruch nach außen strömen kann. Ich benutze gerne unterschiedliche Gefäße während des Trainings, um sicherzustellen, dass der Hund den Trüffelgeruch verknüpft und nicht das Behältnis.

Ich selbst habe in meinem Wohnzimmer mit dem Training begonnen. Ein ruhiger Garten oder ein Feld sind auch schöne Möglichkeiten für den Beginn des Trainings. Jeder Trainingsschritt wird so oft durchgeführt, bis das Verhalten des Hundes die PENG-Kriterien (s.S.66) erfüllt. Wenn das der Fall ist, gehe ich zum nächsten Schritt über.

Bis zu Schritt 8 gibst du keinen Laut von dir, außer wenn du Pause machst und wenn du für heute aufhörst, dann sagst du „Ende" zu deinem Hund. Beides hilft dir dabei, konsequent zu sein. Ob du mit einem gelungenen Durchgang oder einem Fehler endest, ist völlig egal. Gut ist es, aufzuhören, bevor deine oder die Konzentration des Hundes weg ist.

Schritt 1: Interesse für das Gefäß

Du hältst das Gefäß mit den Trüffeln in deiner Hand und bringst dem Hund bei, die Nase daran zu halten. Dies ist ein einfaches Targettraining, bei dem jedes Berühren mit der Hundenase mit Marker und Futter belohnt wird. Wenn das Gefäß aus dem Nichts auftaucht, wird der Hund sich automatisch dafür interessieren. Nach jedem Präsentieren wird das Gefäß wieder hinter den Rücken gehalten.

Harrys Interesse ist geweckt und er steckt seine Nase in das Trüffelglas, welches noch in der Hand gehalten wird.

Schritt 2: Verschiedene Positionen des Gefäßes

Du hältst das Gefäß stets an einer etwas anderen Stelle in Bezug zu deinem Körper, sodass der Hund sich immer etwas bewegen muss, um an den Geruch zu kommen, also die Nase an das Gefäß zu halten.

Schritt 3: Das Gefäß nähert sich dem Boden

Das Gefäß nähert sich dem Boden und der Hund soll es dort anzeigen.

Schritt 4: Das Gefäß steht auf dem Boden

Du stellst das Gefäß auf den Boden und der Hund soll es dort anzeigen.

Schritt 5: Anzeigedauer ausdehnen

Als nächstes dehnst du die Anzeigedauer aus. Dein Hund muss seine Nase immer länger am Gefäß halten: 1-2-3-4-5-6 … Sekunden. Er soll die Nase so lange an dem Behältnis halten, bis du deinen Marker gibst, mindestens aber 5 Sekunden. Hier arbeitest du variabel, also 2 Sekunden, dann 4, dann 1 dann 6 und so weiter.

Schritt 6: Ablenkung bei der Anzeige

Schon jetzt fängst du an, Ablenkungen einzubauen. Der Hund soll seine Nase an den Geruch halten, egal was um ihn herum passiert. Du fügst also von außen kontrollierte Ablenkungen hinzu und beginnst schon hier, kritisch zu hinterfragen. Die Schritte sollten so klein sein, dass der Hund jede Frage mit JA beantworten kann.

Kann dein Hund auch am Geruch bleiben, wenn:

- in 50 cm Abstand gutes Futter vorgehalten wird?
- in 20 cm Abstand gutes Futter vorgehalten wird?
- direkt neben der Schnauze mit dem Futter gewackelt wird?
- die Dose voll Futter direkt neben deiner Nase erscheint?
- direkt neben dir mit Spielzeug gewackelt wird?
- ein Spielzeug geworfen wird?
- mehrere Spielzeuge nacheinander geworfen werden?
- mit Spielzeug gequietscht wird?
- mehrere Spielzeuge auf einmal geworfen werden?

Hier sind der Ablenkungsfantasie keine Grenzen gesetzt!

Örny kann seine Nase in das Trüffelglas stecken, obwohl Spielzeuge auf dem Boden landen. Hier wird das Verhalten „Anzeige“ bereits unter Druck gesetzt.

Erfahrungsbericht Jacqueline

Ich persönlich denke, dass es während einer Trüffelsuche außer Wild gar nicht so viel Ablenkung geben wird. Es ist trotzdem gut, wenn der Spürhund für alle Eventualitäten gewappnet ist. Auf jeden Fall hilft es, das Verhalten unter Druck zu setzen, damit der Hund die Nase auch dann am Glas lässt, wenn „große Schnitzel" neben ihm zu Boden fallen – denn dann wird er vielleicht am Trüffel im Wald bleiben, wenn das Reh aufspringt und wegläuft.

Schritt 7: Abstand Hund-Gefäß wird vergrößert

Du stellst das Gefäß immer weiter weg. Der Hund soll nun hinlaufen und es anzeigen.

Schritt 8: Startsignal wird eingeführt

Jetzt ist auch ein guter Zeitpunkt, um das Startritual einzuführen. Das heißt, wenn du hundert Euro verwettest, dass der Hund zum Geruch laufen wird, schaltest du dein Startritual davor. Von nun an wird es jedes Mal gegeben, wenn du den Hund startest oder ansetzt.

Schritt 9: Gefäß ist nicht sichtbar

Bis jetzt war das Gefäß immer für den Hund sichtbar, jetzt wird es außer Sicht gestellt. Dein Hund darf zusehen, wie du es z.B. hinter das Sofa stellst. Aufgabe ist immer noch: „Laufe zum Geruch und halte deine Nase so lange daran, bis du mein Markersignal hörst."

Schritt 10: Neues Versteck

Der Geruch wird an einer anderen Stelle außer Sicht platziert.

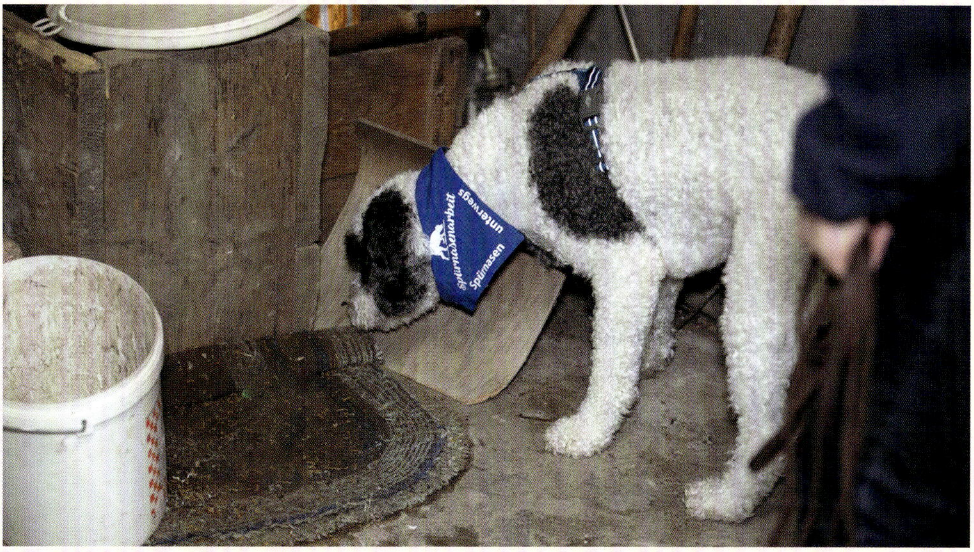

Mogli sucht den Trüffel zum ersten Mal mit der Nase, nachdem er die anderen bekannten Verstecke abgegangen ist und findet auch.

Schritt 11: Hund darf immer noch zuschauen

Ein drittes, viertes und fünftes Versteck außer Sicht wird mit dem Geruch versehen. Dein Hund darf immer noch beim Verstecken zuschauen.

Schritt 12: Antäuschen von Verstecken

Während dein Hund zuschaut, täuschst du die ihm bekannten fünf Verstecke an. Das heißt, du tust so, als ob du überall was hinlegst, aber nur in einem Versteck ist der Geruch zu finden.

Schritt 13: Hund schaut nicht mehr zu

Der Hund wartet außer Sichtweite und du versteckst den Geruch in einem der bekannten Verstecke.

Schritt 14: Erste Suche

Du versteckst den Geruch in einem sechsten Versteck in der Nähe eines bekannten Verstecks. Bis jetzt musste dein Hund noch nicht zwingend seine Nase einsetzen. Es kann sein, dass er bis hierhin immer nur die bekannten Verstecke abgelaufen ist. Nun muss er zum ersten Mal seine Nase einsetzen, da er den Geruch nicht da findet, wo er ihn erwartet. Da dein Hund aber schon so oft für den Trüffelgeruch belohnt wurde, ist es sehr wahrscheinlich, dass er anfängt zu suchen. Da das Versteck in unmittelbarer Nähe zu einem bekannten Versteck gewählt wurde, ist es für den Hund leicht, sehr schnell zum Erfolg zu kommen.

Schritt 15: Weitere einfache Suchen

Du versteckst den Geruch immer an einer anderen Stelle und immer weiter weg von den bekannten Verstecken, bis du das gesamte Zimmer nutzen kannst.

Schritt 16: Andere Räumlichkeiten

Wenn du in einem Zimmer angefangen hast, nimmst du ziemlich schnell andere bekannte Räumlichkeiten im Haus mit ins Training, wie zum Beispiel Garage, Balkon, Dachboden.

Schritt 17: Nach draußen

Dann verlagerst du dein Training nach draußen. Wenn du vom Zimmer nach draußen wechselst, muss du unbedingt an dem neuen Ort deine Erwartungen ein wenig runterschrauben und eventuell noch mal zurück zu Schritt 11 gehen.

Schritt 18: Probenvielfalt

Du achtest darauf, dass du mit vielen unterschiedlichen Proben arbeitest, wie zum Beispiel immer neue Trüffelscheiben oder neue Proben mit Trüffelöl.

Schritt 19: Probengefäß entfernen oder variieren

Wenn es dir die Örtlichkeit erlaubt, dann versteckst du deinen Trüffelgeruch ohne Gefäß (aber immer noch oberirdisch) oder du variierst zumindest das Probengefäß häufig: Glas, Plastik, Metall …

Schritt 20: Ablenkung während der Suche

Du baust Ablenkungen ein, während der Hund sucht. Dein Hund findet auch wenn:

- du dich bewegst
- du dich wegdrehst
- du telefonierst
- du mit jemandem sprichst
- andere Menschen präsent sind
- sich ein Mauseloch neben dem Geruch befindet
- ein fremder Hund vorbeigeht

Alles, was für deinen Hund eine Ablenkung ist, kann eingesetzt werden!

Schritt 21: Gegen den Wind suchen

Beim Verstecken und Ansetzen beachtest du die Windrichtung. Um es dem suchenden Hund leichter zu machen, kannst du ihn gegen den Wind ansetzen. Das heißt, er bekommt jetzt den Trüffelgeruch vom Versteck zugetragen.

Schritt 22: Windrichtung außer Acht lassen

Nun lässt du die Windrichtung außer Acht und der Hund muss sich selbst in den Geruch bringen.

Schritt 23: Gelände mit einfließen lassen

Auch das Gelände spielt eine Rolle. Ist das Suchareal flach, ist es für deinen Hund einfach, in den Geruch zu kommen. Strömt der Geruch aber aus einer Senke oder der Trüffel befindet sich auf einer Anhöhe, dann braucht der Hund Erfahrung, um den Duft in die Nase zu bekommen. Dies solltest du auch im Training bewusst einfließen lassen, damit dein Hund Erfahrungen sammeln kann.

Übrigens findet die Trüffelsuche auch im Schnee statt. Der Trüffelspürhund, hier Angelina, muss lernen, auch damit umzugehen, und die Gelegenheit, im Schnee zu suchen, sollte im Training genutzt werden. Ich übe dies auch gerne mit Leckerchen auf einem winterlichen Spaziergang.

Schritt 24: Tiefe der Trüffelprobe
Du variierst die Tiefe der Verstecke des Trüffelgeruches.

Dein Hund findet auch, wenn

- das Trüffelgefäß unter etwas liegt, wie lose Blätter
- das Trüffelgefäß leicht mit Erde bedeckt wird

Erfahrungsbericht Jacqueline

Ich finde, dass Schritt 24 und 25 richtig spannend sind, denn jetzt zeigt sich, ob der Hund verstanden hat, was er suchen soll. Für ihn ist der Schritt, wenn der Trüffelgeruch unter die Erde gebracht wird, oftmals richtig schwer.

Das Glas mit dem Trüffelgeruch wird langsam immer tiefer in das Erdreich gebracht. Hier liegen erst einmal lose Blätter auf dem Glas, welches Örny auch sofort findet.

Schritt 25: Verleitungen einbauen
Damit der Hund nicht den Geruch des frisch aufgegrabenen Erdreichs verknüpft, gräbst du auch andere Löcher, die keinen Trüffelgeruch enthalten.

Schritt 26: Eigene Spuren verwischen
Du läufst im Suchareal hin und her. Du gräbst auch andere Löcher, die du leer lässt, neben dem eigentlichen Versteck. Somit „verwischst" du eventuelle Spuren deines Geruchs, die zum eigentlichen Versteck führen könnten. Du oder deine Auslegeperson sollte auch nicht nur auf geradem Weg den Trüffel verstecken und zurückkommen, sondern viele andere Spuren legen, damit dein Hund nicht der Spur des Auslegers folgen kann.

Schritt 27: Suche mit Leine
Wenn du alle diese Schritte ohne Leine geübt hast, kommt jetzt die Schleppleine an deinen Hund, damit er auch daran gewöhnt wird, mit seinem Menschen zwischen den Bäumen zu suchen.

Schritt 28: „Feinsuche"

Wie schon beschrieben kommt es später auch vor, dass du draußen eine potenzielle Stelle ausmachst, von der du denkst, dass dort ein Trüffel wachsen könnte. Dann möchtest du, dass dein Hund gezielt diesen Bereich absucht, also eine Feinsuche mit dir gemeinsam macht. Um das zu trainieren, zeigst du ihm mit der Hand den Bereich, wo du die Probe versteckt hast und er schnüffeln soll. Anfangs ist der Bereich sehr klein und er findet relativ schnell und mit der Zeit muss er immer länger suchen, bis er den Trüffelgeruch findet. Hier musst du sehr genau aufpassen, dass du deinem Hund nicht hilfst. Diese gezielte Suche kannst du an der Leine durchführen oder auch ohne Leine.

Schritt 29: Fremde Orte

Du legst die Geruchsproben immer wieder in anderen Wäldern aus.

Schritt 30: Suchausdauer

Du variierst die Suchdauer. Du legst den Trüffelgeruch aus und setzt den Hund weiter weg an, damit er länger suchen muss, bevor er zum Erfolg kommt und steigerst so langsam die Suchdauer.

Die Größe des Hundes spielt bei der Trüffelsuche keine Rolle: Hier zeigt Cleo auf einem ungewöhnlichen Untergrund, einem Acker, einen Trainingstrüffel an – kleiner Hund ganz groß!

Schritt 31: Leersuchen

Du lässt den Hund suchen, obwohl gar kein Trüffel ausgelegt worden ist, sozusagen eine Leersuche. Dies wird in der realen Suche öfter vorkommen und der Spürhund sollte mit dieser Situation umgehen können.

Schritt 32: Mehrere Proben

Du legst mehrere Trüffel in deinem Suchareal aus, damit dein Hund lernt, dass nach einem Fund die Suche weitergehen kann.

Schritt 33: Liegezeit der Proben

Die Liegezeiten des Trüffelgeruches werden weiter erhöht bzw. variiert.

Erfahrungsbericht Jacqueline

Ich habe mal am Vorabend der Suche meinen Übungstrüffel vergraben und nicht schlecht gestaunt, dass er am nächsten Tag nicht mehr da war. Viele Waldbewohner freuen sich über einen Trüffel. Von da an habe ich meinen Trüffelgeruch immer in einem Gefäß ausgebracht, um sicherzustellen, dass der Trüffel am nächsten Tag von meinem Hund noch gefunden werden kann.

Schritt 34: Quantität des Trüffelgeruchs

Die Stärke des Trüffelgeruches wird variiert. Du versteckst auch mal ein Gefäß mit sehr wenig Trüffelgeruch oder eins mit sehr starkem. Es kann durchaus sein, dass der Hund einen winzigen Trüffel anzeigen soll oder eine dicke Knolle. Es ist deshalb sinnvoll, dem Hund auch im Training zu zeigen, dass die Menge des Trüffelgeruches für Suche und Anzeige irrelevant ist. Eine große Menge des Geruches zu riechen ist für den Hund etwas völlig anderes als ein wenig Geruch.

Erfahrungsbericht Jacqueline

Auf Trüffelmärkten oder abends beim gemütlichen Zusammensein erzählen die professionellen Trüffeljäger immer stolz, wie groß die gefundenen Trüffel sind. Aber eigentlich ist das Finden eines kleinen Trüffels viel schwieriger! Es bringt aber nicht so viel Geld ein.

Schritt 35: Blind

Du lässt dir Trüffelgeruch von einer anderen Person auslegen. Du weißt also nicht, wo der Trüffelgeruch liegt. Bei einer Anzeige bekommst du jedoch schnell Rückmeldung von der Person, die den Trüffelgeruch ausgelegt und dich auf der Suche begleitet hat.

Schritt 36: Doppelblind

Die Person, die den Trüffelgeruch ausbringt, ist bei der Suche nicht anwesend. Die Bestätigung für dich ist der geborgene Trüffel.

Schritt 37: Noch mehr Ablenkung

Du baust immer mehr Ablenkung ein. Dazu ist es sinnvoll zu überlegen, welche Ablenkungen dir im Ernstfall begegnen können. Auch hier sollten die Ablenkungen immer so eingebaut werden, dass dein Hund die Aufgabe schaffen kann. Er sollte wie immer alle Fragen, die du ihm stellst, mit JA beantworten können.

Mögliche Ablenkungen könnten sein:

- Mäuselöcher
- Wildspuren
- Losungen von Wildtieren
- Eventuell auch Essensreste (die auf keinen Fall gefressen werden dürfen, denn in Italien und Frankreich werden Bocconcini, Fleischklöße mit Gift, ausgelegt)
- Spaziergänger mit und ohne Hund
- Begleitpersonen
- Eventuell auch ein zweiter Trüffelspürhund

Schritt 38: Erhaltungstraining

Das Erhaltungstraining ist ein wichtiger Baustein nach einem Einsatz oder einer Doppelblindsuche.

In dem obigen Trainingsplan können teilweise auch die Schritte vertauscht werden. Die Reihenfolge am Anfang ist wichtig einzuhalten. Ab Schritt 17 kann auch der ein oder andere Trainingsschritt vorgezogen oder an geeigneter Stelle und Gelegenheit gewechselt werden.

Ist hier ein Trüffel? Im Laufen hat Smilla den Trüffelgeruch wahrgenommen, das Tempo aus der Suche herausgenommen und prüft den Boden ganz genau.

Einsatz des Trüffelspürhundes

Auch bei der Trüffelsuche kann es „Einsätze“ geben, zum Beispiel auf einer Trüffelplantage. Oder ein Kunde hatte vor einigen Jahren aus dem Urlaub mit Trüffel geimpfte Bäumchen mit nach Hause gebracht und in seinen Garten gepflanzt und möchte nun wissen, ob seine Bäume bereits Trüffel tragen.

Und natürlich sind die Einsätze saisonabhängig nach den Reifezeiten der Trüffel (s.S.274).

Einsatzgebiete

Einsatzgebiete sind Trüffelplantagen oder wildwachsende Trüffelgebiete, natürlich nicht in Deutschland, sondern nur dort, wo es auch erlaubt ist. Beim Einsatz auf einer Trüffelplantage kann ich mir ein genaues Bild von dem Suchareal machen. Kann ich meinen Hund gefahrlos in der Freisuche suchen lassen oder besser an der Leine? Gibt es Bäumchen, die auf ein Trüffelwachstum hinweisen und sollten diese eventuell separat abgesucht werden? Wie groß ist die Plantage, um die Suchleistung besser einteilen zu können? Trüffel wachsen nicht nur in Stammnähe, sondern auch schon mal drei bis fünf Meter entfernt. Gibt es Ablenkungen, die zum Problem werden könnten oder kann ich die Ablenkung durch Management umschiffen?

Wenn ich auf die Pirsch nach wildwachsenden Trüffeln gehe, sollte ich mir vorher ein Suchareal anhand von geographischen und geologischen Karten, die den Bewuchs und die Bodenbeschaffenheit beschreiben,

Martina birgt den von Enja angezeigten Trüffel auf einer Plantage. Der Plantagenbesitzer hatte um Hilfe gebeten, und tatsächlich: Die Plantage trägt die ersten Trüffel!

Erfahrungsbericht Jacqueline

Mein Hund Shakespeare hatte in Frankreich bei einem Trüffelwettkampf einmal den Schuh des Richters angezeigt. Der Richter stand zwischen zwei Bäumen – und Shakespeare hatte Recht. Dort war ein Trüffel!

Shakespeare zeigt mit einem dezenten Scharren den Trüffel an. Viele Trüffelspürhunde zeigen von sich aus dieses Anzeigeverhalten. Aufpassen sollte man, dass das Scharren nicht zu vehement wird und den Trüffel eventuell beschädigt.

aussuchen. Hier kann ich dann auch schon vorab schauen, ob Straßen oder Wege in der Nähe sind, um den Trüffelspürhund absichern zu können. Ablenkungen können natürlich Wildspuren oder sogar Wildwechsel oder Spaziergänger und damit eventuell auch andere Hunde sein, auch wenn wir bei der Trüffelsuche eher selten auf andere Menschen mit Hunden treffen. Dies sind Ablenkungen, die nicht wirklich voraussehbar sind und deshalb auch mit ins Training einbezogen werden sollten.

Dokumentation

Ratsam ist es, die Koordinaten der Fundstelle mit einem GPS-Gerät festzuhalten und ein Foto des Trüffelfundes und des Trüffelortes zu machen, ebenso sollten das Datum und die Wetterverhältnisse notiert werden, um in der nächsten Saison den Fundort leichter aufzufinden. Denn wo einmal Trüffel wachsen, wachsen im nächsten Jahr oft nochmal welche! Eine kleine Löffelwaage kann gleich am Fundort zum Einsatz kommen, besser aber zu Hause, nachdem der Trüffel vorsichtig abgebürstet wurde. Die Fundstelle sollte auf keinen Fall veröffentlicht werden! Die Fundstellenbeschreibung ist natürlich auch wichtig, wenn ich zu der Kartierung von Trüffeln beitragen möchte.

Gedanken zur Überprüfung von Trüffelspürhunden

Ist es notwendig, die Einsatzfähigkeit eines Trüffelspürhundes nachzuweisen? Der Nachweis der Einsatzfähigkeit ist auf jeden Fall ein Mehrwert, wenn ich zu „Einsätzen" auf Trüffelplantagen gerufen werde oder auch wenn eine Privatperson ihren Garten absuchen lassen möchte. Es geht schließlich um viel Geld, wenn ein Trüffel nicht geborgen werden konnte, und es gehen wichtige Informationen für das weitere Vorgehen verloren.

Maisie sucht mit tiefer Nase, meist ein Zeichen, dass sie den Trüffelgeruch in der Nase hat und jetzt die genaue Liegestelle ausmacht. Hierbei wird sie dann immer langsamer.

Durch die erfolgreiche Teilnahme an Trüffelwettkämpfen bin ich mir mit meinen Hunden sicher, dass sie jeden reifen Trüffel anzeigen werden, doch meine Hunde sind nicht zertifiziert. Somit können auch solche Wettkämpfe ein guter Hinweis dafür sein, wie sicher mein Hund inzwischen Trüffel zu suchen und anzuzeigen gelernt hat.

Aufträge bekommen

Das Wichtigste ist, sich einen guten Namen zu verschaffen – durch ehrliche, zuverlässige Arbeit oder oft auch durch Mundpropaganda. Eine hübsch gestaltete, informative Webseite kann zudem so manchen Kunden zur Nachfrage verleiten.[3]

Haftung

Jeder Hundehalter muss eine Versicherung abschließen, die für eventuell verursachte Schäden durch den Hund haftet. Am besten ist es jedoch, bei der Versicherung nachzufragen und sich zu vergewissern, ob Schäden, die eventuell während eines bezahlten Einsatzes gemacht wurden, ebenfalls eingeschlossen sind.

Selbstverständlich sollte jeder passionierter Trüffeljäger die Umwelt, in der er gesucht hat, genauso wieder hinterlassen, wie er sie vorgefunden hat. Das heißt, dass jedes gebuddelte Loch auch sorgsam zugeschüttet werden sollte. Ich finde es auch fair, den Besitzer des Waldes, falls es ein Privatbesitz ist, um Erlaubnis zu fragen und ihm eventuell bei einer erfolgreichen Suche einige Trüffel vorbeizubringen – natürlich nur, wenn die Gesetzgebung des jeweiligen Landes das erlaubt.

3 www.nasenarbeit.com

9. BORKENKÄFER-SPÜRHUND

SPEZIAL-THEMA

Eigentlich hatten wir nur die Wanzen, den Schimmel und die Trüffel als Spezialkapitel für dieses Buch geplant – aber dann schlug Jacqueline vor, auch noch die Fichtenborkenkäfer mit aufzunehmen – zum einen wegen ihrer Aktualität und zum anderen, um noch eine weitere „Outdoor-Suche" dazu zu nehmen. Dieses Kapitel verdeutlicht nochmals sehr anschaulich, wie viele Schritte sich bei dem Spürhundtraining ähneln und wie viele wiederum ganz anders sind.

Die aktuelle Situation

Die Fichte ist in Deutschland weit verbreitet, wenn auch nicht ursprünglich heimisch, denn ihre natürliche Heimat liegt in Skandinavien. Sie kommt bei uns heute vor allem in den höheren Lagen der Mittelgebirge und in den Alpen vor. Schon zur Preußenzeit, spätestens aber nach dem Zweiten Weltkrieg wurde die Fichte in ganz Deutschland bevorzugt angepflanzt, weil sie schnell wächst und das Holz zum Bauen von Möbeln, Dachstühlen und Häusern verwendet wird. Deshalb wurde sie großflächig in Monokulturen angepflanzt und leidet nun unter der Massenvermehrung des Borkenkäfers. Dieser verursacht große Mengen an Schadholz und verringert somit den Wert der Baumwirtschaft.

Der Klimawandel trägt seinen Teil zu diesem Problem bei. Steigende Temperaturen führen zu einem höheren Wasserbedarf der Fichten, was zu Trockenstress führt. Damit steigt die Anfälligkeit für Borkenkäferbefall.[1] Auch Sturmschäden begünstigen einen Befall und beschleunigen die Wachstums- und Vermehrungsrate des Borkenkäfers, was wiederum mehr Generationen pro Jahr ermöglicht.[2]

Deshalb sollten zur Schwärmzeit der Käfer die Bäume regelmäßig kontrolliert

Max ist ein Fichtenborkenkäferspürhund und hat gelernt, die Bäume abzusuchen und bei Befall anzuzeigen.

1 temPerliet al.2013; Nethereret al. 2015
2 Wermelinger und SeiFert 1998, 1999

werden und bei Erkennen von Befallsmerkmalen die befallenen Bäume aus dem Wald geschafft werden, um das Ausfliegen der nächsten Generation und einen Folgebefall an anderen Bäumen zu verhindern. Die Kontrolle des Bestandes erfolgt durch Abgehen und Untersuchen der einzelnen Bäume durch Forstexperten, was sehr arbeits- und zeitintensiv ist. Deshalb können speziell auf Borkenkäfer ausgebildete Spürhunde eingesetzt werden, um den Bestand schneller und effektiver absuchen zu können.

Beschreibung des Borkenkäfers

Borkenkäfer gehören zum Ökosystem Wald wie Vögel, Wildtiere, Insekten- und Spinnentierarten. Schäden, die durch den Borkenkäfer verursacht werden, gehören zur Dynamik der natürlichen Lebensabläufe im Wald, solange sie nicht Überhand nehmen. Bauen sich aber große Borkenkäferpopulationen auf, so wie es in den letzten Jahren geschehen ist (durch hohe Temperaturen, geringe Niederschläge oder Sturmschäden), dann hat der Borkenkäfer leichtes Spiel. Die Fichten stellen durch den Trockenstress mehr oder weniger die Harzproduktion ein. Die Harzproduktion ist aber wichtig, da sie eine natürliche Abwehr gegen den Borkenkäfer darstellt.

Eigenschaften des Borkenkäfers

Es gibt viele verschiedene Arten von Borkenkäfern, die auch wiederum verschiedene Baumarten befallen wie Lärchen, Tannen, Kiefern, Ahorn, Haselnuss oder Ulmen. Die meisten Borkenkäferarten sind Schwächeparasiten, die nur abgestorbene oder kranke Bäume befallen, weil diese eine verminderte Widerstandskraft haben. Der Fichtenborkenkäfer hingegen besiedelt lebende, gesunde Bäume, bringt die Fichten zum Absterben und richtet somit zum Teil großen wirtschaftlichen Schaden an. In Mitteleuropa ist die Fichte die Baumart mit den höchsten Borkenkäferschäden, weil der Mensch mit Fichtenreinbeständen optimale Borkenkäferbiotope geschaffen hat.

Die Borkenkäfermännchen bohren sich in die Rinde von noch lebenden Bäumen und locken anschließend die Weibchen für die Eiablage an. Die Larven durchtrennen durch ihren Fraß die Leitungsbahnen, die die Baumwurzeln mit lebensnotwendiger Nahrung versorgen. Auch wird der Wassertransport so stark gestört, dass der Baum abstirbt. Tote Bäume mit komplett roten Nadeln, aufgeplatzter bzw. abgefallener Rinde, aus denen die Käferbrut bereits ausgeflogen ist, werden nicht erneut befallen.

Borkenkäfer sind sehr kälteresistent und überleben tiefste Frosttemperaturen. Sie überwintern als Käfer, Larve und Puppe unter der Rinde bzw. als Käfer im geschützten Bodenbereich. Borkenkäfer können bis zu zwei Jahre alt werden.

Typische Kennzeichen sind die Fraßgänge auf der Innenseite der Rinde, kleine braune Bohrmehlspuren am Stamm, Nadelfall und -verfärbung und Harzaustritt.

Bohrmehl

Bohrlöcher

Der Beginn des Schwärmflugs ist Mitte bis Ende April und ist abhängig zum einen von der Temperatur, ab 16,5°C[3] und zum anderen von der Tageslichtmenge, ab 14 Stunden Tageslicht pro Tag. Zur Massenvermehrung kommt es, weil bei günstigen Witterungsbedingungen innerhalb einer Vegetationsperiode mehrere Generationen angelegt werden können.

Welche Fichtenborkenkäferarten gibt es?

Es gibt fast 5000 verschiedene Borkenkäferarten, davon sind zwei Arten für das Fichtensterben verantwortlich: Der Buchdrucker und der Kupferstecher. Der Buchdrucker ist 4 – 5,5 mm groß. Ausgereifte Käfer sind dunkelbraun gefärbt, Jungkäfer hellbraun.

Der Name Buchdrucker leitet sich vom Bild der Fraßspuren in der Rinde ab. Die deutlichste Spur, auch Muttergang genannt, wird von den Käferweibchen gefressen und verläuft senkrecht im stehenden Baumstamm. Dieser Muttergang sieht aus wie die Mitte eines aufgeschlagenen Buches. Seitlich davon zweigen kürzere und schmalere Gänge ab, die von den Larven hinterlassen werden. Sie ähneln den geschriebenen Zeilen in einem Buch.

Buchdrucker

3 Lobinger 1994

Fichtenrinde mit den Gängen des Borkenkäfers, Rammelkammer und mit lebenden Borkenkäfern.

Buchdrucker befallen stehende, vitale Fichten, hier vor allem im Stammbereich. Zunächst befallen Männchen die Fichten und locken dann die Weibchen zum Brutgeschäft. Sie können aber auch frisch gefallene Fichten befallen.

Der Kupferstecher ist mit einer Länge von 1,6 – 3 mm deutlich kleiner als der Buchdrucker. Sein Körper ist schwarz mit glänzend rotbraunen (kupferfarbenen) Flügeldecken. Er bevorzugt im Gegensatz zum Buchdrucker dünnrindige Stammbereiche, vornehmlich jüngere Fichten. Bei hohen Populationsdichten befällt er auch ausgewachsene Fichten in der Oberkrone.

Kupferstecher

Welche Duftstoffe könnte der Hund riechen?

Selbst geschwächte Fichten können kaum von einzelnen Käfern überwältigt werden. Nötig ist eine erhöhte Konzentration der Angreifer. Eine entscheidende Rolle spielen dabei die Duftstoffe. Zunächst werden kränkelnde Fichten nach deren Geruch angeflogen, es folgt das „Einbohren“ zur Anlage von Brutsystemen (Rammelkammern). Die Fichte wehrt sich durch klebrigen und giftigen Harzfluss, dem die ersten Angreifer zum Opfer fallen. Die Fichtenborkenkäfer wandeln Harzinhaltsstoffe aber in Duftstoffe um. Dies steigert die Attraktivität des Baumes, was wiederum eine erhöhte Angriffsintensität zur Folge hat.

Harztropfen

Steigt die Angriffsintensität der Käfer über die Widerstandsfähigkeit der Fichte hinaus, werden die ersten Brutsysteme (ausgehend von der Rammelkammer) durch Anlage von Muttergängen durch die Weibchen bei weiterer Abgabe von Lockstoffen angelegt. Neben der weiteren Besiedlung des Brutherdes erfolgt der Übergriff auf die Nachbarbäume. Bei Überbesiedlung wird auch dieses per Duft von den Käfern gemeldet.

Dieses kleine, schwache Insekt verfügt also über eine ausgefeilte Strategie zur Überwältigung eines für das einzelne Individuum übermächtigen Gegners. Die Käfer können je nach Witterung bis zu drei Kilometer weit aktiv fliegen, durch den Wind aber auch über erheblich weitere Strecken verweht werden.[4]

Die Käfer setzen dem Baum schließlich so sehr zu, dass er durch die von ihnen unterbrochenen Saftstromleitungen verdurstet. Der Zucker, der in den Nadeln produziert wird, kann nicht mehr zu den Wurzeln transportiert werden. Ohne Zucker können die Wurzeln kein Wasser mehr aufnehmen. In der Folge vertrocknen die Nadeln in der Krone und färben sich rotbraun. Dann stirbt der Baum, weil er „verdurstet“. Im schlimmsten Fall können auf diese Weise innerhalb kurzer Zeit ganze Waldteile betroffen sein.

Erkennen eines Borkenkäferbefalls

Ein starker Befall von Borkenkäfern lässt sich relativ leicht erkennen:

- Braunes Bohrmehl auf der Rinde, unter Rindenschuppen, auf Spinnweben, am Stammfuß und auf der Bodenvegetation
- Harztröpfchen und Harzfluss am Stamm
- Helle Flecken, sogenannte „Spiegel“, auf der Rinde durch die Tätigkeit der Spechte, wodurch größere Rindenstücke abfallen und das helle Splintholz sichtbar wird.

4 www.biologie-seite.de

- Charakteristische Fraßbilder, unter der Rinde
- Abfall grüner oder roter Nadeln
- Ein- und Ausbohrlöcher des Käfers

Es wird geschätzt, dass etwa 200 Buchdruckerkäfer gleichzeitig eine gesunde Fichte angreifen müssen, um erfolgreich einbohren und Nachkommen produzieren zu können. Wenn aber der Baum geschwächt ist, weil er zum Beispiel wegen Trockenheit nur wenig Harz produziert, dann haben die Käfer leichtes Spiel.

Abgestorbene Bäume geben kein Harz mehr ab. Wenn sie nach einem Sturm, Blitzschlag oder wegen zu großer Schneelast frisch am Boden liegen, werden sie zu wahren Brutstätten. Sehr schnell vermehren sich die Käfer in diesen Baumstämmen und ihre Nachkommen fallen danach über lebende Bäume in der Nachbarschaft her. Innerhalb kurzer Zeit können ganze Waldteile betroffen und enorme Schäden angerichtet werden.

Zu Beginn, im Frühjahr nach dem ersten Flug bis September, sollten die verdächtigen Waldparzellen je nach Gefahrenlage im ein- bis zweiwöchigen Turnus kontrolliert werden. Die Kontrollen können bei starkem Wind oder Regen ausgesetzt werden, da das Bohrmehl weggeweht oder abgewaschen sein kann. Hier kann der Spürhund helfen, da er nicht auf das Bohrmehl angewiesen ist, sondern sich auf seine Nase verlässt.

Das Anlegen einer Befallskarte dient für weitere Kontrollen im Jahresverlauf und in den Folgejahren. Befallene Bäume sind für den Einschlag auffällig zu markieren.

Grüne, abgefallene Nadeln der Fichte

Anmerkung: *Es gibt sogenannte Pheromonfallen. Mit diesen Fallen wird aber kein Buchdruckerbefall abgewehrt. Sie werden vielmehr zum Monitoring des Schwärmfluges benutzt.*

Aufbau der Borkenkäfersuche

Der Spürhund sollte lebende Buchdrucker und Kupferstecher anzeigen. Je kleiner der Befall, desto größer sind die Chancen, wenn der befallene Baum sofort aus dem Wald geschafft wird, dass die Nachbarbäume von den Borkenkäfern nicht angeflogen werden. Im Idealfall kann der Spürhund die Borkenkäferlarven anzeigen – somit kann eine weitere Fortpflanzung des Borkenkäfers verhindert werden, wenn dieser Baum schnell aus dem Wald gebracht wird.

Das Training zum Borkenkäferspürhund unterscheidet sich im Wesentlichen nicht von dem bereits beschriebenen allgemeinen Training. Auch hier ist ein genau definiertes und beschriebenes Trainingsziel wichtig, also wie soll der Hund einen mit Borkenkäfer befallenen Baum suchen und anzeigen? Die Trainingsschritte zu diesem Ziel sollten auch wieder kleinschrittig aufgeschrieben werden. Und natürlich sollte das Training genau dokumentiert werden, um bei einer neuen Ausbildung eventuelle Problemstellungen gleich lösen zu können.

Erfahrungsbericht Katja

Immer wieder erlebe ich es im Training, egal ob es um Spürhund- oder andere Hundetrainingsaufgaben geht, dass es den Hundehaltern leichtfällt, ihrem Hund die Aufgabe anzutrainieren, wenn ihnen das Fernziel und auch das Ziel der einzelnen Trainingsschritte, also die Nahziele, ganz klar sind. Je präziser der Hundeführer diese Ziele vor Augen hat, umso leichter fällt ihm das Training.

Trainingsmaterial

Im Falle der Ausbildung zum Borkenkäferspürhund ist es relativ einfach, an Probenmaterial für das Training zu kommen. Mit dem Einverständnis der Forstverwaltung habe ich Proben an erkrankten Fichten entnommen. Werden über einen längeren Zeitraum Proben gesammelt, ist der Entwicklungszyklus des Borkenkäfers sehr gut zu beobachten. Zudem können auf diese Weise genügend Proben von unterschiedlichen Stadien eines Borkenkäfers (von Larven bis zum flugfähigen Käfer) eingesammelt werden. Natürlich ist das Training mit lebendem Material saisonabhängig und leider überleben die Borkenkäfer nicht lange in Gefangenschaft, höchstens fünf bis sieben Tage.

Es kann aber auch mit Produkten gearbeitet werden, die für die Pheromonfallen benutzt werden, diese sind im Forsthandel erhältlich. Das sind Lockstoffe, die die Borkenkäfer anlocken und mit denen ich gerne arbeite. Hierfür habe ich eine Ampulle mit dem Buchdruckerlockstoff in Alkohol gelöst und auf Filterpapier aufgebracht oder kleine getränkte Kartonblättchen mit dem Lockstoff des Kupferstechers für das Training verwendet. Natürlich sind dies chemische Produkte und sollten nach den Sicherheitsdatenblättern gehandhabt werden.

Dann gibt es Geruchsträger, die mit dem Buchdrucker oder Kupferstecher imprägniert werden können. Die Geruchsträger werden mit den jeweiligen Larven oder

Die Larven des Borkenkäfers sind relativ groß.

Käfern in ein geschlossenes Behältnis gegeben und für eine bestimmte Zeit zusammengelagert. Sie nehmen den Geruch der Larven oder Käfer an und können dann im Training verwendet werden.

Im Fall des Borkenkäfers habe ich mit allen drei Arten der Trainingsproben gearbeitet, das heißt sowohl mit lebendem Material als auch mit Lockstoffen und imprägnierten Geruchsträgern, weil mit jeder Probenart spannende Experimente gemacht werden konnten. Zum Beispiel habe ich mir bei dem lebenden Borkenkäfer die Frage gestellt: „Kann der Hund einen einzigen Käfer im Line-up anzeigen?" oder bei den Lockstoffen „Wie weit kann ich die Konzentration des Lockstoffes verdünnen, damit der Hund sie noch anzeigen kann"?, oder bei den Geruchsträgern „Nimmt der Geruchsträger wirklich den Borkenkäfergeruch an und kann der Hund dies erkennen?". Deshalb habe ich viel im Line-up gearbeitet, bevor ich in den Fichtenwald gezogen bin.

Ausschließlich mit Larven zu trainieren wäre der optimale Weg zur Schadensbekämpfung, weil sich dann noch keine Käfer gebildet haben, die wiederum weitere Käfer einladen. Damit könnte der Baum rechtzeitig gefällt und aus dem Wald herausgebracht werden. Allerdings ist es ungewiss, wann genau die Larven abgelegt werden, um sie dann einzusammeln und die Larven haben nur eine kurze Überlebenszeit (etwa zwei bis drei Tage).

Trainingsziel

Das Trainingsziel ist es, dass der Spürhund den Baum, der eine oder mehrere Larven oder einen einzelnen lebenden Käfer bzw. mehrere Käfer beherbergt, anzeigen soll und/oder Bäume anzeigt, die bereits einen starken Borkenkäferbefall aufweisen.

Ich habe mir viele Gedanken gemacht, um das Trainingsziel der Borkenkäfersuche genau zu beschreiben: Ich möchte, dass der Hund an den Bäumen vorbeigeht und entscheidet, ob der Baum befallen ist, indem er eine gut erkennbare Anzeige macht oder weitergeht und mir somit zeigt, dass der Baum nicht befallen ist. Er arbeitet die Bäume selbständig ab, entweder in der Freisuche oder an der Leine, und wenn ich ihm einen Baum zeige, dann entscheidet er, ob er befallen ist oder eben nicht. Die gut erkennbare Anzeige ist ein Hochgehen mit den Vorderbeinen am Stamm und/oder ein Festkleben mit der Nase am Baum. Der Hund soll konzentriert arbeiten, sich nicht durch Wildspuren, Mäuselöcher, Spaziergänger, Begleitpersonen oder andere Hunde ablenken lassen und vor allem darf er nicht empfindlich gegen Dornen sein, weil oft ein dichter Bewuchs von Brombeersträuchern oder Disteln im Fichtenwald anzutreffen ist.

Gino zeigt seinem Frauchen ganz deutlich: Diese Fichte hat Borkenkäferbefall. Beim Anzeigen einer befallenen Fichte darf die Pfote eingesetzt werden, der Baum oder die Borkenkäfer nehmen dabei keinen Schaden.

Startritual

Da ich an mehreren Spürhundaufgaben mit meinen Hunden arbeite und für jede Aufgabe ein anderes Startritual trainiert habe, benutze ich natürlich auch für die Borkenkäfersuche ein neues Startritual. Der Hund bekommt in dem Fall ein gut sichtbares Geschirr (damit er auch von weitem erkennbar ist) angezogen und ich trage einen Werkzeuggürtel, in dem ich Handschuhe und eine Gartenschere verstaut habe, um eventuell störende Äste oder Äste, die sich im Fell verhaken, entfernen zu können. Anriechen lasse ich ihn an einer kleinen Blechdose mit einem Schiebedeckel mit dem Wortsignal „Such Borkie".

Ich lasse Maisie am Borkenkäfergeruch anriechen, damit sie weiß, was sie suchen, finden und anzeigen soll. Anriechen deshalb, weil Maisie bei mir mehrere Suchaufgaben macht. Sie trägt bei der Suche ein gut sichtbares Brustgeschirr.

Die Suche

Bei der Suche stellt sich zunächst die Frage, ob in der Freisuche oder an der Schleppleine gearbeitet wird. Ich habe mich dazu entschieden, am Anfang mit einer drei Meter langen Leine zu arbeiten, um dem Spürhund zu verdeutlichen, dass ich die einzelnen Bäume absuchen möchte. Im fortgeschrittenen Training ist erkennbar, dass die Hunde für sich eine Suchtechnik entwickelt haben und auf die einzelnen Bäume zusteuern und diese abschnüffeln. In dem Fichtenwald, in dem ich arbeite, gibt es viele wilde Brombeersträucher und sonstiges Gestrüpp. Außerdem hat er Hanglage, was ihn für Hund und Mensch sehr schwer begehbar macht. Es gibt auch Hundepersönlichkeiten, die in der freien Suche unterwegs sind, weil sie sich einen eigenen Weg durch das Gestrüpp suchen. Hier würde sich die Leine nur verheddern. Natürlich muss sichergestellt sein, dass der Hund sich nicht durch Wild, Wildspuren oder Spaziergänger ablenken lässt.

Erfahrungsbericht Katja

Bei einer Überprüfung erlebte ich einmal einen Spürhundführer, der sich aufgrund der sehr begrenzten Fläche dazu entschieden hatte, seinen Hund an einer zehn Meter langen Schleppleine zu führen. Grundsätzlich fand ich die Entscheidung wohl überlegt. Aber als ich sah, wie wenig vertraut er mit der Leinenführung wirkte, schwante mir, dass er seinen Hund noch nicht häufig so geführt hatte. Auf mein Nachfragen nach der Prüfung sagte er, er habe seinen Hund vorher noch nie an der Schleppleine geführt. So hatte es auch ausgesehen. Zum Glück hatte es seine Jagdhündin eigentlich nicht viel gestört, was auch hätte anders sein können, doch er war beim Auseinandersortieren der Leine doch häufig sehr abgelenkt und nicht bei der Suche seiner Hündin. Solch eine Leinenführung sollte immer vorher geübt werden.

Gino arbeitet an der Schleppleine, die meistens relativ kurz gehalten wird. Er hat lieber eine Verbindung über die Leine zu seinem Menschen. Auch hier spielt Teamarbeit eine Schlüsselrolle.

Max darf während der Suche ohne Leine arbeiten, weil er sich seinen Weg zu den Bäumen selbst suchen möchte und er einen absolut verlässlichen Rückruf hat. Teamarbeit heißt in diesem Fall auch eventuell warten, bis sein Mensch ihn eingeholt hat.

Die Anzeige

Die Borkenkäfersuche ist ein Beispiel, bei der nicht so viel Wert darauf gelegt werden muss, dass der Zielgeruch unversehrt bleibt. Mein Hund klebt mit der Nase am Baum, nachdem er sich mit den Vorderbeinen an dem Baum abstützt. Ein Kratzen oder Scharren wäre auch erlaubt. Natürlich geht auch ein Sitzen oder Einfrieren vor dem Baum.

Belohnung

Leider kann nicht sofort kontrolliert werden, ob der Baum befallen ist oder nicht. Manchmal sind äußere Merkmale eines Befalls sichtbar, hier kann ich den Spürhund sofort belohnen, wenn er sicher anzeigt. Erscheint mir die Anzeige nicht sicher genug, dann belohne ich nicht und wir gehen weiter. Bleibt er an einem Baum stehen, um ihn intensiv abzuschnüffeln, weckt der Hund dadurch mein Interesse. Ich warte ab, ob er anzeigt oder ob er sich entscheidet, weiterzugehen. Hier würde ich dann auch die Anzeige belohnen.

Besonderheiten im Training

Natürlich muss die Anzeige von allen Entwicklungsstadien des Borkenkäfers trainiert werden, damit der Spürhund einen möglichen Befall auch zuverlässig anzeigen kann. Er sollte sowohl Larven als auch lebende Borkenkäfer anzeigen.

Die Befallshöhe des Kupferstechers in der Baumkrone, die 30 bis 60 Meter hoch sein kann, stellt eine besondere Herausforderung für den Spürhund dar.

Dann kommt der Wind noch ins Spiel. Der Wind kann durchaus die Informationen eines Borkenkäferbefalls in die Nase des Spürhundes wehen und der Hund muss jetzt intensiv schnüffeln, wo sich der befallene Baum exakt befindet. Dies muss im Training intensiv geübt werden. Der Spürhund muss verstanden haben, dass er nur den Baum anzeigen soll, in dem sich Borkenkäfer befinden. Dies ist eine große Herausforderung.

Eine weitere Besonderheit ist, dass manchmal keine ersichtlichen Anzeichen eines Befalls vorhanden sind und der Spürhund trotzdem anzeigt. Dann muss entschieden werden, ob ihm vertraut wird und er somit auch belohnt wird. Eine Bestätigung des Befalls geschieht oft Tage später, wenn der Baum gefällt wurde und die Rinde oder Krone gewissenhaft nach Borkenkäfer abgesucht werden konnte. Interessant ist es, die angezeigte Stelle mit Kreide zu markieren. So kann später eventuell nachvollzogen werden, ob der Spürhund richtig angezeigt hat. Es kann natürlich sein, dass der Borkenkäfer nicht mehr an der markierten Stelle sitzt, weil er weitergekrabbelt ist.

Trainingsplan Borkenkäfersuche

Jeder Trainingsschritt wird genau so oft durchgeführt, bis das Verhalten des Hundes die PENG-Kriterien (s.S.66) erfüllt. Wenn das der Fall ist, gehe ich zum nächsten Schritt über. Der nun folgende Trainingsplan ist konkret auf die Borkenkäfersuche abgestimmt, aber in vielen Schritten ähneln sich der allgemeine Plan und dieser hier.

Für die ersten Schritte dieses Trainingsplans brauchen wir mindestens sechs identische Behältnisse und lebende Buchdrucker und Kupferstecher bzw. die Lockstoffe. Zuerst baue ich die Borkenkäfersuche im Line-up auf. Ein Anzeigeverhalten habe ich dem Hund vorher antrainiert.

Bis zu Schritt 4 gibst du keinen Laut von dir, außer, wenn du Pause machst und wenn du für heute aufhörst – dann sagst du „Ende" zu deinem Hund. Beides hilft dir dabei, konsequent zu sein. Ob du mit einem gelungenen Durchgang oder einem Fehler endest, ist völlig egal. Gut ist es, aufzuhören, bevor deine oder die Konzentration des Hundes nachlässt.

Schritt 1: Interesse für das Behältnis

Du nimmst drei identische Behältnisse. In eins der drei Behältnisse kommen 20 lebende Buchdrucker und du stellst die Behältnisse relativ nahe zusammen. Du tippst mit dem Finger auf die Behältnisse, um den Hund zu animieren, diese abzuschnüffeln. Hat dein Hund seine Nase an dem Behältnis mit dem Buchdrucker, ertönt das Markersignal und die Belohnung in Form von Futter oder Spiel mit einem Spielzeug wird nahe dem Behältnis gegeben.

Um die Dose für den Hund interessant zu machen, wird sie kurz mit dem Finger angetippt.

Schritt 2: Position der Behältnisse verändern

Schritt 1 wiederholst du mehrmals und veränderst dabei immer die Position der Behältnisse. Du achtest darauf, dass die Nase immer am richtigen Behältnis andockt.

Schritt 3: Ausschleichen der Hilfe

Du schleichst das Antippen mit dem Finger aus. Da der Hund immer über dem Behältnis mit den Buchdruckern belohnt wurde, wird er nun die drei Behältnisse abgehen und sehr schnell an dem richtigen Behältnis andocken.

Schritt 4: Startsignal einführen

Jetzt ist auch ein guter Zeitpunkt, das Startritual einzuführen. Das heißt, wenn du hundert Euro verwetten würdest, dass der Hund die Behältnisse abläuft, schaltest du dein Startritual davor. Von nun an wird es jedes Mal gegeben, wenn du den Hund startest.

Schritt 5: Abstand der Behältnisse vergrößern

Standen bis jetzt die Behältnisse sehr nahe zueinander, vergrößerst du nun den Abstand der Behältnisse zueinander.

Schritt 6: Kleines Line-up

Zeigt dein Hund zuverlässig mit Naseandocken das richtige Behältnis an, kannst du die drei Behältnisse zu einem kleinen Line-up in einer Reihe aufstellen.

Schritt 7: Trainierte Anzeige hinzufügen

Die trainierte Anzeige, die du separat trainiert hast und auf Wortsignal abrufen kannst, wird jetzt hinzugefügt. Der Hund zeigt das Nasenandocken, du gibst ihm das Wortsignal zur trainierten Anzeige und belohnst die trainierte Anzeige.

Schritt 8: Trainierte Anzeige selbstständig zeigen

Schritt 7 wiederholst du so oft, bis der Hund die trainierte Anzeige ohne zusätzliches Signal zeigt. Die Aufstellung der drei Behältnisse sollte dabei immer spannend für den Hund bleiben.

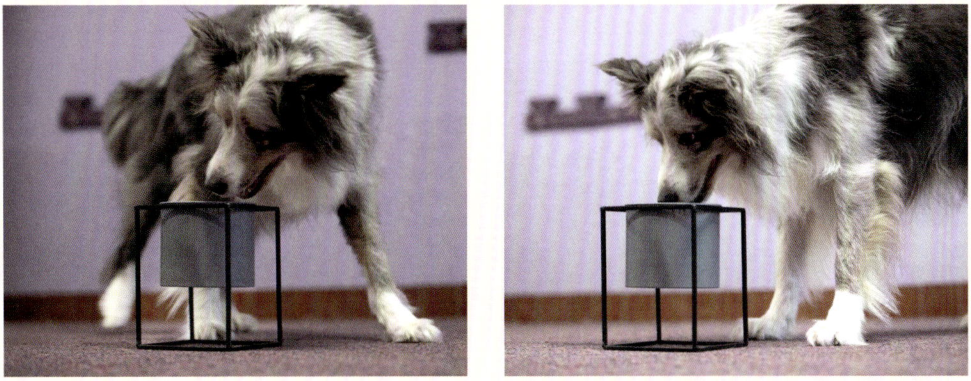

Oreo hält plötzlich beim Ablaufen des Line-up inne und zeigt die Position mit der Probe mit einem deutlichen Freeze an. Das Anhalten und Umdrehen des Körpers ist die natürliche Anzeige und das Einfrieren die trainierte Anzeige.

Schritt 9: Ablenkung bei der Anzeige

Bereits jetzt fängst du an, kontrollierte Ablenkung einzubauen und fängst schon hier an, kritisch zu hinterfragen. Die Schritte sollten so klein sein, dass der Hund jede Frage mit JA beantworten kann.

Kann dein Hund auch am Geruch bleiben, wenn:

- in 50 cm Abstand gutes Futter vorgehalten wird?
- in 20 cm Abstand gutes Futter vorgehalten wird?
- direkt neben der Schnauze mit dem Futter gewackelt wird?
- die Dose voller Futter direkt neben seiner Nase erscheint?
- direkt neben ihm mit Spielzeug gewackelt wird?
- ein Spielzeug geworfen wird?
- mehrere Spielzeuge nacheinander geworfen werden?
- mit Spielzeug gequietscht wird?
- mehrere Spielzeuge auf einmal geworfen werden?

Schritt 10: Line-up wird vergrößert
Das kleine Line-up wird schrittweise erweitert auf 6 bis 8 Behältnisse.

Schritt 11: Mit Leine
Du gehst mit deinem Hund an der Leine an den Behältnissen vorbei. Er soll dabei lernen, ein Behältnis nach dem anderen abzuschnüffeln. (Im fortgeschrittenen Training kann der Hund auch ohne Leine arbeiten). Achtung: Du solltest keine Hilfestellung durch die Leine geben!

Schritt 12: Verleitungen hinzufügen
Du fügst Verleitungen in den anderen bis jetzt leeren Behältnissen hinzu, dies kann ein Stück Rinde sein, Harz oder andere lebende Organismen, die sich auf/in der Rinde aufhalten.

Schritt 13: Kupferstecher kommen hinzu
Zu den lebenden Buchdruckern gibst du jetzt lebende Kupferstecher hinzu, zum Beispiel 50 Stück, da sie wirklich sehr klein sind. Du hast also ein Behältnis, in dem sich Buchdrucker und Kupferstecher befinden, um dem Hund zu sagen, dass auch die Kupferstecher angezeigt werden sollen. Du kannst auch erst einmal die Verleitungen aus dem Setting rausnehmen und die Anzahl der Behältnisse verringern.

Schritt 14: Nur Kupferstecher
Dann nimmst du die Buchdrucker aus dem Behältnis und du arbeitest mehrere Durchgänge nur mit den Kupferstechern, der Spürhund sollte jetzt verstanden haben, dass er auch Kupferstecher anzeigen soll.

Schritt 15: Anzahl der Behältnisse erhöhen
Wenn du die Behältnisanzahl im Schritt 13 verringert hast, dann erhöhst du die Anzahl der Behältnisse wieder auf sechs bis acht Stück.

Schritt 16: Verleitungen hinzufügen

Im Fall, dass du in Schritt 13 auch die Verleitungen aus den Behältnissen genommen hast, kannst du diese jetzt wieder hinzufügen.

Schritt 17: Wichtige Verleitungen

In diesem Schritt kannst du den Spürhund testen und ihn fragen, ob er auch in Anwesenheit eines Behältnisses mit toten Borkenkäfern nur das Behältnis mit den lebenden Käfern anzeigt oder ob er auch Futter in einem Behältnis ignorieren kann.

Schritt 18: Lebende Buchdrucker gegen Lockstoff vom Buchdrucker austauschen

Da sich die Borkenkäfer nicht im Fichtenwald verstecken lassen, denn dort wäre die Gefahr zu groß, dass sie entwischen würden, machst du den Test, ob der Hund den Lockstoff für die jeweilige Art verknüpft hat. Dazu nimmst du das Behältnis mit den lebenden Buchdruckern aus dem Line-up, stellst stattdessen ein neues Behältnis mit Buchdruckerlockstoff hinein und lässt den Hund dieses anzeigen. In diesem Schritt belohnst du schon ein Zucken des Hundes an dem Behältnis, in dem sich der Lockstoff befindet. Du wartest also nicht, bis er seine trainierte Anzeige zeigt.

Schritt 19: Trainierte Anzeige abrufen

Jetzt wartest du, bis der Hund seine trainierte Anzeige zeigt. Schafft er dies nicht selbstständig, dann kannst du ihm mit dem Wortsignal helfen.

Schritt 20: Trainierte Anzeige sicher zeigen

Du wiederholst diesen Schritt so oft, bis der Hund ohne Hilfe seine trainierte Anzeige zeigen kann.

Dobby zeigt mit einem Sitzen als trainierte Anzeige das richtige Behältnis im Line-up an.

Schritt 21 – 23: Lockstoff vom Buchdrucker gegen den Lockstoff des Kupferstechers tauschen

Diese Schritte sind identisch mit den Schritten 18 bis 20, nur dass du jetzt mit Lockstoff vom Kupferstecher arbeitest.

Schritt 24: Behältnisse werden gegen Baumstämme ausgetauscht

Du hast dir mit Erlaubnis des Försters Baumscheiben oder kleine Stammstücke organisiert, in denen du im Trainingsraum Borkenkäfer reinsetzen kannst. Somit kommt zum ersten Mal der Baumgeruch hinzu. Du kannst auch abgefallene Fichtenrindenstücke auslegen, in die du Borkenkäfer ausgesetzt hast, oder du nimmst Fichtenrinde, in der der Borkenkäfer sichtbar drinsitzt und gestaltest damit einen „Wald". Du legst also die verschiedenen Rindenstücke im Raum hin, in einem Line-up oder auch durcheinander. In diesem Schritt kannst du schön experimentieren und trainiere diesen Schritt auch ausführlich. Natürlich legst du auch Stämme oder Rinde von anderen Bäumen aus, wo du sicher bist, dass kein versteckter Borkenkäfer drinsitzt. Dies sind sozusagen deine Leerbäume.

Schritt 25: Buchdruckergeruch gegen Kupferstechergeruch austauschen

Statt lebender Buchdrucker versteckst du lebende Kupferstecher in den Baumstücken.

Schritt 26: Suchen mit Ablenkung

Du fügst Ablenkung hinzu, während der Spürhund das Line-up oder den „künstlichen" Wald absucht. Hier stellst du dem Hund viele Fragen, die er alle mit JA beantworten sollte.

Kann dein Hund auch suchen, wenn:

- du dich bewegst
- du dich wegdrehst
- du telefonierst
- du mit jemandem sprichst
- andere Menschen präsent sind
- sich ein Mauseloch neben dem Geruch befindet
- ein fremder Hund im Raum ist?

Alles, was für den Hund eine Ablenkung ist, kann eingesetzt werden!

Schritt 27: Probenvielfalt

Du arbeitest von jetzt an mit unterschiedlichen Proben, also lebenden Buchdruckern oder lebenden Kupferstechern oder beiden Borkenkäferarten zusammen in Rindenstücken, aber auch mit den Lockstoffen des Buchdruckers oder Kupferstechers.

Schritt 28: Probenhöhe steigern

Da der Hund später den Baum auch in der Höhe abschnüffeln soll, stellst du die Baumstücke höher – wenn nötig, sehr kleinschrittig in 10 cm-Schritten.

Schritt 29: Weitere Probenhöhe hinzufügen

Dein Hund schnüffelt jetzt in der Höhe Baumstücke, also Stämme, die etwa 30 bis 40 cm hoch sind, ab. Über diesen Baumstämmen hast du die Probe an der Decke befestigt. Der Spürhund sollte nun in der Lage sein, im Raum in einem „künstlichen" Wald Borkenkäfer und dessen Lockstoffe sicher anzuzeigen.

Du verlässt jetzt das Setting des Line-ups und gehst nach draußen zum Training. Du kannst jederzeit auf die vorangegangenen Schritte zurückgreifen, falls du für das Outdoortraining einen Schritt festigen möchtest oder wenn du Experimente mit beispielsweise Konzentrationen des Buchdruckerlockstoffes machen möchtest – oder auch einfach nur, um dein Erhaltungstraining zu machen.

Für das Outdoortraining arbeitest du mit lebenden Borkenkäfern (die sehr gut gesichert sind und du dir sicher sein kannst, dass sie nicht flüchten können) sowie mit den Lockstoffen der beiden Käferarten und bezeichnest sie fortan als Proben.

Schritt 30: Bäume ohne natürlich vorkommende Borkenkäfer

Du verlagerst das Training nach draußen und wählst erst einmal Bäume, bei denen du sicher bist, dass keine Borkenkäfer vorhanden sind, zum Beispiel einen Obstgarten. Hier bringst du einige Proben aus, zuerst einmal unterhalb oder bis zur Nasenhöhe des Hundes. Du gehst mit dem Hund die einzelnen Bäume ab, an nur wenigen sind die Proben in der Rinde befestigt.

Schritt 31: Höhe der Proben variieren

Die Position der Proben wird variabel verändert, mal unten, mal in der Nasenhöhe des Hundes, mal hoch und auch mal viel höher.

Huguette geht mit Gino die Baumreihe ab, wo ab und zu ein Lockstoff (rosa Säckchen) hängt. Gino soll die Bäume mit dem Lockstoff anzeigen und an den anderen Bäumen weitergehen.

Schritt 32: Probenquantität

Du bringst mal nur wenige Borkenkäfer oder wenig Lockstoff aus und mal eine große Menge.

Schritt 33: Antäuschen

Du achtest darauf, dass du beim Anbringen der Probe auch Bäume anfasst, an denen du keine Proben befestigt hast und verhinderst damit auch, dass du eine Spur für den Hund legst, weil du ja überall gewesen bist.

Schritt 34: Liegezeit erhöhen

Die Proben bringst du auch schon mal am Tag vor dem Training aus.

Erfahrungsbericht Katja 

Ich lege meine Schimmelproben manchmal schon Tage vorher hin. Toll ist es dafür, wenn Freunde oder Nachbarn verreist sind und ich vorher gefragt habe, ob ich in ihrer Abwesenheit bei ihnen Schimmel suchen kann. Dann kann ich das Blumen gießen gleich parallel zum Hundetraining nutzen. Und da kann ich in jedem Raum etwas verstecken und Tag für Tag einen weiteren Raum absuchen, sodass die Proben einfach auch mal länger liegen.

Schritt 35: „Feinsuche"

Du fragst deinen Hund gezielt danach, einen speziellen Baum abzuschnüffeln und eine Entscheidung zu treffen.

Schritt 36: Leersuchen

Du führst den Spürhund an Bäumen vorbei, an denen keine Proben ausgebracht sind und beendest die Suche anschließend.

Schritt 37: Suchausdauer erhöhen

Du steigerst langsam die Anzahl der abzusuchenden Bäume.

Schritt 38: Wetterverhältnisse

Du versuchst dein Training so zu gestalten, dass du den Spürhund an verschiedene Wetterverhältnisse heranführen kannst und er seine Erfahrungen sammeln darf. Zum Beispiel frühmorgens im Nebel (Feuchtigkeit) oder bei höheren Temperaturen und natürlich bei wenig und viel Wind aus unterschiedlichen Richtungen.

Schritt 39: Ablenkung, sowohl bei der Suche als auch bei der Anzeige

Du setzt die Suche und auch die Anzeige unter Druck, indem du unterschiedliche Ablenkungen ins Training einfließen lässt wie etwa Spaziergänger mit und ohne Hund oder

Timmys Anzeige ist ein Einfrieren mit der Nase am Baum. Die Dauer der Anzeige ist schon länger und er kann seine Anzeige auch halten, wenn Jil sich vom Baum entfernt.

Begleitpersonen. Später ist häufig der Förster oder Waldbesitzer mit dabei. Du legst Losungen von anderen Tieren aus, führst den Spürhund über Wildwechsel, lässt essbare Leckereien im Suchgebiet liegen und vieles mehr. Du kannst dich auch ungewohnt bewegen oder zum Beispiel bei der Anzeige weitergehen.

Schritt 40: Blindsuche

Du bittest eine Person, Proben auszulegen und achtest darauf, dass sie auch immer alle „Leerbäume“ anfasst, um sicherzustellen, dass der Spürhund sich nicht am Geruch des Auslegers orientiert. Diese Person ist anwesend bei der Suche und kann eine Anzeige schnell bestätigen.

Schritt 41: Doppelblindsuche

Eine Person, die dich nicht auf der Suche begleitet, legt die Proben aus. Du musst dich jetzt auf deinen Hund verlassen.

Schritt 42: Unterschiedliche Wälder ohne Borkenkäferbefall

Viele unterschiedliche Waldgebiete werden genutzt, aber immer Bäume, wo sicher keine Borkenkäfer vorkommen können, damit nur die Proben angezeigt werden und keine Unsicherheit auftritt, weil du nicht sicher bist, ob doch ein Befall vorliegen könnte.

Schritt 43: Imprägnierte Geruchsträger

Jetzt bringst du Geruchsträger aus, die mit Borkenkäfer imprägniert worden sind und schaust, ob dein Hund beim Vorbeigehen eine Reaktion zeigt. Wenn nicht, dann kannst du ihm mit dem Wortsignal für die trainierte Anzeige helfen. Meistens haben die Spürhunde aber gar kein Problem mit diesem Schritt und er ist nur dann wichtig, wenn mal außerhalb der Saison trainiert werden sollte und du keine anderen Proben zur Verfügung hast.

Schritt 44: Sicher befallene Fichten

Ab jetzt gehst du in einen Fichtenwald – zuerst in einen, in dem praktisch jede Fichte stark befallen ist. Zeigt dein Spürhund an, dann kann du ihn belohnen, zumal du die Anzeichen eines Befalls (Bohrmehl, Harzfluss, Spechtabschlag, Bohrlöcher) erkennen kannst.

Schritt 45: Fichtenwald mit möglichem Befall

Als nächstes gehst du in Wälder, die als befallen gelten und arbeitest alle Schritte ab Schritt 31 ab. Hier weißt du allerdings nie, wenn dein Hund einen anderen Baum als den Baum, an dem du die Probe ausgelegt hast, anzeigt, ob der angezeigte Baum mit Borkenkäfern befallen ist oder eben nicht. Manche Bäume sind stark befallen und du kannst die Anzeichen eines Befalls erkennen und deinen Hund für die Anzeige belohnen. Aber leider kann du dir in einem Fichtenwald nie sicher sein, ob der angezeigte Baum nicht doch mit einem oder mehreren Käfern befallen ist, obwohl keine Anzeichen zu sehen sind. Der Baum kann für dich wie ein Leerbaum aussehen, weil er keine Anzeichen aufweist, aber dein Hund riecht womöglich den Borkenkäfer.

Ich habe für mich entschieden, den Spürhund zu belohnen, wenn die Anzeige stabil, also deutlich zu erkennen ist.

Dies war nun ein ausführlicher Trainingsplan – der Umweg über das Line-up kann auch ausgelassen und ein einfaches Targettraining vorgeschaltet werden, so wie im allgemeinen Trainingsplan (s.S.116) beschrieben. Ich wollte damit nur zeigen, dass auch andere Trainingswege möglich sind.

***Tipp:** Geländegängigkeit in Dornen und Gestrüpp übst du mit deinem Hund auf Spaziergängen, damit er sich beim Abgehen der Bäume im Fichtenwald in schwierigem Gelände gut bewegen kann.*

Einsatz

Einsatzfähigkeit des Hundes

Wann ist der Hund einsatzfähig? Das ist eine sehr spannende Frage und am einfachsten zu beantworten, indem man sagt, dass eine Zertifizierung von unabhängigen Instituten vorliegen sollte. Aber auch hier würde ich kritisch hinterfragen, was die Zertifizierung zeigt: Kann der Hund in einem Gebiet von Bäumen die ausgelegten Proben finden oder kann er Bäume anzeigen, die mit 100% Wahrscheinlichkeit mit Borkenkäfern befallen sind? Was mache ich mit Bäumen, die er mir anzeigt, aber die keinen offensichtlichen Befall zeigen? Möglich wäre es durchaus, dass auch dieser Baum bereits besiedelt ist, aber noch keine Anzeichen zeigt. Die Borkenkäfersuche hat die Herausforderung, dass der Baum nicht sofort nach einer Anzeige kontrolliert werden kann. Auch eine Rindenprobe darf nicht immer genommen werden, um den Baum nicht zu verletzen.

Einsatzgebiete

In unserem Borkenkäferprojekt haben wir in Absprache mit dem Förster und einer Berufsschule, in der Schüler z.B. als Landschaftsgärtner, Baumschulbesitzer usw. ausgebildet werden, einen Teil eines Fichtenbestandes zugesprochen bekommen. Dieser Fichtenwald besteht aus 120 Bäumen, die nummeriert und kartiert worden sind und von unseren Hunden im Abstand von zwei Wochen abgesucht werden. Es wird davon ausgegangen, dass bisher nur wenige Fichten befallen sind – unsere Spürhunde sollen bei der Beobachtung, ob sich der Befall ausbreitet, helfen. Kristallisieren sich Hotspots heraus, also werden nach unserer Dokumentation ein oder mehrere Bäume von unseren Hunden öfters angezeigt, dann werden die Verantwortlichen informiert und entscheiden nach einer Begehung, ob der ein oder andere Baum gefällt wird. Und dann zeigt sich, ob die Hunde Recht hatten.

Das abzusuchende Fichtenareal wurde mit Nummern markiert, um die Auswertung zu erleichtern.

Da unsere Spürhunde gute Arbeit leisten, haben wir jetzt auch öfters den Fall, dass der Förster uns gerufen hat, um einige Fichten in anderen Waldgebieten abzusuchen, wenn er seinen Verdacht bestätigen lassen möchte. Oder der Privatbesitzer eines Fichtenbestandes hat uns gebeten, die Bäume abzuchecken.

Die Hundeführer gehen immer den Teil vorab ab, der auch abgesucht werden soll, um sich ein aktuelles Bild der Situation zu machen und auch um festzustellen, ob der Hund überhaupt zum Einsatz kommen kann. Oftmals stehen dornige Brombeersträucher oder hohe Disteln und Brennnessel unter dem Bewuchs oder der Fichtenwald steht auf einem steilen Hang. In dem Fall muss der Hundeführer entscheiden, ob sein Hund überhaupt durch den dornigen Bewuchs geht und sich auf seine Suche konzentrieren kann. Die Sicherheit von Hund und Mensch hat immer Vorrang! Bis jetzt haben unsere Spürhunde keine Verletzungen an den Pfoten oder Hautabschürfungen davongetragen, nur eine Felllocke ist schonmal hängengeblieben.

Erfahrungsbericht Jacqueline

Oft teilen wir den Bestand unter uns auf, damit ein Hund nicht alles allein absuchen muss, oder wir teilen die Suche in kleinere Sektoren auf und die Suche wird von einem zweiten Team gegengeprüft. In einer Suche, die knapp 30 Minuten dauern kann, schafft der Hund etwa 40 bis 50 Bäume. Dann braucht er eine größere Pause oder hat, je nach Wetterverhältnissen, genug gearbeitet.

Spezifische Ablenkungen

Ablenkungen können Wildspuren, Mäuselöcher, aber auch aufspringende Hasen sein. Deshalb sind die meisten unserer Hunde an der Schleppleine, während sie suchen. Natürlich können vorbeikommende Spaziergänger mit und ohne Hund eine weitere Ablenkung sein.

Dokumentation

In unserem uns zugeteilten Wald ist eine Dokumentation einfach, hier brauchen wir nur die Nummern der Bäume aufzuschreiben und können nachher auf der Befallskarte die angezeigten Bäume markieren. Wir schreiben die Nummern der Bäume auf, die der Spürhund sicher angezeigt hat, aber auch die Bäume, für die der Hund sich stark interessiert hat und eventuell zu keiner sicheren Anzeige gekommen ist.

Außerdem werden bei jeder Suche die Temperatur, die Feuchtigkeit, die Windstärke und die Windrichtung notiert, ebenso der Ansatzpunkt des Hundes und in welche Richtung wir gearbeitet haben. Für unser Training ist es bei der Auswertung interessant zu sehen, welcher Spürhund welchen Baum angezeigt hat. Dies spielt für die Auftraggeber nicht wirklich eine Rolle, kann aber für das weitere Training hilfreich sein.

Für eine Begehung, die nicht unser Projekt betrifft, markieren wir die angezeigten Bäume entweder mit Kreide oder mit einem farbigen Band, damit die Auftraggeber die Bäume, die unsere Spürhunde angezeigt haben, auch sicher finden.

Zusammenarbeit mit Experten

Wir geben nur die Bäume an, die unsere Spürhunde angezeigt haben. Die Experten müssen sich vor Ort dann ein genaues Bild machen und eine Entscheidung treffen, welcher Baum gefällt wird.

Mit Fehlern im Einsatz umgehen

Wenn der Spürhund uns eine klare Anzeige gibt, wird er sofort belohnt. Es liegt im Ermessen des Hundeführers, ob er eine zweifelhafte Anzeige belohnt oder nicht. Zwischen zwei Einsätzen arbeiten wir mit unseren Hunden im Line-up mit den lebenden Borkenkäfern oder den Lockstoffen, um ihnen noch mal ganz klar zu vermitteln, was genau der Zielgeruch ist. Manchmal, wenn der Verdacht aufkommt, dass der Spürhund eventuell zum Beispiel das Harz anzeigt, wird dies im Line-up anschließend wieder ausgearbeitet. Auf einen Einsatz erfolgt also immer ein Erhaltungstraining.[5]

Erfahrungsbericht Katja

Ich habe das gleiche Thema der Überprüfung der Anzeige mit dem Schimmel, da auch der Schimmel nur sehr selten sofort aufgedeckt werden kann. Daher ist es wie bei der Borkenkäfersuche so, dass wir immer mehr Erhaltungstraining machen als Realeinsätze, um sicher zu wissen, dass der Hund seine Aufgabe noch exakt ausführt. Auch wenn dabei ein Restrisiko bleibt, da der Hund die Realeinsätze beim Schimmel genau wie bei den Borkenkäfern sicherlich sehr gut vom Training unterscheiden kann – egal, wie gut wir trainieren. Das hängt einfach mit der Problematik zusammen, dass wir das Training nicht exakt so gestalten können, wie die Realität später ist. Da haben es Drogen- oder Sprengstoff-Spürhundeteams etwas einfacher.

5 www.nasenarbeit.com

Haftung

Wir haben bis jetzt ganz klar kommuniziert, dass bei der Borkenkäfersuche der Spürhund ein weiteres Instrument zur Entscheidung ist, ob der Baum gefällt werden muss oder eben nicht. Wir entscheiden nie, ob der Baum gefällt wird, sondern geben nur die Hinweise unserer Spürhunde weiter.

Aufträge bekommen

Die Suchaufträge laufen bei uns in Luxemburg, wo auch nur im Norden des Landes Fichtenwälder stehen, rein über Mundpropaganda – und so entstehen meist auch die schönsten Projekte. Natürlich ist eine schön und informativ gestaltete Webseite immer ein gutes Aushängeschild (z.B. www.nasenarbeit.com). Sicher wäre auch hilfreich, Artikel für Zeitungen zu schreiben, um über das Problem und die Hilfe der Spürhunde zu informieren und sich noch mehr an Forstverwaltungen zu wenden, um mehr Aufträge bekommen zu können.

Ein zufriedenes Suchhundeteam macht sich entspannt auf den Rückweg nach getaner Arbeit.

10. SUCHEN VON GERUCHSMUSTERN

Wir können den Hund als Spezialist für einen Zielgeruch ausbilden oder auch als Generalist, der mehrere Gerüche suchen kann.

Wenn wir einen Hund zum Spürhund ausbilden möchten, egal ob nur zur Beschäftigung oder für professionelle Einsätze, haben wir generell verschiedene Möglichkeiten: Wir können aus unserem Hund einen Geruchsspezialisten für einen ganz bestimmten Geruch machen. Das ist dann ein Hund, der einen Geruch gelernt hat und diesen auf Signal sucht, findet und anzeigt. Wir können unserem Hund aber durchaus auch beibringen, mehrere Gerüche zu suchen. Hunde haben eine unfassbar gute Nase und sind auch in der Lage, das Suchen, Finden und Anzeigen mehrerer Gerüche zu lernen. Hierbei ist unsere Aufgabe, ihnen zu erklären, wie sie die verschiedenen Suchaufträge auseinanderhalten können Wenn das unser Ziel ist, haben wir mehrere Möglichkeiten, mit dem Hund zu arbeiten:

1) Der Hund sucht unterschiedliche Gerüche in unterschiedlichen Suchgebieten. Wenn im Suchgebiet immer nur einer der gelernten Gerüche vorhanden ist, dann können das Startsignal und die Anzeige stets gleich sein. Der Hund findet ja immer nur einen Geruch im Suchgebiet. Bei den Artenspürhunden kann das ganz sinnvoll sein, wenn der Hund verschiedene Tiere suchen kann, aber immer nur eine gelernte Art in dem jeweiligen Suchgebiet vorkommt. Wenn der Hund nach Wolfslosung sucht, dann findet er dort z.B. keine Schildkröteneier, deren Geruch er auch zu suchen gelernt hat.

2) Der Hund sucht unterschiedliche Gerüche in unterschiedlichen Suchgebieten, wobei sich diese sehr voneinander unterscheiden. Es kann zum Beispiel sein, dass der Hund verlorene Gegenstände oder sein Lieblingsspielzeug immer nur draußen sucht und Bettwanzen oder Kamillentee immer nur drinnen. Wenn das stets so ist, dann können unser Signal und die Anzeige auch jeweils gleich sein. Hier ist das jeweilige Suchgebiet ein Aspekt des Signals, den Zielgeruch zu suchen.

3) Der Hund sucht unterschiedliche Gerüche, wobei sich mehrere Gerüche in ein und demselben Suchgebiet befinden. Diesen spannenden Punkt werden wir uns nun einmal genauer anschauen. Um es nochmals zu verdeutlichen: Wir möchten unseren Hund in die Lage versetzen, mehrere Gerüche auseinanderzuhalten und diese auch dann zu finden, wenn mehrere gelernte Gerüche in einem Suchgebiet zu finden sind.

Hierzu haben wir zwei Möglichkeiten:

Differenzierung am Ende (verschiedene Anzeigen)

Der Hund kann lernen, am Ende die Gerüche zu differenzieren. Das heißt für die Praxis, dass wir ihm für jeden Geruch eine neue Anzeige beibringen (Münzen = Anstarren, Schlüssel = Sitz, Spielzeug = Apportieren, Leine = Bellen ...). Dann können wir den Hund immer mit dem gleichen Startsignal in die Suche schicken und am Ende wissen wir, was er gefunden hat. Hier ist der gefundene Geruch das Signal für die passende Anzeige. Der Hund weiß also erst beim Finden, welche Anzeige er zeigen soll. Dies ist eine schöne Möglichkeit, wenn der Hund alle gelernten Gerüche im jeweiligen Suchgebiet anzeigen soll – egal, welchen er findet. Ein Hund ist also in der Lage, verschiedenen Gerüchen jeweils ein spezielles Anzeigeverhalten zuzuordnen.

Sucht der Hund mehrere Zielgerüche, hat er die Möglichkeit, am Ende zu differenzieren. Er zeigt also bei jedem gelernten Geruch eine dazu passende Anzeige. Er kann zum Beispiel verlorengegangene Gegenstände apportieren, Haselnüsse mit Sitzen und Hinstarren und Geld mit Nasentarget anzeigen. Hier sucht Ado verlorene Gegenstände und apportiert diese.

Differenzierung am Anfang (verschiedene Startsignale)

Hier lernt der Hund, unterschiedliche Gerüche auf unterschiedliche Startsignale zu suchen. Die Anzeige kann gleich bleiben. Das heißt, der Hund weiß bereits am Anfang, welchen Geruch er suchen soll und wird möglichst alle anderen Gerüche im Suchgebiet ignorieren – auch die anderen gelernten Zielgerüche. Ein Signal am Start kann ein Wortsignal oder auch ein Sichtsignal sein beziehungsweise eine Kombination von beidem. Wir können ihm also sagen: „Such Schlüssel", „Such Leine" oder „Such Geld". Eine Art Signal ist die Arbeit mit Geruchsmustern. Hier ist der spezifische Geruch das Signal, um den passenden Zielgeruch im Gelände zu suchen.

Dem Hund einen Geldschein als Geruchsmuster zu zeigen bedeutet, dass er nun nach Bargeld suchen soll.

Suchen mit Geruchsmustern

Beim Suchen mit einem Geruchsmuster lernt der Hund, dass er den Geruch suchen, finden und anzeigen soll, der ihm vorher zum Anriechen unter die Nase gehalten wurde. Er bringt den Geruch vom Start also mit dem zu suchenden Geruch in Verbindung und ignoriert alle anderen Gerüche, denen er während der Suche begegnet. Dieses Prinzip kennen wir vom Mantrailing oder ID-Tracking, wo der Hund nur der Spur des individuellen Menschen folgen soll und keiner anderen.

Bei der Suche mit Geruchsmustern lernt der Hund den Geruch zu suchen, den er am Start zum Anriechen bekommt.

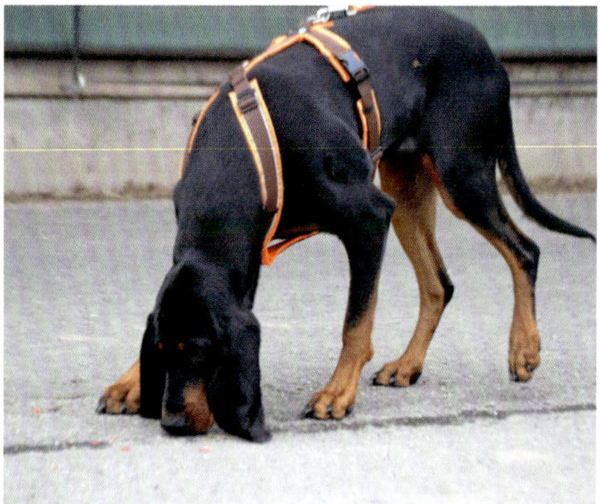

Das Prinzip des Geruchsmusters kennen wir vom Mantrailing und ID-Tracking, wo der Hund anhand des Geruchsmusters die passende Individualspur verfolgt.

Auch das Anriechen an einem Beutel muss mit dem Hund trainiert werden. Hier habe ich (Katja) es mit der Rettungshundegruppe in Nepal gemeinsam geübt

Dies zu trainieren ist sehr viel mehr Trainingsaufwand als all die anderen Möglichkeiten, die wir oben aufgezählt haben. Wir wollen hier keine Anzahl der Trainingsstunden angeben, aber es ist sicher ein Vielfaches mehr an Training nötig, um dem Hund die Geruchsmustersuche beizubringen, als die Suche nach einem Geruch auf Signal. Der Trainer muss mehr Faktoren im Kopf bzw. im Blick haben und der Trainingsplan umfasst mehr Trainingsschritte, als wenn der Hund nur einen Geruch lernen soll. Eine gute Trainingsdokumentation ist unverzichtbar, wenn wir effektiv zu guten Ergebnissen kommen möchten. Wir müssen sehr strukturiert vorgehen und jedes Training gut planen, damit der Hund auch wirklich das lernt, was er lernen soll. Außerdem ist eine gute Differenzierungsarbeit mit anderen Gerüchen nötig, damit der Hund lernt, was er tun soll. Bevor wir uns ins Training dieser wirklich spannenden Aufgabe stürzen, sollten wir gut überlegen, ob wir es wirklich brauchen.

Was ist mein Trainingsziel?

- Möchte ich meinen Hund beschäftigen und mich im Training dieser Aufgabe schulen?
- Möchte ich den Hund im professionellen Einsatz führen?

Alles ist möglich und legitim. Wenn wir einen Einsatzhund ausbilden möchten, dann sollten wir uns Gedanken darüber machen, ob es überhaupt nötig ist, mit Geruchsmustern zu arbeiten oder ob der Aufwand vielleicht in keiner Relation zum späteren Nutzen steht.

Wenn wir unseren Hund sinnvoll mit der Spürhundearbeit beschäftigen möchten, dann sollten wir uns auch Gedanken machen, ob wir diesen Aufwand leisten wollen und können.

Wenn wir einen solchen Hund erfolgreich ausgebildet haben, dann sollte er am Ende jeden erdenklichen Geruch suchen, finden und anzeigen können – auch dann, wenn er bisher noch nie Kontakt zu diesem Geruch hatte.

Wenn ein ganz normaler Familienhund solch eine Aufgabe beherrscht, dann hat der dazugehörige Trainer eine ganze Menge geleistet und wird viel Bewunderung von seinen Mitmenschen erhalten. Viel Spaß und vielfältige Trainingsmöglichkeiten werden sich mit Sicherheit positiv auf die Hund Mensch Beziehung auswirken.

Erfahrungsbericht Katja 

Mit meiner Hündin Sascha habe ich sehr viele verschiedene Dinge täglich trainiert. Such- und Apportieraufgaben waren eines unserer liebsten Hobbies. Eines Tages hatte ich mal wieder meinen Autoschlüssel vergessen, von dem ich auch gar nicht genau wusste, wo ich ihn in dem großen Raum abgelegt hatte. Zu diesem Raum führte eine steile Treppe hinauf, die ich vollbepackt nicht noch einmal laufen wollte. Ich dachte bei mir, dass es einen Versuch wert sei, Sascha nach dem Schlüssel suchen zu lassen. Mir war klar, dass sie den Autoschlüssel noch nie vorher apportiert hatte, zudem viele Gegenstände in dem Zimmer lagen, die sie sehr gerne apportierte. Mit Geruchsmustern hatte ich vorher auch noch nicht gearbeitet. Doch mehr als dass ich selber laufen müsste konnte schließlich nicht passieren. Ich hielt ihr also meinen Hausschlüsselbund vor die Nase und schickte sie in das Zimmer, in welches ich nicht schauen konnte, zum Suchen. Und meine Freude war riesig, als sie fast sofort, nachdem sie im Zimmer angekommen war, mitsamt Autoschlüssel zurückkam. Damals war ich mir der enormen Leistung nicht bewusst, wie ich es mir heute bin. Doch intuitiv war mir klar, dass wir uns damit gerade nochmal auf ein neues Trainingslevel abgehoben hatten und freute mich wie eine Schneekönigin.

Sascha beherrschte die Geruchsmustersuche, zumindest in Ansätzen. Außerdem war sie eine außergewöhnlich talentierte Trümmersuchhündin.

Was ist beim Training wichtig?

Als erstes muss klar sein, dass zum Suchen mit Geruchsmustern immer eine Geruchsprobe vom zu suchenden Geruch benötigt wird, um den Hund anriechen zu lassen. Es muss absolut klar sein, dass der Hund ohne ein Geruchsmuster nicht nach dem passenden Geruch suchen kann.

In Bezug auf das Geruchsmuster sollten wir uns auch einige Gedanken machen.

- Welche Information genau soll der Hund aus dem Geruchsmuster ziehen? Soll er z.B. die ganze Pflanze suchen, nur die Wurzel oder alle Teile der Pflanze auch einzeln?

- Soll er bei Tieren und Pflanzen von einer toten Probe auf das lebende Tier oder die wachsende Pflanze schließen können?

- Stehen genügend Proben zur Verfügung, um die Aufgabe zu trainieren?

- Ist es überhaupt möglich, passende Geruchsproben zu bekommen?

- Ist es dem Hund überhaupt möglich, die richtige Information aus der Probe zu ziehen (in einer Atemprobe eines Lungenkrebs-Patienten sind evtl. auch noch andere Faktoren, die der Hund verknüpften kann)?

Wir sollten uns also ganz genau überlegen, welches Trainingsziel wir haben und welche Proben wir dazu brauchen. Nach diesen Überlegungen müssen wir vielleicht auch nochmals neu entscheiden, ob das Training Sinn macht.

Wenn wir unseren Hund sinnvoll beschäftigen möchten, können wir sehr viel einfachere Proben zum Training benutzen. Der Hund kann relativ schnell lernen, dass er verschiedene Teesorten anhand des Geruchsmusters zeigt, weil wir Teesorten in reiner Form einkaufen können. Dem Hund verschiedene Krebsarten anhand eines Geruchsmusters beizubringen ist schon schwieriger, weil es an den „geruchsreinen" Proben scheitert. Hier zeigt sich, dass die Geruchsmustersuche da ihre Grenzen hat, wo wir keine guten Proben beschaffen können.

Wenn der Hund mit Geruchsmuster suchen soll, dann ist es wichtig, dass wir immer eine passende Geruchsprobe des Zielgeruchs am Start haben.

Wenn wir mit dem Training der Geruchsmustersuche beginnen, haben wir zwei Möglichkeiten, das Ganze aufzubauen.

1) Wir trainieren erst einen Geruch, bis der Hund diesen gut suchen und anzeigen kann. Erst dann beginnen wir mit anderen Gerüchen zu arbeiten. Das hat den Vorteil, dass wir das ganze Trainingsprozedere mit einem Geruch durcharbeiten und es bei den nächsten Gerüchen sehr viel schneller geht. Es hat allerdings den Nachteil, dass der Hund am Ende des Trainings mit dem Zielgeruch eine lange Belohnungsgeschichte hat und es eventuell schwer für ihn sein kann, den Kopf für andere Gerüche freizubekommen.

2) Wir arbeiten sofort mit vielen verschiedenen Gerüchen, damit der Hund sich nicht auf einen Geruch festlegt. Das hat den Vorteil, dass der Hund sofort den Zusammenhang zwischen Geruchsmuster und zu suchendem Geruch lernen kann. Es hat allerdings den Nachteil, dass der Trainer sehr gut aufpassen sollte, was er tut und einen guten Überblick behalten muss, wie oft er welchen Geruch belohnt hat, damit der Hund keine Vorlieben entwickelt.

Erfahrungsbericht Michaela

Ich habe vor vielen Jahren meinen Silas dazu ausgebildet, Mineralwassersorten am Geruch auseinanderzuhalten. Er sollte von sechs präsentierten Gläsern immer dasjenige anzeigen, das die Sorte enthielt, die er zuvor zum Anriechen bekommen hatte. Ich habe damals für eine Vorführung beim Gerolsteiner Sprudelfest trainiert und demzufolge mit Gerolsteiner Sprudel begonnen. Ich habe so lange mit Gerolsteiner trainiert, bis Silas mir doppelblind das richtige Glas zwischen anderen Sprudeln heraussuchen konnte. Erst dann habe ich mit den anderen Sorten begonnen. Das hatte zur Folge, dass Silas immer Gerolsteiner angezeigt hat, wenn Gerolsteiner unter den sechs Proben war – egal, was ich ihm unter die Nase gehalten habe. War allerdings kein Gerolsteiner unter den präsentierten Proben, hat er stets den richtigen Geruch angezeigt. Mit Gerolsteiner Sprudel war also einfach eine zu lange Belohnungsgeschichte verknüpft.

Mit Fosco, einem meiner jetzigen Border Collies, habe ich ebenfalls eine Geruchsmustersuche trainiert. Er soll mir im offenen Gelände, im Line-up oder im Geruchsrad den Geruch anzeigen, den er zuvor präsentiert bekommen hat. Dabei ist es egal, ob das ein Stück Kong, eine Karotte, ein Champignon, ein Kugelkäfer oder eine Münze ist. Diesmal habe ich von Anfang an immer mit anderen Gerüchen trainiert, damit Fosco schnell den Zusammenhang zwischen Geruchsprobe und dem Geruch im Feld erkennt. Ob das der Fall ist, kann ich daran erkennen, ob er auch einen Geruch sucht, findet und anzeigt, den ich zuvor noch nie trainiert habe. Habe ich zum Beispiel bereits mit 15 verschiedenen Gerüchen gearbeitet und präsentiere dem Hund im heutigen Training den 16. Geruch – einen Geruch, den er noch nie mit einer Belohnung verknüpft hat – dann sollte er wissen, was er zu tun hat. Wenn ich einen solchen Hund ausgebildet habe, dann habe ich meines Erachtens nach den perfekten Spürhund. Dieser Hund ist in der Lage, alles zu suchen. Einzige Bedingung ist eine möglichst exakte Geruchsprobe zum Anriechen am Start.

Aufbau der Suche

Die Anzeige

Als erstes sollten wir uns Gedanken um eine sinnvolle Anzeige machen. Wie soll der Hund zeigen, dass er den richtigen Geruch gefunden hat? Welche Anzeige macht Sinn? Wie genau muss der Hund den Geruch anzeigen? Das kommt auch sehr auf die Größe des Geruchs an. Einen großen Menschen anzuzeigen ist etwas anderes als eine klitzekleine Bettwanze. Darf der Hund den Geruch berühren oder soll er Abstand halten?

Soll der Hund aber am Ende jeden erdenklich möglichen Geruch anzeigen, sollte ich eine Anzeigeart auswählen, die die wenigsten Nachteile hat. Möglich wäre zum Beispiel: Sitz oder Platz vor dem Geruch, Nase an den Geruch oder den Geruch anstarren. Dieses Anzeigeverhalten trainieren wir erst einmal so lange, bis es auf Wortsignal abrufbar ist. Wir trainieren also ein Sitz, Platz, einen stationären Nasentarget oder ein Starren so gut, dass wir es auslösen können, wenn der Hund am Geruch angekommen ist.

Es gibt nicht die perfekte Anzeige – alles hat Vor- und Nachteile, wie bereits im Kapitel über die Anzeige beschrieben ist.

Auch bei der Geruchsmustersuche lernt der Hund eine Anzeige, damit er uns zeigen kann, wenn er den Geruch gefunden hat. Hier zeigt Enni durch Sitzen und Starren an, was sie suchen sollte.

Das Suchen

Wie wir dem Hund einen Geruch antrainieren, haben wir bereits in einem vorangegangenen Kapitel beschrieben. Deshalb wird an dieser Stelle nicht weiter darauf eingegangen. Möchten wir mit dem Hund in die Geruchsmustersuche einsteigen, ist es wichtig, dass wir uns von Anfang an viele Gedanken machen, wie wir das Training aufbauen möchten. Wir müssen gut vorbereitet sein und genau wissen, was wir tun. Das Trainingsziel sollte von Anfang an klar sein. Wir arbeiten von Anfang an mit vielen verschiedenen Gerüchen, damit der Hund sich nicht auf einen Geruch festlegt. Wir möchten, dass er offen bleibt und keine große Belohnungsgeschichte mit einem bestimmten Geruch aufbaut.

Wenn wir in die Arbeit mit Geruchsmustern einsteigen, sollten wir uns also im Klaren sein, dass wir von Anfang an mehrere Gerüche zum Training brauchen. Schon beim ersten Training sollten wir mehrere Gerüche bereithalten, um dem Hund einen guten Einstieg ins Thema zu ermöglichen.

Beginne ich mit dem Training, so verstecke ich Geruch 1 in meinem Suchgebiet und lasse den Hund suchen und anzeigen. Wichtig ist, dass der Hund vom ersten Start an die Geruchsprobe zum Anriechen bekommt. Das heißt, dass Anriechen ein wichtiges Startsignal für den Hund ist. Von Anfang an sollten wir darauf achten, dass er auch wirklich an der Geruchsprobe schnüffelt. Nur so kann er den Zusammenhang zwischen der Geruchsprobe und dem anzuzeigenden Objekt herstellen. Dazu ist es wichtig, dass wir den Hund am Anfang ganz bewusst für das Anriechen in der Tüte oder dem Glas (je nachdem, wie wir ihm die Probe präsentieren) belohnen. Um ihn zum Anriechen zu bekommen, kann zu Beginn auch ein Stück Futter mit dazu gelegt werden. Viele Hunde riechen sehr intensiv, wenn sie zum ersten Mal einen Geruch präsentiert bekommen. Und viele Hunde riechen gut daran, wenn der Geruch oft wechselt und werden unkonzentriert, wenn wir ihnen oft hintereinander denselben Geruch präsentieren.

Haben wir Geruch 1 ein paarmal anzeigen lassen, wechseln wir sofort zu Geruch 2, dann zu Geruch 3 und zu Geruch 4.

So wechseln wir im Training immer nach ein paar Durchgängen von dem einen Geruch zum nächsten. Ein Schema könnte sein: erst 4 Durchgänge mit Geruch 1, dann 3x Geruch 2, dann 5x Geruch 3, dann wieder mal Geruch 1, 3, 4, 2, 5, 1, 6, 3, 4 … und so weiter und so fort. Jedes Mal, wenn der Hund zur Suche geschickt wird, halten wir ihm zuvor die passende Geruchsprobe des zu suchenden Geruchs unter die Nase und lassen ihn daran riechen. Von Mal zu Mal wird er das Konzept immer besser verstehen, dass es einen Zusammenhang zwischen den beiden Gerüchen gibt und er stets den gleichen finden muss.

Wichtig ist, dass der Hund als Startsignal immer die Geruchsprobe bekommt, um dann im Gelände oder auch im Line-up suchen zu können.

Nun ist es wichtig, dass ich das Ganze in immer andere Gelände bzw. Kontexte bringe. Wir können die Suche mit Geruchsmustern im Geruchsrad oder in einem Line-up ausführen. Das eignet sich sehr gut, um Differenzierungen mit anderen Gerüchen zu trainieren. Dazu aber später mehr. Wir können die Gerüche aber auch im Gelände, drinnen oder draußen verstecken und suchen lassen. Wir sollten uns gut überlegen, wo der Hund am Ende suchen soll und genau das trainieren. Wenn der Hund flexibel sein soll, dann lohnt es sich auch, alle Möglichkeiten auszunutzen, damit er keine Prioritäten entwickelt und überall weiß, was er tun soll. Wichtig ist, den Hund gut zu beobachten. Was tut er, wenn er den Geruch gefunden hat? Wie prompt und sicher zeigt er das Anzeigeverhalten? Ist ein Unterschied zu sehen, wenn er zum ersten Mal einen neuen Geruch oder einen bekannten Geruch sucht? Wie genau sieht der Unterschied aus? Je mehr Gerüche wir mit dem Hund trainieren, desto sicherer sollte er werden, wenn er einen Geruch präsentiert bekommt, den er noch nie zuvor gesucht hat.

Möchten wir, dass der Hund vielseitig einsetzbar ist und drinnen wie draußen, oben und unten suchen kann, dann ist es auch wichtig, ihm unabhängig von der Verknüpfung der Geruchsmuster verschiedene Suchstrategien beizubringen. Er sollte sich schicken lassen, sollte lernen, Hochverstecke und tiefe Lagen auszuarbeiten. Dies ist wichtig, um seine Suchstrategien dem Geruch anpassen zu können. Für Trüffel muss der Hund den Boden absuchen, für Borkenkäfer Bäume und verlorene Gegenstände können überall sein.

Differenzierungen

Am Anfang wird immer nur ein Geruch im Line-up oder im Suchgebiet versteckt. Der Hund lernt also genau diesen Geruch zu suchen. Dabei sollte er nicht von anderen Gerüchen abgelenkt werden. Diese Ablenkungen kommen aber nach und nach dazu. Wir verstecken also immer nur einen Geruch im Gebiet und wechseln sehr schnell von Geruch zu Geruch. Den zuvor Gesuchten nehmen wir dann aus dem Suchgebiet heraus.

Als nächsten Schritt legen wir Verleitgerüche mit ins Gelände. Dazu nehmen wir erst einmal Gerüche, die der Hund noch nicht gesucht hat und somit auch noch nicht dafür belohnt wurde. Sucht der Hund zum Beispiel Karotten, dann können wir als Verleitgerüche Münzen, Plastik, oder Papier mit dazugeben. Wichtig ist, dass es am Anfang wirklich Gerüche sind, die der Hund nicht mit einer Belohnung in Verbindung bringt. Sie sollen vom Hund als neutral bewertet werden.

Als nächstes gehen wir dann dazu über, zwei bekannte Gerüche zu verstecken – also zwei Gerüche, die der Hund bereits unter den neutralen Gerüchen heraussuchen kann, befinden sich gleichzeitig im Suchgebiet. Nun sollte der Hund immer den richtigen anzeigen. Es zeigt sich in diesem Trainingsschritt, ob der Hund die Probe am Start mit dem zu suchenden Geruch in Zusammenhang bringen kann. Dies zeigt er, indem er immer den richtigen Geruch anzeigt oder ab und an einen Fehler macht. Ist er unsicher und weiß nicht, was er tun soll? Je nachdem, was der Hund zeigt, muss das Training angepasst werden.

Um viele schnelle Wiederholungen zu bekommen, eignet sich für diesen Trainingsschritt ein Line-up oder ein Geruchsrad sehr gut. Hier können wir den Geruch, den der Hund anzeigen kann, schnell an eine andere Stelle verschieben und haben nicht so viel Organisation wie, wenn wir die Gerüche im offenen Gelände verstecken. Es ist aber durchaus auch möglich, das Ganze auf einer Wiese oder im Wald zu machen und die Gerüche dort auszulegen. Nun legen wir immer mehr bekannte Gerüche ins Gebiet, ins Line-up oder das Geruchsrad. Der Hund lernt also, mehr und mehr, immer nur den Geruch anzuzeigen, den er zuvor zum Anriechen vorgehalten bekommen hat.

Wenn bis hierhin immer nur ein Geruch abgefragt wurde, ist es nun an der Zeit, mehrere bekannte Gerüche hintereinander abzufragen. Wir haben also Geruch 1,2,3 und 4 im Geruchsrad und fragen diese hintereinander ab. Der Hund bekommt nun bei jedem neuen Durchgang einen anderen Geruch präsentiert. Kann der Hund das, dann kann auch mal wieder ein völlig neuer Geruch präsentiert werden.

Kann der Hund einen Geruch, mit dem er noch keine Belohnung verknüpft hat, im Geruchsrad oder im Gelände finden, obwohl vier bekannte Gerüche vorhanden sind, für die er schon sehr oft verstärkt wurde?

Soll der Hund im Einsatz geführt werden, dann ist es wichtig, immer wieder einsatzrelevante Gebiete abzusuchen. Werden zum Beispiel Schädlinge im Innenbereich gesucht, dann muss immer wieder in Zimmern oder Lagerhallen trainiert werden. Soll ein Artenspürhund ausgebildet werden, der verschiedene Arten im Wald suchen soll, dann muss das Training hauptsächlich im Wald stattfinden. Außerdem ist es wichtig, immer wieder doppelblinde Suchen durchzuführen, bei denen keiner der Anwesenden weiß, wo der richtige Geruch versteckt ist. Die Trainingsschritte sind für alle Geruchs-Generalisten die gleichen – egal, wo sie suchen sollen.

Erhaltungsplan

Bei der Suche mit Geruchsmustern ist ein Erhaltungsplan sehr wichtig. Wenn der Hund mehrere Gerüche suchen gelernt hat, muss darauf geachtet werden, dass kein Geruch mehr Belohnungsgeschichte bekommt als der andere. Trainieren wir einen Geruch mehr als alle anderen, dann wird es für den Hund umso schwerer, alle Gerüche gleichwertig zu sehen und es kommt eher zu Fehlanzeigen. Außerdem sollte immer mal wieder ein ganz neuer Geruch dazugenommen werden, damit der Hund sich nicht unbeabsichtigt auf eine Anzahl von Gerüchen beschränkt. Um hier den Überblick zu behalten, ist eine gute Dokumentation unabdingbar.

Wenn wir diese Aufgabe zum Auslasten unseres Familienhundes trainieren, dann ist es natürlich auch möglich, sich auf wenige Gerüche zu beschränken. Wenn es um Beschäftigung geht, kann sehr viel flexibler entschieden werden, als wenn ein Hund Einsätze laufen soll. Hier kommt es nicht so sehr auf Genauigkeit an, sondern eher auf den Spaß, der dahintersteht.

Wenn wir unseren Hund mit der Geruchsmustersuche beschäftigen, haben wir eine Menge Spaß, aber auch viel zu überlegen, damit der Hund das lernt, was wir möchten.

Dokumentation

Wichtig beim Aufbau der Suche mit Geruchsmustern ist, dass wir einen sehr guten Überblick behalten, welcher Geruch wie oft belohnt wurde. Nur so können wir sichergehen, dass der Hund auch auf den Startgeruch achtgibt und nicht den Geruch anzeigt, der die größte Belohnungsgeschichte hat. Dazu ist eine effektive Dokumentation vonnöten.

Fazit

Wie gut zu erkennen, ist das Suchen mit Geruchsmustern eine sehr komplexe Suchaufgabe. Es ist wichtig, präzise zu arbeiten, den Hund zu beobachten, auf Fehler einzugehen und effektiv zu dokumentieren. Am Ende haben wir dann aber einen Spürhund, der in der Lage ist, jeden Geruch zu suchen, der ihm unter die Nase gehalten wird, solange wir eine passende Geruchsprobe haben. Und hier stoßen wir auch an die Grenzen der Suche mit Geruchsmustern.

Die Beschaffung genügend passender Proben ist nicht einfach. Wenn wir zum Beispiel medizinische Aufgaben wie verschiedene Krebsarten anzeigen lassen möchten, stehen uns nicht genügend Proben zur Verfügung, um diese Aufgabe mit Geruchsmustern trainieren zu können. Hier ist auch die Herausforderung, dass wir nicht wissen, welche Information sich der Hund aus der Probe herauszieht. Je genauer er hinschauen bzw. -riechen soll, desto schwieriger wird es. Soll der Hund anhand der Probe einen Menschen finden, ist das gut möglich. Ein individueller Mensch ist auch gut der Probe zuzuordnen. Soll der Hund aber aus der Probe bestimmte Parameter heraussuchen wie zum Beipsiel den Mensch mit

Blasenkrebs, den Mensch, der Knoblauch gegessen hat, den Mensch mit Diabetes … dann ist das aufgrund unserer Unwissenheit über das, was der Hund wahrnimmt, nicht möglich.

Wollen wir einen Hund zum Einsatz bringen, sollten wir uns also gut überlegen, ob eine Suche mit Geruchsmustern für unsere Aufgabe sinnvoll und machbar ist.

Erfahrungsbericht Michaela

Ich trainiere mit meinen Hunden aktuell die Geruchsmustersuche, um bei der Detektion nach verschiedenen Schädlingen noch mehr helfen zu können. Sie sollen also den Schädling suchen, finden und zeigen, den sie vorher zum Anriechen bekommen haben. Das ist eine spannende Aufgabe. Einen Einsatz zur Suche von Papierfischchen hatten wir schon und es war spannend, wie gut die Hunde ihren Auftrag umsetzen konnten. Ich bin sehr gespannt, wo mich dieses Experiment hinführen wird.

Im privaten Gebrauch kann der Hund mit dieser Aufgabe sehr gut beschäftigt werden. Nach oben sind keine Grenzen gesetzt – dem Hund können immer neue Gerüche präsentiert werden, sodass er immer neue Herausforderungen ausarbeiten kann. Es wird nicht langweilig und mit einer solchen Trainingsaufgabe kann der Hund bis ins hohe Alter Spaß haben

Bevor wir diese spannende Aufgabe angehen, sollten wir uns im Vorfeld Gedanken machen, ob es wirklich nötig ist oder ob wir Lust darauf haben, diesen Aufwand zu betreiben. Auf Basis unseres Trainingsziels sollten wir uns immer überlegen, wie viel Aufwand wir betreiben müssen, um mit dem Hund gute Einsätze laufen zu können. Was ist nötig, was soll am Ende dabei herauskommen und wie gut sind unsere Trainerfähigkeiten?

Egal, ob wir die Geruchsmustersuche für den Einsatz oder zum privaten Spaß betreiben – es ist eine vielfältige und spannende Aufgabe. Murot sucht Staudenknöterich in wachsendem Zustand, vertrocknet und im Acker untergepflügt.

11.

WEITERE SPÜRHUNDAUFGABEN

Zu unserer großen Freude werden gerade in den letzten Jahren immer mehr Suchaufgaben gefunden, in denen weltweit Hunde eingesetzt werden. Angefangen hat wohl alles damit, dass der Hund den Menschen als Jagdhelfer begleitet hat. Noch heute gehen in Afrika freilebende Hunde mit den afrikanischen Männern auf die Jagd und Mensch und Hund profitieren vom gemeinsamen Jagdglück. Doch diese Hunde werden nicht speziell ausgebildet.

In den Weltkriegen waren es vornehmlich Sanitätshunde, die verletzte Soldaten aufspürten, damit diese gerettet werden konnten. Es ging also in den Anfängen der gezielten Spürhundarbeit hauptsächlich darum, Menschen zu suchen. Doch auch schon damals wurden viele Versuche mit Hunden angestellt, um herauszufinden, was sie genau riechen und in der Lage sind zu erschnüffeln. Ich erinnere mich, in einem Buch aus den 1930er Jahren gelesen zu haben, dass man Polizeihunden ihre Halter ohne Kleidung präsentierte, um zu erforschen, ob sie ihre Bezugspersonen auch ohne Kleidung erkennen würden[1]. Schon damals wurden also allerhand Tests durchgeführt, um sich ein besseres Bild davon zu machen, was der Hund tatsächlich riecht.

Heutzutage ist der Fantasie eigentlich keine Grenze gesetzt, was Hunde auf dieser Erde inzwischen alles erschnüffeln. Wir gehen davon aus, dass Hunde fast alles erschnüffeln können, wenn wir in der Lage dazu sind, ihnen ihre jeweilige Aufgabe zu erklären. Falls die Hunde scheitern, liegt es eigentlich immer an unserem Training. Auch die Rasse der Hunde ist fast unerheblich, wenn der Trainer nur gut genug ist und die Qualität und die Quanität der Proben stimmt.

Alleine wir drei Autorinnen haben bereits Spürhunde ausgebildet, um Wanzen, Schimmel, Trüffel, Mineralwassersorten, Ambrosia, japanischer Staudenknöterich, Drüsiges Springkraut, Lungenkrebs aus Atemproben, Stoffwechselerkrankung beim Menschen,

Jagdhelfer wird höchstwahrscheinlich die erste Spürhundaufgabe gewesen sein, die der Hund für den Menschen übernommen hat. Nandri liegt es als Settermix in den Genen, Spuren zu folgen.

1 „Ist der Individualgeruch für den Hund richtunggebend zum Erkennen seines Herrn?“ von Dr. Hans Georg Niemand 1938

Igel, Zecken, Bieber, Bakterien, Geld, Menschen in der Fläche und in Trümmern, Menschen per Mantrailing, Fährte und ID Tracking, andere Tiere wie Katzen (Pettrailing), brünstige Kühe, Kongs, Rehkitze, verlorene Gegenstände, Mäuse, Ratten, Kamille, Dummy, Spitzmorchel, Unterzuckerung beim Menschen (mit Diabetes), Champignons, Menschen anhand ihres Handabdrucks beim Händeschütteln, Geld, Staphylokokken in Milchproben, Borkenkäfer an Fichten, Johanniskreuzkraut auf Weidewiesen, Schimmel in Heuballen, Blindschleichen vor dem Mähen, Schlagopfer unter Windrädern, Hufeisen oder Nester von Nilgänsen zu suchen. Außerdem haben wir Hunde ausgebildet, die verschiedene Schädlinge und invasive Pflanzen anhand von Geruchsmustern suchen können.

Arwen hatte gelernt, nach der Beifußblättrigen Ambrosie zu suchen. Ihre Pollen können schon in kleinen Mengen heftige allergische Reaktionen beim Menschen auslösen.

Die Ausbildung der Hunde ist immer die gleiche, doch im Detail ist es wichtig, die Besonderheiten für den späteren Einsatz zu kennen und dementsprechend den Hund auf die jeweiligen Widrigkeiten vorzubereiten.

Was jeder wohl kennt, sind die Drogen-, Leichen- und Sprengstoffspürhunde der Polizei und des Zolls. Auch die Spüraufgaben der Zollhunde sind um einiges vielfältiger geworden. Inzwischen sind es nicht nur Drogen, sondern auch Bargeld, Nahrungsmittel, geschmuggelte Reptilien und Amphibien sowie Stoßzähne und allgemein Elfenbein. In Gefängnissen wird mittels Hunden nach Mobiltelefonen oder auch Datenträgern gesucht.

Erfahrungsbericht Jacqueline

Ich hatte immer gedacht, dass der Kontext, in dem der Hund sucht, eine große Hilfe für ihn ist, um zu wissen, was er gerade suchen soll: Trüffel im Wald, Schlagopfer im offenen Gelände, Geld im Zimmer. Ich war einmal mit Lovelyn in der Fußgängerzone spazierengegangen, als sie wie angewurzelt stehenblieb. Ich dachte noch: „Ein schönes Freeze!" Und wirklich stand sie vor einem Zehn-Euro-Schein, der in der trockenen Regenrinne lag und zeigte mit ihrer trainierten Anzeige für die Geldsuche an. Natürlich kann man jetzt sagen, sie war doch gar nicht in der Arbeit – beeindruckt hat es mich umso mehr.

Hunde wurden auch schon darauf ausgebildet, anhand von frischen Graffitis die jeweiligen Sprüher zu suchen oder bei frisch abgestelltem Sperrmüll auf der Straße den jeweiligen Übeltäter aufzuspüren.

In Afrika werden Hunde vielfach eingesetzt, um Landminen zu suchen, wobei hierzu seit vielen Jahren auch die Gambia-Riesenhamsterratte eingesetzt wird. Diese

Erfahrungsbericht Katja

Als ich mit meinen Hunden an einer Studie teilnahm, in der ich vier meiner Hunde darauf trainierte, Lungenkrebs in Atemluftproben zu erkennen, habe ich gleichzeitig eines meiner Schweine (Betty) darauf ausgebildet. Leider wurde die Studie abgebrochen, doch die Daten, die ich bis dahin gesammelt hatte, sprachen dafür, dass Betty mindestens genauso gut abgeschnitten hätte wie die Hunde.

Auch unser Frettchen Jeremy hatten wir bereits vor 20 Jahren in den Trümmerlagen nach Menschen suchen lassen und es hatte gegenüber den Hunden den klaren Vorteil, dass es durch jede Ritze kam. Allerdings haben wir dieses Projekt nur zum Spaß ausprobiert und haben ihm keine echte Anzeige antrainiert.

Tiere sind an das afrikanische Klima angepasst, und da sie viel leichter als Hunde sind, lösen sie die Minen auch nicht so schnell aus. Diese Tiere werden dann mittels Geschirr an langen Leinen losgesandt, um die Minen anzuzeigen. Was verdeutlicht, dass durchaus auch andere Tiere sehr gute Geruchsveranlagungen mitbringen. Der Hund aber zeichnet sich durch sein Miteinander mit dem Menschen aus, welches ihn von allen anderen Tieren auf dieser Erde unterscheidet. Mittels positiver Bestärkung, sowie wie wir in diesem Buch die Spürhundarbeit beschrieben haben, kann selbstverständlich auch anderen Tieren das Aufspüren beigebracht werden. Allerdings ist es meist aufwändiger und verlangt den Trainern noch mehr Einfühlungsvermögen und Wissen über die jeweilige Gattung ab.

Andere Tierarten, die ebenfalls zum Suchen ausgebildet wurden, sind z.B. Bienen. In Kroatien werden Bienen eingesetzt, um Landminen aufzufinden. Für diesen Zweck werden sie mit Sensoren ausgestattet. Wo sich vermehrt auf Sprengstoff trainierte Bienen niederlassen, da ist dann die Miene zu finden. Dabei zeichnen sich Bienen angeblich durch ihre Suchausdauer, dass sie sich sehr einfach trainieren lassen und ihren sehr feinen Geruchssinn aus.

Doch nun zurück zu den Hunden. In Basel werden Hunde ausgebildet, die die Larven der Tigermücke suchen sollen. Da Tigermücken zum Beispiel das Dengue-Fieber übertragen können, sind sie nicht nur lästig, sondern auch extrem gefährlich. Deshalb betreibt die Schweiz schon länger Monitoring und ist nun auch dazu übergegangen, Hunde zu diesem Zweck auszubilden.

In England haben Forscher herausgefunden, dass Hunde anhand von Kleidungsstücken Malaria anzeigen können. Dabei dienten getragene Socken als Anzeigeobjekte.

Was unter anderem für die Ausbildung von Therapie- und Pädagogikbegleithunden auf jeden Fall interessant sein sollte, ist die Erkenntnis aus einer kleinen Studie eines britischen Forschungsteams, dass Hunde Stress bei Menschen allein an ihrem Schweißgeruch und ihrer Atemluft erkennen können[2].

Artenspürhunde werden in Deutschland zum Beispiel für die Suche nach Waschbären, Wölfen, Luchsen, Auerhühnern, Waldschnepfen, Schwanzlurchen, Feuersalamandern, Ambrosia, Staudenknöterich, Springkraut oder Asiatischen Laubholzböcken eingesetzt. Die deutsche Bahn hat erfolgreich, auch unter Mithilfe von Michaela, eine eigene Artenspürhundstaffel

2 Dogs can discriminate between human baseline and psychological stress condition odours, Clara Wilson, Kerry Campbell, Zachary Petzel, Catherine Reeve, published: September 28, 2022

Schlagopfersuche unter Windrädern mittels Hund erleichtert das Monitoring der dort verendeten Vögel sehr.

aufgebaut. Hier suchen die Hunde zum Beispiel nach Zauneidechsen, Schlingnattern, Gelbbauchunken, Mauereidechsen und Fledermausquartieren. Dadurch spart sich die Bahn Zeit beim Neu- und Ausbau ihrer Infrastruktur.

Vom Boot aus suchen Hunde sehr erfolgreich nach Leichen oder auch der Losung von verschiedenen Walen, um das Monitoring leichter zu machen. In der Forensik werden Hunde eingesetzt, um Blut- oder Spermareste aufzuspüren. Nach Massengräbern oder sogar archäologischen Funden wird inzwischen auch per Hund gesucht.

Davon, dass Hunde auch eingesetzt wurden, um Corona beim Menschen zu erschnüffeln, haben wohl die meisten Menschen gehört. Doch im medizinischen Bereich werden Hunde inzwischen verstärkt auch zur Erkennung von verschiedensten anderen Krankheiten eingesetzt.

Zudem hat Michaela ihren Hund auf die Geruchsmustersuche (s.S.325 ff.) ausgebildet, die es ihr erlaubt, dem Hund eine Sache zum Riechen zu geben und er diese dann sucht. Allerdings stellt diese Art der Ausbildung sehr hohe Anforderungen an den jeweiligen Ausbilder und ist damit eine echte Herausforderung selbst für sehr gute Spürhundeführer.

Noch sehr viel mehr Spürhundaufgaben werden in „Die Welt der Gerüche“ von Prof. Dr. Frank Rosell auf anschauliche Weise vorgestellt.

Beim Spürhundetraining sind alle die Gewinner

Wie schön wäre es, wenn auch jeder Familienhund einer Suchaufgabe nachgehen dürfte. Es gibt nichts Natürlicheres, als Hunde mit Suchaufgaben zu bespaßen, da jeder Hund genetisch darauf gepolt ist, seine Nase einzusetzen.

Selbst die einfachsten Leckerli- , Spielzeug- oder Mitbewohnersuchen machen den Hunden großen Spaß.

Wir haben dabei die Möglichkeit, die Hunde in ihrem Metier zu beobachten. Es ist schon faszinierend, wenn wir sehen, wie leicht es den Hunden fällt, einer Geruchsspur zu folgen. Es macht einfach Freude, ihnen beim Suchen zuzusehen.

Außerdem lernen wir sie dadurch besser kennen und verstehen. Wir werden sehen, was ihnen ein echtes Bedürfnis ist, wie zum Beispiel unbedingt die versteckte Wurst zu finden. Oder auch, welche Ablenkung für sie wichtiger ist, als das Spielzeug zu suchen. Welche Sachen lenken sie stark ab, also was finden sie echt spannend und welche Ablenkung ist vielleicht auch nur für kurze Zeit interessant? All das gibt uns als aufmerksamem Beobachter die Möglichkeit, unseren Hund besser einschätzen zu lernen.

Solche Suchaufgaben helfen sehr dabei, den Hund auszulasten. Ganz besonders, wenn wir mal nicht so viel vor die Tür kommen, wie es eigentlich vorgesehen war. Dann sind Suchaufgaben schnell gestellt und lasten den Hund gut im Kopf aus.

Auch Kinder können sich auf diese Weise ausdauernd mit den Hunden beschäftigen. Entweder sie verstecken sich selber und rufen den Hund oder verstecken Spielsachen etc. und lernen dabei selber auch, sich auf ihr Gegenüber voll und ganz einzulassen.

Zudem machen diese Aufgaben unserem Hund nicht nur Spaß, gleichzeitig lernt er, sich auf ruhige Weise zu konzentrieren. Wie schön ist es, wenn ein Hund mit Spaß lernt, in Kooperation mit uns zu gehen und sich immer länger zu konzentrieren. Das kann das Zusammenleben sehr vereinfachen. Es fördert auch die Teambildung, da wir dem Hund vertrauen, dass er seine Aufgabe lösen wird und er vertraut uns, dass wir die Aufgabe für ihn so gestellt haben, dass er erfolgreich sein kann.

Zudem bringt es mit sich, dass der Hund nicht „seine“ Sachen sucht, also Reh- oder Hasenspuren, sondern „unsere“ Sachen. Damit können die anderen Spuren nach und nach total uninteressant werden.

Sucharbeit lastet die Hunde also auf eine ideal artgerechte Weise aus.

Schön ist auch, den Hund dazu auszubilden, dass er verlorene Gegenstände sucht. Wie erfreut sind Nachbarn oder Freunde, wenn der Hund hilft, den verlorenen Handschuh, Schlüssel oder sogar Handy zu suchen. Da solche Suchen mit und ohne Leine stattfinden können, ist auch der Suchumgebung eigentlich keine Grenze gesetzt. Damit können wir dann auf jedem Spaziergang zum Beispiel einen alten Handschuh verlieren, den der Hund dann suchen darf, wenn gerade mal alle Nachbarn und Bekannten ihre Dinge bei sich behalten haben.

Oder wir lassen sie etwa Plastik am Strand oder im Wald suchen, dann macht es nicht nur uns und unserem Hund Freude, sondern jedem Erdenbewohner. Dazu kann dem Hund ein Hunderucksack umgeschnallt werden und alles, was er bringt, wird gegen einen Futterbrocken getauscht und er darf das gefundene Stück in seinem Hunderucksack nach Hause tragen. Sollte tatsächlich mal nichts zu finden sein, was ja, wie wir leider wissen, leider nur selten der Fall sein wird, dann lassen wir, vom Hund unbemerkt, unsere extra dafür eingesteckte Plastikflasche fallen und der Hund kann trotzdem Spaß haben.

Gemeinsam Müll sammeln gehen, vebindet das Schöne mit dem Nützlichen. Damit sind die Hunde glücklicher, weil sie eine Aufgabe haben und der Umwelt wäre auch geholfen. Allerdings sollte bei Blech als Anzeigeform doch eher das Abliegen oder Anschauen trainiert werden.

Erfahrungsbericht Jacqueline

In meinem Ausbildungszentrum in Luxemburg, wo Spürhunde für den Arten- und Naturschutz ausgebildet werden, sind überwiegend Familienhunde am Start und später im Einsatz. Die Hunde freuen sich über ein neues, artgerechtes Hobby (die Nase einsetzen dürfen) und der Mensch verbringt qualitätsvolle Zeit mit seinem Hund im Training (der Mensch muss sich auf seinen Hund einlassen und der Hund darf dem Menschen zeigen, was er leisten kann). Und nicht zu vergessen, das Suchteam setzt sich für den Artenschutz ein und leistet damit einen wertvollen Beitrag. Der Auftraggeber findet mit dem Einsatz des Suchteams eine Lösung für sein Anliegen. Also eine Situation, die für alle Beteiligten ein echter Gewinn ist, wobei mir der Familenhund am meisten am Herzen liegt.

Damit wünschen wir – Michaela, Katja und Jacqueline – allen „Spürhundeteams" ganz viel Spaß mit allem was sie tun und sich vorgenommen haben. Auf dass wir alle viel Spaß mit unseren Hunden haben und uns in die Welt der Hundenase einführen lassen. Die Hunde werden es uns danken und alle haben was davon – egal ob der Hund im professionellen Einsatz geführt wird oder als Familienhund eine artgerechte Auslastung und Beschäftigung erfährt.

Wir freuen uns, dass die Spürhundearbeit mehr und mehr ins Interesse der Bevölkerung weltweit rückt und somit dem Hund ganz allgemein eine stetig wachsende und positive Aufmerksamkeit zuteil wird.

Glossar

Ablenkungsgeruch
Das kann eigentlich jeder geruchliche Reiz sein, der den Hund von seiner Suchaufgabe ablenkt. Ein gutes Beispiel sind Wildspuren im Wald, Essensgerüche im Haus oder auch der Geruch einer läufigen Hündin für einen potenten Rüden, egal wo sich das Suchteam befindet.

Aktive Anzeige
Die aktive Anzeige ist das Gegenteil der passiven Anzeige. Bei der aktiven Anzeige bellt der Hund oder kratzt, ist also aktiv.

Blind(e) Suche
Blinde (auch Singleblind genannt) Suchen sind Suchen, in denen der Hundeführer nicht weiß, wo der Geruch versteckt ist. Es ist aber eine Person anwesend, die die Lösung weiß und evtl. helfen, Rückmeldung geben oder den Hund bestätigen kann.

Bringseln
Der Hund hat an seinem Halsband ein Bringsel befestigt. Wenn er nun seinen Zielgeruch gefunden hat, dann nimmt er das Bringsel in den Mund und läuft so zu seinem Hundeführer zurück. Dieser leint seinen Hund dann an, bevor der Hund seinen Hundeführer zu dem Zielgeruch hinführt.

Clicker
Der Clicker ist ein knackfroschähnliches kleines Gerät, welches als Marker für das erwünschte Verhalten eingesetzt werden kann.

Diskriminierung
Nach erfolgreichem Reiz-Diskriminationslernen ist der Hund in der Lage, zwei Reize voneinander zu unterscheiden und unterschiedlich zu beantworten. Die konditionierte Reaktion tritt nur bei exakt den Reizen auf, die in der Lernsituation mit der Reaktion gekoppelt wurden. Ein Beispiel dafür ist, dass der Hund den Kamillentee anzeigt, doch am Pfefferminztee vorbeigeht.

Doppelblind(e) Suche
Doppelblinde (auch doubleblind genannt) Suchen sind Suchen, in denen keiner der anwesenden Personen weiß, wo der Geruch versteckt ist oder ob überhaupt ein Geruch versteckt ist.

Freeze
Im Spürhundbereich wird mit Freeze die passive Anzeige des Verharrens bezeichnet.

Frei Verweisen
Beim Frei Verweisen kommt der Hund nach dem Finden des Zielgeruchs zum Hundeführers zurück und zeigt dort ein trainiertes Anzeigeverhalten, damit dieser weiß, dass der Hund gefunden hat. Nun führt der Hund den Hundeführer an der Leine oder frei zum Zielgeruch.

Generalisierung
Unter Generalisierung wird grundsätzlich eine Verallgemeinerung verstanden. Also wenn eine Verhaltensweise, die durch einen Lernprozess an eine bestimmte Reizsituation gekoppelt wurde, auch durch ähnliche Reizsituationen hervorgerufen werden kann.

Geruchsgeneralist
Dies ist ein Hund, der mehrere Gerüche suchen, finden und anzeigen kann.

Geruchsmuster
Ein Geruchsmuster ist der Geruch, den der Hund am Start zum Anriechen vor die Nase gehalten bekommt, um dann im Suchgebiet den gleichen Geruch zu suchen, zu finden und zu zeigen.

Geruchsspezialist
Das ist ein Hund, der einen Geruch gelernt hat und diesen auf Signal sucht, findet und anzeigt.

ID-Tracking
Beim ID-Tracking sucht der Hund eine menschliche Individualspur, wobei der die Trittspur des Menschen nicht verlassen darf. Der Hund läuft also genau dort, wo der Mensch gegangen ist.

Leersuche
Der Hund sucht ein Line-up oder Areal ab, in dem der Zielgeruch nicht vorhanden ist.

Liegestelle
Wo unser Zielgeruch oder auch die Trainingsprobe liegt oder gelegen hat.

Line-up
Behältnisse, die in unterschiedlicher Weise angeordnet aufgestellt werden und entweder leer, mit Zielgeruch oder Verleitungsgerüchen dem Hund zum Absuchen dargeboten werden.

Mantrailing
Beim Mantrailing sucht der Hund eine menschliche Individualspur, wobei der Hund die Trittspur des Menschen verlassen darf, wenn er den Geruch an einer anderen Stelle wahrnimmt (auf der anderen Straßenseite z.B.).

Matching Law
Matching Law ist das Gesetz der Anpassung: Verhalten wird in den Relationen gezeigt, in denen es belohnt wurde. Vereinfacht heißt das: Hat man 50% gewünschtes Verhalten und 50% unerwünschtes Verhalten verstärkt, dann ist die Effektivität des Verstärkens des erwünschten Verhaltens um durchschnittlich 50% (oder mehr) reduziert.

Negativanzeige
Negativanzeige meint ein Verhalten, welches wir dem Hund antrainiert haben, damit er uns zeigt, wenn er davon ausgeht, dass in dem abzusuchenden Bereich der Zielgeruch nicht zu finden ist.

Passive Anzeige
Das ist das Gegenteil der aktiven Anzeige. Hierbei verharrt der Hund in einer bestimmten, vorher festgelegten Position.

Positiv bestärken
Ein Verhalten wird wahrscheinlicher, indem etwas Angenehmes hinzugefügt wird. Laut Definition verstärkt ein positiver Verstärker das Verhalten, sonst ist es kein positiver Verstärker.

Positive Strafe
Ein Verhalten wird unwahrscheinlicher, weil etwas Unangenehmes hinzugefügt wird.

Premack-Prinzip
Das Premack-Prinzip besagt, dass Verhaltensweisen mit hoher Auftretenshäufigkeit als Verstärker für Verhaltensweisen mit niedriger Auftretenshäufigkeit verwendet werden können. „Die Gelegenheit zu wahrscheinlicherem Verhalten kann weniger wahrscheinliches Verhalten verstärken" *(David Premack (Psychologe), 1962)*
Als Beispiel: Mein Hund zeigt gerade eine wunderbare Anzeige im Line-up und hört, dass die Haustür geöffnet wird und eine geliebte Person heimkommt. Er zeigt trotzdem weiter an. Nun kann ich das Verhalten markern und ihn zur Haustür laufen lassen, da dies für ihn eine größere Freude ist, als nun ein winziges Leckerchen zu erhalten.

Primärer Verstärker
Primäre Verstärker sind jene Verstärker, die bereits von Geburt an wirken, z.B. Essen und Trinken, da sie Hunger und Durst reduzieren, aber auch Körperkontakt ist ein primärer Verstärker (unkonditionierter Stimulus).

Quellgeruch
Das ist die Quelle, also der Trüffel oder die lebende Bettwanze. Dementgegen steht der Restgeruch, wo der Trüffel mal gelegen hat oder die Bettwanze entlanggelaufen ist.

Restgeruch
Der Geruch ist noch in der Luft, weil dort der „Quellgeruch" gewesen ist. Doch die eigentliche Quelle ist dort nicht mehr zu finden.

Revieren
Beim Revieren läuft der Hund vom Hundeführer aus nach rechts und links, bis er wieder in die andere Richtung geschickt wird. Während der Hund rechts und links geschickt wird, bewegt der Hundeführer sich in gerader Linie vorwärts.

Sekundärer Verstärker
Sekundäre Verstärker dagegen sind gelernte Verstärker. Sie sind also zunächst neutrale Reize, die durch die wiederholte Kopplung mit primären Verstärkern sekundäre Verstärkerqualität erhalten. Das Geräusch des Clickers kann so ein sekundärer Verstärker sein, wenn wir ihn mit einem primären Verstärker gekoppelt haben.

Thermik
Unter Thermik wird allgemein aufsteigende Luft verstanden, die wärmer ist als die Umgebungsluft.

Trainingswaage
Die Trainingswaage ist ein Bild dafür, dass wir im Training in vielen Situationen aufpassen müssen, dass wir eine Balance halten müssen zwischen den Verhalten, die wir belohnen.

Verhaltensökonomie
Bei der Verhaltensökonomie geht es darum, wie wichtig ein Verstärker für das Individuum ist und wie oder warum sich die Wichtigkeit verändert.

Beispiel: Ohne weitere Ablenkung ist es für den Hund großartig, einen Kaustreifen zu erhalten, auf dem er etwas länger herum kauen kann. Doch ist er gerade sehr stark abgelenkt, verliert dieser Verstärker häufig so stark an Wertigkeit, dass der Hund ihn wieder ausspuckt.

Anhang

Unsere Lesetipps:

Dr. Viviane Theby
& Michaela Hares
Das große Schnüffelbuch
Nasenspiele für Hunde

Hardcover,
232 Seiten, farbig
ISBN 978-3-942335-01-0

Hunde haben eine faszinierend gute Nase - Ihrer auch! Warum also den so wichtigen Geruchssinn nicht nutzen, um den Vierbeiner artgerecht und abwechslungsreich zu beschäftigen? Hier lesen Sie, wie Sie und Ihr Hund fantasievoll, kreativ, offen und mit immer neuen Herausforderungen in die spannende Welt der Gerüche eintauchen. Sie werden viel Spaß haben, Ihre Zusammenarbeit verbessern und vor allem staunen, zu was Ihr Hund alles fähig ist!

Katja Krauß
& Gabi Maue
Emotionen bei Hunden sehen lernen
Eine Blickschule

Hardcover,
624 Seiten, farbig
ISBN 978-3-95464-302-8

Dieser einzigartige, in vielen Jahren des Beobachtens entstandene Bildband konzentriert sich weniger auf die wissenschaftlich detaillierte Beschreibung von Ausdrucksverhalten als vielmehr auf eine echte Blickschulung für Hundehalter und -trainer: Wie kann ein unsicherer, ängstlicher, neugieriger oder aggressiver Hund aussehen? Wie unterscheidet sich die Mimik bei schlapp-oder stehohrigen, lang- oder kurzhaarigen Hunden und wie lerne ich, die gezeigten Äußerungen richtig zu deuten?

Dr. med. vet.
Viviane Theby
Verstärker verstehen
Über den Einsatz von Belohnung im Hundetraining

Flexicover,
192 Seiten, farbig
ISBN 978-3-95464-301-1

Die erfolgreiche Tiertrainerin Viviane Theby erklärt auf solider wissenschaftlicher Grundlage aktueller Lerntheorie, warum richtige Belohnungen so machtvolle Verstärker von Verhalten sind, worin der Unterschied zwischen primären und sekundären Verstärkern besteht, warum das exakte Timing entscheidend ist und was es mit Belohnungskriterien und Belohnungsraten auf sich hat.

Simon Prins
Das Pavlov-Projekt
Ein Diensthunde-ausbilder berichtet

Hardcover,
392 Seiten, farbig
ISBN 978-3-95464-257-1

Warum operante Konditionierung weit mehr ist als „Kekse werfen", was beim Einsatz von Verstärkern alles zu beachten ist, welche Fallstricke sich uns beim Training in den Weg legen können, warum Datensammeln so wichtig ist und wie es um die innere Einstellung und Motivation des Trainers bestellt sein muss, erfahren Sie in diesem spannenden Buch, das Theorie und Praxis überzeugend zusammenbringt.

Weitere Literaturempfehlungen und benutzte Quellen:

- *„Auf Trüffelsuche mit dem Lagotto Romagnolo"* – Jacqueline Koerfer
- *„Hund, Nase, Mensch"* – Alexandra Horowitz
- *„Die Welt der Gerüche"* – Prof. Dr. Frank Rosell
- *„Der Geruch des Todes"* – Cat Warren
- *„Arbeitsbuch Spürhund"* – Paul Bunker
- *„Training von Hunden für Suchaufgaben am Beispiel von Staphylococcus Aureus als Mastitiserreger der Milchkuh"* – Doktorarbeit von Dr. Viviane Theby
- *„How to train Dogs to detect cowsin heat by smell"* – Doktorarbeit von Dr. Dorothea Johnen (in Englisch)
- *„Niemand riecht so gut wie du"* – Hans Hatt
- *„Das kleine Buch vom Riechen und Schmecken"* – Hans Hatt
- *„Die Bettwanzen-Fibel"* – Dr. Oliver Zombro
- *„Tellington Training für Hunde"* – Linda Tellington Jones
- *„Gut gewickelt für Haustiere"* – Robyn Hood und Mandy Pretty
- *„Entdecke den Hund"* – Katja Krauß und Lina Köhler
- *„Detector Dogs and Scent Movement"* – Tom Osterkamp
- *„Scent and the scenting Dog"* – William G. Syrotuck
- *„Trüffel Faszination"* – Klaus Wilhelm Gérard
- *„Trüffel und andere Edelpilze"* – Ralf Bos & Thomas Ruhl

Interessante Links:

- *www.tellington-methode.de*
- Leitfaden zum Umgang mit Bettwanzen vom Umweltbundesamt, Empfehlung für Hüttenwirte: *https://www.umweltbundesamt.de/sites/default/files/medien/3521/publikationen/190606_uba_rg_bettwanzenhuttenwirte_screen.pdf*
- Schimmelleitfaden vom Umweltbundesamt – Zur Vorbeugung, Erfassung und Sanierung von Schimmelbefall in Gebäuden: *https://www.umweltbundesamt.de/themen/gesundheit/umwelteinfluesse-auf-den-menschen/schimmelaktueller-uba-schimmelleitfaden*

Bezugsquellen:

- Professionelles Suchequipment von der Dose für Gerüche bis zum elektronischen Geruchsrad gibt's im Shop von Simon Prins: *https://detectiondogshop.com/*
- Zubehör für die Arbeit mit der Tellington Methode gibt es hier: *https://shop.benecura.de/* und *https://www.tellingtonshop.de/*
- Schimmelspürhund-Proben: Umweltmykologie GmbH, Telefon 030-69004420, *www.umweltmykologie.de*

Kontaktdaten der Autorinnen:

Michaela Hares

- E-Mail: michaela-hares@t-online.de
- *www.tierakademie.de*
- *https://elopage.com/s/tierakademie*
- Link zum kostenlosen Nasenkurs mit den aktuellen Terminen der Tierakademie Scheuerhof in Sachen Spürhunde: *https://elopage.com/s/tierakademie/nasenspass-fuer-jederhund*

Katja Krauß

- E-Mail: greh@greh.de
- *www.greh.de*
- *www.schimmelsuchemithund.de*
- *www.ttouch-n-click.de*
- *www.HUNDGESTUETZT.de*
- *www.lovinganimals.de*

Jacqueline Koerfer

- E-Mail: spuer@nasenarbeit.com
- *www.nasenarbeit.com*
- *www.nosey-dogs.com*
- *www.symbiosis-lagotto.com*